U0190512

国家出版基金项目
NATIONAL PUBLICATION FOUNDATION

中国印刷技术史

History of
Printing
Technique
in China

潘吉星 著

中国科学技术大学出版社

内 容 简 介

本书系统论述了中国印刷技术史,介绍了从文字的创造、发展到造纸技术的发明、发展再到印刷技术的出现、发展的清晰脉络,涵盖造纸、雕版印刷、活字印刷、版画等相关技术的发展和其对印刷术本身所产生的影响;系统性地论述了中国发明印刷技术以来对周边国家和对世界文化的重要影响。本书不仅是一部印刷史,也是一部文明史的缩本。通过了解印刷史,可以了解印刷技术与社会经济、典章制度、学术、艺术和文化教育之间的互动关系以及其在推动社会文明发展中起到的不可或缺的作用。

图书在版编目(CIP)数据

中国印刷技术史/潘吉星著.—合肥:中国科学技术大学出版社,2022.2
国家出版基金项目
ISBN 978-7-312-05291-0

Ⅰ.中… Ⅱ.潘… Ⅲ.印刷史—研究—中国 Ⅳ.TS8-092

中国版本图书馆CIP数据核字(2021)第211443号

选题编辑 姚 硕 李攀峰 于秀梅
责任编辑 黄成群 韩继伟 韩 笑
书籍设计 芥子设计·黄晓飞
责任印制 张 灿 刘苏锐

中国印刷技术史
ZHONGGUO YINSHUA JISHU SHI

出版 中国科学技术大学出版社
安徽省合肥市金寨路96号,230026
http://press.ustc.edu.cn
https://zgkxjsdxcbs.tmall.com
印刷 合肥华苑印刷包装有限公司
发行 中国科学技术大学出版社
开本 787 mm×1092 mm 1/16
印张 29.25
字数 606千
版次 2022年2月第1版
印次 2022年2月第1次印刷
定价 198.00元

前　言

作为中国古代四大发明之一的印刷术,从起源以来,因隋唐佛教传播和宋代科举勃兴的刺激,在中国古代迅速发展。这一技术使得书籍在中国社会中的普及率大大提高,对文化在古代中国乃至世界的传播都作出了重要的贡献。如果说纸张的发明使文化的传播具备廉价且普及的载体的话,那么印刷术的出现则使得文化传播变得方便而快捷。中国之所以为文明古国,且其文化闪耀于世界之林,印刷术是功不可没的。正因此,我在研究了造纸技术后,一直想系统地将我对印刷技术研究的成果集结成册。

20世纪以来,对中国古代印刷术的研究在中、日、韩三国陆续开展,取得了丰硕的成果。诸如对印刷术起源问题和各种木、铜等活字印刷的应用乃至其工艺的研究都取得了很多成果,当然也存在诸多争议,这些争议进一步引发了学界对印刷术的关注,也带动了对中国古代印刷术研究的发展。同时,随着考古新发现的不断涌现,又出现了很多新问题和新思路,使得人们对中国古代印刷术的认识更加丰富和全面,这一领域的研究也变得愈发活跃起来。

我对印刷术进行研究已经有数十年之久,曾经撰写了《中国科学技术史:造纸与印刷卷》(1998),在书中对印刷术做过一定论述,后来又在《中国金属活字印刷技术史》(2001)、《中外科学技术交流史论》(2012)等书中对中国古代印刷术的几个具体方面进行了分析,研究过程中发现诸多问题,加上考古上出现一些新发现,这些都使我对印刷史产生了极大的兴趣,愈发觉得需要对中国古代印刷术进行整体而系统的研究。但目前学术界对印刷术的研究大都依附于造纸术研究领域,将印刷史单纯归为印书史,或者互相掺杂,这就导致人们对中国古代印刷术的认识不够清晰,缺乏整体性和系统性,因此出版一部专门研究中国古代印刷术的专著是我近年来最大的夙愿,于是拼残年之余力,集多年之心得,终于完成此书。

全书主要分为三个部分:

第一部分包括第一、二、三章,主要介绍印刷术的定义及印刷史的研究对象、意义和方法,并对印刷术的研究史进行梳理和总结,接着分别对印刷术的起源和造纸术的起源问题进行阐述和分析,其中对争议多年的中国造纸术起源问题做了厘清,指出早在蔡伦之前,纸就已经广泛在中国境内出现了。

第二部分包括第四、五、六、七章,结合考古发现和文献研究对中国古代印刷术中几个领域逐一进行研究和论述,包括雕版印刷的起源和发展,铜版印刷、版画印刷和彩色印刷的起源和发展,非金属活字印刷如木活字和陶活字印刷的起源和发展,金属活字印刷如铜活字印刷的起源和发展,等等。比如在对金属活字印刷的研究中,我认为金属活字印刷在北宋应该已经出现,到元、明、清得到了进一步的发展。

第三部分包括第八、九章,主要致力于阐述中国古代印刷术的传播和对世界文明发展的意义。首先介绍中国印刷术最早在朝鲜半岛、日本的传播,继而论述这一技术在亚洲其他地域、非洲地域及欧美地域的传播,最后指出中国的印刷术对世界文明发展的重要贡献和其在政治、经济方面所产生的重要效应。

多年心得终能付之梨枣,甚感欣慰,请同仁们批评指正。希望此书能够承继前人、启发后辈,这便是我最大的心愿了!

潘吉星

于北京

目录

第九章
纸和印刷术对世界文明发展的影响　389

结束语　453

跋　459

第一章

引论

第一节

印刷术的定义及印刷史的研究对象、意义和方法

一、印刷术的定义

在研究印刷文化史之前,首先要把印刷术的定义弄清楚,而印刷术在不同时期有不同的内涵,因而定义也有所不同。印刷术是在有了纸以后出现的,并以纸的存在为前提,这个历史事实在下定义时必须要考虑到。印刷品多以书籍形式出现,但印刷史并不等于印书史,因为印刷品除书籍之外,还有诸如票证、纸币和户籍等其他品种,这些都是印刷史的研究对象,因此不能将印刷史归为单纯的印书史。印刷术与印章的使用有关联,但印章本身不是印刷活动,因为印章在无纸时代就已经有了。近代印刷术是从古代印刷术发展而来的,但两者同中有异,现代印刷又不同于古代和近代印刷。

由于我们在这里首先研究古代印刷或传统印刷,因此要依此做出相应的定义。中外各有关著作对印刷术给出了不同的定义,外延和内涵有很大差别,不妨先评述一下,再给出我们的定义。《辞海》(1979)认为印刷术是根据文字或图画原稿制成印刷品的技术,又说中国早期将图文刻在木板上,用水墨印刷。这个定义很不周延,没有反映出印刷术的特征。《新不列颠百科全书》(*The New Encyclopaedia Britannic*,1980)认为:"传统上一直将印刷术定义为在压力下将一定量着色剂用于特殊的表面,以形成文字或图画载体的技术。"但未谈特殊表面是什么材料。《美国百科全书》(*The Encylopae-*

dia Americana, 1980)认为：“印刷术是在纸、布或其他表面上复制（reproducing）文字和图画的技术。虽然在印刷方法上有相当多的变化，但印刷术典型地包括将反体字从印板或类似载有反体字的表面上转移到要印的材料上的压印过程。”这个定义比前述更具体些，含有技术性内容。

《日本百科事典》（1980）将印刷术定义为用复制方法生产印刷物的技术，将墨加在有文字和图画的板上，使其转移到纸和其他材料上。但“纸和其他材料”包括纸和高分子合成物、木材、玻璃、陶瓷制品等，这就牵涉现代印刷品，并非古代所用。钱存训对印刷术下的定义是，用墨以反体形象在纸和其他表面上复制的过程，其至少包括三个基本因素：① 事先刻成有被印物反体凸面形象的平板；② 用墨刷在反体形象上；③ 将反体形象以正体转移到要印的材料的表面上。[①]这是从技术上给出的定义。上述各定义大体反映了中外作品中的一些提法，有的是根据现代印刷内容做出的，因现代印刷与古代印刷过程有所不同，必须做出区分。在讨论古代印刷时，要像《新不列颠百科全书》那样，在定义中强调“传统”一词。现代印刷定义不能完全用于传统印刷，还要结合历史实际情况，反映古代印刷实际，对印刷术的内涵、外延加以准确界定。

重要的是，在对印刷所做的定义中对印刷材料、过程和目的要有明确说明，否则将引起概念混淆。如将载体扩大到布和泥土，则古代各国印花布、封泥都成了“印刷品”，这就使印刷起源问题节外生枝。如不规定印刷过程和目的，则钤印就成了印刷活动。由此可见，在上述定义中，有的较为含糊，有的外延扩大，把不是印刷的过程当成印刷。考虑到这些因素之后，我们认为传统上所说的印刷术，包括整版印刷（mono-block printing）和活字印刷。整版印刷是按原作文字、图画在整块板上做成凸面反体，于板上涂着色剂，将反体在纸上转移成正体形成读物的多次复制技术；活字印刷是将原作文字在硬质材料上做成单独凸面反体字块，再按原

---

① NEEDHAM J. Science and civilisation in China: vol. 5. Cambridge: Cambridge University Press, 1985:132-133.

稿内容将单独字块组合成整版,之后的程序与整版印刷相同。两者的区别是制版方式不同,且活字版印刷后可回收活字,重组新版,而整版只能印同一内容。整版印刷包括木雕版印刷和铜版印刷,活字印刷包括非金属活字印刷和金属活字印刷。

在我们提出的定义中,有三项要素:① 印刷材料。印刷品主要物质载体是纸,整版板材为木板或金属合金材料。活字由黏土、木材和金属合金组成;着色剂主要是墨汁,彩色印刷使用各种染料、颜料。② 过程和方法。使整块木板或金属板上显出原稿文字、图画的凸面反体,或在硬质材料上显出有凸面反体的单独字块,再拼成整版。然后在版上涂着色剂、覆纸、刷印。③ 目的。制成的产品主要用作读物,其次用作装饰材料、纸币、证件、票据等。由这三项要素构成的印刷术定义,基本反映了历史上中外传统印刷内容或遗留下来的印刷品的实质。我们的定义中将载体限定为纸,因为这是传统印刷中的主要材料。如果有人指责此定义是狭义的,我们愿接受指责,因为广义印刷术不是我们的研究对象。

从印刷术定义中可以看到,印刷与造纸不同,基本上由一些机械加工过程构成,主要借物理学的力作用于原材料,而很少有化学力起作用。因此,在原材料加工过程中只有形态上的变化,而无本质上的变化,即令以金属合金铸活字也是如此。但以黏土烧活字,中间有化学变化,这是个例外。因此,印刷业不像造纸业那样对环境造成污染,但要耗用大量硬质木材,造成大批树木被砍伐。印刷作业个体劳动性较强,多一人在平台上操作,如刻版、刷印。印刷对工人劳动熟练程度要求较高,刻工必须是识字工人,多在室内劳动。制造木板的人也应是熟练木工,在室内或庭院劳动。这个行业用水量少,与造纸业形成对照。因此,印刷厂多设在城市或乡镇,而造纸厂必须设在河边、近造纸原料之处,常有户外劳动,所需工人较多。与造纸业相比较,印刷业所需工人相对少,但工资高,这是两个行业的不同之处。

二、印刷史的研究对象和意义

整版和活字版是近代、现代大型印刷机的祖先，活字印刷又是近代印刷的发展起点，这两项发明都完成于中国，并从中国传向四面八方。造纸术、印刷术、火药术和指南针并称为中国古代科学技术的四大发明，在推动人类文明的发展中起了重大作用。研究印刷文化史具有很大的意义，尤其是从事或即将从事印刷科技工作的人有必要读一点这方面的历史。因为印刷科技的发展有一定的历史继承性，今天的印刷科技是从过去的印刷科技发展而来的。研究、了解它的过去，有助于了解它的现在，而了解它的过去和现在，有助于预见它的未来。了解印刷技术史可起到借鉴历史、温故知新的作用。以史为鉴，可以知兴衰，了解过去各种印刷形式彼此消长的发展规律，各历史时期印刷技术发展有何经验、得失，从而增长历史智慧、扩展视野。

通过印刷史还可了解印刷技术与社会经济、典章制度、宗教、学术、艺术和文化教育之间的互动关系以及印刷技术在推动社会文明发展中的作用。这是在印刷专业作品中无法获得的，对于丰富印刷从业者的人文知识是有帮助的。古代印刷工匠、技师的辛勤劳动和发明创造精神以及他们工作的成功、失败，都给后人以启迪，这就是以古人为鉴可以明得失的道理。具有2000多年历史的中国印刷文化是丰富的知识宝库，是中华文化的一部分，研究中国印刷文化史是整理中华文化遗产，使其精华得以发扬光大的重要工作。了解祖先创造的悠久而优秀的印刷文化，能增强中国印刷从业者的爱国敬业精神。中国印刷史是世界印刷史的一部分，各国人民在发展印刷的过程中都做出了自己的贡献，中国曾汲取了外国的印刷技术成果，也将自己的技术成果传播到了国外，因此，印刷史还从专业角度展现了中外科学文化交流的一个侧面。

本书共九章，第三章至第七章分别讨论纸、木版印刷、铜版印刷、版画印刷、彩色印刷和活字印刷的起源及其在中国的形成与发展,时间截至19世纪清末,因此,讨论对象是古代传统印刷史。第八章讨论中国印刷术在亚洲、非洲和欧美各国的传播和这些国家的早期印刷概况。第九章论述纸和印刷术对世界文明发展的影响。以上所述构成本书的研究对象,从时间跨度上看,自6世纪隋唐时起,直到20世纪为止,时跨1400年;从地域上看,从中国直到五洲列国;从部门看,包括印刷的诸多领域,且古今中外多所涉猎。内容如此广泛,故本书中只能做纲要性说明。

三、印刷史的研究方法

在从事这项研究时,我们力图采用新的研究方法,即将文献考证、考古发掘、古代实物标本研究、模拟实验、传统技术调查、中外技术比较和技术原理探讨这七个方面结合起来做交叉的综合研究,同时结合相关社会历史背景进行分析。经验证明,这种方法行之有效,现陈述如下。

印刷史研究首先要掌握大量中外文献,尤其是原始文献,但这些资料相当分散。要将分散史料串联起来,做文字校勘、技术辨别、年代判断,对所记内容真伪做出鉴别,弄清其中技术术语的含义。史料不可不信,亦不可尽信,对前人所列各种史料必须逐一查对,才能引用,如人云亦云,必定生错。如有人引唐僧人不空(Amoghavajra,705—774)758年所译《随求陀罗尼经》所述,认定从中晚唐起才盛行佩戴经咒之风,这套经咒文字仿曼荼罗坛状排成方阵亦不能早于此时。但查对史料后发现,唐初已流行此风,且《随求陀罗尼经》早在693年已首译,因此中晚唐才盛行佩戴经咒之风之说不可信。有人说藏文版《大藏经》是藏人嘉木祥刊于元仁宗(1311—1320)[①]时,查对史料后始知嘉木祥并非人名,而意为"活佛",蒙古语称"图克图"(khatuktu),自清朝才出现,元代无此称号。再经考证才知藏文《大藏经》始刊于明成祖永乐九年(1411),今有拉萨布达拉宫所藏实物为证。

文献记载固然重要,但研究印刷史不能只钻进书房之

---

① 本书关于历代帝王纪年一般为其在位时间。

中，靠引古书写史，还要收集传世和出土的实物资料，并对之做科学研究，这比文献记载更为权威，因此要密切注意考古发掘动态及各地文物收藏情况。例如，据《后汉书·蔡伦传》所载，造纸术由东汉宦官蔡伦发明于105年，但20世纪以来出土大批公元前2世纪至公元前1世纪的西汉古纸，经化验后证实为麻纸，有的还留有字迹，因此蔡伦发明纸之说便需修正。又如宋代是否有木活字一度被怀疑，多引元人王祯《农书》(1313)，认为从元代开始。但近几十年来西夏文木活字印本佛经的发现打破了这个疑团，现有发现已证明从12世纪北宋时起已用木活字印书。中国何时起铸出金属活字，长期得不到正确答案，但我们通过对宋金钞币印版等出土物的研究，发现金属活字与木活字同时出现。

中国内地和少数民族地区还保留用传统方法印书的作坊，在不同程度上使用从古代流传下来的技术和生产工具。对这些作坊生产技术的调查了解，将为了解古代技术实态提供线索。例如天津杨柳青木版年画厂、四川德格藏文印经院，不但保留了过去的印版、刀具，还仍按古法生产，有这方面的技术传人。调查他们使用的工具和技术后所得到的诸多信息，肯定是在古书记载中找不到的。这正如研究现代动植物化石，为研究古代动植物形态提供线索一样，研究技术"化石"也不失为一种有效的方法。

古书对技术过程的记载时有不准确或遗漏之处，欲做出正确而完整的判断，还要按古书所述进行模拟实验，通过亲身实践就能体会到必须经历哪些必不可少的步骤才能制出所需产品。再将模拟实验产物与古代实物进行技术比较，最后探索出古代技术细节，复原失传的古技术。我们对汉代造麻纸技术的认识就是用这种方法摸索出来的，北京荣宝斋的师傅们用同样的方法解开了明代饾(dòu)版即木版水印技术的全部秘密，为复制古代艺术名作奠定了基础。研究古代印本书装订形式演变时，我们用废旧纸做了模拟实验，制成不同形式的装订本，进行对比，注意到圆柱形书势必要被扁平形或方册形书取代。因为只有后一种形式才符合印刷的技术特点，便于阅读和保管，中外皆然。

研究中国印刷史不能只将目光盯在国内,还要放眼世界,要对东西方各国的印刷有所了解,要将中外实物和技术进行比较,这样才能既了解中国,也了解外国,从中得出中外技术交流的具体认识。例如欧洲14世纪—15世纪的早期木版印本,在版式、装订上与中国印本很相似,而一反欧洲传统形式。刻工顺板纹理向自身方向斜角下刀刻版,与中国刻工一样。在东西交通开放时代,这种趋同现象只能用中国技术西传来解释。同样,韩国高丽朝14世纪起出现的铜活字印本,其版式、装订、铸字、排版方法,甚至字体,都与在这以前的宋代人所用的相同,而当时朝鲜半岛又在元朝统治之下,只能说这些技术来自中国,高丽人独立发明的可能性极小。科学史家正是根据世界范围内的大量史实,概括出大家一致同意的技术传播理论:在公元后第一个千年至近代科学兴起之前(1世纪—15世纪)这段时期,越是较复杂的技术,就越不可能在一定时间内在几个不同地区重复被发明。当一个国家有了这种技术后一段时间,另一个国家或地区又出现了类似技术,只能用技术传播来解释。[①]

最后,研究印刷史要着重对技术内容的研究,不能写成印书史或出版史。因此,要用现代科学理论评解古人的技术活动,对古书用词用句从技术上做出解读,不能只做字面意义上的理解,此法是传统史学所欠缺的。如有人将明人华燧(1439—1513)"范铜板锡字""范铜为板,镂锡为字"理解成逐个刻成几十万个锡活字,再将其植于铜制印版上,虽合乎古文字面意义,却违反印刷技术原理。实际上,华燧的金属活字应以铜锡合金铸出,其所谓"活字铜板"应是"铜活字版"。问题在于明代文人用词欠妥,不能迁就其错而再错。又如清人徐志定1719年做的"泰山磁版",有人理解为以有釉瓷活字排成印版,或烧成整块瓷版,都未用现代科学观点予以分析。实际上有釉瓷活字烧成后易变形,又无法修整,且成本很高。而以整块瓷版烧造,在技术上更行不通。唯一可能是以瓷土或高岭土(kaolinite)在900 ℃左右烧成的陶活字。以其色白,

---

① NEEDHAM J. Science and civilisation in China: vol.1[M]. Cambridge: Cambridge University Press, 1954:229.

故此白陶活字版称"瓷版"。以上逐项举实例叙述每一研究方法,意在表明诸法都是相辅相成的,应同时综合运用。

第二节

印刷史研究的历程和现状

一、印刷史研究回顾

印刷术在造纸产生约800年后才兴起,但我们对中国印刷史的研究并不晚于造纸史。古人谈到书版时,偶尔触及其源流者,如宋人曾谈到印刷起源,但因所用史料有限,间多误论。元人沿袭宋人观点,也较少精论。明代版本目录学家胡应麟(1551—1602)《少室山房笔丛》(约1589)在考察了古代有关史料后做出结论说:"雕板肇自隋时,行于唐世,扩于五代,精于宋人。"其视野比宋、元人广,可谓研究中国印刷史学者中有见地的第一人。经过400多年,今天再回味他这18字结论,仍觉得是精辟之论,可作为编写雕版印刷史的大纲,句句有理。相较于明代学者所做的研究,清代学者反而倒退了。

用近代史学方法研究中国印刷史始于19世纪。1847年法国汉学家儒莲(Stanislas Julien,1799—1873)发表题为《关于雕版、石版印刷及活字印刷的资料》[①]一文,引用了一些中国史料,是较全面介绍中国印刷史的早期作品。文内认为木版印刷起于隋,活字印刷起于北宋,此文在西方较有影响。20世纪初,叶德辉(1864—1927)《书林清话》(1911)和孙毓修(1864—1930在世)《中国雕版源流考》(1918)两书,是系统论

---

① JULIEN S. Documents sur l'art d'imprime, à l'aide des planches au bois, des planches au Pierre et des types mobiles[J]. Journal Asiatique,1847,4(9):508.

述中国印刷史的专著,但研究方法仍未脱离旧史写作范畴,尚未与近代方法接轨,不过为后人积累了大量史料,仍值得称道。稍后,王国维(1877—1927)在20世纪20年代发表的关于五代、宋及西夏刊本的专题论文,考证精密,收入《海宁王静安先生遗书》(1930)。美国汉学家卡特(Thomas Francis Carter, 1882—1925)博士的经典著作《中国印刷术的发明及其西传》(*The invention of printing in China and its spread westward*)初版于1925年,后多次重印,是将中国印刷史研究纳入系统化、科学化研究的第一部权威的学术著作。他成为这门学科的学术带头人,各国学者皆从中受益。

卡特大著问世后,旋即逝世,新资料又不断涌现,法国汉学家伯希和(Paul Pelliot, 1878—1945)拟对此书加以增订而未竟其功,美国另一汉学家傅路德(Luther Carrington Goodrich, 1894—1986)接过了伯希和的工作,其增订第二版于1955年出版于纽约。第二版是此书最流行的新版本,已译成汉文及日文。伯希和、傅路德除修订卡特的书外,还发表了一些有关印刷史的论文。在美国,吴光清和鲁道夫(Richard Rudolph, 1909—2003)在这方面也做了研究。20世纪50—80年代中国学者刘国钧、赵万里、屈万里、昌彼得、李书华、史梅岑、张秀民等人的作品与印刷史有关,尤其是张秀民的《中国印刷术的发明及其影响》(1958)、《中国印刷史》(1989)及有关论文是继卡特的书之后最新系统研究印刷史的专著。1985年,芝加哥大学教授钱存训为英国李约瑟博士的《中国科学技术史》执笔的"造纸与印刷卷"以英文发表,开创了将造纸史与印刷史合写在一部书中的先例,所涉及的范围之广和所用的史料之丰富都超过了卡特的书,总结了中外研究成果,创见颇多。卢前、蒋元卿、钱存训、张秉伦等人的作品涉及具体印刷技术问题,步入技术史研究轨道。

二、印刷史研究现状

日本学者岛田翰、中山久四郎、神田喜一郎、长泽规矩也、秃氏祐祥、木宫泰彦和川濑一马等人的著作中，都包括不少中国印刷史料，尤其是长泽氏的《和汉书の印刷とその历史》一书，将日、中两国印刷史放在一起研究，很有见地。韩国学者的印刷史作品也多谈到中国，其中曹炯镇的《中、韩两国古活字印刷技术之比较研究》(1986)一书，值得认真阅读。孙宝基、千惠凤、尹炳泰等人关于本国印刷史的作品可作为中、韩比较研究的参考。20世纪90年代以来中国学者对印刷史的研究进入高潮，牛达生、史金波、吾守尔关于西夏文、回鹘文活字技术的研究比过去深入一些，涉及印刷技术、印本正文或活字文字的辨认、国内各民族技术交流和印刷术西传，有很多新观点。与此同时展开了一场有关印刷起源的较深入的学术讨论，大多数学者认为过去将木版印刷起源定在中唐肯定为时过晚。关于中国金属活字印刷史的研究一直是薄弱环节，1998年潘吉星在《论金属活字技术的起源》的论文（以中、英文写成）中，根据对出土实物的研究，证明铜活字起源于12世纪初的北宋，从而完成一项学术突破。潘吉星还研究了中国金属活字技术对高丽和欧洲的影响，出版了《中国、韩国和欧洲早期印刷术的比较》，此书亦以中、英文写成。潘吉星在此基础上写成的《中国金属活字印刷技术史》于2001年出版，此书是这一领域内第一部学术专著。1998年潘吉星为《中国科学技术史》执笔的"造纸与印刷卷"，是继钱存训作品之后的又一同类著作，书中增加了不少新资料和新观点。

20世纪90年代以后，海峡两岸学者通力合作，研究中国印刷史，这是过去未曾出现的新局面，这种合作卓有成效。其成果表现为许瀛鉴主编的《中国印刷史论丛》(1997)一书，此书对张秀民所提供的资料重新进行编写，增加新的资料，加配精美插图，以资料丰富、插图及版面设计精美、印刷精良而见长，是两岸学术合作的良好范例。由李兴才审订、张树栋等人执笔的《中华印刷通史》(1998)一书中,除古代外,还谈到中国近代印刷史和印刷的技术。该书是继《中国印刷史论丛》之后,两岸学术合作的又一事例。版画和套色印刷是印刷与艺术结合的产物,郑振铎(1898—1958)、王伯敏等人所编的著作收集了不少这方面的资料,1999年北京荣宝斋的冯鹏生在《中国木版水印概说》一书中,从历史和技术两方面做了概述,反映了这方面研究的最新成果。关于1900—1992年中外印刷史论著出版情况,详见钱存训编的《中国印刷史简目》[①]。因篇幅关系,此处无法逐一列举,对上述提及或未提及的其他作品,在以下适当地方都会提到并加以引用。

　　100多年来,在中外学者的共同努力下,学术界对中国印刷史的研究已形成规模,已发表的中文论文近400篇、专著60多种,外文论文近百篇、专著20多种,其中大部分完成于20世纪50年代以后。从已发表的作品来看,与木版印刷有关的占大多数,且多从版本、目录和出版角度开展研究,分析技术发展的作品较少。对印刷术起源和早期印刷品的研究还有待深入,学者之间存在着各种不同的观点,一时间达不成共识。对早期史料的发掘不能说已到尽头,还有继续发掘的余地。随着考古工作的开展,今后还会有早期印刷品出土,仍有待对之做科学研究,那时一些歧见会逐步减少。过去对活字印刷史的研究较少,20世纪八九十年代随着新出土活字本的发现,木活字、泥活字及陶活字印刷史的研究出现新的局面,对金属活字的研究仍应大力开展。过去一般认为,活字出现的历史顺序是泥活字→木活字→金属活字,最新的研究表明实际情况并非如此,金属活字并非如想象得那样晚才"出世",因此观念需要改变。从技术和历史角度综合分析木版与活字版、非金属活字和金属活字之间的关系及技术演变规律实属必要,因此需要建立一套新的理论。研究印刷史要考虑到印刷这一技术行业的特点和自身的发展规律,不能把印刷史与印书史等同起来,从书目学角度研究古书出

①钱存训.中国印刷史简目[M]//钱存训.中国书籍、纸墨及印刷史论文集.香港:香港中文大学出版社,1992:205-326.

版史固属必要,但这毕竟不是印刷技术史,对印刷技术史的研究还做得较少,今后需要大力加强。

印刷术在各历史时期发展中,与社会典章制度、经济、佛教、学术、艺术和文化教育有密切互动关系,还与造纸业发展情况有关,研究印刷史时不能不分析这些因素对印刷业发展的影响。然而从已发表的作品看,研究这些问题的作品却为数不多,多数作品只限于对各时期、各地书籍出版情况的单纯叙述,而不对印刷史做人文研究,这就很难摆脱旧史治学方法的局限,脱离社会诸因素的影响,就不能对各时期、各地印刷发展特点做出较好的解释。过去100年间,学界已在史料收集方面做了大量工作,问题是如何综合大量史料做出理论解释,这是今后要做的事。对中外印刷技术交流史和中外技术比较的研究,从卡特时代便已开始,但过去多偏重于对木版印刷的西传研究,对东传较少涉猎,对活字技术的外传更少触及,因此仍然留下研究空白。近些年来,在反对将印刷史写成印书史的同时,出现另一种思想倾向:将印刷术概念的外延扩大化。结果一些不是印刷的活动也被当成印刷活动,从而造成印刷起源说法的混乱,导致印刷起源地多元化。因此,仍有必要首先将印刷术定义厘清,再来研究印刷史。虽然近百年来中国印刷史领域已取得可观的成就,但有待解决的问题还是不少,对21世纪的研究者而言仍任重道远。早期的研究多是外国汉学家做的,20世纪50年代以后,中国学者和海外华裔学者成为主导研究力量,但如今他们多已年迈或作古,需有年轻学子参与这项工作,否则将有后继无人之虞。

第三节

印刷史原始资料的来源

一、中国国内的各种实物资料和文献资料

有关中国印刷史的资料虽然丰富,却相当分散。经过近百年来中外学者的努力收寻,已积累了大量可供研究的资料,大体说来可分为以下几大类:

第一类是历代印刷品,这是反映各历史时期印刷技术情况的实物资料。各博物馆、图书馆和私人收藏品最早者一般是宋元刊本,其次是明清刊本,数量达数十万至百万之众,其中明清印刷品最多。20 世纪初以来,甘肃敦煌佛教石窟藏经洞内发现数万卷六朝至唐代写本和少量唐、五代刻本,其中最著名的是唐末咸通九年(868)刻《金刚经》,因此人们又可以看到唐、五代印刷品。从这以后,中国各地又陆续出土一批唐初至中晚唐刻本佛经、经咒和佛缘,其中有的留存于国内,有的流入海外。北宋木刻本、泥活字本,西夏文木刻本、泥活字本和木活字本也时而出土,明清活字本著作也有不少传世。辽金元时期的木刻本、版画、彩色套印本,甚至印制的元代纸币也有大量出土,有的保存状态良好。这些实物资料成为研究印刷史最权威的原始资料。

第二类资料是出土或传世的印刷工具、设备,包括木雕版、刀具、嵌有铜活字的铜铸印版、木活字、泥活字等,年代较早的为北宋、西夏和金代制品。在有关博物馆内还可看到清代刻版刀具、棕刷等物。明清时的木雕版也有大量传世,除汉文版外,还有大量藏文雕版。

第三类是有关印刷的原始文字记载,包括图书、碑石拓片、印版拓片等。如北宋人沈括《梦溪笔谈》(1088)卷18关于活字印刷的记载、元人王祯《造活字印书法》(1298)和清人金简《武英殿聚珍版程式》(1776)等,是研究活字印刷史的重要文献。隋唐人著作中还可散见有关木版印刷活动的早期记载,各种印刷品所附题记或发愿文同样具有史料价值,从中可知出版时间、地点和出版人或书商铺号名称等。各种印版拓片可为研究铜版印刷、铜活字印刷提供文字信息。碑石资料可为研究出版者、刻工和当时当地印刷情况提供线索。历代正史中有关该朝印刷的记载,亦可视作原始记载。印刷人对自己印刷活动的记述,应当视为最可信的第一手资料,除上述王祯、金简等人的作品外,还有宋人周必大、明人华燧和清人翟金生等人关于自己从事活字印刷的回忆作品,都属这类资料。所谓原始记载,指本朝人谈本朝发生的事,或作者谈自己做的事。由于是事件的见证人或当事人,故所记有权威性。但在上述记载中,如作者谈以前朝代的事,则并非原始记载,因此宜做出区分。如沈括谈本朝同时代人毕昇陶活字技术即属原始记载,但当他谈到"版刻书籍唐人尚未盛为之,自冯瀛王(五代冯道)始印五经,以后典籍皆为版本",就并非原始记载,必须与实物资料、唐代原始记载查证,才能判断是否可信。有人将宋人沈括关于唐代无印刷之说当成原始记载,得出印刷始于五代的结论,肯定是错误的。沈括博洽多闻,但对唐代有关木版印刷的原始记载竟无所涉猎,只能说是千虑一失,我们宜从此事中引以为戒。

有时有关印刷的原始记载以写本形式存在,不易在社会广为流传,只有少数学者得见,或未及在本朝刊行,而在以后若干时间发表,散见于不同书中。或印刷人自己没有记述其活动,而由其亲友加以记述,再转到后代。在这些情况下,欲查得相关原始记载,就只能从后世文献中寻得信息。这属于第四类资料,包括各地方志、家谱、文人读书笔记、小说、文集、野史、回忆录、见闻录、游记和类书等,范围相当之广,有如大海捞针。但只要长期细心查阅，必有所得。例如我们在唐人刘肃《大唐新语》中查到693年武则天令宫人刊印出入宫通行证的记载，这条材料可能来自宫内实录，是当时宫中档案资料。又宋人王钦若《册府元龟》卷608引后唐宰相冯道于932年上表云："臣等尝见吴、蜀之人，鬻（yù）印板文字，色类绝多。"这是后人引前朝大臣奏文，所记应可靠。元人姚燧《牧庵集》卷15载元初姚枢以泥活字印朱熹等宋人著作。因姚燧为姚枢的侄子，或亲见此事，或听叔父所说，必有此事，因此写在叔父的墓志铭中。从浙江《奉化县志》中，我们还知道1322年当时的知州马称德以10万枚木活字印书的事，不见于他书所载，因县志引元人邓文源所撰碑文，只有奉化当地人才知道。印刷史研究有赖于基本史料的收集，这是个苦差事，一人穷毕生之力，只能在前人基础上发现几条新资料，更多资料有待众人发掘。

二、来自外国的实物资料和文献资料

在研究中外印刷技术交流史和中外技术比较时，还要花大力气收集用不同语言在国外写成的原始文献和近人公布的相关原始资料。日本、韩国和朝鲜古代通用汉文，古书易懂。但有些古书不易看到，因此要利用日文、朝鲜文发表的印刷史书中公布的资料。一些西方拉丁文古书既难懂，又不易得，除需经常去国外博物馆、图书馆翻阅外，主要还得参考用英文、法文和德文等文字写成的研究作品。一些阿拉伯文古书多以写本形式出现，但各国陆续有译本问世，有的西文译本已转为汉文，其中最重要的是波斯作者拉施特丁（Rashid al-Din，1247—1318）的《史集》（*Jami al-Tawārikh* 或 *Collected Histories*，1311）等书。还有些有关中国印刷的事，不见于中国史书，却被来华的外国人所载，可补中国记载之缺。研究中国史，而不了解东西方各国史是不行的，只从汉文文献中查找资料是不够的。同时还要注意国外收藏和新发现的有关中国印刷品的最新信息。因此，印刷史研究者除通古汉文外，还要通晓日文和几门西文。如果不能直接从外文著作中查找原始资料，要搞好中国印刷史恐怕很困难。现在与叶德辉、孙毓修那时不同，处于信息时代，对研究的要求更高了。

第二章

印刷术的历史源流

第一节

文字的创制和发展

一、从商殷甲骨文到周代金文

印刷术是因社会文化发展的需要而兴起的,又是促进人类文明发展的动力。文化载体是指具有发达文字的典籍,不言而喻,任何国家、任何民族只有在拥有发达文字之后才能发展印刷。中国是世界文明古国之一,有五千年以上有文字可考的历史。在没有文字以前,远古时期人们通过语言、手势交流思想,口耳相传,凭记忆行事;后来靠结绳记事,以不同颜色的绳打成大小、形状和数量不同的结,以代替语言,记录不同事件并加以"传递"。《易·系辞》曰:"上古结绳而治,后世圣人易之以书契。"《庄子·胠箧》称,在伏羲氏、神农氏时,"民结绳而用之",这相当于新石器时代早期(前4800—前4400)。然而,结绳还得辅之以记忆,因一旦遇到一连串复杂事件时其便无能为力,而其他人能否准确理解结绳人的本意也无把握。于是人类便创造文字作为表达思想和语言的符号,文字的创造是人类文明发展史中的一个重要里程碑。最初的文字是将图画加以抽象简化的文字画,记在木石上,或刻画在陶器上。如西安半坡出土的彩陶器上就有文字画,用以表达思想或记录某种事件(图2.1),其年代为公元前4000年左右,学者们认为这是原始的汉字,它比结绳更为进步。现从出土物上所看到的多是较简单的文字画,还应有比这更复杂的,只是还有待发现。

文字画后来又演变成象形文字,今天的汉字就是从象形文字发展过来的。史载仓颉(jié)造字,荀况(前313—前238)《荀子·解蔽》云:"故好书者众矣,而仓颉独传者,壹也。"仓颉

图 2.1　中国古代陶器上的文字画和文字符

(2) 半坡陶器（前4800—前3600）

(1) 仰韶陶器（前5000—前4000）　　(3) 龙山陶器（前3000—前2300）

传为黄帝时的史官，可能对象形文字做过整理，不是造字者，因为文字是长期形成的，不可能是某个个人所创。至夏代（前2070—前1600）[①]时，象形文字又比仓颉时代进步。从夏到商（前1600—前1300）、殷（前1300—前1046）时所使用的象形文字，我们已可看到并能辨认。19 世纪末至 20 世纪以来，考古学家在河南安阳发掘殷代都城遗址时，发现不少用刀刻在龟甲和牛肩胛骨上的文字，因此称其为甲骨文（图2.2）。此后在其他地方也陆续有甲骨文遗物出土，至今为止已共发现大小不等的 16 万片，含4600字，其中能辨认的有2000字。这些甲骨大致可分为早、中、晚三期，早期为殷代武丁，相当于公元前13世纪—公元前12世纪之际（前1250—前

图 2.2　殷代武丁（前1250—前1192）时的甲骨文[②]（21 cm×19 cm）
注：刻于兽骨，有3段卜辞，共129字。左段卜辞释文——癸巳卜，㱿贞：旬亡祸？王占曰："有崇，其有来艰。"迄至五日丁酉，允有来艰，自西。沚冒告曰："土方征于我东鄙，灾二邑。邛方亦牧我西鄙田。"

① 本书中中国古代历史纪年，依据方诗铭所著《中国历史纪年表》，共和前纪年依据《夏商周年表》。

② 董作宾.殷历谱:下编　卷9[Z].李庄:中央研究院历史语言所,1945:43.

1192)，晚期为殷末帝辛(前1075—前1046)。1950年在郑州二里冈早商(前1620)遗址中，出现少量有字的甲骨，刻有"又土羊乙贞从受十月"等字，丰富了对商代前期甲骨文的认识，为探索夏代象形文字提供了线索。就出土物而言，可以说甲骨文至迟在4000年前就已出现并使用。从文字结构来看，甲骨文除象形外，还用形声、会意、假借等比较进步的方法，已成为成熟的文字。

商殷人迷信鬼神，出行、狩猎和征战之前，都要占卜吉凶，"巫史"在事先处理过的平滑甲骨上用钻或凿做出一些孔，再将有孔处用火烤，于是在孔的周围出现纵横、粗细不同的裂纹。"巫史"根据纹的形状定出吉凶，再用利刀将占卜结果用文字刻在裂纹附近，这就是"卜辞"，而甲骨文实际上多是卜辞，故又称"甲骨卜辞"。将有卜辞的甲骨用绳穿在一起作档案保留者，称为"册"。《周书·多士》篇云："惟殷先人，有册有典。""典"字在甲骨文中作双手捧册之形，可见商殷时代已有了最早的书籍形式。每片甲骨一般可容字50多个，有时容字达100多个。[①]这些甲骨卜辞中含有许多有关社会经济、科学技术等方面的资料，已由专家予以整理、研究。从甲骨文中还可见刻字的技术情况和这种技术的悠久性。甲骨片的各行字字画清晰、纤细，形体优美，上下排列笔直，各笔画粗细基本匀称。圆转处刻成方形，便于下刀，构成汉字呈方块形的原型，而且每行从上向下逐字刻成，也构成汉文直行的行文基础。刻字工具为有细刃的利刀，刻完一行后，再刻下一行。值得注意的是，甲骨片中有时还刻出反体字，为后世刻反体字之源。甲骨文还见于商殷铸造的青铜器上，成为铭文，有铭文的商殷青铜器现有1000多件，但铭文字数较少。

商(前17世纪—前13世纪)、殷(前13世纪—前11世纪)前后共持续约600年，公元前1046年周武王伐商纣王，建立新王朝，都于镐京(今陕西西安长安区)，史称西周(前1046—前771)。公元前770年周平王(前770—前720)迁都于洛阳，

---

① 关于甲骨文的综合情况，参见：吴洁坤，潘悠.中国甲骨学史[M].上海：上海人民出版社，1985；夏鼐.中国的考古发现和研究[M].北京：文物出版社，1984.

自此周朝又称东周。东周分为春秋(前770—前476)和战国(前475—前221)两个时期,自周平王迁都以来,周朝已失去控制四方诸侯的力量,中国进入群雄割据、争霸的局面。西周所用的文字和殷代文字基本上是一脉相承的,公元前11世纪的周原甲骨文与殷末商乙、帝辛(纣王)时的卜辞极为相似。而西周铜器及其铭文也与殷末铜器及铭文相同。铜器铭文又称为"金文",现存西周铜器达4000多件,其中多铸有铭文,铭文的字数从几个字至百多字不等。商殷和西周早期的文字繁简不定,一字有多种写法,偏旁在左在右没有统一,具有文字画性质的象形字较多。但从西周中、晚期(前9世纪—前8世纪)以后,文字有了明显改进。1976年陕西扶风县庄白村出土西周中期窖藏铜器,其中的《史墙盘》有铭文284字(图2.3),是近50年来所发现的铭文最多的西周铜器。此盘做于周共王(前922—前900)时。[①]将此西周中期金文与商殷甲骨文比较,就会发现西周中期金文笔画线条较匀称,圆转处较多,象形成分渐少。

图 2.3　西周《史墙盘》金文[②]

①② 陕西周原考古队.陕西扶风庄白一号西周青铜器窖藏发掘简报[J].文物,1978(3):1-16.

二、从周代大篆到秦代小篆

如果说商殷时以甲骨文为代表的文字是成熟的文字,那么经几百年的使用、完善之后,文字变得更加简练和充实。在此基础上发展起来的以西周金文为代表的文字,能自由表达人们脑中想的和口中要说的一切,成为一字一音的发达的表意文字。文字材料扩展了信息传达的空间和时间,使人类活动载入信史,并有了精神文明可言。西周时史官还对已有文字做了系统的整理、规范,编成标准的文字手册在社会上推广,这在汉字发展中有重大意义。《前汉书》(83)卷30《艺文志》载《史籀》15篇,并称"《史籀篇》者,周时史官教学童书也"。唐人颜师古注曰:"周宣王时,太史作大篆十五篇。"就是说,西周末期宣王(前827—前782)时有史官编成字书《史籀篇》,作为学童习字之用的教本。"籀"(zhòu)字本义是诵读,转义为教本,"史籀"的意思是史官所编的习字教本,后人将这种经规范处理的文字称为籀文。中国历史博物馆藏西周厉王十九年(前860)铸的越鼎铭文中有"史留"二字,古文字学家唐兰先生认为此即《前汉书》中所说的"史籀"。[①]由此可知,中国这部最早的文字学著作的作者是西周厉王、宣王时(前9世纪)的史官。所谓籀文是西周时通用的新兴文字,即介于商殷甲骨文与秦代篆字之间的文字,亦即大篆。周代金文多是大篆字体的文字。

春秋、战国时期,因东周王室衰微,虽仍使用西周大篆体文字,但列国因地域不同,形成一些变体,从各地收藏的该时期简牍、铜器铭文中可以看到不同变体的大篆。汉字发展的趋势要求结束这种大篆诸多变体的局面,而再次予以统一规范,正如当时中国要求结束群雄并立而归于政治一统那样。而秦始皇于公元前221年灭六国统一天下时,也真的同时完成了文字的统一,这是汉字发展史中另一里程碑。《史记·秦始皇本纪》(前93)载,始皇帝二十六年(前221)统一天下后,

---

① 刘启益.伯寛父簋铭与厉王在位年数[J].文物,1979(11):16-20.

丞相李斯(前284—前208)上奏,"一法度衡石丈尺,车同轨,书同文字"。《说文解字·序》云,春秋、战国时,不统于周天子,分为七国,"文字异形。秦始皇帝初兼天下,丞相李斯乃奏同之,罢其不与秦文合者。斯作《仓颉篇》……皆取史籀大篆,或颇省改,所谓小篆者也"。可见,李斯以秦国所行大篆为基础,加以规范、简化,减少图画性成分,增加线条性符号,写成《仓颉篇》,以法律形式通行天下,罢六国与此不合的文字,使秦篆或后世所说的小篆成为主流的正体文字。从传世和出土的秦诏版(图2.4)、权量、颂功刻石等文字中,可见小篆的实貌。秦代小篆笔画简练,偏旁位置固定不变,一字只有一种写法,书写与雕刻比大篆更为迅捷、容易。经过这次文字的重大改革,汉字已基本上定型化,此后的发展只表现为字体的不同和结构的进一步简化。李斯《仓颉篇》虽已失传,但汉代的《说文解字》收小篆9300字,应与《仓颉篇》中的字无大区别。

图2.4 秦诏版小篆(取自秦始皇二十六年诏版)

注:释文——廿六年,皇帝尽并兼天下诸侯,黔首大安,立号为皇帝,乃诏丞相状,绾法度量则不壹歉疑者,皆明壹之。

三、从汉代隶书、六朝隶楷到隋唐楷书

汉字的发展规律是由繁到简,便于书写和学习。小篆虽比大篆简化,但字形仍未彻底脱离大篆旧轨,不能迅速书写。于是人们在使用过程中对小篆再予加工、简化,遂由小篆演变成隶书字体。隶书在秦代已出现,又名佐书。西晋人卫恒(约245—291)《四体书势》曰:"秦既用(小)篆,奏事繁多,篆字难成,即令隶人(胥吏)佐书,曰隶字。""隶"字此处指封建社会官府中从事文书工作的下级官员,他们因处理众多文件,为提高书写效率不约而同地使用快捷书写方式,因此形成一种书体。过去传说隶体字是秦始皇时的衙县狱吏程邈所造,但一种字体的形成是个渐进过程,不可能是某个人在短时间内所造。只能说由某个人或某些人对已存在的字体做了总结。秦代隶书仍含有篆意,至西汉(前206—25)初继续使用,但隶体字中的小篆笔法逐渐减少,很快就成为官方文字。东汉(25—220)隶书已至成熟阶段(图2.5)。隶书上承小篆,将篆字中的圆转笔画变成方折,因而字形扁阔,笔画横直,横画蚕头燕尾,不复有象形之迹,六书之义不显。隶书下启正楷,与现今通用的字极为相近,是汉字史中的又一次革命。汉人在书写隶体字体时,约定俗成地形成便捷而草化的写法,即所谓隶草或隶书的草体。

图2.5 汉代隶书(取自出土汉代竹简)

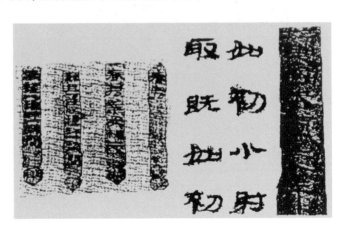

隶草又对隶体字加以简化,再经整理、规范,就形成楷书或真书。楷书可追溯到东汉末至三国之际(3世纪初),从魏

书法家钟繇(151—230)及东晋书法家王羲之(321—379)的碑帖和敦煌石室所出写经中,可以看到早期楷书的形体。这种字从魏晋至南北朝期间(3世纪—6世纪)取代汉代隶书,成为社会上的通用字体(图2.6),以其仍存有隶书笔意,学者们称之为隶楷。隶楷实际上是从隶书过渡到楷书的中间状态。隋唐以后,全国统一,经济和文化发达,文字也更趋于统一规范,因而完成从隶楷向楷体的过渡,全国通用楷体字(图2.7)。隋书法家智永和唐书法家虞世南、欧阳询、褚遂良、颜真卿、柳宗元等人的楷书成为学童习字时模仿的字体。隋唐楷书已达到成熟阶段,一直沿用到现在,在1400多年间成为

图2.6　隶楷(取自北魏写本《大般涅槃经》)

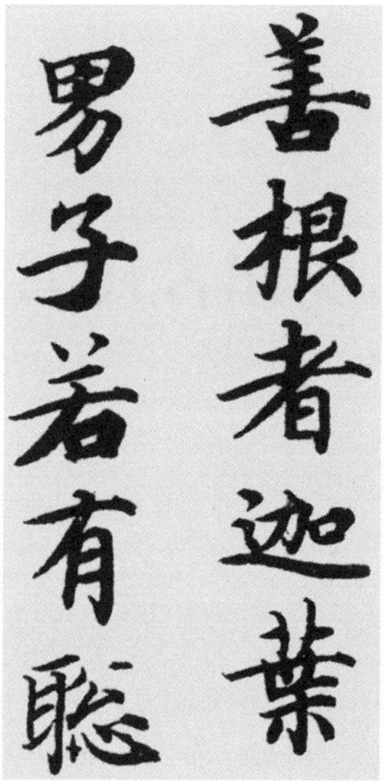

图2.7　楷书(取自唐代写本《大般涅槃经》)

通用的正式书体。楷体字横画末端不上挑,而是收锋;撇画改为斜向下,出尖峰;钩笔不转弯,而成硬钩;字形由隶书的扁形改为方块形。与甲骨文、大篆、小篆、隶书相比,楷体最容易写、刻、认读(表2.1),因而是适于雕版印刷的字体,印刷术肇于隋、行于唐、扩于五代、精于宋,就是由于有了楷体字的缘故。楷体字书写起来因各人运笔风格不同,在架构一致的情况下可以千变万化,书法成为一种艺术。早期版刻文字多效法著名书法家的字迹,因而印刷技术又与书法艺术结合,使印本书成为艺术品,除可读性外,还有艺术欣赏价值。楷书还可速写,由此又衍生出行书和草书,而各人又可形成各自书写风格。中国文字充分体现出中国文化博大精深、源远流长和丰富多彩的特色。

表2.1 中国各种字体对照表

字 体	字 形					
甲骨文						
大篆						
小篆						
隶书						
楷书		册	千	年	印	史

第二节

笔墨的出现和古代书籍

一、笔的历史

笔是一种书写工具,人们用笔写成各种典籍,使精神文明得以传承。笔还是发展印刷术的物质前提,因版刻文字字样都是以笔写成,再予雕刻,才能使印刷得以完成。笔与文字相始终,在中国有5000多年历史。早期的笔分为硬笔和毛笔。赵希鹄《洞天清录集》(约1240)称,"上古以竹梃点漆而书",在西安半坡和陕西临潼姜寨出土的距今5000多年的仰韶文化陶器上,既有原始的文字符号,又有彩色图画。原始文字是用硬笔蘸颜料刻写的,将竹棍或木棍的一端削成尖状即成硬笔,而陶器上的图画显然是用毛笔画的。用硬笔写字、作画与用现在的钢笔有同样的效果,而且制造简单,经久耐用。1900—1901年斯坦因(Aurel Stein,1862—1943)在新疆和田附近的尼雅遗址发现3世纪时的木笔,其一端削尖,还有的在笔尖处开岔,长15~23.5 cm。[1]竹笔、木笔除汉族使用外,藏族、维吾尔族也使用,如敦煌石室所出8世纪藏文写本《佛说无量寿经》,即用硬笔写成。

商殷时代继续用硬笔和毛笔作书写工具,"筆"字的初文是"聿",在殷代甲骨文中作 ,为以手执毛笔写字,小篆作 。用毛笔蘸朱砂或石墨将甲骨文写在兽骨、陶器和玉片上的实物在安阳殷墟曾出土。但多数场合是先用毛笔或硬笔在甲骨上写出字样,再以利刀刻之,有时在已刻出字的整片甲骨上能发现已有手写的字而未及刻出者。春秋、战国以后,毛笔成为主要书写工具,不但见于文献记录,还有实物出土(图2.8)。1954年湖南长沙左家公山第15号战国楚墓亦出土毛笔,长21 cm,笔套长23.5 cm,均为竹制,笔毛以线缠在笔杆一端(图2.8中图1)。[2]1958年河南信阳长台关发掘了两座春秋晚期楚墓(前6世纪),其中出土有竹简和毛笔。1975年湖北云梦睡虎地秦墓(前217)出土1150枚竹简和3支毛笔。毛笔长21.5 cm、直径0.5 cm,竹制笔杆上尖下粗,有笔套,笔杆中部两侧镂空,便于取存。笔杆端部中空,装入笔毛,与现代毛笔相同(图2.8中图2)。[3]左家公山战国墓出土的毛笔的制造工艺不如睡虎地秦墓出的毛笔先进。古书称"蒙恬造笔",不能理解为秦代将军蒙恬(约前

① STEIN A. Ancient Khotan: vol.1[M]. Oxford: Clarendon Press, 1907: 398, 403.

② 湖南省文物管理委员会. 长沙左家公山的战国木椁墓[J]. 文物参考资料, 1954(12): 3-19.

③ 湖北省博物馆. 云梦睡虎地秦墓[M]. 北京: 文物出版社, 1981: 20.

265—前210）①发明了笔，而是他可能改进了制笔工艺。实际上秦代统一文字后，对古代制笔工艺确有改进，出土秦笔可作为佐证。1975年湖北江陵凤凰山西汉初（前167）遂少言墓中出土竹管毛笔一支，长24.9 cm，端部穿空，将捆好的兽毛插入其中作为笔尖，因而与秦笔相同，同墓还有墨块、石砚及木简。②

北方无竹地区，以木作笔杆。1931年内蒙古额济纳旗汉居延遗址出土汉代木管毛笔一支，总长23.2 cm，其中笔尖长1.4 cm，已残缺。笔杆为木棍，中空，再劈成四片。再将四片拼合，夹以笔毛，用麻线捆紧，另一端亦捆紧（图2.8中图3）③。但1972年甘肃武威磨咀子东汉墓出土的竹杆毛笔则类似长沙及江陵出土者，杆长21.9 cm，直径0.6 cm，笔尖长1.6 cm，笔杆中空，一端插入狼毫笔尖后，以丝线捆之，再涂以漆。笔杆另一端削尖，中部阴刻"白马作"三字，另一支笔则刻"史虎作"，这应是制笔工的姓名。④上述战国、秦汉毛笔的出土，为我们了解古代笔的形制、尺寸、用料及制法提供了实物资料，南北朝、隋唐以来的毛笔就是在此基础上发展起来的。1973年新疆吐鲁番县阿斯塔那出土唐代竹杆毛笔3支，放在木制笔架上，架高7.8 cm，由五个立柱及两个横条构成，与中原风格一致。笔尖较短而钝，值得注意的是笔杆上已不再用线缠并涂漆，与现在通用的毛笔一样，反映出唐代制笔技术的进步。1967年阿斯塔那还出土唐代的苇笔，长10.6 cm。⑤1972年甘肃武威张义乡一个山洞中发现一批12世纪西夏文书，有汉书、西夏文和藏文写本，还有两支竹杆硬笔，长度分别为13.6 cm及9.5 cm。该竹杆硬笔将细笔杆一端削成一个斜面，再将削面劈开，削成笔尖。⑥因此，古代硬笔和毛笔都已

---

① 本书中人物纪年，出生或卒年未知者，以"?"表示；生年或卒年不确定者，于生年或卒年前加"约"字说明；生年和卒年俱不确定，仅知其活动年份者，于已知活动年份起止时间后加"在世"说明。

② 凤凰山167号汉墓发掘整理小组.湖北江陵凤凰山167号汉墓发掘简报[J].文物,1976(10):31-35.

③ 马衡.记汉居延笔[J].国学季刊,1932(1):67-73.

④ 甘肃省博物馆.武威磨咀子三座汉墓发掘简报[J].文物,1972(12):9-19.

⑤ 新疆维吾尔自治区博物馆.新疆出土文物[M].北京:文物出版社,1975:129.

⑥ 甘肃省博物馆.甘肃武威发现的一批西夏遗物[J].考古,1974(3):200-204.

有实物出土,硬笔除少数民族使用外,汉族也使用。古代制毛笔尖的材料为兔毛、鹿毛、狼毛、羊毛,常将硬毛与软毛相混。

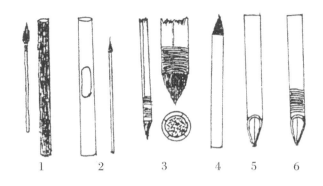

图 2.8　中国古代各种书写用笔

注:1. 1954 年长沙出土战国竹杆毛笔,长 21 cm,笔毛镶在笔杆一端,笔套竹制,长 23.5 cm,涂黑漆。

2. 1975 年湖北云梦出土秦代竹杆毛笔,长 21.5 cm,直径 0.5 cm,笔筒中部有长 8 cm 的中空。

3. 1931 年居延出土的汉代木杆毛笔,长 23.2 cm,笔杆中空,劈成四片,笔尖长 1.4 cm,笔端缠绳。

5. 1972 年甘肃武威出土西夏竹制硬笔,长 13.6 cm,将竹杆一端劈成斜面,削成笔尖。

6. 1967 年吐鲁番出土唐代笔杆硬笔,长 10.6 cm,笔端缠绳。

二、中国墨的历史和制造

墨汁是印刷过程中用的着色剂,也是古代写字时必用的材料。中国墨(Chinese ink)有 3000 多年历史,其特征是呈现纯正黑色,有光泽,且永不褪色。这使它优于外国制造的墨水,在世界上受到高度评价,并被东西方一些国家仿制。中国墨主要成分是炭黑(carbon black),是含碳物在供氧不足时,不完全燃烧所产生的轻质而疏松的黑色粉末。炭黑是无定形碳(amorphous carbon),由许多细小的石墨晶体组成,微观结构复杂。中国最初以炭黑与胶汁制成墨汁,在此基础上又制成固体墨块,用时蘸水在石砚上研之,砚的出现与使用固体墨有密切关系。其他国家古代也以墨汁写字,但原料、制法与中国不同,此处不拟赘述。就中国墨而言,前已谈到公元前 14 世纪殷代甲骨文,有用黑字或朱字写成的。对黑字物料的显微化学分析表明,其成分为炭黑[①],显然当时已进入用墨的史前期。西周、春秋以来,由于技术的发展,使制墨技术有了突破。1964 年河南洛阳北窑西周贵族墓出土七件带有墨书文字的器物,分别写在铜簋(guǐ)底部和铜戈、铅戈的

① BENEDETTI-PICKLER A. Microchemical analysis of pigments used in the fossae of the incisions of Chinese oracle bones[J]. Industrial & Engineering Chemistry: Analytical Edition, 1937(9): 149-152.

基部,皆明显可辨①。铜簋为西周康王(前1020—前996)之物,其他墨书文字的戈、戟也是西周初期遗物。用毛笔蘸墨写在金属器物上的文字,经3000多年后,仍完好无残(图2.9)。

图2.9　西周墨书②(写于康王时贵族墓中的铜器上)

注:A戈上"自懋父"铭文摹本,B戈上"叔御父戈"铭文,C戈上书"封氏"二字

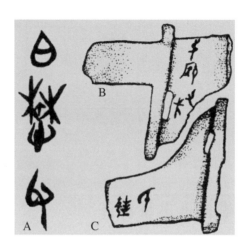

战国时成书的《庄子》(前290)《外篇·田子方第廿一》载:"宋元君将画图,众史皆至,受揖而立,舐笔和墨……"宋元君为宋国统治者宋元公(前530—前516),名佐。此处说他的臣下舐笔作画的事,发生于公元前6世纪。"和墨"中的"和",应作动词解,意思是调墨。春秋、战国时的文献一般是用墨写在丝绵和简牍上,这类实物时而出土。1975年湖北云梦县睡虎地4号秦墓(前223)出土圆片形墨块和石砚各一枚,同出有木简两枚③,年代为秦始皇未统一前的战国末年,与宋元公时用的墨应属一类。从技术上分析,墨块应是首先获得均匀而细小的炭黑颗粒后,与胶水调和,制成圆片或球形的块状墨,这是制墨工艺中的一大技术突破。墨块比墨汁易于保存和携带,用时在石砚上放点水,以研石将墨块研成墨汁,即可挥笔写字。这种墨应是目前所见到的早期烟墨,从使用研石工具观之,似乎还未经定型模具加工。

西汉以后,各地所造的墨多有出土,如1975年湖北江陵

①②蔡运章.洛阳北窑西周墓墨书文字略论[J].文物,1994(7):64-69.

③湖北孝感地区第二期亦工亦农文物考古训练班.湖北云梦睡虎地十一座秦墓发掘简报[J].文物,1976(9):53.

县凤凰山168号西汉墓出土一套文具,其中有竹杆毛笔、墨、砚、空白木简和书刀。墓主是五大夫遂少言,于文帝十三年(前167)下葬。墨块五枚,纯黑色,较大的一块长1.5 cm,宽1.1 cm,厚0.4 cm,瓜子形。石砚为圆形,底部直径9.8 cm,厚1.8 cm,砚上有研墨石一块,高3.5 cm,砚面与研石底有墨迹。[①]1983年广州象冈西汉墓出土4386枚圆饼状固体墨(图2.10),大小不一,大号的直径1.31 cm,厚0.42 cm;中号的直径1.16 cm,厚0.33 cm;小号的直径0.81 cm,厚0.23 cm。色泽黑中微泛红,质地细腻,底平,周边鼓起,如滴珠凝聚状。估计是将炭黑粉末与胶水调成糊状,滴在板上成型,故大小不一。同墓出石砚台及研石,砚呈圆角方形,无沿,边长12.5—13.2 cm,厚2.8 cm;研石为圆柱形,中间凹下,直径为3.2—3.3 cm,高2.2 cm。[②]此墓墓主为第二代南越王赵眜(前137—前122),下葬于汉武帝元狩元年(前122)。

图2.10　广州西汉南越王赵眜墓出土的固体墨饼、石砚及研石[③]

东汉(25—220)时制墨技术有了新的发展,《后汉书·百官志》载守宫令"主御用纸、笔、墨及尚书财用诸物及封泥",尚书右丞"假署印绶及纸、笔、墨诸财用库藏",在内府官员编制中设专门掌管笔、纸、墨的人,为前代所少见。东汉人应劭(140—206)《汉官仪》(197)载:"尚书令,仆丞郎,日赐隃糜大墨一枚、小墨一枚。"晋人张敞《东宫旧事》谈汉魏仪礼时指

① 纪南城凤凰山一六八号汉墓发掘整理组.湖北江陵凤凰山一六八号西汉墓发掘简报[J].文物,1975(9):1-8.
②③ 麦英豪,黄展岳.西汉南越王墓:上册[M].北京:文物出版社,1991:128,142.
　麦英豪,黄展岳.西汉南越王墓:下册[M].北京:文物出版社,1991:图版76.

出,"皇太子初拜,给香墨四丸"。这些记载有两处值得注意,一是提到官府所用高级墨产于隃糜,即今陕西千阳,二是此时的墨已不再是无固定形制的小块,而是有固定形制的大块墨,因此以"枚""丸"为计量单位。隃糜墨实际上是以该地附近终南山所产的松木烧成的松烟墨,此墨闻名全国,后世以"隃糜"作为墨的代用词。魏人曹植(192—232)乐府诗《长歌行》云:"墨出青松烟,笔出狡兔翰。"宋人晁贯之《墨经》(约1110)称"汉贵扶风隃糜终南山之松",因是制墨上料。东汉墨中加上香料,有墨香之味。由于制成大块,使用时可在砚上加少许水,用墨直接在砚上研之,从而省去用研石研墨这道工序,墨也可使用较长时间,甚为便利。魏晋六朝的墨以模具制成圆柱形,唐以后制成长方体形,且墨块上还有文字或图案。

1970年江苏徐州东汉墓出土神兽鎏金铜砚盒一枚。砚盒呈神兽形,为长方体,有盒盖,盒身镶红珊瑚及绿松石,造型美观。[①]此墓内尸体着银缕玉衣,为汉明帝第五子彭城王刘恭,约下葬于安帝永初六年(112)。东汉以后出土的石砚,不见有研石,且装入盒中,这证明墨可直接在砚上研了。1965年河南陕县刘家渠东汉墓中出土墨三枚,呈圆柱形,这也是为了直接在砚上研而设计的造型。[②]1952年河北望都一号东汉墓壁画上还画一任主记史的官吏坐在三足砚边以毛笔写字的情景,砚上放一圆柱形黑墨,旁边放一水盂。[③]1958年南京老虎山西晋墓中出土一三足青瓷砚,砚上有一长6 cm、宽2.5 cm的墨一枚。经化验其成分与现代墨相近。[④]瓷砚的使用表明,墨是直接在砚上研的,而砚的形制与望都东汉砚一致。江苏镇江市博物馆藏1961年镇江丹徒出土的墨呈长椭圆立方体,长3 cm、宽4.2 cm、厚1.9 cm,此墨制于六朝。[⑤]汉魏(2世纪—3世纪)时制墨家韦诞(179—253)之

① 吴学文.银缕玉衣、铜盒砚、刻石[N].光明日报,1973-04-07.

② 黄河水库考古队.河南陕县刘家渠汉墓[J].考古,1965(1):107-168.

③ 河北省博物馆,北京历史博物馆.望都汉墓壁画[M].北京:中国古典艺术出版社,1955:13-14.

④ 南京市文物管理委员会.南京老虎山晋墓[J].考古,1959(6):295.

⑤ 郭若愚,朱淑仪,等.笔墨纸砚图录[M].上海:上海教育出版社,1979:3.

墨最为闻名,他对汉以来制墨技术做了总结,他在《笔墨方》中写道:

> 合墨法:好纯烟捣讫,以细绢筛尘,此物至轻微,不宜露筛,虑失飞去,不可不慎。墨一斤以好胶五两浸梣皮汁中,梣江南樊鸡木皮也,其皮入水绿色,解胶,又益墨色。可下鸡子白去黄[者][1]五枚,亦以真朱[砂]一两,麝香一两,皆别治,细筛,都合调下铁白中,宁刚不宜泽,捣三万杵,多益善。合墨不得过二月、九月,温时败臭,寒则难干,潼溶见风日碎破,重不得过二两。[2]

上述韦诞的合墨法,由后魏农学家贾思勰(473—545在世)《齐民要术》(约538)《笔墨第九十一》所转引,成为六朝制墨技术家效法的楷模,此处需加以解说。此方规定以1斤[3]松烟炭黑与5两动物胶配合,则两者重量比为100:31,即100斤墨汁含67%—77%的炭黑及23%—33%的动物胶。历史上一度长期采用这一配比,此后胶量时而上升,时而下降,总的来说两者重量比为100:30—100:50。韦诞合墨方中有松烟炭黑、动物胶、梣皮汁、鸡蛋白、朱砂和麝香六种料。动物胶是炭黑的分散介质和墨的成型剂,其余为添加剂。麝香是鹿科牡麝(*Moschus moschiferus*)腹部香囊中的干燥分泌物,为上等香料,使墨生香味,又有抗菌防腐作用。梣皮又称秦皮,为木樨科梣树(*Fraxinus bungeana*)树皮,学名小叶白蜡树,其树皮呈灰褐或灰黑色,水浸液呈黄碧色,有抑菌性,还可调合墨色。朱砂(HgS)呈朱红色,使墨迹黑中略带红光。鸡蛋白含蛋白质,可改善胶液中炭黑粒子的润湿性,使其在胶液中的分散性提高。隋唐、宋元、明清时,墨中添加剂种类越来越多,成分更趋复杂,构成中国墨另一特色。

如何取得松烟炭黑,在汉晋著作中较少提到。北宋人晁贯之(1050—1120在世)在《墨经》(约1100)中介绍了立

---

[1] 本书中征引文献,原文疑有脱、漏处或为连缀文意所加字、词以"[ ]"补出;需要做解释的字词,解释性词语于该字词后以"( )"给出。

[2] 韦诞.笔墨方[M]//李昉,等.太平御览:第3册.北京:中华书局,1960:2722.

[3] 古代一斤为16两,约为224克。

式和卧式两种烧窑方式。[①]宋以前多用立式,立窑高1丈[②]多,窑膛腹宽口小,灶面上无烟突,在窑上盖一大瓮,大瓮上再连叠5个大小相差的瓮。从下向上共置六瓮,越往上的越小,一个套一个。上面的瓮底部开孔,与下面的瓮相通,接缝处以泥密封。将松木放入窑膛内点燃,气流和松烟向上沿各瓮流动,通过各瓮的气孔适当控制气流量,冷却的松烟颗粒滞留于各瓮之中。整个立窑形成缺氧的不完全燃烧的环境,气流经6个瓮上升时似乎经过一些阻挡,同时受到冷却作用。各瓮内积有厚厚一层松烟颗粒,然后停火,冷却后以鸡毛扫取炭黑。最上一瓮内炭黑最细,质量最好,再往下则颗粒相对粗些。最下一瓮近火者颗粒最大,可制次等墨或做黑颜料,也可用于印刷。用此法烧取松烟,设备简单,但因烟道较短,炭黑微粒易散逸,生产率不高。

宋以后,多用卧窑烧取松烟,前述《墨经》介绍卧窑时指出,在山冈上根据地势高低筑起斜坡式卧窑,窑总长达100尺、脊高3尺、宽5尺,由若干节烟室接成,内设一些挡板。灶膛在窑的最低处,灶口一尺见方,松木由此处放入。灶膛与烟室间有咽口相通,二尺见方,烟气从下沿烟道逐步上升,经各节烟室到达尾部。每次从窑底部灶口加入3—5段松木点燃,按燃烧情况再续入松木,如此烧至七昼夜,称为"一会",冷却后入窑扫取松烟。近火的烟室炭黑粒大质次,越向上各节粒度越小,依此对炭黑等级做出分类。北宋人李孝美(1055—1115)《墨谱》(1095)也对卧窑及制墨技术做了描述,且有插图说明(图2.11)[③]。与立窑相比,卧式窑松烟墨产量大,生产率也高,是立式窑改进后的产物。除松烟墨外,宋代还以油烟制墨,因成本较高,印刷多用松烟墨,这里不再谈油烟墨。

① 晁贯之.墨经[M].刻本.常熟:汲古阁,1628(明崇祯元年).

② 古时寸、尺、丈与今略有不同,今1寸≈0.033米、1尺≈0.33米、1丈≈3.33米。

③ 李孝美.墨谱[M].北京:故宫博物院影印明刊本,1930.

图 2.11 古代烧制松烟、制墨图①

三、古代书籍形式的演变

现在转而叙述文字或图画的物质载体的演变。从出土实物观之,在原始社会人们将文字画或符号用笔记在树皮、石头上,或写刻在陶器上,例如在西安半坡出土的6000多年前的彩陶上所看到的。这虽然比结绳记事进步,但仍不能完整表达思想。当文字画或字符演变成象形文字时,中国便进入有文字历史的时代,象形文字肇于夏代,盛于商殷,由于这种文字大量出现于殷代都城废墟中的龟甲、兽骨上,所以称为甲骨文。甲骨文是先用笔写在甲骨上,再以利刀刻成阴文,每片甲骨一般容50多字,个别的可多达100多字,再将有字的甲骨穿孔,以绳穿起来,便成为最早的书册。这种文字载体又称书契,"契"字意思是雕刻,因此中国最早的文献是在甲骨上刻出的,从这个意义上看,商殷书契是刻有文字的书。但这种文字还同时铸在青铜器上,因此金属材料也成为

① 李孝美.墨谱[M].北京:故宫博物院影印明刊本,1930.

文字载体。西周继承殷代传统,仍以甲骨、金属为文字载体,但出土的青铜器更多,其铭文字数超过商殷,且多记载一些事件,这使得西周金文成为了解这一时期历史的重要书面资料(图2.12)。

图 2.12 周无专鼎及铭文拓片[①](铸于周宣王十六年)

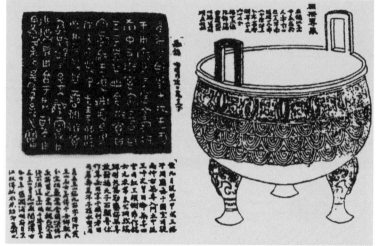

春秋、战国时期由于经济、文化和科学技术的发展,文字载体出现了新的变化。西周时以铜器铭文记载历史事件的趋势得到进一步扩大,所载铭文长者多至三四百字。文字除铸在铜器上外,还铸在铁器上,反映出铸造技术水平的提高。如晋国曾将法律条文铸在铁鼎上,称为刑鼎。《左传·昭公二十九年》载公元前513年晋国正卿赵鞅"遂赋晋国一鼓铁,以铸刑鼎,著范宣子所为刑书焉"。具有铭文的大型重鼎甚至成为传国之宝和政权的象征,因而这时将夺取某一政权的意图称为问鼎。古代在铜器上铸字时,要首先做出铸范,刻出凹下的文字和图案,再在铸范中浇注熔化的铜水。有时带文字的铸范要分别做出若干个,再逐个拼合起来才能形成具有完整铭文的铸范。如1925年前后在甘肃出土的春秋时(前7世纪)的青铜饮食器秦公簋,有铭文50字,从该器拓片上可以看到是一字一范,合多范而成整个铭文,字与字之间上下、左右相接的边线分明。[②]19世纪末,山东临淄出土的秦始皇二

① 冯云鹏,冯云鹓.金石索[M].刻本.滋阳:滋阳县署,1821(清道光元年).

② 罗振玉.松翁近稿:卷1[M].石印本.上虞:罗氏,1925:32-33.

容庚.商用彝器通考:第1册[M].北京:燕京大学哈佛燕京学社,1941:88,158.

十六年(前221)诏书陶范上有40字,每行两字,每两行(含四字)为一范,将十范拼合起来,再一次浇铸。这已构成了后世活字技术原理的思想源头之一。

以青铜器记录历史事件,因文字载体坚固,固然可以永垂不朽,但因耗费较大,工艺过程复杂,只有王侯贵族才能做得到,这种重器是无法在社会上普及的。从春秋、战国起,天然产的玉石经加工后成为另一种文字载体。玉石琢磨成平板后,可直接在上面写字,不用墨,而用朱砂写成红字,古时称为丹书。《左传·襄公二十三年》载公元前550年,"斐豹隶也,著于丹书"。1965—1966年山西侯马出土数千件用毛笔蘸朱砂和墨写在玉石片上的文书,这是公元前497年晋国正卿赵鞅击败邯郸赵氏宗族后,所订立的约信文书和盟誓。较完整的有600多件,有的玉板上竟写了220字,板片较薄,字迹至今可辨。[①]石料比玉更廉价易得,也易加工,因此先用朱砂写在石料上,再刻成阴文,从春秋以来成为另一种记载历史事件的方式。现存最早的石刻是唐初陕西凤翔出土的秦国石刻,为圆柱形,高45—90 cm不等,截面周长平均210 cm,共10枚,四周刻以大篆,以其类似鼓形,世称石鼓文,现藏北京故宫博物院。10石载字约700,做于秦襄公八年(前770),记载秦襄公助周平王抗击西戎时的战功,四字一韵。[②]从这以后,刻石之风在历代流行,早期刻石呈圆柱形,汉以后改为长方形,这类实物及其拓片多得数不胜数,仅西安碑林博物馆就有汉至清的碑石1000多块。刻石记事的传统直到今天仍在流传。

春秋以后,甲骨文发展成大篆,甲骨已不再作为文字载体,而易之以金石,但金石是硬质重型材料,只能存放在某个固定地点,不能随身携带,所占容积又大,文字也大,不能存储更多的信息,其局限性明显地暴露出来。针对这种情况,古人又以竹、木做成简牍,作为书写记事材料。经过修整的长方形平滑竹片叫竹简,简称为简,木片叫牍,两者合称简牍。人们可以在简牍上挥笔著书、记事,每片简牍的大小尺

---

① 陶正刚,王克林.侯马东周盟誓遗址[J].文物,1972(4):27.

② 郭沫若.石鼓文研究[M].北京:人民出版社,1955:9-10.

寸都有规定①，一般来说直高24—50 cm，写22—25字。写完后，再以另一片续写，写到一定篇幅后，以皮条或麻线逐片编在一起，最后再卷成捆。阅读时打开，不用时卷起，横放在架上。以简牍写字至迟可追溯到周代，《史记·孔子世家》载，"孔子（前551—前479）晚而喜《易》……读《易》韦编三绝"，这是说孔子读简牍写成的《周易》，编简片的皮条曾三次断绝。简牍是真正的书籍，中国文化典籍有赖于简牍才得以传至后世。春秋时简牍没有传世，但近几十年来，战国、秦汉简牍有大量出土。1953年湖南长沙市仰天湖战国楚墓出土竹简43枚，为公元前4世纪之物，长22 cm、宽1.2 cm、厚0.1 cm，每简2—21字不等②。1975年湖北云梦县睡虎地11号秦墓（前217）出土1150支秦竹简，包括《编年记》《语书》《秦律十八种》《法律答问》和《日书》等10种书籍。③1972年山东临沂银雀山一号西汉墓出土竹简4942枚，直高27.6 cm、宽0.5—0.9 cm、厚0.1—0.2 cm，其中有《孙子兵法》《孙膑兵法》《六韬》《尉缭子》《管子》《晏子》《墨子》等先秦古籍，还有《相狗经》《阴阳书》等。④近几十年来在甘肃、山东、湖南、湖北等省有数以万计的简牍出土（图2.13），具有重大学术研究价值，也使我们得以目睹古代简册书籍原貌。

中国是养蚕术和纺丝技术的起源地，至迟在春秋时就已用丝绢为写字、作画的材料。将其截成适当长度的段，以朱线画出行格，即可写字，可逐幅相粘接成一长卷，尾部有一轴，可将全幅卷起，此即卷轴装写本，故古书以"卷"计。1942年长沙子弹库战国楚墓出土帛书，既有文字也有绘画，现藏国外。1973年同地又发现《人物御龙》帛画，也是楚国遗物。1972—1973年长沙马王堆三号西汉墓出土了汉文帝十二年（前168）下葬的大量物品，其中有帛画，帛书《易经》《老子》《战国策》以及天文、历法、五行、杂占、地图等20种残卷，计

① 王国维.简牍检署考[M]//海宁王静安先生遗书:卷26.上海:中华书局,1936.

② 史树青.长沙仰天湖出土楚简研究[M].上海:群联出版社,1955:2,6-18.

③ 湖北孝感地区第二期亦工亦农文物考古训练班.湖北云梦睡虎地十一号秦墓发掘简报[J].文物,1976(6):1-10,95-99.

④ 吴九龙,毕宝启.山东临沂西汉墓发现《孙子兵法》和《孙膑兵法》等竹简的简报[J].文物,1974(2):15-26,71-78.

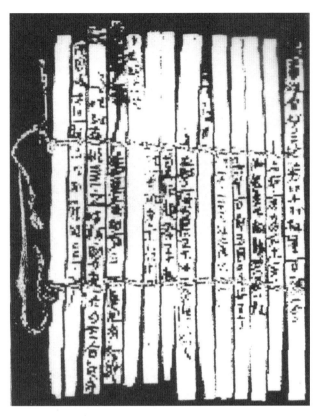

图2.13　居延出土汉永元五年至七年(93—95)兵器簿木简简册[①]

10万字,另有竹简18枚为类似《黄帝内经》的医书,写以汉初隶书。[②]这说明春秋、战略至秦汉时帛、简并行于世。因此《墨子》(前4世纪)《明鬼》篇曰:"古者圣王……又恐后世子孙不能知也,故书之竹帛,传遗后世子孙。咸恐其腐蠹绝灭,后世子孙不得而记,故琢之盘盂,镂之金石以重之。"《兼爱》篇也说:"知先圣六王之亲行之也。子墨子曰,吾非与之并世同时,闻其声见其色也。以其所书于竹帛,镂于金石,琢于盘盂,得遗后世孙子者知之。"在这里墨翟(前468—前376)除甲骨外,一下子列举了先秦时使用的好几种文字载体,其中只有简牍和缣帛(图2.14)是可供书写成书籍的材料,它们的出现,具有重大历史意义,有力地促进了科学和文化的发展。

① 劳翰.居延汉简考释[M].上海:商务印书馆,1949.

② 湖南省博物馆,中国科学院考古研究所.长沙马王堆二、三号汉墓发掘简报[J].文物,1974(7):39-48,95-111.

图 2.14　西汉帛书《五十二病方》(局部)[①]

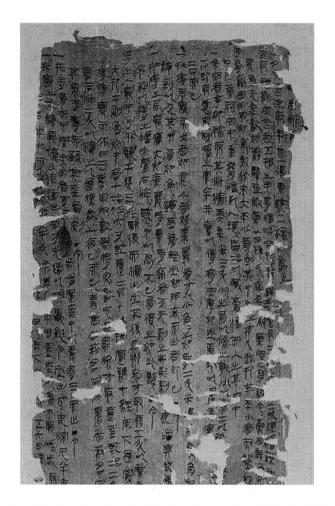

　　然而简牍在使用五六百年之后,至秦汉时其局限性就暴露出来了。随着科学文化的发展,长篇作品不断出现,典籍的种类、数量不断增加,如《汉书·艺文志》(100)收录596家著作,共13269卷。每片简容字不多,将万字书写完,约用400片,将其编成许多册,体积和重量就大了。《庄子·天下》说战国学者惠施"多方",藏简册书可容五车,皆通读之,后世人用"学富五车"形容知识渊博。《史记·秦始皇本纪》说,秦始皇亲政时,批阅的简牍呈文动辄以石(约60千克)计,"日夜有呈,不中呈不得休息"。《史记·滑稽列传》载西汉武帝时,齐人东方朔(前154—前93)"初入长安,至公车上书,凡用三千奏牍。公车令两人,共持举其书……读之二月乃尽"。这些例子说明,在新的历史条件下,简牍容字和信息量显得太少,使用时

① 中医研究院医史文献研究室.马王堆帛书四种古医学佚书简介[J].文物,1975(6):16-19.

已感不便。缣帛轻软光滑，受墨，容字多，但价格太贵。汉代一匹缣值六石米，一般人是用不起的，故有"贫不及素"之语。简牍、绵帛自周秦以来取代甲骨、金石成为主要文字载体之后，其本身又面临被全新的文字载体取代的命运，秦汉之际植物纤维纸的发明及其应用，使文字载体发生了根本改变，书籍进入纸写本阶段，为此后印刷术的出现提供了物质前提。对此，本书将在第三章中详细论述。

商殷甲骨文书契虽然从周以后被帛、简取代，但却成为中国人在硬质材料上刻字以记事的开端，距今已有3000多年。商殷时代占卜，取用龟甲、兽骨，从河南安阳殷墟出土的甲骨卜辞来看，龟甲多来自南方长江流域，为当地诸侯所进贡。腹甲一般长28 cm、宽20 cm、厚0.6—0.7 cm。龟的背甲因中脊突出不平，要断面两半，每半长27—35 cm、宽11—15 cm。兽骨多用牛的胛骨，因表面宽大而光滑，也时而用其他动物骨。先将甲骨上其他附着物除去，刮平、磨光，再在上面凿直径约1 cm的椭圆形凹槽和圆形凹槽，两者相切，每块甲骨上凹槽数目不等。占卜前，在有凹槽的甲骨脊面以火灼之，则在凹槽周围出现纵向和横向的裂纹，巫师依其形状不同而断为吉兆或凶兆，再由史官将占卜结果记录在甲骨上，即成卜辞。这就是甲骨文的主要内容，而将占卜完毕、含有卜辞的甲骨穿一洞互相穿联在一起，便成为"册"，可作为档案保管，因年代久元，完整的甲骨卜辞档案册，早已散成单片，但其被穿联过的痕迹仍可看到，证明史书所说"惟殷先人，有典有册"是可靠的。

那么卜辞是怎样记录在甲骨片上的呢？甲骨文专家董作宾先生（1895—1963）在其所编《殷墟文字乙编》上辑（1948）、中辑（1949）和下辑（1953）中共收录了9105片甲骨卜辞的拓片或照片。此前，他所编《殷墟文字甲编》（1948）收录甲骨3942片。其中绝大部分甲骨片上的卜辞都是刻出来的，但有极少数甲骨卜辞是以毛笔蘸朱砂或墨写成的。尤其是个别龟甲片上，背甲正面文字是刻的，笔画细而劲，但反面文字是写的，没有刻出，笔画肥而柔。又有"贞乎"二字书体手迹甚粗，但笔画刻得细，尚未刻完。这说明甲骨卜辞通常是先以笔在甲骨上写出字样,再以刀刻之。[①]从没有来得及雕刻的字样手迹来看,其书写次序是由上而下,由左向右,与现今写字的顺序完全一样。由于手写的字无法拓印,只好拍成照片。有时熟练的刻工,也可将字直接刻出,但这是个别场合。还有时骨片上反复刻几行干支,非常秀丽,但下面刻的同样的字则歪斜不整齐,这是师傅带徒弟刻字的实例。[②]

王国维先生在《戬寿堂所藏殷墟文字考释》(1917)中,还举出实例说明商殷刻字时的刀法。有一片卜辞应当是"苦方出",但却刻成⿰，显然是没有刻完,正确、完整刻法应是⿰。另一片"亞其"二字刻出⿰也未刻全,完整刻法应是⿱。这说明刻工刻字时,先以刀刻出各字直画,这样易于下刀。再将甲骨片转动90°竖向刻出字的横画。[③]刻小字和细笔画每画只下一刀,刻大字和粗笔画每画要刻两刀,由笔画的两边下刀,剔去中间。刻刀为硬质青铜刀,由含锡20%—30%的青铜制成,为具有不同形状刃部的刀具。甲骨文中字的偏旁时左时右,因此常出现在今天看来是同一字的正体和反体,如"明"字有时刻成⊙D,有时刻成D⊙,"如"字时而作⿰,时而作⿰,类似事例不胜枚举。因此可以说,商殷时代甲骨文的刻字技术成了后世雕版印刷中版刻技术的历史源头。因为商殷以后刻字材料虽由甲骨易为石料等不同材料,但刻字技术则一直持续发展,长盛不衰,而且成为一种艺术。龟甲、兽骨虽然可以写字,但字迹不易持久保留,因此才需要再将字迹刻出。由于其篇面有限,也只能容有限的字,而将甲骨片穿联起来,又不便保存和阅读,终于被帛、简代替,帛简后又代之以纸。

从甲骨、金石、帛简到纸这些文字载体的演变史中,可以看到一个共同的文化发展趋势,即随着时代的推移,载体上的文字内容越来越丰富,文字字数越来越多,但要求完成文字记载工作所需的时间越少越好。换言之,工作节奏随时代

---

① 董作宾.殷墟文字乙编序[J].中国考古学报,1949(4):255-289.

② 郭沫若.古代文字之辩证的发展[M]//郭沫若.奴隶制时代.北京:人民出版社,1977:251-252.

③ 王国维.戬寿堂所藏殷墟文字考释[M].上海:仓圣明智大学,1917:46.

推移而越趋加快。为适应此趋势,在商殷、西周、春秋战国、秦汉、六朝至隋唐时期汉字经历了从甲骨文、大篆、小篆、隶书、隶楷到楷书等多次大规模规范和简化过程。每次改革都使汉字的书写越来越容易和迅捷,至隋代,楷书已成为便于书写和印刷的稳定的字体。与文字改革相适应的还有文字载体材料方面从甲骨、金石、简牍、缣帛到纸的几次更替,文字与载体之间存在着相互促进的互动关系。书籍的形制也几经变动,阅读和使用越来越便利。至西汉发明纸后,中国最先拥有既适于书写又适于印刷的文字载体材料。如果再考虑到笔和墨的使用,我们可以说在南北朝后期已具备发展雕版印刷所需要的各种物质和技术条件,只要将复制书籍的思想付诸实践,并有适当的社会环境,印刷术的出现就会成为必然。

第三章
造纸术的发明和发展

第一节

纸的定义和造纸的科学原理

一、纸的定义

在中国古代四大发明中,纸和印刷术的互动关系最为密切。过去1000多年间的历史表明,纸一直是印刷品的主要物质载体和印刷术发展的物质前提,任何国家或地区只有在有了纸之后才能发展印刷,因此研究印刷技术史就不能不涉及造纸史。美国卡特博士说,印刷术发明和发展的背景是造纸,因此他在其《中国印刷术的发明及其西传》(*The Invention of Printing in China and Its Spread Westward*, 1925)这部驰名世界的著作中,第一章便专门研究造纸术的发明。他的做法应当成为撰写这类著作的通用模式。

如第一章所述,在没有纸以前,中国古代以甲骨、金石、简牍、缣帛等为书写记事材料,而在外国除金石外,还用黏土砖、棕榈树叶、树皮、莎草片(papyrus)、羊皮等材料,使历史和文化财富得以保存。大体说来可归纳为三大类:第一类是重质硬性材料,如甲骨、金石、简牍、木板和黏土砖等,都笨重,不能卷曲,不便携带,所占体积大,不便贮存。但优点是坚固耐用,在易得性和性能上各异。金属材料造价高,不能写字,只能铸字或刻字。第二类是轻质脆性材料,如树叶、树皮及莎草片等,重量小,容字多,可串成册,易携带,且廉价易得。缺点是脆而不耐折,不能舒卷。第三类是轻质柔性材料,如缣帛、羊皮等,表面平滑受墨,容字多,可舒卷,装成书后较轻便。主要缺点是造价高,无法普及于民间。上述三类材料在使用过程中,甲骨、金石、黏土砖因不便书写与携带,首先被淘汰。剩下简牍、缣帛、羊皮、莎草片和贝叶等几种,但局限性已逐步暴露无遗,最后都被纸所取代。

与古典书写记事材料相比,纸具有下列优越性:

(1) 表面平滑,洁白受墨,适于柔软毛笔和硬笔书写。

(2) 幅面大,容字多,体轻又柔软耐折,便于携带。

(3) 寿命长,着色性强,能染成各种颜色,适于深加工。

(4) 用途广,可用于书写、印刷、包装,可在工农业及日常生活中被制成各种用品,其他任何材料都不具备这些功能。

(5) 最大优点是物美价廉,原料到处都有,世界任何地方都可以制造。

纸是一种万能材料,2000多年来在全世界各地通用,长盛不衰,它的出现在书写记事材料史中具有划时代意义。纸写本使用后,促成印刷术的发明,纸又成为印刷品的物质载体,纸在书写和印刷方面的应用,在推动人类文明和社会发展中起到了火车头的作用。

"纸"字不见于先秦(前3世纪以前)文献,较晚出现,小篆中作紙。有报道说,纸字首见于西北古代居延出土的西汉中晚期(前1世纪)木简,其中有"官写氏"句,氏为纸之省文。[①]居延为西汉与匈奴在西北作战的驻军要地,在今内蒙古额济纳旗境内,当时边关已用纸写字,则内地用纸当早于此。"纸"字的出现是为了表达不同于简牍和缣帛的一种新型书写材料,通过对出土的西汉纸的研究,我们对这种材料有了更多的认识。我们认为传统上所谓的纸,指植物纤维原料经机械、化学加工得到纯的分散纤维,与木配成浆液,使其经多孔模具帘面,滤水后形成湿的薄层,经干燥获得有一定强度的由纤维交结成的薄片,有书写、印刷和包装等用途。这个定义包括五项要素:① 表面平滑受墨,用于书写、包装等;② 基本成分是纯的分散植物纤维;③ 多数纤维作紧密的异向交结;④ 纤维被切短,打破有且帚化(fibrillation)现象;⑤ 纤维经过成浆、抄造和干燥等工序处理。只有具备上述要素的才能称之为纸,否则便不是纸。

① 陈直.汉书新证[M].天津:天津人民出版社,1979:467-468.

上面给出的纸的定义和判断标准,适用于古今中外一切以手工方式制成的纸。古往今来由于人们没有弄清纸的定义,将不是纸的材料当成纸,引起概念上的混淆和造纸起源上的误解。例如,有人将太平洋岛上或沿岸各地民族使用的所谓树皮布(tapa)当成纸,并进而认为古代玛雅人(Maya)居住的墨西哥是造纸起源地[①],就是个误会。因为tapa是由树皮槌打而成的,未经成浆、抄造处理,基本成分是纤维束(fiber bundles),因而不是纸。还有人将古代埃及人制成的莎草片当成纸,认为纸起源于埃及。[②]其实埃及人将莎草(*Cyperus papyrus* L.)秆切短、劈成两半,压扁,纵横交错堆成两层,滴醋后槌平,即用以写字。这种材料表面有经纬纹,从成分、物理结构、外观和性能等方面来看都与纸毫无共同之处,加工过程也全异。同理,印度次大陆古代所用的棕榈叶也不是纸。当纸与这些材料相遇后,它们纷纷退出历史舞台,可见根本不能与纸相提并论。

最初解释纸字含义的东汉人许慎(约58—147)的《说文解字》(121)卷13说:"纸,絮—箈(shàn)也。从糸,氏声。"[③]意思是纸字会意从糸(mì,细丝),发声从氏(zhī)。絮就是纤维,通常指次等丝棉的动物纤维,也指外观类似绵丝的植物纤维。箈与簀(zé)通用,指竹席或竹帘。因此许慎认为纤维的水悬浮液在竹帘上滤水后所形成的纤维薄片谓之纸。在许慎时代麻纸已行用于世,他应能知道纸的原料和制法,因此他说的"絮"或纤维应指分散的麻纤维。在他给出的定义中包括纸的原料(麻纤维)和造纸工具(竹帘)。这与1963年版《美国百科全书》(*The Encyclopaedia Americana*)所说"纸是从水悬浮液中捞在帘子上形成的由植物纤维交结成毡的薄片"[④],不谋而合。只有这样理解许慎的词义,才合乎其本义与史实。

东汉人刘熙《释名》(约100)云:"纸,砥也,谓平滑如砥

---

① HANS L. Coras del papel an mesoamerica[M]. Mexico, 1984:74.

② JAROSLAV C. Paper and books in Ancient Egypt[M]. London: H. K. Lewis, 1952:31.

③ 许慎. 说文解字注:卷13 糸部[M]. 段玉裁,注. 上海:文盛书局,1908:9.

④ The encyclopaedia Americana: vol. 21[M]. New York: Grolier, 1963:258-259.

石也。"砥音旨（zhǐ）或底（dǐ），意为平滑或磨石。因此，纸字从砥字演变而来，将"石"字旁改为"糸"旁，表示一种以纤维制成的平滑材料，用以代替缣帛作书写之用，这是西汉人造此字的用意，也是许慎解释此字"会意从糸，发声从氏"的原因。东汉人服虔所著《通俗文》（约180）还有"方絮曰纸"之说，这是对纸的一种美称，指其洁白，纤维外观如丝絮。汉人没区分动物纤维和植物纤维，统称为絮，遂使后人产生误解。如魏太和六年（232）博士张揖著《古今字诂》，其《巾部》认为纸有古今之分，"古纸"以缣帛为料，名为幡纸，东汉人蔡伦以旧麻布为料，故称"今纸"或帋。[1]此说虽新，却并无证据。汉以前，以缣帛这类丝织物写字，但不将其称为纸，"幡纸"一词初见于东汉人荀悦（148—209）所著《汉记》，荀悦与张揖为同时代人，所谓"古纸"并不存在，再造"今纸"或"帋"字与之对应，实无必要。现在该是消除这种误会的时候了。

　　我们还可从原料加工、制造工艺和原理方面将纸与其他古代材料加以区别，以论证纸的优越性。树叶、树皮、莎草片、羊皮、甲骨、石料和简牍都是对原料做简单加工，原料物理性质和化学成分以至外貌都没有发生变化，属于初级加工产物。青铜器和缣帛是对原料做较多加工的产物，但金属材料不能写字，缣帛是较好的书写材料，但太昂贵，且原料形态亦未变化。纸是人类对原料进行化学处理和机械处理相结合的深度加工产物。造纸原料不但经历了外观形态上的物理学变化，还经历组成结构上的化学变化。纸工将废旧脏乱的破布变成洁白平滑的纸，如战国哲学家庄子（前369—前283）所说"臭腐复化为神奇"，纸就是在中国这一传统思想指引下造出的。造纸技术蕴含一系列深奥的科学原理，只是在近百年来尤其近几十年来才得以充分阐明，2000年前先民发展的工艺过程和设备构造不自觉地运用了这些原理。

---

① 张揖.古今字诂:巾部[M]//李昉.太平御览:卷605　纸部.北京:中华书局，1960:2724.

二、造纸的科学原理

造纸原料为分散的植物纤维,但并不存在于自然界中,而是先由人工从植物中提取出来,再加以化学提纯和机械加工而成的。古代其他书写材料是自然界的现成之物,稍事加工即成,不存在化学提纯,且原料来源单一。造纸原料品种繁多,据不完全统计,有500—1000种,包括草木类、竹类、皮料类、麻类和废料类等。古代主要用植物韧皮纤维和茎秆纤维,前者在草本和木本植物的韧皮部。草本植物如麻类,多一年生;木本植物为多年生,如构(楮)、桑、藤、结香、青檀(*Pteroceltis tatarinowii* Maxim.)等。茎秆纤维含于单子叶植物基本组织的维管束中,不易将基本组织与维管束分开。这一类也多为一年生(如稻、麦及草类)和多年生(如竹类)。因此,造纸原料是人们对自然资源更深层次的发掘和深入认识的结果,又因其散布于世界各地区,也是纸成为人类通用材料的原因之一。几种造纸用植物纤维微观形态及纤维长宽度如表3.1所示。

不同原料的纤维长宽度各异,造出的纸品质也有别。长纤维造纸比短纤维好,长宽比越大越好,成纸后组织紧密、拉力强度大。中国从一开始就选中优质麻类纤维造纸,大麻纤维平均长宽比为1000,苎麻为3000(图3.1)。其次是皮料,楮皮纤维长宽比为290,桑皮为463,青檀为276。再次是竹类,纤维平均长宽比为123—133。最次的是草类,稻草为114,麦秆为102。苎麻纤维长宽比是麦秆的29倍。因此,中国古代麻纸和皮纸作文化用纸,草纸作包装纸、卫生纸和葬仪用"火纸"。竹纸是短纤维纸,以其便宜,广为用之。造纸原料多样化是中国一大特点,另一特点是将长纤维与短纤维按比例混合制浆造纸,既能保证质量,又能降低成本。

如果对纸再进行深入的微观观察,就会发现植物纤维由纤维素(cellulose)构成,它是细胞壁的基本成分。从分子层次来看,纤维素是由许多 α-葡萄糖基(α-glucoside,$C_6H_{10}O_5$)相互间以 1-4-β-甙键(1-4-β-glucosidic bonds)联结而成的

表3.1 中国古代常用造纸用植物纤维长宽度及长宽比

纤	维	长度（mm）			宽度（mm）			平均长宽比
		最大	最小	大部分	最大	最小	大部分	
1	大麻	29.0	12.4	15.0—25.5	0.032	0.007	0.015—0.025	1000
2	苎麻	231.0	36.5	120.0—180.3	0.076	0.009	0.024—0.047	3000
3	楮皮	14.0	0.57	6.0—9.0	0.032	0.018	0.024—0.028	290
4	桑皮	45.2	6.5	14.0—20.0	0.038	0.005	0.019—0.025	463
5	黄瑞香皮	5.8	0.95	3.1—4.5	0.030	0.004	0.015—0.019	222
6	青檀皮	18.0	0.72	9.0—14.0	0.034	0.007	0.019—0.023	276
7	毛竹	3.20	0.34	1.52—2.09	0.030	0.006	0.012—0.019	123
8	慈竹	2.85	0.34	1.33—1.90	0.028	0.003	0.009—0.019	133
9	稻草	2.66	0.28	1.14—1.52	0.028	0.003	0.006—0.009	114
10	麦秆	3.27	0.47	1.30—1.71	0.044	0.004	0.017—0.019	102

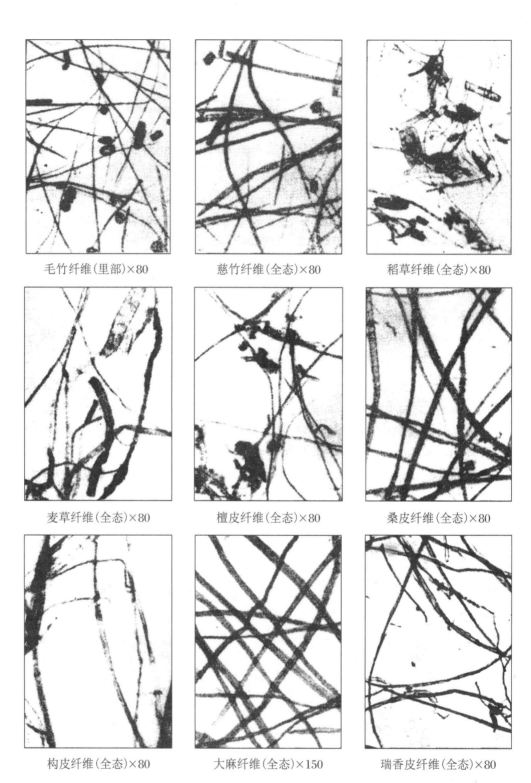

毛竹纤维(里部)×80　　慈竹纤维(全态)×80　　稻草纤维(全态)×80

麦草纤维(全态)×80　　檀皮纤维(全态)×80　　桑皮纤维(全态)×80

构皮纤维(全态)×80　　大麻纤维(全态)×150　　瑞香皮纤维(全态)×80

图3.1　中国古代常用造纸植物纤维图谱①

① 第一轻工业部造纸工业科学研究所.中国造纸原料纤维图谱[M].北京:轻工业
出版社,1965.

高分子多糖体(polysac-charide)。可以将纤维素看成是葡萄糖基的长链状高聚物,用通式$(C_6H_{10}O_5)_n$表示。式中n值为聚合度,标志着分子链的长短,如苎麻纤维素分子聚合度为8580,不同原料的平均聚合度不一,n值越大,纤维越长。聚合度还与纤维素分子量成正比,如亚麻平均分子量为33.5万。纤维素分子的化学结构可以用不同式子表示,英国化学家霍沃思(Walter Norman Haworth,1883—1950)给出的纤维素分子式如图3.2所示。

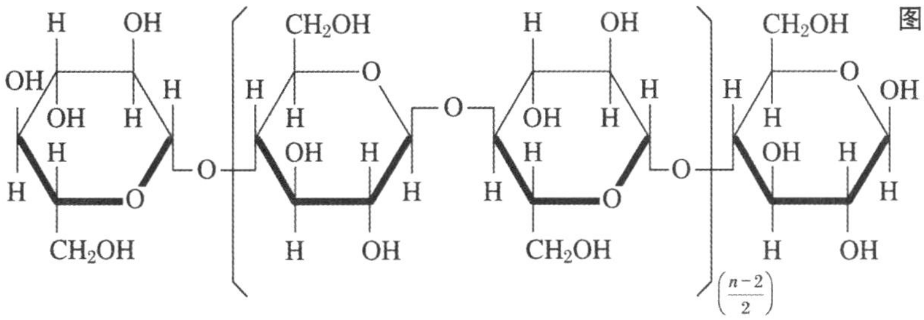

图3.2 纤维素分子式

从图3.2的纤维分子式中可以看到,纤维素链状高分子中每个葡萄糖基有三个羟基(hydroxyl,OH),因此每个纤维素分子含三倍于聚合度($3n$)的羟基,如苎麻纤维素分子,含$3 \times 8580 = 25740$个羟基,接近2.6万个,它有很大的亲水性,当植物纤维提纯并分散于水中时,其纤维素分子中无数羟基吸引水分子,从而使纤维润胀。当纤维素分子相互靠近时,相邻的两个分子中羟基的氧原子O就将水分子H—O—H拉在一起,水分子像将两个纤维素分子连在一起的桥一样,被称为"水桥"(图3.3)。此即将纸浆用帘子捞出、滤水并压去多余水分后,帘上形成湿纸层时的状态。水桥的联结并不牢固,因此湿纸层强度不大。

可是将湿纸干燥、蒸发去水之后,纤维受到强大的表面张力作用,各纤维素分子间距离大大缩小,缩小到2.75埃($Å$,angstron,10^{-10} m)以下时,纤维分子间就不借助水桥联结了,而是借助分子间无数羟基间形成的氢键(hydrogen bonds)而缔合。所谓氢键,是化合物中所含极性羟基中的氧原子吸引另一羟基中的氢原子而形成的一种化学键,其键能为5—8 kcal/mol,比一般分子间力即范德华力(Van der

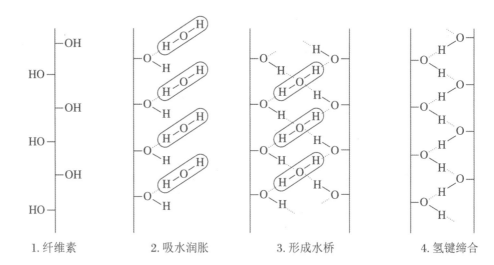

| 1. 纤维素 | 2. 吸水润胀 | 3. 形成水桥 | 4. 氢键缔合 |

图3.3　纤维成纸过程机理①

Waals force）的能量大2—3倍，是纤维素分子间发生的主要作用形式。纤维素的所有氢羟基原则上都能形成氢键，氢键缔合使纤维素分子相互间紧密交结成具有一定强度的薄片即纸。湿纸干燥脱水即氢键形成过程，因此成纸过程是化学作用发生的过程。

造纸之所以包含化学过程，也还表现在对纤维原料的化学提纯方面。为使纤维素分子借氢键缔合而成纸的过程不受干扰，要将有害杂质除去，如原料中的灰分、果胶质（pectin）、木素（lignin）、蛋白质、半纤维素或多缩戊糖（poly-pentose）和色素都要去除，它们对成品纸质量有不良影响。常见造纸原料化学成分如表3.2所示。

原料中含纤维素越多越好，含非纤维素越少越好。原料中主要杂质是果胶和木素，而木素最有害且难除去。从表3.2中可知麻类含纤维素70%—83%、木素2%—4%，最为理想；其次是皮料，含纤维素40%—55%、木素9%—14%，竹类和草类含纤维素36%—45%、木素14%—31%。可见各原料中化学成分优劣顺序与长宽度、长宽比的物理指标优劣顺序一致。不论以何种标准判断，等级顺序总是：麻类最好，皮料次之，再次是竹类，最后是草类。

纤维中的杂质半纤维素由各种单糖（monose）构成，主要

---

① 潘吉星. 中国造纸技术史稿[M]. 北京：文物出版社，1979.

表3.2 中国古代常用造纸原料化学成分

序号	原料	水分	灰分	抽提物				聚戊糖	蛋白质	果胶	木素	纤维素
				冷水	热水	乙醚	1%NaOH					
1	大麻	9.25	2.85	6.45	10.50		30.76			2.06	4.03	69.51
2	苎麻	6.60	2.93	4.08	6.29		16.81			3.46	1.81	82.81
3	楮皮	11.25	2.70	5.85	18.92	2.31	44.61	9.46	6.04	9.46	14.32	39.08
4	桑皮		4.40		2.39	3.37	35.47	10.42	6.13	8.84	8.74	54.81
5	青檀皮	11.86	4.79	6.45	20.18	4.75	32.45	8.14	4.23	5.60	10.31	40.02
6	毛竹	12.14	1.10	2.38	5.96	0.66	30.98	21.12		0.72	30.67	45.50
7	慈竹	12.56	1.20	2.42	6.78	0.71	31.24	25.41		0.87	31.28	44.35
8	稻草	9.87	15.50	6.85	28.50	0.65	47.70	18.06	6.04	0.21	14.05	36.20
9	麦秆	10.65	6.04	5.36	23.15	0.51	44.56	25.56	2.30	0.30	22.34	40.40

是 β-吡喃甙木糖基的聚合物(polymers of xylose of β-pytone type),当它在纸浆中增加时,会降低纸的强度。果胶是部分或完全甲氧基化的多半乳糖酸(methoxylized galactonic acid)或果胶酸(pectic acid),它使纤维硬成束,不易分丝帚化,且在原料蒸煮时无端消耗碱液。果胶易被碱性溶液分解,也可被丝状菌类微生物通过发酵的生物化学作用而降解,因此造纸前原料要脱胶。古代一般将原料放在水池内沤制(soaking),通过发酵法脱果胶。所经历的阶段是:

(1)准备阶段:原料在池内吸水膨胀,部分有机物和无机物溶于水,池水呈浅黄色。同时原料中带入的孢子菌开始发酵,水中形成气泡,池水颜色渐深,温度上升。

(2)果胶发酵阶段:孢子菌繁殖,放出果胶酶(pectinase)分解果胶,温度继续上升。

(3)终止阶段:此时原料变软,分离出纤维,池水呈棕色。池水以中性(pH为6—7)为好,水温为37—42℃。原料用石块压在水下,不宜外露,水的重量为物料重量的10倍,如先将原料以清水蒸煮,效果更好。发酵液可循环使用,亦可放走一部分,留一部分。所需时间因季节而定,一般7—10天。

原料中的木素能降低纸的强度和寿命,又易氧化成色素,导致造不出白纸。木素是含一些芳香基苯环(aromatic benzene tings)的大分子,分子量为840,结构较复杂。原料脱胶后,还要在碱性溶液内蒸煮,使木素破坏降解成可溶物,还可溶解原料中所含油肪,破坏天然色素,溶解单宁(tannin)、蛋白质和淀粉等。通过洗涤可将这些杂质排除。中国从汉代以来用草木灰水和石灰水蒸煮原料,可提高溶液的总碱量。蒸煮后原料中的木素含量由25%—28%降至1.5%—2%,半纤维素含量由25%—28%降至11%—12%,而纤维素含量由55%—58%增至88%—89%。古代造高级纸,有时会再次蒸煮,还要经日光漂白,木素几乎可除尽,使原料中的纤维素的含量达到99%—100%。蒸煮时间一般为7天,不停地举火。蒸煮液呈黑色,原料洗涤后变白、柔软。

提纯的纤维原料虽然果胶、木素、色素等杂质已不复存在,但仍有许多缠绕的纤维束和光硬的外壳,纤维素中的羟基被束缚其中，不能充分暴露出来发挥作用。欲造紧密的纸，还要将过长的纤维断裂和帚化。为此要作打浆（beating）处理，用机械力将纤维细胞壁和纤维束打碎，将长纤维打断。实验证明，纤维间结合力在打浆前后相差10倍。中国古代打浆工具有杆臼、踏碓、石碓、水碓等，以人力、畜力和水力为动力。其中可以通过水力驱动数个石碓捣料，此种设备最为先进。打浆后，纤维表面起毛，发生分丝帚化（图3.4），有时要反复春捣。

 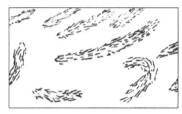

打浆前硬光的纤维

打浆后纤维分丝帚化，柔软可塑

图 3.4　纤维打浆前后对比（潘吉星绘，1979）

　　捣碎的分散纤维与水在槽内配成纸浆，即可抄纸。因纤维不溶于水，只能制成悬浮液，要不断搅拌。但纤维絮聚（flocculation）现象难免，浆液各部分浓度不一，抄不出厚度均一的纸。为此古人最初向纸浆中加淀粉剂，改善纤维悬浮性能，继而加入植物黏液为悬浮剂。常用植物黏液取自杨桃藤或猕猴桃藤（Chinese gooseberry vine）和黄蜀葵（*Abelmoschus manihot* L.）茎的浸出液，在水中呈丝状高分子电解质性状，可阻纤维下沉，还可防止湿纸堆在一起逐张揭下时揭破。中国纸工将植物黏液称为"纸药"或"滑水"。纸浆配成后，将用细竹条编成的帘状抄纸器插入纸浆，荡帘，再提出，水从缝隙流出，形成湿纸，再去掉剩余的水，揭下即成纸，一般可直接用于书写、包装和印刷等。

　　但如果用纸作画或写小字，有时会发生走墨、洇彩现象。对纸的微观结构研究表明，在纤维间存在空隙和毛细管。只有将其堵塞或压紧，才不致走墨。为此，最简单的处理方式是以光滑的石头用力在纸上压擦，古称"砑光"。亦可用淀粉浆将纸润湿，再以木槌反复槌之，古称"浆碓"。但更有效的方法是施胶（sizing），可增加纸对液体透过的阻抗性，分纸表施胶和纸内施胶。最初的施胶剂是淀粉糊，后来用动物胶加

中国印刷技术史

第一节　纸的定义和造纸的科学原理

059

作为沉淀剂的明矾。这样施胶剂的颗粒沉积于纸上纤维间的空隙中(图3.5)。还可以用植物染料将纸染成不同颜色,以增加其美感、改善其性能。为提高纸的白度、平滑性、不透明性和抗湿性,古时还以白色矿物细粉与胶水涂于纸表,形成一层保护层(图3.6),古称"粉笺",即今之涂布纸(coated paper)。在纸上涂蜡可提高其抗水性。在彩色纸上涂蜡,古称其为彩蜡笺。

图 3.5　纸张施胶前后对比(潘吉星绘,1979)

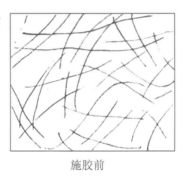

施胶前　　　　　　　　施胶后

图 3.6　粉料涂布纸横切面微观图[1]

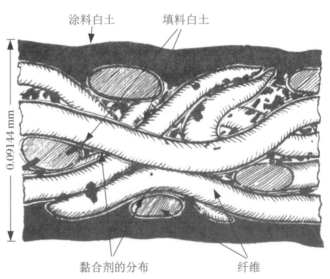

涂料白土　　填料白土

0.09144 mm

黏合剂的分布　　　　纤维

纸上涂白粉,再上色、涂蜡,便成彩色粉蜡笺。古代还用胶将金粉、金片固定在色纸上,称为洒金笺。如在色纸上用泥金画出图案,则称金花纸。还有在木板上刻出阳文反体文字或图案,再压在纸上,呈现阳文正体,称为砑花纸。在抄纸帘上用线编出凸起的图案,与帘纹一起出现于纸上,称为花

① 潘吉星.中国造纸技术史稿[M].北京:文物出版社,1979.

帘纸,即今水纹纸。中国从汉代以后即开始纸的加工(砑光与染色),唐代以后加工纸品种繁多,花样翻新,使纸文化绚丽多彩。纸的加工目的是:① 增加纸的外观美和内在美,向艺术品发展;② 改善纸的性能,扩大其应用范围;③ 采取保护措施,延长寿命。[①]

第二节

造纸术的起源

一、为什么造纸术起源于中国

最初的纸是由麻绳头、破布制造成的麻纸。在中国,麻布由大麻、苎麻织成;在其他国家或地区,麻布由其所产的亚麻、黄麻织就。破布亦可造纸。从这一点看,古时中外各国都拥有造纸的资源,但为什么中国最早利用这种资源造出了纸,这个问题需要讨论。大家知道,促成造纸的因素首先是社会对新型书写材料有需要,这又与社会经济、文化教育和技术发展程度有密切关系。公元前3世纪—公元前2世纪,世界只有简牍、缣帛、莎草片、羊皮板、贝叶和树皮等少数几种材料可供书写用,这时希腊、波斯、埃及、罗马、印度、日本、古朝鲜等国仍处于奴隶社会,战争频仍,版图不断变换,处于割裂的动荡时期。奴隶主统治集团只求掠夺财富、土地和争霸,对发展文化教育事业并不大关心,社会上识字的人很少,古典书写材料足以满足社会需要,没有对新型书写材料的急迫需求。

① 潘吉星.中国古代加工纸十种[J].文物,1979(2):38-48.

　PAN J X. Ten kinds of modified paper in ancient China[J]. Bulletin of the International Association of Paper Historians, 1983(4):151-155.

造纸术作为提供新型书写材料的技术和文化教育事业大发展的产物，不可能产生于奴隶制社会，只有比奴隶社会进步、经济和社会生产力以及文教更发达的封建社会，才能促进造纸术的发明。在公元前的最后几个世纪，世界有些地区的古老文明国家一个接一个地被外国征服，文明遭到破坏，仍难逃奴隶制统治。前525年埃及被波斯征服，前330年波斯又被希腊马其顿王国征服，前146年希腊又臣服于罗马。东方的印度于前323年遭希腊蹂躏，阿育王（Asoka，前273—前232）时，印度才建立奴隶制国家，在阿育王死后又陷入分裂。前146年，希腊又亡于罗马帝国，希腊文明于此时衰落。但罗马人看重武力和享受，却蔑视文明，对读物需要很少，羊皮书和莎草片书没等人读就已损坏，甚至用来焚烧以为公共浴池提供热水。迟至公元初年在这些地区还没有出现新兴的封建社会。

反之，中国进入奴隶社会可能比有的国家晚，但却提前于公元前5世纪进入封建社会。前221年秦始皇建立了统一的封建大帝国，统一了文字。接下来是西汉，汉承秦制至文、景时期（前179—前141）出现治平之世，社会经济、文化繁荣，汉武帝（前140—前87）雄才大略，在位时继续保持这个势头。国家的统一，社会经济、文化教育和学术的发展需要大量书写材料。史载秦始皇亲政时上奏的简牍奏文以石计，日夜有呈，不批阅完不得休息。汉武帝时东方朔上书写在3000枚简上，需两人抬进，读之两月乃尽。缣帛虽轻便，但汉代一匹缣为360千克米的价格，民间买不起绢用于写字，故有"贫不及素"之语。人们深切感受缣帛昂贵、简牍笨重之不便，探索廉价质优、能代替帛简的新材料，这就促成了纸的出现。中国拥有发展造纸术所需的社会背景。

在世界所有古典书写材料中只有中国的缣帛与纸有关，纸字从糸旁就是明证。纸与帛素有下列共性：平滑受墨，质轻柔软，耐折易舒卷，都由纯纤维制成。造纸的技术思想还从制帛的漂絮过程中得到启示，即将丝纤维放竹席上于水中击打后做成绵料。但击碎的丝絮落在席上晒干取下，形成类似纸的薄片，弃而不用。这个工序暗含打浆和抄造的动作。

清代画家吴嘉猷(字有如,1818—1893)的《蚕桑络丝织绸图说》画册(1891)中的漂絮图(图3.7)可帮助我们了解这一操作。

图3.7 中国古代漂絮图(取自吴嘉猷粉本,1891)

　　古代在织丝前要择茧,取良茧织成上等帛料,次茧做御寒绵料。做丝绵前,将次茧以草木灰水煮之,使其脱去丝胶,再漂洗并击打,晒干备用。漂絮多由妇女完成,《庄子·逍遥游》对此有记载。

　　漂絮过程说明,将分散的纤维通过竹席滞留,无需纺织过程便可形成类似绢的薄片,如代丝纤维以麻纤维,就能形成纸。秦汉之际工匠想要做的正是这一点。因此,造纸是模仿漂絮,以麻絮代丝絮为之,以竹帘抄之而成。关键是以麻絮代丝絮,只有这样,才能使成本降下来。中国是养蚕术和丝织术的起源地,距今5000多年前已制出丝织品,漂絮历史最为悠久。大麻、苎麻均原产于中国,新石器时代即使用织布,提纯麻纤维早有历史经验,《诗经·陈风》(前5世纪)称"东门之池,可以沤麻……东门之池,可以沤苎"。"沤制"分为池沤和石灰水(或草木灰水)蒸煮两个过程,见于王祯《农书》(1313)和徐光启《农政全书》(1628)。沤制的目的是用化学手段除去杂质,得到纯麻纤维,使其柔软、洁白如丝,再纺线织布。上述各种因素综合在一起,最终导致造纸术的发明。

二、论造纸术起源于西汉

中国虽是造纸术起源地，但关于起源时间却有不同意见。第一种意见以张揖和范晔（397—445）为代表，认为汉以前书写材料缣帛谓之纸，因其昂贵，东汉人蔡伦（约61—121）乃以植物原料造之，此纸由蔡伦于元兴元年（105）发明[1]。但由丝质原料纺织而成的缣帛古称帛、素，并不是纸，也不能称为纸，因纸由植物原料抄造而成，且在蔡伦前汉人用纸记载已出现，因此又出现了第二种意见，以张怀瓘（686—758在世）和史绳祖（1204—1278在世）为代表。他们认为，在蔡伦前已有纸取代简牍，蔡伦不是纸的发明者，而是改良者。[2]第二种意见符合历史发展观点，原则上是正确的，且得到考古发现证实。造纸像冶金铸造一样，是一种集体劳动，不是一个人能完成的，也不可能是某个人在某一天突然发明的。纸应是在秦汉之际先民寻找代替帛简的新型书写材料的技术探索过程中产生的。在封建社会，工匠社会地位低下，很少能载入史册，他们的技术创造常被系在某些王侯将相名下，宋代科学家沈括《长兴集》卷19曾批判了这种作法，指出各行业劳动者参与了新技术的开发。

20世纪以来中国境内的考古发掘为解决造纸术起源问题提供了大量实物资料，足以判断上述两种学术观点间千年争议之是非。1933年考古学家黄文弼博士（1893—1966）在新疆罗布淖尔汉代烽燧遗址首次发现一片西汉古纸，他写道：

> 麻纸：麻质，白色，作方块薄片，四周不完整，长约4.0 cm，宽约10.0 cm，质甚粗糙，不匀称，纸面尚存麻筋，盖为初造纸时所作，故不精细也。按此纸出罗布淖尔古烽燧亭中，同时出土者有黄龙元年（前49）之木简，为汉宣帝（前73—前49）年号，则此纸亦当为西汉故物也……

① 范晔.后汉书：卷108　蔡伦传[M].//二十五史：第2册.缩印本.上海：上海古籍出版社，1986：262.

② 张怀瓘.书断[M]//陶宗仪.说郛.上海：商务印书馆，1927.

据此,是西汉时已有纸可书矣。今予又得实物上之证明,是西汉有纸,毫无可疑。不过西汉时纸较粗,而蔡伦所作更为精细耳。[①]

黄先生是通过考古实物证据指出造纸始于西汉的第一人。1942年秋,考古学家劳榦博士在今内蒙古额济纳旗查科尔帖汉代烽燧下挖出一张字纸,此处出土78枚汉简,大部分为永元五至七年(93—95)兵器簿和永元十年(98)邮驿记录。纸埋在木简下面,"其埋到地下比永元十年的简要早些",经同济大学植物学家吴印禅鉴定为植物纤维纸[②]。纸上残存50字,共8行,可辨者为"不……石巨//每□器……//橡公□?(乃)……//县官转易又□善//是□……挂……意……也……"(图3.8)。似是讨论兵器转运的公事文书,因公元前后200年间汉与匈奴交兵,此处是汉作战前线士兵屯驻的据点。1975年劳先生补述曰:

> 居延纸(查科尔帖纸)的时代,下限可以到永元(93—98),上限还是可以上溯至昭、宣(前89—前49)……因为居延这一带发现过的木简,永元兵器册是时代最晚的一套编册。其余各简的最大多数都在西汉时代,尤其是昭帝和宣帝的时期。[③]

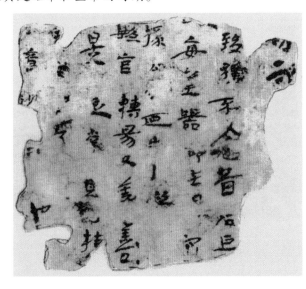

图3.8　**1942年内蒙古查科尔帖出土的西汉字纸**(台北历史语言研究所藏)

① 黄文弼.罗布淖尔考古论[M].北平:国立北京大学出版部,1948:168.

② 劳榦.论中国造纸术之原始[J].历史语言研究所集刊,1948:489-498.

③ 劳榦.中国古代史后序[M]//钱存训.中国古代书史.香港:香港中文大学出版社,1975:183-184.

因此,黄文弼和劳榦这两位中国考古界的老前辈都主张造纸始于西汉,而劳先生还发掘出西汉的字纸。1957年5月8日,陕西西安市灞桥区砖瓦厂工地掘土时发现铜镜、铜剑等物,次日省博物馆派人调查,发现文物大小近百件,出于一南北向土室墓中。在三弦纽镜下粘有麻布,布下有数层纸,已裂成碎片,最大者8 cm×12 cm,布与纸均有铜锈绿斑。考古学家将出土器物组合与已知年代的其他墓葬器物对比,确认此墓葬器物年代不会晚于西汉武帝(前140—前87)时期[①]。除此墓外,土地周围无其他墓葬和建筑遗址,但最初发表简报时未及时对纸进行化验,一度认为"类似丝质纤维做成的纸"。1964年经我们化验后,确认是麻纤维纸(图3.9)[②]。

图3.9 1957年西安灞桥出土的西汉麻纸(前140—前87)

原始状态(程学华供图)

放大10倍(潘吉星供图)

1973年,甘肃省长城考古队在该省额济纳河东岸汉代肩

---

① 田野.陕西省灞桥发现西汉的纸[J].文物参考资料,1957(7):78-81.

程学华.西安灞桥纸的断代与有关情况的说明[J].科技史文集,1989(15):17-22.

② 潘吉星.世界上最早的植物纤维纸[J].文物,1964(11):48-49.

潘吉星.谈世界上最早的植物纤维纸[J].化学通报,1974(5):45-47.

水金关军事哨所遗址做有计划的科学发掘,清理出纪年木简、绢片、麻布、笔、砚和纸等。出土的纸有两片:一号纸(编号EJF1)白色,规格为21 cm×19 cm,同土层木简多昭、宣时期,最晚为宣帝甘露二年(前52),纸薄而多(图3.10)。二号纸(EJT30:3)暗黄色,规格为11.5 cm×9 cm,较粗糙,为哀帝建平元年(前6)遗存。①此遗址各部位明确,文物堆积的土层层位关系及纸的断代可靠。1978年12月,陕西扶风县中颜村兴修水利时,发现汉代建筑遗址,其瓦片堆积层下图形坑穴内有一窖藏陶罐,内装铜器、铜钱等文物90多件,在漆器装饰件铜泡(圆冒铜钉)内塞有纸,最大片者规格为6.8 cm×7.2 cm,白色,柔韧,有铜锈斑。经鉴定,大陶罐为宣帝前后文物,铜钱为文帝至平帝之间之钱币,纸的年代上限为宣帝至平帝间,不迟于平帝(1—5)。②此窖藏从未被扰动,出土时仍保持原始状态。

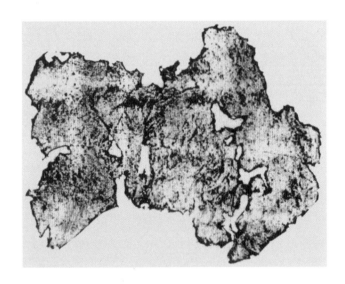

图 3.10 1973 年甘肃居延金关出土的西汉麻纸(前52)③

1979年10月,甘肃省长城联合调查组在敦煌西北马圈湾西汉驻军遗址开展大规模发掘,此处驻军始自武帝,宣帝时最盛,至新莽(8—23)废弃,出土文物337件,包括丝毛织品、五铢钱、铜铁器、印章、笔砚、麻纸及木简1217枚。麻纸共8片(图3.11)。纸-Ⅰ(T12:47)黄色,粗糙,规格为32 cm×20 cm,是完整的一张纸,同土层木简年代为前65—前50

①③ 初师宾,任步云.居延汉代遗址和新出土的简册文物[J].文物,1978(1):6.

② 罗西章.陕西扶风县中颜村发现西汉窖藏铜器和古纸[J].文物,1978(9):17-20.

年。纸-Ⅱ(T10:06)及纸-Ⅲ(T9:26)共4片,质地细,同一探方纪年木简为公元前32—公元5年。纸-Ⅳ(T9:25)白色,质地匀细,纸-Ⅴ(T12:18)共2片,此二纸年代为新莽时期。①1986年6—9月,甘肃天水市放马滩5号汉墓出土绘有地图的纸(图3.12),残存规格为5.6 cm×2.8 cm,置于死者胸部,黄色,沾有污点,以细黑线条绘出山川、道路等,类

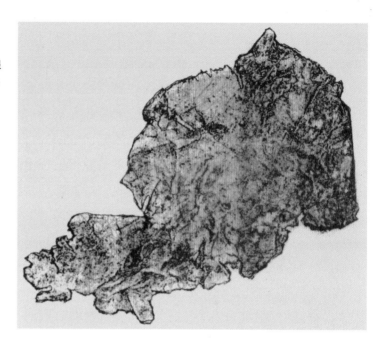

图 3.11 **1979 年敦煌马圈湾出土的西汉麻纸**②

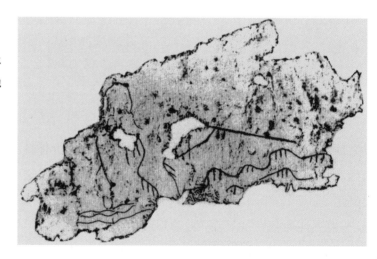

图 3.12 **1986 年天水市放马滩出土的西汉地图纸**③

似1973年长沙马王堆3号汉墓(前168)出土的帛质地图。此

①② 岳邦湖,吴礽骧.敦煌马圈湾汉代烽燧遗址的发掘简报[J].文物,1981(10):1-8.
③ 何双全.甘肃天水放马滩战国秦汉墓群的发掘[J].文物,1989(2):1-11,31.

放马滩墓葬结构与秦墓同,葬器与陕西、湖北云梦早期汉墓一致,其年代为文、景时期(前179—前141),这是迄今最早的纸质地图①。

1990年10月至1992年12月,甘肃省文物考古研究所对敦煌东北甜水井汉代悬泉置遗址开展大规模发掘。悬泉置是一传递信息、接待宾客的机构,占地面积22500 m²,先后掘出文物7万件,内有简牍3.5万枚、古纸470件,还有皮革、丝织物、笔、砚、粮食及各种日常用品,被评为1991年中国十大考古发现之一。区域内的堆积分为五层,层次分明,其年代可由层内纪年木简判断。值得注意的是,有西汉字纸9件,如编号T212④:1呈白色,规格为18 cm×12 cm,写有隶书"付子"二字,出于第四层,属武、昭时期(前140—前74);T114③:609呈黄色,质地细匀,写有草隶"持书来……啬"等字,规格为7 cm×3.5 cm,出于第三层,为宣、成(前73—前7)之物;F2④:1为完整的一张书写纸,浅黄色,规格为34 cm×25 cm。这是地下古纸最大规模的一次出土。②现将历次西汉纸出土情况(部分)汇总于表3.3。

蔡伦以前用纸的事例还见于文献记载。4世纪成书的《三辅故事》称:"卫太子大鼻,武帝病,太子入省。江充(约前141—前91)曰:上恶大鼻,当持纸蔽其鼻而入。"③此事发生于汉武帝征和二年(前91),帝病于甘泉,内侍江充与太子刘据(前128—前91)有隙,为谋害太子,让他探病时以纸遮鼻入内。但武帝并未因此发怒,太子遂杀江充。这是古书有关用纸的最早记载。《汉书》卷57载,武帝读司马相如(前179—前117)《子虚赋》后,建元三年(前138)召其入宫,相如愿为天子作《游猎赋》,"上令尚书给笔札",颜师古(581—645)注云:"时未多用纸,故给札以书。"④指汉初未

① 何双全.甘肃天水放马滩战国秦汉墓群的发掘[J].文物,1989(2):1-11,31.

② 何双全.甘肃敦煌汉代悬泉置遗址的发掘简报[J].文物,2000(5):4-20.

③ 张澍.三辅故事[M].二酉堂丛书本,1820:9.

④ 班固.汉书:卷57 司马相如传[M]//二十五史:第1册.缩印本.上海:上海古籍出版社,1986:601.

表3.3 西汉古纸历年出土情况（部分）

序号	姓名	纸的年代（公元）	出土年代	出土地点	尺寸（cm）	外观描述
1	罗布淖尔纸	前73—前49	1933	新疆罗布淖尔汉代烽燧遗址	4×10	白色、薄纸，质地粗糙，纸上纤维束及未打散的麻筋较多
2	查科尔帖纸	前89—77	1942	甘肃额济纳河东岸查科尔帖汉代烽燧遗址	10×11.3	纸上有文字8行，共50字，可辨认出10余字，纸黄间灰色
3	灞桥纸	前140—前87	1957	陕西西安灞桥汉代墓区	8×12	浅黄色、薄纸，多层叠压在铜镜下，揭裂成88片，纤维束较多，交织不匀，纸上有铜锈绿斑
4	金关纸-Ⅰ	前52	1973	甘肃额济纳河东岸金关屯戍遗址	21×19	白色，质地细，强度大，纤维束较少
5	金关纸-Ⅱ	前6	1973	甘肃额济纳河东岸金关屯戍遗址	11.5×9	暗黄色，质地较粗糙
6	中颜纸	1—5	1978	陕西扶风中颜村汉建筑遗址	6.8×7.2	白色柔韧，纸较好，纸上可见帘纹，此纸与其他文物为窖藏品
7	马圈湾纸-Ⅰ	前65—前50	1979	甘肃敦煌马圈湾汉屯戍遗址	32×20	黄色，较粗糙，四周有自然边缘，是最完整的一张纸，尺寸为原大
8	马圈湾纸-Ⅲ	前32—前1	1979	甘肃敦煌马圈湾汉屯戍遗址	9.5×16	共2片，原白色，污染成土宽色，个别部位仍色白，制作精细
9	马圈湾纸-Ⅳ	1—5	1979	甘肃敦煌马圈湾汉屯戍遗址	9×15.5	白色，质细，纤维束少，纸帘纹明显

续表

序号	姓名	纸的年代（公元）	出土年代	出土地点	尺寸（cm）	外观描述
10	马圈湾纸-Ⅴ	8—23	1979	甘肃敦煌马圈湾汉屯戍遗址	17.5×18.5	白色，质细，纤维束少，强度较大
11	放马滩纸	前179—前141	1986	甘肃天水放马滩汉代墓葬区	5.6×2.8	出土时黄色，现褪成黄间浅灰色，纸薄而软，纸上绘有地图，表面有污点
12	悬泉置纸-Ⅰ	前140—前74	1990—1992	甘肃敦煌甜水井汉悬泉置遗址	18×12	白色，质地好，写有文字"付子"
13	悬泉置纸-Ⅱ	前73—前7	1990—1992	甘肃敦煌甜水井汉悬泉置遗址	3×4	浅黄色，纤维细，质地好，纸上有文字"细辛"，纸面有帘条纹，帘条纹粗0.3 mm，纸薄，厚0.286 mm
14	悬泉置纸-Ⅲ	前73—前7	1990—1992	甘肃敦煌甜水井汉悬泉置遗址	13.5×7	浅黄色，稍厚，纸上有文字"薰力"，纸较好

说明：查科尔帖纸年代上限为公元前89年，下限为公元97年，即西汉中后期至东汉初期。

普遍用纸，并非无纸可书，前述考古发现说明当时是简、纸并用。居延出土的西汉中晚期（前1世纪）木简上有"官写纸"的记载，已如前述。

《前汉书·外戚传》载，鸿嘉三年（前18）汉成帝立赵飞燕（约前42—1）为皇后，但无子，元延元年（前12）后宫曹伟能却早生皇子，皇后之妹指使他人将曹伟能打入冷宫，再令狱丞籍武以毒药将她害死，然后夺其生子。毒药由赫蹄（tí）包裹，东汉人应劭（140—206在世）《汉书集解音义》解释说："赫蹄，薄小纸也。"[①]东汉开国皇帝刘秀（前5—57）于建武元年六月二十二日（25年8月5日）即位于鄗（今河南高邑），冬十月车驾入洛阳，定都于此。应劭《风俗通义》（175）载，"光武车架徙都洛阳，载素、简、纸[写]经凡二千辆"[②]，这2000辆车所载用缣帛、简牍和纸写的典籍，构成东汉内府第一批藏书，它们肯定写在公元25年之前的西汉。光武帝喜欢用纸，即位当年下令，设尚书台为国家政务中枢机构，协助尚书令的右丞"假署印绶及纸、笔、墨诸财用库藏"，又令少府设守宫令"主御用纸、笔、墨及尚书财用诸物及封泥"[③]，这是在蔡伦出生前30多年（25）发生的事。汉章帝建初元年（76）诏博士贾逵（29—101）入讲北宫白虎观，"令逵自选公羊、严、颜[之学]及诸生高材者二十人，教以《左氏[传]》，与（予）简、纸经各一通"[④]。这是说，公元79年章帝令贾逵编写《春秋左传》教材，教高才生20人，赐每人以竹简及纸写成的经传各一套。

综上所述，20世纪以来的1933、1942、1957、1973、1978、1979、1986及1990—1992年先后8次在新疆、甘肃和陕西等省区不同地点出土公元前2世纪—公元前1世纪的

① 班固.汉书：卷97 孝成赵皇后传[M]//二十五史：第1册.缩印本.上海：上海古籍出版社，1986：370.

② 应劭.风俗通义[M]//钱泳，黄汉，尹元炜，等.笔记小说大观.扬州：江苏广陵古籍刻印社，1983.

③ 范晔.后汉书：卷36 百官志[M]//二十五史：第2册.缩印本.上海：上海古籍出版社，1986：80-81.

④ 范晔.后汉书：卷66 贾逵传[M]//二十五史：第2册.缩印本.上海：上海古籍出版社，1986：152-153.

西汉古纸,有的还绘有地图或写有文字。这些考古发现和一系列文献记载都证明了在蔡伦之前200年的西汉初已有书写用纸,纸显然不是蔡伦于105年发明的。张揖、范晔及其观点的追随者已意识到汉初有纸,但认定这种纸只能是缣帛,不会是植物纤维纸。这种说法能否成立,只要对出土古纸做分析化验,就立见分明。早在20世纪40年代已有研究者对个别样品做了化验。从60年代起我们对1957—1990年历次出土的西汉纸做了深层次的系统化验。首先以高倍放大镜观察纸的外观形态特征,再将纸样上的纤维剥离出来,染色后做成封片,以高倍光学显微镜或扫描电子显微镜观察纤维离析景象,测出相关数据,判断纤维种类,每次化验至少重复两次。同时对已知的各种植物纤维样品和已知年代的各种汉以后纸样进行平行对比化验,历次检测结果如表3.4、表3.5所示。

表3.4　蔡伦前出土古纸的分析化验结果

序号	纸名	纸的年代	原料	厚度 (mm)	基重 (g/m²)	紧度 (g/m²)	白度 (%)	纤维平均长 (mm)	纤维平均宽 (μm)
1	灞桥纸	前140—前87	麻	0.10	29.2	0.29	25	0.88	25.55
2	金关纸-Ⅰ	前52	麻	0.22	61.7	0.28	40	2.10	18.73
3	中颜纸	1—5	麻	0.22	61.9	0.28	43	2.12	20.26
4	马圈湾纸-Ⅴ	8—23	麻	0.29	95.1	0.33	42	1.93	18.18
5	模拟西汉纸	1965	麻	0.14	38.9	0.28	42	2.85	22.10
6	凤翔麻纸	1980	麻	0.10	38.5	0.45	45	1.56	20.89

表3.5　三种出土西汉纸的分析化验结果

序号	纸名	纸的年代	原料	厚度 (mm)	基重 (g/m²)	紧度 (g/cm²)	白度 (%)	纤维平均长 (mm)	纤维平均宽 (μm)
1	灞桥纸	前140—前87	麻	0.085	21.0	0.25	25	1.05	18
2	金关纸	前52	麻	0.25	63.8	0.26	40	1.03	17
3	中颜纸	1—5	麻	0.23	58.4	0.262	40	1.29	19

从各样品纤维纵剖面、横切面和整装的显微镜下的照片所显示的各种特征来看(图3.13、图3.14、图3.15、图3.16),都与大麻和苎麻的纤维特征相符。纸样品纤维平

均宽 18—26 μm（1 μm＝10^{-3} mm），符合大麻宽度的变化幅度（7—32 μm）。所有纸样由中国纺织科学研究院专家复查，没有发现其中有丝纤维，只观察到麻纤维。我们还注意到各试样都有未打散的小麻线头，与纸上纤维成分相同，说明造纸原料为破麻布。通过显微镜可以观察到，麻纤维纯度较高，杂细胞及杂质较少，与生麻及麻布纤维不同，少数纸白度为 25％，其余多数白度为 40％—45％，在纯度和白度上与汉代纸相同，说明造纸原料经过草木灰水蒸煮的化学提纯处理。模拟实验显示，麻料若不这样处

图 3.13 西汉灞桥纸纤维在扫描电子显微镜下的照片 1（×100）（潘吉星提供，1988）

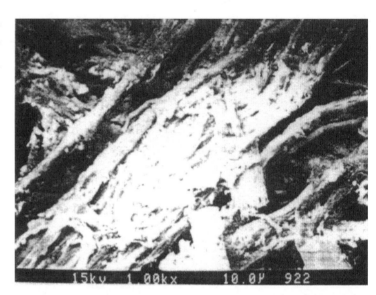

图 3.14 西汉灞桥纸纤维在扫描电子显微镜下的照片 2（×100）（潘吉星提供，1988）

图3.15 西汉金关纸纤维在扫描电子显微镜下的照片(×300)(潘吉星提供,1988)

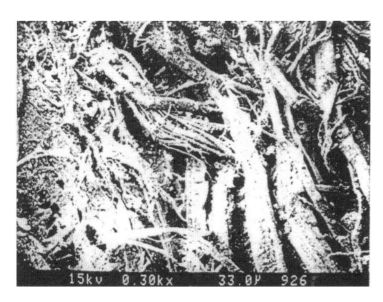

图3.16 西汉马圈湾纸纤维在扫描电子显微镜下的照片(×100)(潘吉星提供,1988)

理,是很难提高白度的,而白度低是由蒸煮效果不好所致。①

西汉纸纤维平均长 0.9—2.2 mm,最长(占 1%)为 10 mm,0.5—1.9 mm 长的纤维占 50% 以上。未经加工的大麻生纤维平均长 15—25 mm,苎麻生纤维平均长 120—180 mm。两相比较,相差几十至几百倍,说明造纸纤维经切短、打短处理,不可能因自然腐溃而变短,我们没有观察到此现象。纸上虽有未打散的麻绳头,但都被切短,显微镜下能

① 潘吉星,苗俊英,张金英,等.对四次出土西汉纸的综合分析化验[M]//潘吉星.中国科学技术史:造纸与印刷卷.北京:科学出版社,1998:64.

看到切口。所有样品没有长于 15 mm 的纤维束或绳头。在显微镜下发现西汉纸样基本成分是分散的单独纤维，作不定向交织，只是个别部位纤维作同向排列。各纸平均厚度为 0.1—2.9 mm，一般为 0.2—0.25 mm，且都有一定强度，紧度为 0.28—0.33 g/cm^3，符合手工纸要求，不是纤维自然堆积物。

各纸样纤维在显微镜下观察都有压溃、帚化现象，如金关纸和中颜纸帚化度为 40%，打浆度约为 50°SR。如果原料未经切短和舂捣，则很难有此现象。只有灞桥纸纤维帚化程度不高，但被压溃、帚化的部位仍可看到，仍有纸的结构。中颜纸、马圈湾纸、悬泉置纸和灞桥纸上均有帘纹，每纹粗 2 mm，这是经过纸帘抄造的证明。有的纸帘纹不显，或过薄、过厚，或因由织纹纸模（woven mould）抄造。根据以上所述化验结果，可以得出结论：所有出土的西汉纸都由麻类植物纤维制成，原料为麻头、旧布，经过切碎、洗涤、草木灰水蒸煮、机械舂捣和抄造等技术处理，表面平滑受墨，有的纸还留有字迹，有一定的机械强度。通过微观观察发现，其基本成分是提纯的分散纤维，由其作紧密的异向交结而形成 0.2—0.25 mm 厚的薄片，多数纤维有帚化现象。因而从外观、物理结构、技术指标和性能来看，所出土的西汉纸符合手工纸的定义，是取代帛、简用于书写的真正植物纤维纸。但加工过程有精粗之别，质地分高下，各有不同用途。造纸术起源于公元前 2 世纪的西汉已确切无疑。

三、汉代造纸技术

自公元前 2 世纪西汉初起近千年间，麻纸是中国的主要纸种，它是如何制造出来的，需要仔细研究。古书中对麻纸制造技术的记载甚少，只留下皮纸、竹纸制造的作品，因为宋以后麻纸逐步被皮纸、竹纸取代。因此，研究麻纸制造是对一种失传技术做复原研究。欲解开其技术之谜，需要对现在少数地方保留的生产麻纸的手工作坊进行实地调查，分析西汉纸纸样,从中找出原料及加工处理等技术信息。再在手工生产作坊进行模拟实验,将实验产物与出土纸进行对比,拟定不同实验方案,一一在作坊操作,最终找出答案。因篇幅关系,有些细节就不在此叙述了,这里只简述我们的研究结果。造麻纸的工艺流程至少应包括下列工序:① 浸湿破麻布→② 切碎→③ 水洗→④ 麻料以草木灰水蒸煮→⑤ 水洗→⑥ 舂捣→⑦ 水洗→⑧ 配纸浆→⑨ 抄纸→⑩ 晒纸→⑪ 揭纸→⑫ 整理打包。

1965年我们在陕西凤翔麻纸厂按上述流程与工人师傅一道做了模拟实验,由老纸工黄严生前辈(1912—1968)带领我们操作。为与实际生产状态接近,取20—25 kg破麻制品为原料,以手工方式利用实际生产工具、设备操作,但抄纸器则按汉纸尺寸临时设计制造。所造的纸与所出土的西汉纸接近,技术指标大体相同,我们造纸的过程应该还原了西汉时造纸的过程。造纸工序比上述工序更简单或更复杂,所造出的纸比西汉纸粗糙或精细,有的没有进入纸的范畴,有的接近后世纸。因此,上述12道工序应反映了早期纸的制造过程。[①]今说明如下:

(1)原料的机械预处理(浸湿、切碎、水洗):将废旧麻布、绳头等称重放入筐中,在水中浸洗,使其湿润并洗去尘土及泥沙。浸湿的麻料以利斧切成小块,随时剔除其中的金属物、木屑、羽毛、皮革等杂物和腐烂物。麻料切碎后放入筐中,在河水中洗之。

(2)原料的化学处理(浸草木灰水、蒸煮、水洗):将草木烧成灰,装入竹篮内,以热水浸渍,过滤,即得草木灰水(图3.17),呈弱碱性。以稻草灰为例,其总碱量(以氧化钾K_2O计)为57.7 g/L,氢氧化物(以氢氧化钾KOH计)为36.6 g/L,碳酸盐(以碳酸钾K_2CO_3计)为42.5 g/L。

将切碎的麻料以草木灰水浸透后,放入蒸煮锅中,再从上至下淋入草木灰水或石灰水。蒸煮大锅为铁制,内装水,锅上放箅子,再在箅上放两端开口的木桶。麻料放在箅子

---

① 潘吉星.从模拟实验看汉代造麻纸技术[J].文物,1977(1):51-58.

上,装满木桶,桶上口以麻袋片封之。锅下燃柴薪蒸煮(图3.18)。煮后将麻料用铁叉子取出,放出筐中,在河水里洗净,锅内黑液弃去。蒸煮7天左右,洗完的麻料纤维被提纯,变白变软。

图3.17 浸渍草木灰水设备(潘吉星绘,1979)

图3.18 汉代造纸用蒸煮锅(潘吉星绘,1979)

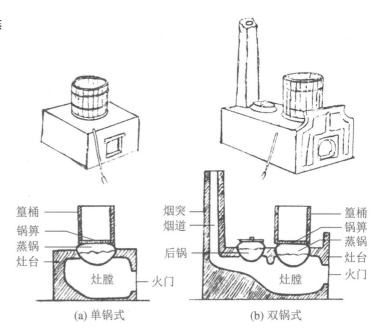

(3) 摔碎麻料:将蒸煮后洗净的麻料分批放入石臼中捣细(图3.19),边捣边翻动,直到捣细为止。用手持杵头捣较费力,使用踏碓较省力。舂捣后,麻料变成分散的细小纤维,这个工序所费工时最多,劳动强度大,一般由壮劳力完成。捣碎的料放在细竹筐或布袋内,再在河水中洗之,除去灰粒、泥土等。

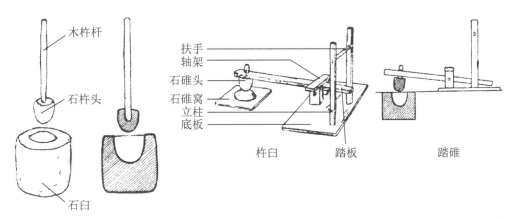

图 3.19　春捣麻料设备
（潘吉星绘，1979）

（4）制浆与捞纸：捣、洗后的麻纤维呈白色棉絮状，放入长方形木槽中，加入干净的井水或山泉水，制成适当稠度的悬浮液即纸浆。以木棍充分搅拌，使纤维漂浮在水中。纸模为长方形（34 cm×24 cm）木制框架，将马尾编成箩面固定在其上或将竹帘固定在其上（图3.20）。以双手持纸模斜向插入纸浆中，来回摇荡，再提起滤去水，即成一张湿纸。这道工序由有经验的纸工操作。

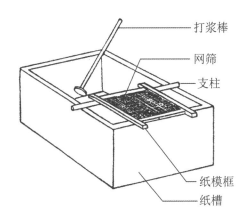

图 3.20　抄纸槽（潘吉星绘，1979）

（5）晒纸与揭纸：湿纸成型滤水后，仍保有多余水分，没有达到足够的强度，必须干燥脱水。因此要将纸模与湿纸一起放在户外日晒，自然干燥后才能揭下。只有制成许多纸模，才能同时抄许多张纸。这样造出的纸表面不一定光滑，还要用细石研光。汉代纸模直高24—25 cm，宽35—55 cm。其整个工艺过程如图3.21所示。

1. 洗料　2. 切料　3. 洗料　4. 烧制草木灰水

5. 蒸煮　6. 捣料　7. 打槽

8. 抄造　9. 晒纸、揭纸

图3.21　汉代造麻纸工艺流程图(潘吉星设计,张孝友绘,1979)

四、对蔡伦的历史评价

通过考古新发现和对出土西汉古纸的科学研究,蔡伦造纸之说已不能成立,可将造纸起源由公元2世纪追溯到公元前2世纪,这是件好事,说明中国这项发明源远流长,也是对西汉造纸先辈创造性劳动的应有的肯定。因此,唐宋以来有关造纸起源的学术争议,至此应当画上句号。剩下的问题是如何评价蔡伦的历史作用。蔡伦,字敬仲,桂阳(今湖南耒阳)人,约生于东汉明帝永平六年(63),永平末(75)始入宫为宦者,章帝建初中(76—86)为黄门侍郎,掌宫内外公事传达、引诸王朝见。和帝永元元年(89)即位时,蔡伦升为中常侍,侍奉皇帝左右,参与军国机要,历史上宦官预政始于此。永元三年(91)蔡伦兼任尚方令,掌宫中所用刀剑及诸器物之制造,因而有机会接触一些工艺技术,其所监造的刀剑、弩、镫等做工精良,曾有出土。永元十四年(102)邓绥(81—121)立为皇后,"后不好玩弄,珠玉之物不过于目。诸家岁供纸、墨,通殷勤而已"[①]。蔡伦见邓皇后喜欢纸,便于元兴元年(105)监造佳纸献上,并提出推广用纸的建议,得到采纳。因这一年和帝崩,幼子嗣位,邓氏作为皇太后临朝,所以蔡伦监造的纸实际上是献给邓太后的。

邓太后称制终身(105—121),元初元年(114)封蔡伦为龙亭侯,封地在今陕西洋县,食邑三百户。后又加封他为长乐太仆,相当于大长秋,位于三公(太尉、司徒、司空)之下、九卿之上,权位达到顶峰。建光元年(121)邓太后崩,安帝亲政。因建初三年(78)窦皇后指使黄门侍郎蔡伦诬陷安帝生母宋贵人致宋贵人死。安帝敕廷尉传蔡伦,他自知难免一死,遂服毒自杀。朝廷削去其侯位,废除其封地。由于蔡伦卷入后宫夺位斗争,最终死得很惨。蔡伦作为宦官在政治上并没有什么作为,但他在兼任尚书令期间做过有益于工艺技术发展的好事,特别在造纸方面他的贡献值得肯定。他在中常侍任内,就感到缣贵而简重,并不便于人们使用,没有纸方

① 袁宏晋.后汉纪:卷14 和帝纪[M].上海:商务印书馆,1926:12.

便。当时的邓皇后特别喜欢用纸,蔡伦为投其所好,乃组织尚方工匠于洛阳造出精工细作的佳纸。除以麻布为原料外,还成功以楮皮造纸,105年献给朝廷后,受到嘉奖。114年蔡伦被封为龙亭侯后,尚方所造宫内用纸又称为所谓"蔡侯纸"。图3.22为新疆出土的东汉书信。

图3.22 新疆出土东汉书信①

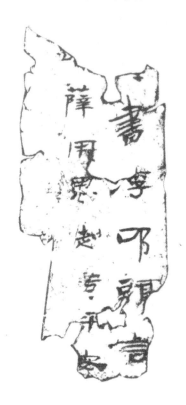

蔡伦的最早传记出现于东汉国史《东观汉记》,此书成于桓帝之世(151—166),作者为延笃(约97—167)、曹寿,但此书宋以后逐渐散佚。唐人引此传称:"黄门蔡伦,典作尚方造纸,所谓蔡侯纸是也。"②意思是蔡伦主管尚方造纸,此时蔡伦尚未封侯,待其封侯后,尚方造纸一度被称为蔡侯纸。待他侯位被削去后,此纸名即在东汉废用。魏博士董巴(200—275在世)《大汉舆服志》曰:"东京(洛阳)有'蔡侯纸'即伦纸也。用故麻名麻纸,木皮名榖纸,用故鱼网作纸,名网纸也。"③榖(gǔ)即桑科构树(*Broussonetia papyrifera*),古又称

① 罗振玉,王国维.流沙坠简:第1册[M].北京:中华书局,1914.

② 徐坚.初学记:卷26 纸[M].北京:中华书局,1962:516.

③ 董巴.大汉舆服志[M]//李昉,李穆,徐铉.太平御览:卷605 纸.北京:中华书局,1960:2724.

楮（chǔ），为中国原产植物，其韧皮纤维为优良造纸原料。楮皮纸不见于西汉，当是从蔡伦时开始出现的。晋人张华（232—300）《博物志》（约200）又称："桂阳人蔡伦始捣故渔网造纸。"[①]魏人董巴也谈到渔网纸。渔网由细麻绳编成，有很多网结，不易捣碎，又曾以桐油和猪血处理，我们的模拟实验表明，以旧渔网造纸较难。

蔡伦虽然不是造纸术的发明者，但他对造纸术的早期发展所做的贡献仍不可没，归纳起来有以下三点：

第一，他总结了西汉至东汉初期近200年来中国人造麻纸的技术经验，利用皇家手工业作坊充足的财力和人力，组织生产优质麻纸，莫不精工细作，为后世法。尚方纸成为全国纸的样板产品。前代多以旧麻布、绳头为原料，蔡伦又试用旧渔网造纸，扩大了麻纸的原料范围。为此，必须强化蒸煮和舂捣这两道工序，一次处理不成，再重复处理。同时也可能对抄纸器做了改进。这就使麻纸制造技术被进一步革新。

第二，蔡伦倡议以楮皮造纸，完成以木本韧皮纤维造纸的技术突破。由于楮皮纤维是生纤维，果胶、木素等有害杂质比麻头旧布中含量要大，必须增加沤制这道工序，而造麻纸是无需此举的。以楮皮造纸同样特别需要强化蒸煮过程，且此前沤制过的楮皮外表含青皮层，也必须小心除去，否则，成纸后就会出现许多墨褐色块。楮纸制造形成以植物来源的生纤维（raw vagetable fiber）为原料造纸的一套更复杂的工艺流程。楮皮纸的制成还刺激了桑皮纸、瑞香皮纸、藤纸等皮纸（bark paper）系列新品种纸的出现，具有深远意义。

第三，中常侍兼龙亭侯蔡伦身为受统治者信任的高级宦官，向朝廷提出推广用纸的建议，受到临朝听政的邓太后的支持，各地纷纷设厂造纸，促进了造纸业的迅速发展和社会上用纸的普及。因此蔡伦是承前启后的造纸技术革新家。

我们指出造纸术起源于西汉，并对东汉的蔡伦的贡献给

---

① 张华.博物志[M].北京：中华书局，1980：125

予应有的评价,是根据大量已知事实还历史本来面目,不是有意抹杀蔡伦的功绩,也不会因此使中国这项发明黯然失色,反而会受到海内外大多数学者的认同。然而这种观点在中国受到造纸界中习惯于将蔡伦视为行业祖师的某些人的非议。他们指责考古学家对出土的西汉纸所做的断代是错误的,要求将历次出土西汉纸年代改为蔡伦之后,理所当然地遭到考古学家的回绝。还有人宣称灞桥纸和中颜纸"写有东晋人字体的字迹"[①],而事实上这纯属虚构。他们将《后汉书·蔡伦传》关于蔡伦发明纸的说法当作最高真理准则,否定考古界对历次出土的西汉纸所做的断代,站在考古发现的对立面上,不但维护不了蔡伦发明纸之说,而且只会产生负面影响。

还有人从分析化验上断言出土的西汉纸不是植物纤维纸,充其量只是"纤维自然堆积物"或"纸的雏形"[②],只有蔡伦以后造的纸才算纸。这些断语是不能成立的。任何一位客观研究者,将蔡伦以前和以后的纸放在显微镜下对比分析都会发现,这两种纸的物理结构、纤维种类及状态并无不同,都是纸,只是年代有早晚之别,质地有差异。当人们看到写有字的西汉纸稍一触摸,甚至无需化验就会认出是纸。因此,外国学者认为至今仍坚持蔡伦发明纸的人"是对蔡伦带有宗教感情的信徒",他们对西汉有纸说的非议是缺乏根据的,只是感情作祟[③],但感情毕竟不应当左右对古纸的研究,显微镜是无情的。在西汉纸屡屡出土之后,蔡伦发明纸之说再次浮出,不过是此说退出学术界之前的回光返照而已。

---

① 荣元恺.西汉麻纸质疑[J].江西大学学报(社会科学版),1980(2):56-60.

② 王菊华,李玉华.从几种汉纸的分析鉴定试论中国造纸术的发明[J].文物,1980(1):80-84.

③ 中山茂.市民のための科学论[M].东京:社会评论社,1984:44-47.

第三节

造纸术的发展

一、魏晋南北朝造纸

西汉是造纸业奠基时期,主要生产麻纸,而且处于纸、简并用阶段,魏晋南北朝(3世纪—6世纪)是造纸术发展阶段。对该时期出土纸的系统分析化验表明,麻纸白度增加,纸表较平滑,纤维交结紧密,纤维束较少,纸上帘纹普通明显可见。打浆度有所提高,有的晋纸高达70°SR。南北朝时期(420—589)纸薄至0.1—0.15 mm,而汉纸一般厚0.2—0.3 mm。从技术上分析,这时的纸由可拆合的帘床抄纸器抄造,比固定式抄纸器先进而且功效高。用帘床抄纸器能抄出紧薄匀细的纸,可连续抄千万张而无需另换纸模,这是有划时代意义的革新。使用帘床抄纸器对麻料打浆度要求高,因而也要强化蒸煮。用这种设备要在造纸中增加对湿纸的压榨工序,并改变晒纸方法。

汉代用固定纸模,需将它与湿纸一起在日光下晒干,需用抄纸器多件。用活动帘床抄纸器时,取下带湿纸的竹帘,将纸从帘上移到木板上,层层堆起,再将帘放在框架上重新抄纸,因此一个工人只用一件抄纸器就够了。堆起的湿纸压去水后,揭下半干的纸放在木板上或涂有石灰面的墙上,很快就晒成单面平滑纸。近板面的纸光滑,称正面,另一面为反面。对大量魏晋南北朝纸的研究,都可见正反面。抄纸器由木床、帘及边柱三个部件构成(图3.23),纸帘由细竹条编成(图3.24),每1 cm内有9根以上竹条者(9—15根)为细帘,有5—7根(多数为5根)者为粗帘。北方无竹地区用芨芨草

（*Achnatherum splendens*）或萱草（*Hemerocallis fulva*）秆编帘。我们对几十种纸进行了实测，其长宽幅度变化如表3.6所示。

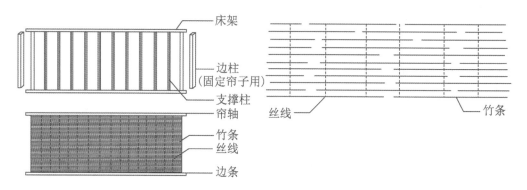

图3.23 活动帘床纸模和编帘原理示意图（潘吉星绘，1979）

图3.24 编帘操作图（潘吉星绘，1998）

表3.6 魏晋南北朝纸幅和抄纸器尺寸

时代	魏晋		南北朝	
类型	甲种（小纸）	乙种（大纸）	甲种（小纸）	乙种（大纸）
直高(cm)	23.5—24.0	26—27	24.0—24.5	25.5—26.5
横长(cm)	40.7—44.5	42—52	36.3—55.0	54.7—55.0

从纸的幅度可知，抄纸帘的大小总体上说比汉代大一些。根据需要，纸有大小型号。1972年2月新疆吐鲁番出

土前秦(351—394)墓葬中有建元二十年(384)写的文书,用原抄纸,尺寸为23.4 cm×35.5 cm,相当于《北京晚报》一版那样大,而大纸应与今天的《纽约时报》(*The New York Times*)一版那样大。[①]晋代书法家王羲之已可在这样大纸上挥毫了。1500年前,一个人荡帘造出这么大的纸,是不容易的。西晋傅咸(239—294)在《纸赋》中对纸做了下列描述:

> 盖世有质文,则治有损益。故礼随时变,而器与事易。既作契以代绳兮,又造纸以当策。犹纯俭之从宜,亦惟变而是适。夫其为物,厥美可珍,廉方有则,体洁性贞。含章蕴藻,实好斯文。取彼之弊,以为此新。揽之则舒,舍之则卷。可屈可伸,能幽能显。若乃六亲乖方,离群索居,鳞鸿附便,援笔飞书。写情于万里,精思于一隅。[②]

上述作品以兼有诗和散文的赋体歌颂纸,是中国纸文学的早期代表作。但对今人而言其文词较难理解,我们将其试译成下列语体:

> 低级文书成高级,著述方式各不一。
> 典籍制度因时变,书写材料亦更移。
> 甲骨书契代结绳,书牍终为纸张替。
> 佳纸洁白质且纯,精美方正又便宜。
> 妙文华章跃其上,文人墨客皆好喜。
> 楚楚动人新体态,原料却为破麻衣。
> 可屈可伸易舒卷,使用收藏甚随意。
> 独居远处思亲友,万里鸿书寄情谊。[③]

自晋以后人们造出洁白、平滑的纸,就不必用昂贵的缣帛和笨重的简牍了,纸成为占支配地位的书写材料,使书籍的数量大增。东晋(317—420)时用纸抄写经史子集、公私文书、契约和宗教典籍,抄书之风盛行。手抄本呈卷轴装,有固定书写格式,每纸400—500字,连接成长卷,由轴卷起,可舒

---

① 潘吉星.中国科学技术史:造纸与印刷卷[M].北京:科学出版社,1998:1217.

② 傅咸.纸赋[M]//严可均.全上古三代秦汉三国六朝文:卷51 全晋文.北京:中华书局,1958:5.

③ 潘吉星.中国科学技术史:造纸与印刷卷[M].北京:科学出版社,1998:104.

开、卷起。刘宋元嘉八年(431)内府藏书6.4万卷,梁元帝在江陵有书7万卷,梁武帝(502—549)时"四海之内,家有文史"。这大大促进中国社会文化教育和科学技术的发展,也使宗教繁荣起来(图3.25)。甘肃敦煌石室内发现的这一时期的写本书和西北地区出土的纸本文书提供了大量实物资料。现存较早的纸写本经卷是敦煌发现的前秦甘露元年(359)写的《譬喻经》(*Avādāna-sūtra*),为佛教十二部经中的第八部,今存其第三十品《出地狱品》,总长166 cm,由七纸连接而成,每纸规格为23.6 cm×30.3 cm,麻纸,色白而泛黄,表面较平滑,有粗帘条纹(0.2 mm),造于西北,现藏东京书道博物馆(图3.26)。

图3.25 南北朝经生抄写佛经图(张孝友绘,1979)

纸幅的扩大使书法和绘画艺术创作进入新的意境,人们在大幅平滑受墨的纸上挥毫,不再受书写材料空间和质料限制,能笔走龙蛇,写字速度加快,任情发挥书法魅力,从而引起字体的变迁。汉代书体为小篆及隶书,小篆笔画粗细均匀,而隶书笔画已有粗细变化,有了艺术发挥余地。魏晋南北朝盛行楷隶和行书,笔锋更加流利奔放,反映出书写材料从简向纸的过渡。上述《譬喻经》和新疆出土的西晋元康六年(296)写本《诸佛要集经》、东晋写本《三国志》(图3.27)等,都写以楷隶,代表了当时流行的书体特点。晋代之所以出现

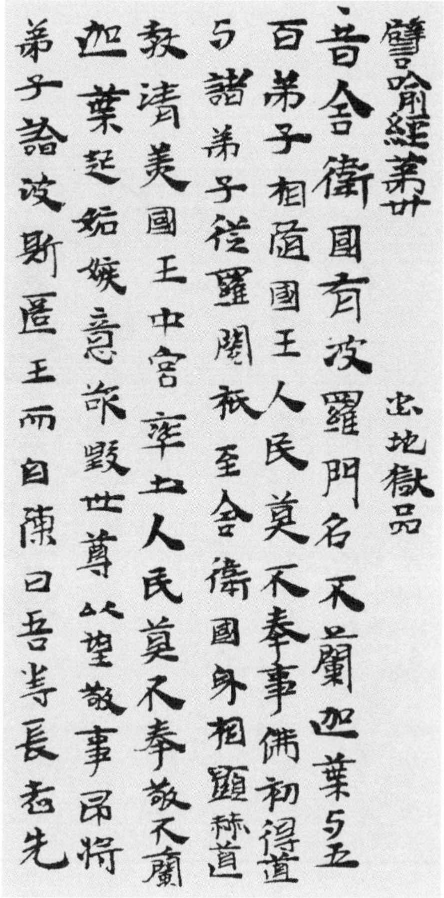

图 3.26　敦煌出土前秦甘露元年（359）麻纸写经《譬喻经》（取自中村不折，1934）

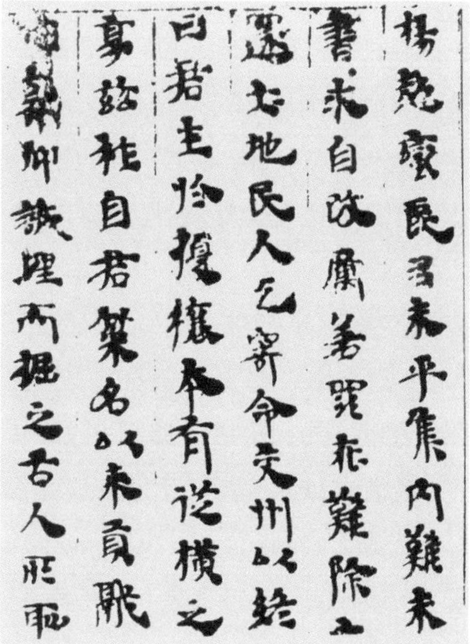

图 3.27　新疆吐鲁番出土东晋写本《三国志》[1]

---

① 郭沫若.新疆新出土的晋人写本《三国志》残卷[J].文物,1972(8):2-6.

王羲之、王献之那样的书法大家,可归因于纸的普遍使用。二王书体为历代楷模(图3.28)。

图3.28 东晋书法家王羲之书法[1]

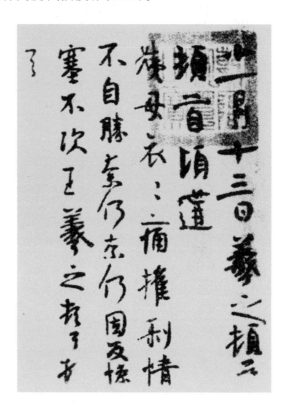

在纸上作画同样能表现出更好的艺术效果。晋代画家顾恺之(344—405)等人都以纸作人物、鸟兽、草木、虫鱼画,但没流传下来,只见于张彦远《历代名画记》(约870)著录。1964年新疆吐鲁番出土的东晋设色地主生活图,出于民间艺人之手,全长106.5 cm,高47 cm,由六纸连接而成,这是现存最早的纸本绘画,反映出当时以纸作画的时尚(图3.29)。

晋以后皮纸产量逐步增加,宋人苏易简(958—998)《文房四谱》(986)卷4写道:"雷孔璋曾孙穆之,犹有张华与祖雷焕(230—290在世)书,所书乃桑根皮[纸]也。"[2]"桑根皮"中的"根"字系衍文或系误字,此处所说是桑皮纸。1901年奥地利学者威斯纳(Julius von Wiesner, 1853—1913在世)化验新疆罗布淖尔出土的3世纪—5世纪魏晋公文用

① 徐森玉.《兰亭序》真伪的我见[J].文物,1965(11):1-8.
② 苏易简.文房四谱:卷4 纸谱[M].上海:商务印书馆,1960:51.

图 3.29　**1964 年新疆吐鲁番出土东晋民间纸绘设色人物图**①

纸,发现其中有桑皮纸(桑树见图 3.30)。1972 年吐鲁番阿斯塔那第 169 号高昌古墓中出土建昌四年(558)、延昌十六年(576)写有文字的纸,经我们化验也是桑皮纸。纸薄而白,纤维匀细,有帘纹,长 42.6 cm,高残缺。②我们还检验到麻类与树皮纤维混合原料纸。三国时楮皮纸已由黄河流

图 3.30　桑树③

① 新疆维吾尔自治区博物馆.新疆出土文物[M].北京:文物出版社,1975.

② 潘吉星.新疆出土古纸研究[J].文物,1973(10):50-60.

③ 中国科学院植物研究所.中国高等植物图鉴[M].北京:科学出版社,1987.

域扩及长江流域及越南北方,吴人陆玑(字元恪,210—279
在世)写道:

> 榖,幽州(今北京)人谓之榖桑,或曰楮桑。荆(今湖北)、
> 扬(今江苏扬州)、交(今越南北方)、广(今广州)谓之榖。中
> 州(今河南)人谓之楮桑……今江南人绩(织)其皮以为布,又
> 捣以为纸,谓之榖皮纸。[①]

此处列举产楮皮纸的地区荆州、扬州、交州及广州都是
吴(222—280)的控制区。魏(220—265)境内也产楮纸。后
魏农学家贾思勰《齐民要术》(约538)有专门一章谈种楮,
可见6世纪已有种植楮树(即构树,图3.31)的专业户和收
购楮皮的中介商"楮行",书中指出如种楮者"自行造纸,其
利又多"[②]。1973年敦煌千佛洞土地庙出土北魏兴安三年
(454)写《大悲如来告疏》,经检验所用纸为楮皮纸。1972
年阿斯塔那高昌古墓中出土建昌四年(558)及延昌十六年
(576)写有文字的纸,分别为楮皮纸及桑皮纸。为进一步扩
大造纸原料来源,开拓新纸种,从晋代起在今浙江嵊
(shèng)州市曹娥江上游剡溪附近人们又以野藤皮纤维造
纸,后在其他产藤区也造藤皮纸。虞世南(558—638)《北堂

图3.31 构树[③]

---

① 陆玑.毛诗草木鸟兽虫鱼疏[M].上海:商务印书馆,1935:29-30.

② 贾思勰.齐民要术选读本[M].石声汉,注.北京:农业出版社,1961:280.

③ 中国科学院植物研究所.中国高等植物图鉴[M].北京:科学出版社,1987.

书钞》(630)卷104引东晋人范宁(339—401)在浙江任地方官时对下属说:"土纸不可以作文书,皆令用藤角纸。""土纸"指当地造的质量较差的麻纸,藤角纸即藤皮纸。"角"字是量词,据调查,嵊州市产青藤、紫藤、葛藤等,其皮皆可造纸。

随着纸产量的增加,除满足书写需要外,纸的用途又扩大到其他方面,以取代丝绢,相继出现了纸伞、纸鸢(yuān)、纸花、剪纸、折纸和卫生纸等制品。伞旧称繖(sǎn),其面原用绢,不能防雨。以纸为面,再刷以桐油,既便宜又防雨。纸雨伞始自北魏(386—534)。《魏书》载,世宗宣武帝即位初(500),山胡"以妖惑众,假称帝号,服素衣,持白伞、白幡,率众于云台郊抗拒"[①]。《通典·职官典》(801)称,晋代无伞,自鲜卑族拓跋氏建立的北魏始有纸伞之制,适于骑兵雨中行军,后从少数民族地区传入中原,唐以后遍及全国。

风筝古时以竹条扎成,再糊以绢面,以纸糊者始自南北朝,称为纸鸢。北齐统治者高洋550年灭东魏后,迫害其皇子元黄头,令与囚犯登上26丈(约86.67 m)高的金凤台,乘纸鸢跳下,元黄头竟没有死。[②]后来风筝还用于军事目的。剪纸为民间艺术,起自魏晋,南北朝已趋成熟,且有实物出土。[③]晋人孙放(330—370)《西寺铭》载,他任长沙(今湖南省省会)相时,见童子于西教寺附近将纸花插于地,可见纸花艺术也由来已久。南齐人颜之推(531—591)《颜氏家训》(589)卷5云:"其故纸有《五经》词义及贤达姓名,不敢秽用也。""秽(huì)用"即解大便,以纸作便纸及妇女月经用纸,对广大群众卫生、保健、防止感染病症,至关重要。

纸的加工技术也得到发展,施胶技术在3世纪后半期魏晋时已开始,最早的施胶剂是淀粉糊。1973年我们研究新疆出土的后秦白雀元年(384)衣物疏(墓内随葬品清单)用纸,

---

① 魏收.魏书:卷69　裴延俊传[M].上海:上海古籍出版社,1986:2346.

② 李延寿.北史:卷19　彭城王勰传[M].上海:上海古籍出版社,1986:2967.

③ 陈竟.中国民间剪纸艺术研究[M].北京:北京工艺美术出版社,1972:146-147.

注意到此麻纸表面经施胶及砑光处理。这种施胶纸虽书写性能有所改善，但抗蛀性不好、脆性大，为克服这些不足，出现了表面涂布技术。20世纪初，威斯纳发现晋、南北朝纸中有的表面涂了一层石膏。1974年吐鲁番哈拉和卓古墓中出土建兴三十六年（348）王宗写的书信，经我们化验其纸为麻料涂布纸。1965年吐鲁番出土的东晋写本《三国志》，纸表也有涂一层白色矿物粉，再经砑光处理。

魏晋南北朝最流行的染色纸是黄纸，见于敦煌石室。这种纸防蛀，遇有笔误可用雌黄（orpiment，As_2S_3）涂后改写，黄色有庄重之感。晋代染黄有两种方式，先写后染或先染后写，从出土实物观之，先染后写者居多，多用于官府文书、儒家典籍和佛经。所用染料取自黄柏（*Phellodendron chinese Schneid*）树之皮，古称黄蘖（niè），内含有效成分为小檗碱（berberine，$C_{20}H_{19}O_5N$），色黄味苦，溶于水，有杀虫防蛀作用。《齐民要术》卷3介绍了种黄柏和染黄之法。《太平御览》卷605引晋人应德詹《桓玄伪事》云，桓玄（369—404）称帝后，"令平准（经济官员）作青、赤、缥、绿、桃花[色]纸，使极精，令速作之"，包括蓝、红、浅蓝、绿和粉红等五色纸。十六国后赵统治者石虎（295—349）于333年也下令在都城造五色纸。其所用多是植物染料，红用红花、苏木，蓝用靛蓝，紫用紫草，由红、黄、蓝相配，又得到各种间色。

二、隋唐五代造纸

隋唐五代时（6世纪—10世纪）中国造纸术大发展。首先表现在原料来源进一步扩大，除麻料、楮皮、桑皮、藤皮外，还有瑞香皮、木芙蓉皮和竹类，更用野生麻造纸，以废纸回槽造再生纸（reborn paper）也始于此，用不同原料混合制浆的传统继续发扬。皮纸的产量比前代大增，由于藤纸消耗量大，致使今 浙江嵊州市剡溪绵连250千米的藤林砍光，造成生态环境恶化，舒元舆（约760—835）于是写了《悲剡溪古藤文》，号召人们节省用纸，注意爱护植物资料，边砍边栽，避免这种事态重演。楮皮纸受到普遍喜爱，被誉为国纸，"楮"字成了纸的代名词，"楮墨"即纸墨。唐初书法家薛稷(649—713)尊楮纸为"楮国公"，为众纸之首。文豪韩愈(768—824)则称其为"楮先生"。楮纸成为至高无上的纸种，僧人法藏《华严经传记》(703)载，许多佛僧建园种楮，以香水浇灌，抄成白纸后，敬写《华严经》，表示庄重。

传统的麻纸在隋唐时期发展到顶峰，产量和质量超过南北朝，仍是主要纸种。但以楮纸为代表的皮纸因纤维细长，纸薄而柔韧，大有后来居上之势，与麻纸分庭抗礼。我们化验过的40多种敦煌石室及新疆出土的佛经中，皮纸本约占30%，这个比例只反映西北地区的情况，对内地而言皮纸所占的百分比还要高些。如中国国家图书馆藏隋开皇二十年(600)写的《护国般若波罗蜜经》，用黄色楮纸，纸质甚佳。同馆藏唐开元六年(718)道教典籍《无上秘要》写以染黄楮纸，表面涂蜡，属于黄蜡笺。敦煌发现的隋唐之际(7世纪初)《妙法莲华经》写以染黄的桑皮纸。故宫博物院藏唐代画家韩滉(723—787)设色画《五牛图》用桑皮纸。新疆出土的唐麟德二年(665)《卜老师借钱契》用麻料与桑皮混料纸。敦煌唐人写经还有用瑞香皮纸书写者。根据我们的研究结果，唐代生产皮纸的工艺流程如下：

① 砍树→② 剥皮→③ 沤制→④ 剥外表青皮→⑤ 水洗→⑥ 浸草木灰及石灰水→⑦ 蒸煮→⑧ 漂洗→⑨ 除去残余青皮→⑩ 切碎皮料→⑪ 春捣→⑫ 水洗→⑬ 制浆→⑭ 抄纸→⑮ 压榨去水→⑯ 烘干→⑰ 揭纸→⑱ 整理包装(图3.32)。

唐末时，新型的竹纸登上历史舞台，这是一项重大成就。李肇(791—830)《国史补》(约829)卷下《叙诸州精纸》条载："纸则有越(今浙江)之剡藤、苔笺，蜀(今四川)之麻面……扬(今江苏扬州)之六合笺，韶(今广东韶关)之竹笺。"段公路(840—905)《北户录》(875)谈到广东罗州沉香皮纸时说"不及桑根、竹膜纸"，即桑皮纸和竹纸。唐末(10世纪)人崔龟图注《北户录》时，指出竹纸"睦州出之"。睦州即今浙江淳安。可见9世纪时竹纸已于广州和浙江兴起。竹纸以野生竹竿为原料，原料甚为便宜。中国是产竹大国，有源源不断的原

1. 砍伐　　2. 剥皮、打捆　　3. 切短　　4. 沤制　　5. 清水蒸煮

6. 剥青皮　　7. 浆灰水　　8. 蒸煮　　9. 洗料

10. 捣料　　11. 配浆　　12. 抄纸、压榨

13. 晒纸　　14. 整理　　15. 运货

图3.32　唐代造皮纸工艺流程图（潘吉星设计，张孝友绘，1979）

料供应。竹纸的制成在造纸史中有重要意义,开茎秆纤维造纸之先河,后世欧洲木浆纸即是按此原理及思路研制成功的。

隋唐造纸地遍及今陕西、河南、北京、山西、甘肃、山东、新疆、江苏、浙江、四川、湖南、湖北、广东、安徽、江西、福建及西藏等省区市,其中江苏、浙江、江西、安徽、四川等省是重要产区,反映出经济重心从黄河流域转向长江流域。除宫营大型纸坊外,还有大量民间槽户,总产量长期居世界之冠。除供国内需要外,还向外出口。所产文化纸足以满足书画和印刷的技术需要,著名书法家颜真卿、欧阳询等和画家吴道子、韩滉等都以纸挥毫,文人学者更是如此。佛经用纸量相当可观,只敦煌石室一处就有三四万卷之多,除写本外,还有一些印刷品。由于纸价较低,故日常用纸制品种类逐步增加,除前代已有的外,又出现纸扇、纸帽、纸衣、纸甲(护身用)、纸帐、纸牌、名刺(名片)、纸屏风、纸灯笼、窗纸,名目繁多,甚至葬仪时焚烧大量纸钱。商品交易时的票据也以纸印成。纸和纸制品进入千家万户,中国这时在世界上提前迎来了纸的时代(The Age of Paper)。

根据我们对这一时期纸的系统化验,发现麻纸和皮纸厚度一般为 0.05—0.14 mm,较厚的为 0.15—0.16 mm,更厚的少见。纤维分散度普遍提高,交结紧密,表面平滑,纤维束明显少见。帘纹有四个等级:① 粗纹,每纹粗 0.2 cm;② 中等纹,0.15 cm;③ 细纹,0.1 cm;④ 特细纹,0.05 cm。[①]细纹和特细纹在前代少见,说明制浆及编帘技术有改进。唐纸直高 30 cm 左右,横长 36—55 cm,还有 76—86 cm 的,晚唐写本《般若波罗蜜经》横长 94 cm。唐末还造出巨型"匹纸",有一匹绢那样长(300 cm),即一丈左右。五代时用这种纸作榜纸,录写科举及第者姓名。

在纸浆中加入植物黏液或"纸药"是一项重要发明,其作用前已述及。1901 年威斯纳化验新疆出土唐代文书纸时,发现纸内有从地衣(lichen)中提取的黏性物质,即植物黏液,但常用的是黄蜀葵和杨桃藤的植物黏液。唐代将文化纸分为

---

① 潘吉星.中国造纸技术史稿[M].北京:文物出版社,1979:199.

生纸及熟纸，后者指加工纸，广义上说指经施胶、涂布、涂蜡、填料、染色等处理过的纸，狭义上说单指施胶纸，即以淀粉剂刷在纸表或混入纸浆中。将纸染黄后涂蜡、砑光者称“硬黄纸”，多制于初唐及中唐(7世纪—8世纪)，如敦煌出土7世纪写的《妙法莲华经·法师功德品第十九》即为硬黄纸(图3.33)。米芾《书史》(1100)载智永书《千字文》、褚遂良书《枯木赋》用粉蜡纸。唐代还将金粉、金片装饰在各色纸上，称为金花纸。写信、写诗有时用专门加工纸，如段成式(803—863)在江西九江制云蓝纸供写信用，纸上有浅蓝色云纹，制法是将少量纸浆染成蓝色，抄纸时将蓝纸浆置于一侧，再荡帘，则纸浆流动成波浪云状。女诗人薛涛于唐元和年间(806—820)在四川成都浣花溪制成红色短笺，写八行诗，称为薛涛笺，以芙蓉花汁染成。

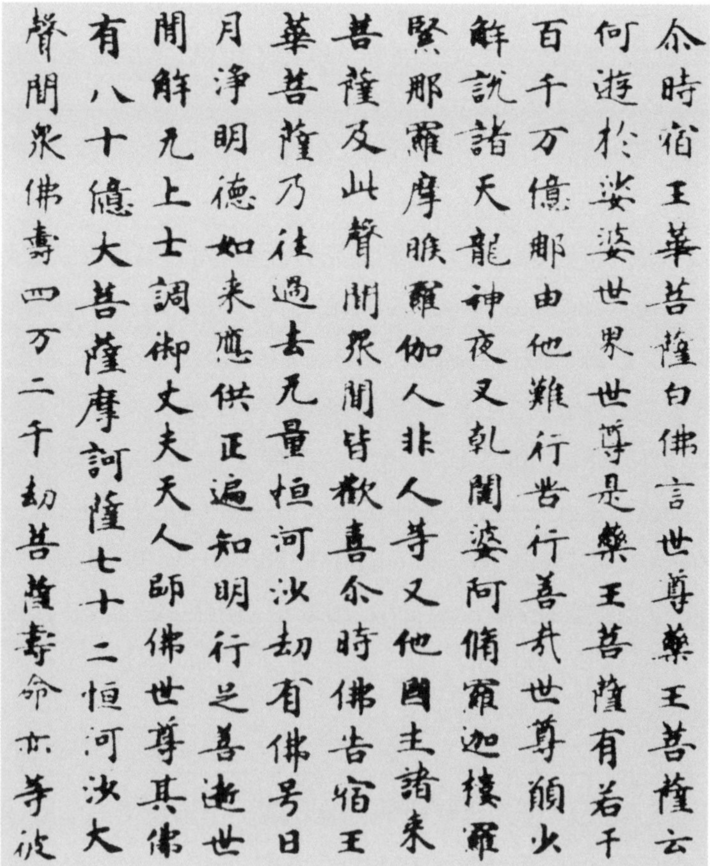
尒時宿王華菩薩白佛言世尊藥王菩薩云
何遊於娑婆世界世尊是藥王菩薩有若干
百千万億那由他難行苦行善哉世尊願少
解說諸天龍神夜叉乾闥婆阿脩羅迦樓羅
緊那羅摩睺羅伽人非人等又他國土諸來
菩薩及此聲聞衆聞皆歡喜尒時佛告宿王
華菩薩乃往過去无量恒河沙劫有佛号日
月淨明德如來應供正遍知明行足善逝世
間解无上士調御丈夫天人師佛世尊其佛
有八十億大菩薩摩訶薩七十二恒河沙大
聲聞衆佛壽四万二千劫菩薩壽命亦等彼

图3.33　7世纪唐初用麻料硬黄纸写《妙法莲华经》(潘吉星藏)

这一时期人们还将刻有凸面反体的纹理或图案的木板压在白纸或色纸上,迎光看显出花纹、图案,称为砑花纸(embossing paper),用作信笺或书画用纸。明代称为拱花。唐代还出现花帘纸(water-marks paper),又称衍波笺,在抄纸帘上编出图案、花纹,抄出纸后即显现出来。将细布通过面浆和胶处理使之劲挺,再将其压在纸上,显出布纹,谓之罗纹笺,又名鱼子笺。五代南唐后主李煜在位时,于961—970年在歙州、池州(今安徽歙县、贵池区)以楮皮为料造出洁白、厚重的高级书画纸,称为澄心堂纸,在历史上名重一时。在腊月时以冰水配纸浆,纸料经精细加工,双面砑光,平滑如玉版,供李后主御用,李后主经常将该纸赐予群臣。因该纸放在内廷澄心堂殿内,故名澄心堂纸。此纸在此后历代曾被仿制。总之,隋唐五代由于能造出大量适于印刷的质优价廉的纸,刺激了印刷术的发展。1974年西安出土唐初7世纪初印的梵文陀罗尼单页经咒,用麻纸印成;1966年韩国庆州发现的武周印本《无垢净光大陀罗尼经》是702年在洛阳刊行的,以黄色楮皮纸印成。

三、宋元明清造纸

在隋唐五代高起点发展起来的宋元(10世纪—14世纪)和明清(14世纪—19世纪)纸业已进入总结性发展阶段,麻纸从宋代起逐渐衰落,代之兴起的是皮纸和竹纸这两大纸种。北宋竹纸呈浅黄色,没有皮纸坚韧,且易被蛀,但最大的优点是便宜,出产于竹林茂密的地区。除写字外,也用来印刷面向大众的读物,如北宋元祐五年(1090)福州刻《鼓山大藏》、南宋乾道七年(1171)刊《史记集解索隐》、元至元六年(1269)福建建阳积城堂刊《事林广记》等都印以竹纸。北宋明道二年(1033)兵部尚书胡则印施的《大悲心陀罗尼经》,用的是精良的竹纸。苏轼、米芾、王安石等文人也用竹纸,如米芾《珊瑚帖》即用竹纸。福建刊本多用竹纸,现流传下来的实物较多。皮纸质量高,成为第一大纸品,用途最多。画家以皮纸作画成为时尚,如苏轼、宋徽宗等人的书画作品常用皮纸。

纸的幅面比前代加大,据不完全统计,传世有唐代画面积达650 cm²、宋代画面积达2412 cm²、元代画面积达2937 cm²。宋徽宗草书《千字文》长3丈(近10 m),创历史新纪录。巨纸要由多人荡帘抄成(图3.34)。

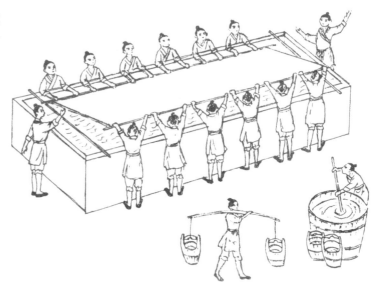

图3.34 唐代多人抄造巨型匹纸示意图(潘吉星绘,1998)

宋元较好的刊本仍以皮纸印之,如《开宝藏·佛说阿惟越致遮经》973年本用高级桑皮纸,双面加蜡、染黄。南宋廖氏世采堂刊《昌乐先生集》用细薄白桑皮纸,南宋景定元年(1260)江西吉州刊《文苑英华》、元大德九年(1305)茶陵刊《梦溪笔谈》等,用楮皮纸印。1978年苏州瑞光寺塔发现的北宋天禧元年(1017)刊《妙法莲华经》用桑皮与竹类混料纸。叶梦得《石林燕语》(1136)说:"今天下印书,以杭州为上,蜀次之,福建最下。"因杭州国子监本印以桑皮纸,质优,校对精,刻工好。闽本多私家坊刻,印以竹纸,以廉价取胜,并非普本。蜀本介于浙、闽之间。北宋起经南宋至金、元官府印发的纸币,多印以特制的桑皮纸,耗量很大。

纸制品除前代已有的继续生产外,宋元又出现新产品,如纸枕、折叠纸扇、走马灯等。艺人以色纸剪成的名人诗句,字迹可乱真,是为一绝。在江南水力资源多的地方,以水力驱动的水碓捣纸料较为普遍,可省去人力、畜力。王祯《农书》(1313)卷19介绍的连机碓,机主轴可同时带动四个碓操作(图3.35)。造皮纸和竹纸时,人们普遍向纸浆中加入植物黏液,并从其他一些植物中提取黏液。在施胶技术中也有革新,以动物胶及明矾加入纸浆中。如李公麟(1049—1106)工笔白描《维摩演散图》和赵昌(998—1022)工笔设色《写生蛱蝶图》等,都使用胶矾处理过的皮纸。南宋淳熙三年(1176)官刊《春秋经传集解》的印刷用纸,以花椒(*Zanthoxylum bungeanum* Maxim.)果实水浸液处理后可防蛀。宋代时常州(今江苏境内)还将白云母粉涂布于纸面,纸面呈银白色光泽,称云母笺。历史上各种加工纸都有所发展,内府还在彩色粉蜡纸上用泥金绘成龙凤等图案,使纸本身就成为艺术纸,再写字作画,便具有双重艺术价值。

图 3.35 元人王祯《农书》(1313)中的连碓机(取自明嘉靖九年刻本)

明清时竹纸产量跃居首位,质量比宋元有明显改进,白度增加,较薄,纸内竹筋少。相比之下,皮纸退居第二位,主要因为其原料资源消耗太大,成本相应提高,在市场上竞争不过竹纸,但皮纸作为最佳的纸,其地位仍未变。书写、书画和印刷用纸在纸的消费中占最大份额,流传下来的实物超过历代总和。产纸地遍及全国,主产区则集中于南方江西、福建、浙江、安徽、广东、四川等省,北方以山东、山西、陕西、河北、河南为主。台湾所产竹纸较过去有所发展。明代江西以楮皮造的宣德纸和清代皖南泾县以檀皮造的宣纸,为一时之甲,用作高级文化纸。这两种纸品种多,加工方式多,形成两大系列,领导时代技术潮流,体现最高水平。明清与前代不同的是出现了一些系统论述造纸技术的专著,可从中得知其细节。

明成祖永乐元年(1403)敕命江西南昌府新建县建大型官办纸厂,造楮纸供内府御用。同年,大学士解缙(1369—1415)奉旨主编万卷本《永乐大典》(1408),即以此纸抄录。宣宗宣德年间(1426—1435)此纸又演变成宣德纸。隆庆、万历之际(16世纪后半期)纸厂移至江西广信府铅山县,仍以原法制造。纸质洁白、厚实,看来以南唐澄心堂纸为标本而仿制。[①]明人陆万垓(1533—1598)万历二十五年(1597)撰《楮书》作为《江西省大志》(1556)的补充卷(卷8),其中所述铅山官办纸厂技术,实即宣德纸制造技术。因原文过长又不易懂,现将其用白话文概述于下:

① 剥下楮皮,打捆,于河中浸数日→② 用脚踏去部分青外皮,打捆捞起→③ 清水蒸煮→④ 捶去外壳皮,将内皮扯成丝→⑤ 切成小段→⑥ 以石灰浆浸皮料,堆放月余→⑦ 蒸煮→⑧ 将料放布袋内,以流水洗数日→⑨ 摊放于河边,自然漂白→⑩ 春捣成细泥→⑪ 将料垒起,以滚烫草木灰水淋透,阴干半月→⑫ 再行蒸煮→⑬ 河内洗涤→⑭ 摊放于河边,再次自然漂白→⑮ 以手逐个剔去残存有色物→⑯ 放布袋内以河水洗净→⑰ 放料入石板槽中,引山泉水配成纸浆→⑱ 加入植物

① 潘吉星.中国科学技术史:造纸与印刷卷[M].北京:科学出版社,1998:227-228.

黏液,搅拌→⑲ 以黄丝线编细竹条成抄纸帘,放在帘床上→⑳ 持帘捞纸:大帘六人操作,帘两面各立三人;小帘两人操作→㉑ 持帘在纸槽上滤水,湿纸层层堆起→㉒ 以木榨压去水,静置过夜→㉓ 揭起半干之纸,以毛刷摊放于砖砌火墙上烘干;火墙中空,两面以细石灰刷成平滑墙面;一端烧柴,烟与火烘热墙面→㉔ 揭纸,堆齐→㉕ 打捆包装,每百张为一刀。[①]

陆容(1436—1497)《菽园杂记》(1495)卷 13 记载浙江衢州府常山、开化两县上贡的楮纸制造过程[②],分析起来有18 道工序。汪舜民(1440—1507)《徽州府志·物产志》(1502)记述安徽徽州地区民间造楮皮纸技术。两者工艺流程大体相同,可互为表里。而《天工开物》(1637)所述则较为简略,清人有关著作多抄袭明人,并无新意。江西、浙江和安徽三省是皮纸产区,其技术有代表性。与浙、皖相比,江西纸坊为官局造御用纸,要求高质量,故工艺流程复杂,比其他两地多 8 道工序,包括 3 次蒸煮、2 次日光漂白、3 次洗涤和多次剔除有色外皮。江西所造御用纸生产周期长,人力、物力消耗大,不计工本,所造纸固属上等,成本必很高,只有皇家御用才造得如此精细。浙、皖纸坊为地方经营或民营,只有 2 次蒸煮、1 次日光漂白,纸亦较好。因此,江西官书局有浪费现象,民间不会这样造纸。理想方案是介于江西与浙、皖之间的折中方案,或将后两者的工艺做更精细的操作,此即民间经营的泾县宣纸的造纸工艺。

宣纸主要以泾县所产青檀皮为原料,因此地旧属宣州,故称宣纸。宋元之际曹氏家族见青檀类似楮,遂开槽造纸,其后人于明清继续操持此业。清代以后,原江西官局衰落,泾县纸成为贡纸,乾隆四十七年(1782)《四库全书》成,即以泾县纸书之。从技术上看,澄心堂纸→宣德纸→泾县宣纸之间有清晰可见的传承关系,宣纸继承了宣德

① 陆万垓.楮书[M]//王宗沐.江西省大志:卷8.1597(明万历二十五年).

② 陆容.菽园杂记:卷13[M].北京:中华书局,1985:157.

纸工艺技术,但予以简化,减去一次蒸煮、一次日光漂白和一次洗涤,以杨桃藤、毛冬青等植物黏液为纸药。其过程是:

① 砍树,剥皮打捆→② 清水蒸煮→③ 捶皮,扯成丝,脱去青皮→④ 捆皮,池沤→⑤ 石灰水浸,堆放一月→⑥ 蒸煮→⑦ 水洗,边洗边踩→⑧ 摊放河边或山坡漂白3—6个月→⑨ 水洗,去杂物→⑩ 捣料成泥→⑪ 放布袋内水洗→⑫ 白料入槽,以山间水配浆→⑬ 放入植物黏液,搅拌→⑭ 荡帘捞纸,由二或四人举帘→⑮ 滤水,湿纸脱帘,层层堆起→⑯ 压榨,静置过夜→⑰ 将纸放火墙上烘干→⑱ 揭纸→⑲ 堆齐,切平四边,盖印→⑳ 打包,以百张为一刀。

明代科学家宋应星(1587—1666)《天工开物·杀青》(1637)对福建竹纸制造技术做了详细叙述,并附6幅插图(图3.36)。其所述过程为:

① 六月上山砍竹,打捆→② 池内沤竹百日→③ 河中边洗边捶,使成丝状,剔除壳皮→④ 以石灰水浸竹料,堆放十日→⑤ 蒸煮八日→⑥ 河中边洗边踩→⑦ 以草木灰水浸料并再蒸煮七日→⑧ 洗涤→⑨ 放水碓内捣成泥→⑩ 白料入槽,与山间泉水配成纸浆→⑪ 杨桃藤黏液配入纸浆,搅匀→⑫ 荡帘捞纸→⑬ 湿纸脱帘,层层堆至千张→⑭ 压榨去水,过夜→⑮ 以铜镊揭纸一角,以手及毛刷将纸摊放在火墙上烘干→⑯ 揭纸,堆齐→⑰ 切齐四边,每百张为一刀,打包。[1]

清人严如煜(1759—1826)《三省边防备览》(1821)卷10《山货》篇记载陕西南方洋县、西乡等县造竹纸技术[2],可与《天工开物》所述江南技术比较。两者同中有异,但陕南技术没有江南技术先进。黄兴三(1850—1910)《造纸说》(约1885)载江浙常山造竹纸技术,与《天工开物》大体一致,但增加了竹料自然漂白工序。《天工开物》虽成书于明代,但所述竹纸制造实际上也反映了宋元以来的传统技术。此书还对

---

① 宋应星,潘吉星.天工开物译注[M].上海:上海古籍出版社,1990:151-154,292.

② 严如煜.三省边防备览:卷10 山货:纸[M].1830(清道光十年):5-7.

1. 砍竹、沤竹、蒸煮

2. 荡帘、翻帘、压纸

3. 烘纸

图3.36　福建竹纸制造过程（取自《天工开物》）

东西方其他国家造纸的发展产生了影响。

明清时新推出的纸制品有纸砚、纸杯、纸箫、纸织画和比前代精美的壁纸（wall-paper）等。纸砚起于清乾隆、嘉庆时的浙江海宁，以纸、石砂和漆和匀而制成。纸织画是民间工艺美术中新的品种，起于明嘉靖年间。将薄纸染成不同颜色，剪成长条，再搓成细绳，以其编织成书画复制品，与原件相似。田艺蘅《留青日札》（1579）载，嘉靖四十四年（1565）朝廷抄奸臣严嵩家时发现有纸织画。《菽园杂记》卷12谈到天顺年间（1457—1464）内府以高级加工纸为壁纸。北京故宫旧宫室内仍有17世纪—18世纪的各种壁纸。明清集历代加工纸大成，江西宣德纸和安徽宣纸产区有加工纸作坊制造五色纸、粉笺、蜡笺、五色粉笺、洒金笺、五色金花笺（图3.37）、瓷青纸、洒金五色粉笺、羊脑笺等，品种齐全。北宋南京、苏州、杭州等地也有官私经营的加工纸作坊。其所产制品至今还可看到。明人屠隆（1543—1605）《考槃余事》（1600）还介绍了一些制造加工纸的技术方法。清康熙年间（1662—1722）还以铜网抄花帘纸，据徐康《前尘梦影录》（1897）载，浙江纸工在铜网上以铜线编出图案，抄纸后图案便隐现在纸上。清代最大的造纸成就是制成圆筒侧理纸，吴振棫（1792—1871）《养吉斋丛录》（约1863）卷26云：

> 乾隆丁丑（1757）高宗南巡，得圆筒侧理纸二番，藏一，书一，作歌纪之。后检[康熙]旧库，复得五番。壬寅（1782），浙江新制侧理纸成，进御，先后皆有题咏。此纸圆图无端，每番重沓（dá）如筒，故有圆筒之称。尝以颁赐群臣，彭公元瑞有《恭和御制元韵纪恩诗》。[①]

康熙五十一年（1712）孔尚任（1648—1718）在《享金簿》中说："侧理纸方广丈（约320 cm）余，纹如磨齿，一友人赠予者。"阮元（1764—1849）《石渠随笔》（1793）云："乾隆年间又仿造圆筒侧理纸，色如苦米，摩之留手，幅长至丈余者。"可

---

① 吴振棫.养吉斋丛录:卷26[M].北京:北京古籍出版社,1983:274.

图3.37　明宣德年造描金云龙纹彩色粉笺

见，此纸初制于康熙晚期的浙江，"进御后，帝甚嘉用"。1757年高宗南巡，有人献上该纸两件，并作诗纪之。1782浙江又大量仿制进上，高宗再题诗，并赐群臣，臣僚亦有诗纪之。

1965年笔者在四川大学图书馆看到李宗仁先生旧藏此纸残件，1973年又在中国历史博物馆库内看到张伯驹（1897—1982）先生旧藏1782年仿康熙年间所制完整的一件，为民国初年自故宫中流出。细审此纸，似机制，呈深肤色，纸质厚重，表面凸凹不平，有斜侧帘条纹，原料为桑皮纤维，打浆度高。整个纸为圆筒形，没有接缝，展开后确长丈余，证实文献记载准确，称其为圆筒侧理纸十分恰当，西文可译为"tube-shaped paper with oblique screen marks"。

康熙年间圆筒侧理纸如何制出，值得探讨。从技术和此纸形制分析，它由筒形铜网抄出，网上以粗铜线编成斜线纹理，凸出于网面。而在筒形铜网上形成湿纸，只能使它呈旋转状态，将纸浆从高位槽通过鸭嘴形出口流入转动的纸帘，边灌浆边滤水，转动一周即形成筒形湿纸。筒形铜网内部有流水的通道，将滤出的水排出。还要制成另一能转动的圆辊，周围包以柔软材料，使此辊贴近纸帘，但沿相反方向转动，以便将湿纸中的水分压出，保证纸面厚薄均匀。干燥后，从纸帘两端揭起纸，再用长的薄片向前探揭，直到整个纸筒脱离铜网。这种纸使用时，还是要裁开成长方形，并经研光，才能写字。

因此，制成圆筒侧理纸必须解决三个技术问题：① 圆筒形铜网抄纸器的设计与制造；② 使圆筒形纸帘转动捞纸的构想和转动装置的制造；③ 利用榨糖器（古称糖车）原理，使捞纸圆筒与另一滚筒贴近，通过两者反向转动实现压榨去水。这些问题在康熙年间已经解决，它们正是构成近代单缸圆网造纸机（mono-cylinder paper-machine）的基本要素，这种机器在欧洲迟至1809年才由英国人迪金森（John Dickinson，1782—1871）所发明并取得专利，后用于世界各地。中国的圆筒形抄纸器与迪金森的圆网造纸机在结构原理上相当类似,但比后者早近一个世纪,是近代圆网机的早期雏形。难怪圆筒侧理纸初看起来像近代机制纸,康熙年间中国能研制出圆网造纸机的原理并用于造纸,这是个技术奇迹。[1]

① 潘吉星.从圆筒侧理纸到圆网造纸机[J].文物,1994(7):91-93.

第四章

雕版印刷的起源和发展

第一节

古典复制技术向印刷术的过渡

一、印章的作用

对文字或图像进行复制的思想和实践,由来已久。所谓复制,是用同一字模或图模借着色剂反复、多次再现模上文字或图像的过程。为此,模型上必须呈反体,复制后才能成为正体。在木版印刷出现以前,中国早已有古典复制技术,如钤盖印章、碑文拓印等,对木版印刷复制书籍有启发作用。印章自商殷(前14世纪—前11世纪)以来就已使用(图4.1),一直持续用到现在。印章多以玉石、木、金属、牛角及象牙等硬质材料制成,形状多为方柱形、长方柱形和圆柱形,印纽有不同形制(图4.2)。印文少则几字,多者几十字,一般表示姓名、官职或在职机构等,因文字凹凸不同,分为阴文和阳文。在文书和契约上,钤印表示负责、信用和权威,也有防伪功能,在书画上钤印表示所有权,书信上加印表示郑重。印又

图4.1　中国古代各时期印章

殷代　　　　　　周代

秦代

汉代

直纽　环纽　辟邪纽　桥纽　覆斗纽　瓦纽

提梁纽　龟纽　亭纽　三台纽　鼻纽　台纽　二台纽　坛纽

图 4.2　中国古代各种
形式的印章①

分为官印和私印,《汉书·百官志》注引:汉人卫宏《汉旧仪》
称,汉代规定官秩二千石公卿印文曰章,二百、四百及六百石
官职印文曰印,后世合称为印章,帝王御印曰玺。汉以后印
文多用篆字刻印并成为一门独特艺术。中国各地多年来出
土周秦、汉唐以来各种印章(图4.1),早期印章多钤在帛书或
密封文书用的泥土上,或将其捺在陶器坯、黏土铸范上,最后
显示在陶器和铜器上。

　　在无纸或纸未通用以前及用简牍为书写材料期间,重要
公文或私人信件写好后,将简牍叠起或卷起,最外面用空白
简作封面,写上姓名、官职、收件地点和文件名,以绳扎好。
结扎处放黏土制成的泥,钤上印章,干固后,其他人就无法拆
看,称为封泥(图4.3)。战国、汉以来的封泥,多有出土。古

① 王志敏.中国的印章与篆刻[M].北京:商务印书馆,1991.

埃及莎草文件上也将印按在封泥上,而欧洲则以蜡代泥。晋以后中国纸代替简牍成为主要书写材料,从此封泥便成为封纸,即在若干张纸粘连的文件接缝处盖印,以防伪,或在装有文件的纸袋密封处加印,以防他人拆看。4世纪以后简牍消失,封泥弃用,印章多钤在纸或帛上。新疆出土的魏晋纸本文书上已发现有加盖墨印的。后来人们注意到墨印易与字迹混淆,便以朱砂制成红色印泥,加盖朱色印文。至迟在5世纪—6世纪南北朝时已用朱印,但中间还有朱墨印并用的过渡时期。[①]《北齐书·陆法和传》称,梁元帝时(553)以陆法和为都督,"法和不称臣,其启文朱印名上,自称司徒"。唐人杜佑《通典》也载,北齐(550—577)时,以大木印盖在公文纸接缝处[②],在纸上盖印可实现少数文字的多重复印。敦煌石室发现《杂阿毗昙心经》上钤有南齐(479—502)"永兴郡印"朱文大印[③]。

图4.3 1983年广州西汉南越王墓(前122)出土的封泥[④]

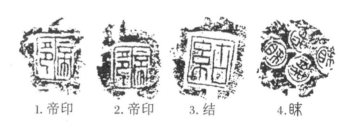

1. 帝印　　2. 帝印　　3. 结　　4. 眜

在纸上盖印和木版印刷有复制文字的共性,但两者在功用上和操作上有不同。印章印面少、容字少,盖印时将纸放在印下,以手的压力将印按在纸上,出现正体印文。而雕版版面大、容字多、重量大,总是在版面上部涂墨,将纸放在印版上,以刷子的压力施于纸的背面,最后印出的字迹是读物。只要加大印面,刻出更多反体文字,将钤印方式颠倒过来,便是木版印刷,实现这一颠倒是很容易的。事实上如印章很

① CARTER T F, GOODRICH L C. The invention of printing in China and its spread westward[M]. 2nd ed. New York: Ronald, 1955.

　　钱存训.造纸与印刷[M]//李约瑟.中国科学技术史[M].北京:科学出版社,1990.

② 杜佑.通典[M].上海:商务印书馆,1937:3586.

③ 罗福颐.古玺印概论[M].北京:文物出版社,1981:71-72.

④ 广州市文物管理委员会,中国社会科学院考古研究所,广东省博物馆.西汉南越王墓:上册[M].北京:文物出版社,1991.

大、很重,有时也会将纸放在印面上施力,这样更省力,这距木版印刷就只有一步之遥了。4世纪魏晋以后,道教和佛教进一步发展,使印章技术出现了两个走向木版印刷之路的新方向:一是道家制作容字多的大木印用来印符咒;二是佛教徒刻出具有反体佛像的木印,印在佛经上。

东晋道家葛洪(284—363)称:"凡为道,合药有避乱隐居者,莫不入山……古之人入山者,皆佩黄神越章之印,其广四寸(约13.5 cm×13.5 cm),其字一百二十,以封泥著所住之四方各百步,则虎狼不敢近其内也。"[①]谈到入山佩符时,他解释说"百鬼及蛇蝮、虎狼神印也,以枣之心木,方二寸刻之"。此处"黄神越章之印",可能即《初学记》(700)卷26引《黄君制使虎豹法》所述"道士当刻枣心木作印,方四寸也"。用枣木制成方四寸(约182.25 cm^2)的木板,再刻出120个字,正相当于一块小型雕版。葛洪所说"古之人",指魏至晋初(3世纪—4世纪)人,此时道家已用大木印封泥了。当纸于4世纪—5世纪通用后,道家又将木印上的符篆印在纸上作为护身符,又向木版印刷迈前一步。1959年新疆吐鲁番阿斯塔那出土6世纪写在纸上的护身符和图案[②],印在纸上的符篆仍有待出土,但不能说历史上不存在。护身符是从汉字演变而来的宗教字符或神秘文字,一般人看不懂,《抱朴子》中曾收录若干实例,是一种特殊读物。

此外,佛教徒为使其诵读的佛经图文并茂,常将木刻佛像和有关图案用墨印在经卷上,还可增添神圣庄严色彩。卡特说:"模印的小佛像标志着由印章至木刻之间的过渡形态。在敦煌、吐鲁番和新疆等各地,曾发现几千个这样的小佛像,有时见于写本的行首,有时整个手卷都印满佛像。不列颠博物馆有一幅手卷,全长17英尺(约518.16 cm),印有佛像468个。"[③]虽然这是以手逐个按印的,但比手绘便捷。在写本佛经上印佛像,在南北朝即已开始,唐代仍然盛行。刻印实践

① 葛洪.抱朴子:内篇 卷17:登涉[M].上海:商务印书馆,1936:311,346,352.

② 新疆维吾尔自治区博物馆.新疆吐鲁番阿斯塔那北区墓葬发掘简报[J].文物,1960(6):13-21.

③ CARTER T F.中国印刷术的发明和它的西传[M].吴泽炎,译.北京:商务印书馆,1957:43-44.

表明,要使印章有更多文字或图像,从而加大印面时,印章的形状就要改成平板形,而这就成为木雕版形状。促成这种改变的是宗教信徒。

二、碑文拓印技术

与儒学发展有关的古典复制技术是石经碑文的拓印(rubbing)。石刻有悠久历史,汉以后刻石多为长方形厚石板,用以记录死去的人物事迹或重要事件。以石碑刻出儒家经典供士子阅读或抄校,是东汉时的一大创举。由于抄写儒经所据底本不同,文字常有出入,为使学者有标准文本,东汉安帝永初四年(110)临朝听政的邓太后诏令刘珍(约67—127)及博士、仪郎50多人于东观校定"五经"、诸子传记及百家书,再缮录之,藏诸秘府。[1]汉灵帝熹平四年(175)蔡邕(132—192)上疏,请将秘府藏经刻石,公之于众,被朝廷采纳。由蔡邕以隶书写稿,使工匠刻石(图4.4),立碑于洛阳太学门外,使学者得取正焉[2],是为石刻儒经之始。《后汉书》注引陆机(261—303)《洛阳记》称,石经包括《尚书》《周易》《诗经》《仪礼》《春秋》《公羊传》和《论语》等七部儒经,置于洛阳城南开阳门外。七经共20.9万字,刻在46块碑上,每碑高175 cm、宽90 cm、厚20 cm,容字约5000个,每字2.5 cm见方,碑正背双面刻字,自熹平四年(175)开刻,故称"熹平石经",至光和六年(183)刻毕,作U形排列,开口处向南,碑上有盖保护,周围有木栅,由专人看管。[3]从此四方学者齐集观阅,每日太学门外停车至千辆,附近街道阻塞,成为学术界盛举。刻石前,先选好石料,制成碑形,磨平表面,加蜡,划出墨线字格,以朱砂和胶写出碑文,再由刻工刻成阴文正体字。

---

① 范晔.后汉书:卷10　邓皇后传[M]//二十五史:第2册.缩印本.上海:上海古籍出版社,1986:35.

② 范晔.后汉书:卷90　蔡邕传[M]//二十五史:第2册.缩印本.上海:上海古籍出版社,1986:216.

③ 钱存训.中国古代书史[M].香港:香港中文大学出版社,1975:66-71.

图 4.4 东汉熹平石经残石

　　三国时魏正始年间(240—249)又在洛阳石刻《古文尚书》《春秋》《左传》三经,后称"正始石经",这是中国史上第二次出现的石经。"正始石经"共用35块碑,每碑高192 cm、宽96 cm,以古文(大篆)、小篆和隶书三种字体刻成(图4.5),又称"三体石经"或"三字石经"。每碑有字约4000个,计14.7万字,亦立于洛阳太学讲堂之东,呈L形。但3世纪—6世纪魏晋、南北朝更替期间,各朝都城时而在洛阳,时而迁至别处。此时石经看管开始松懈,甚至无人看管。在搬迁过程中有损失,以致没有一块石经完整地保存至今,现所见只是一些残片或局部拓片。在南北朝,有人趁碑石看管不严时,将经文拓印下来,或自用或出售。所谓拓印,是将薄而韧的麻纸或楮纸湿润后,用刷附着在碑面上,以拍子敲打纸,使纸透入碑面文字凹下处,干后,再以内裹丝绵的小包蘸墨汁,均匀拍在纸面上,揭下即成黑底白字的碑文复印件,称为拓片。如纸不够大,可用几张纸拓印碑面不同部位,再拼接起来,最后将拓片装订成拓本书册。

图 4.5 魏正始年间（240—248）刻三体石经，取自郑诵先①

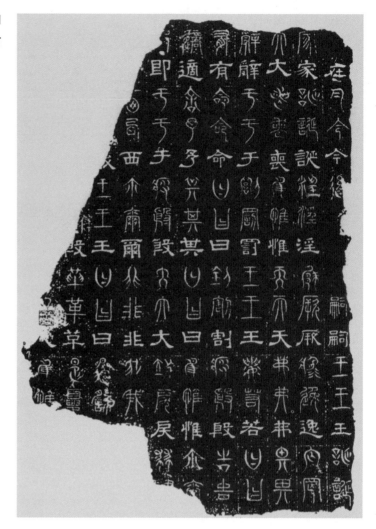

　　碑文拓印是对文字材料进行多次复印的另一种方法，与木版印刷的共同点是产物供阅读使用。两者的共同点是将大幅硬质平面材料上刻的字或图用墨汁刷压在纸上；两者的不同点是碑文为阴文正体，拓印时将纸置碑面上，以墨包在纸上捶打，成品为黑底白字；雕版文字为阳文反体，将墨涂在版面上，再覆纸、刷印，成品是白底黑字。拓印技术也是中国的一项独特发明，能将造型复杂的器物上的铭文、图案和部件从立体展现成平面，保持古代金石文献原貌，在摄影技术出现前相当于照相机的作用，而且拓印技术长盛不衰。现存最早碑文拓片是20世纪初在敦煌石室发现的唐贞观六年（632）的《化度寺塔铭》和永徽五年（654）刻唐太宗

① 郑诵先.各种书体源流浅说[M].北京：人民美术出版社，1962.

御笔《温泉铭》(图4.6)。唐代拓印之流行,显然是在前代基础上发展的。

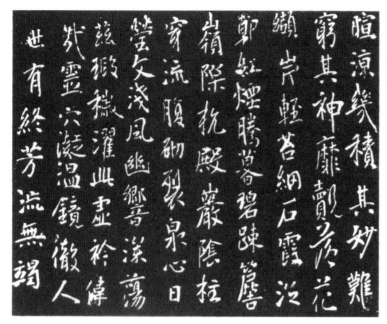

图4.6　唐永徽五年(654)拓太宗御笔《温泉铭》(巴黎国家图书馆藏)

《隋书·经籍志》载,开皇三年(583)秘书监牛弘(545—610)上表"请分遣使人,搜访异本,每书一卷赏绢一匹,校写既定,本即归主,于是民间异书往往间出,及平陈(589)以后,经籍渐备"①。《隋志》在《小学类》书中列举属于"一字石经"的《周易》《尚书》《诗经》《春秋》《公羊传》《仪礼》及《论语》等七经33卷,又列举属于"三字石经"的"《尚书》九卷、《尚书》五卷及《春秋》三卷"。②其中第二项"《尚书》五卷"为"《左传》五卷"之误笔。《隋志》又说:"后汉镌刻'七经'著于石碑,皆蔡邕所书。魏正始中,又立'三字石经',相承以为'七经'正字。"今本作"一字石经"误,我们校改为"三字石经"。因此,《隋志》作者魏徵所说"一字石经"指东汉"熹平石经"拓印本,"三字石经"为魏"正始石经"或"三字石经"拓印本,因为他明确说过这些残缺儒经是"相承传拓之本",故以卷计之。魏徵还告诉我们,这些拓片是583—589年隋文帝派人在民间得到

① 魏徵.隋书:卷32　经籍志[M]//二十五史:第5册.缩印本.上海:上海古籍出版社,1986:115.

② 魏徵.隋书:卷32　经籍志[M]//二十五史:第5册.缩印本.上海:上海古籍出版社,1986:119.

的,其拓印时间必在这以前,中国拓印技术的发明不应迟于5世纪南北朝。此时还拓印过《秦始皇巡会稽刻石文》等,唐初仍藏于秘府。

正如将印章在纸上盖印的通常方式颠倒过来能导致雕版印刷一样,如果将刻石、拓印技术的某些程序颠倒过来,也会产生同样的效果。最重要的颠倒是将碑面上的字刻成反体,并改变拓印方式。南北朝时已有人做了这种颠倒,如南京近郊所存梁简文帝萧纲(503—551)陵前神道碑(约556),正面碑文为阴文正体,背面为阴文反体(图4.7)[1]。按通常拓印方式,正面拓片为黑底正体白字,背面为黑底反体白字。但如果在碑的背面涂墨,再将纸放在上面捶拓,就会得到黑底正体白字,这就接近雕版印刷了。而《龙门石窟》(1961)收录的河南洛阳城南龙门石窟中的《始平公造像记》碑,刻于北魏太和二十二年(498),此碑背面文字是阳文正体,拓印后得白底正体黑字,这已不是传统拓片的黑底了。南北朝时既然有人刻出阴文反体和阳文正体的碑文,也就能刻出阳文反体的碑文,而这实际上就成了雕版。因此,就碑刻、拓印而言,早在南北朝就已有通向印刷的途径。

图 4.7　梁简文帝陵墓碑正、反体碑文(556)[2]

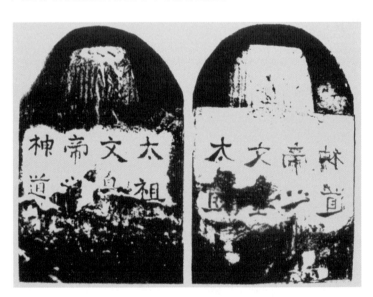

①② 中央古物保管委员会.六朝陵墓调查报告[M].南京:1935:图版11,图版20.

三、印花技术

导致木版印刷的另一种古典复制技术是印花技术,中国古代印花板有凸纹版和镂空版两种版型。在木板上刻出凸起的花纹图案,用染料使之印在织物上,至晚在战国时已付诸实践。1979年江西贵溪县仙水岩崖战国早中期(前5世纪—前4世纪)墓葬中出土版型印花麻布残片。[①]秦汉以来,版型印花迅速发展,1972年湖南长沙马王堆一号西汉墓(前165)出土云纹印花纱两件,其中一件为金银色印花纱,纱面长64 cm、宽47 cm,纱面上印有银白、银灰色云纹变化图案,又印出金黄色斑点。每一云纹图案单位长10.4 cm、宽7.6 cm,略呈菱形,上下交错、横向排列,共13个单位图案(图4.8)。

图 4.8 1972 年长沙马王堆一号西汉墓(前165)出土的三色套染印花粉分版示意图

1. 印银白色纹的
凸面铜印版

2. 印银灰色纹的
凸面铜印版

3. 印金黄色点的
凸面铜印版

4. 套印后效果

① 程应林,刘诗中.江西贵溪崖墓发掘简报[J].文物,1980(11):29.

专家们认为由三块凸纹印版套色印染。[①]1983年广州越秀山南越王赵眜墓出土了与马王堆一号墓类似的云纹印花纱,但色泽不同,云纹呈金黄、银白色,斑点为红色,说明这种版型印花技术在公元前2世纪的西汉已在各地通用。

值得注意的是,在广州西汉南越王墓中出土丝织物较多的西耳室,还发现了两块青铜制印花版,其中较大的一块长5.7 cm、宽4.1 cm、厚0.1 cm,背后有穿孔的纽(图4.9),印版上有凸起的云纹。[②]另一块印版较小,印版有磨损痕迹,说明已用过,其使用方法与长沙马王堆印花纱所用的方法相同。即先以小型印版印染出定位图案,再以大型印版印染,最后以有凸出圆点的印版印染,三者构成一个单元。再依此印染另一单元,每个单元线条衔接紧密。在南越王墓西耳室还出土一印花纱残片,残长8 cm、宽2.2 cm,上面的云纹与青铜印版上的云纹相同,因而可断定青铜印版即印染此纱的工具。版型印花历史悠久,是指将版上的凸出图案借染料、颜料印染在丝、麻、棉纺织品上,严格说还不是印刷过程,只有

图 4.9　1983 年广州西汉南越王墓(前 122)出土的铜印花凸版

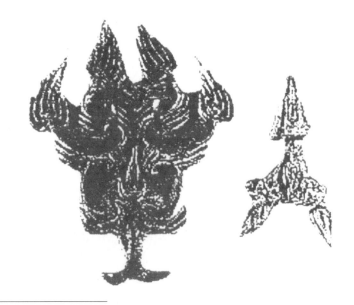

① 上海纺织科学研究院.长沙马王堆一号汉墓出土纺织品的研究[M].北京:文物出版社,1980:110-111.

② 广州市文物管理委员会,中国社会科学院考古研究所,广东省博物馆.西汉南越王墓:上册[M].北京:文物出版社,1991:485-487.
广州市文物管理委员会,中国社会科学院考古研究所,广东省博物馆.西汉南越王墓:下册[M].北京:文物出版社,1991:图版48-2.

将花纹图案印染在纸上,产物才成为印刷品,这就是后来中国发明的印花壁纸。当图案易之以佛像或文字,并印在纸上时,就成了印刷读物。因此,印章、碑拓和版型印花这三种古典复制技术在南北朝被广泛使用之后,都殊途同归于雕版印刷。

第二节

木版印刷的起源和早期发展

一、促成印刷术发明的各种因素

　　木版印刷是在印章、碑拓和版型印花等古典复制技术出现之后出现的,但不是前者的单纯改进或革新产物,而是一项新的机械发明,因为在使用材料、工具、过程、操作和产品用途上都不同于以往的复制方式。以机械复制方法直接生产文化读物,代替手抄写本,这一基本思想是印刷活动的出发点,古典复制技术缺乏这种理念。印刷术的出现在中国是长期历史酝酿的结果,除受先前古典复制技术的启导外,还要有适合的社会、经济、文化、技术和物质基础等综合背景,更与历史传统、语言文字、宗教信仰等因素有关,只有这些条件成熟后,才能出现印刷术。印刷术之所以发明于中国,因为中国最先具备促使印刷术出现的所有条件,而其他国家或地区只具备部分条件,不足以发明印刷术。待其他国家拥有发展印刷术的各种条件时,中国印刷术早已发明于前,并传到海外。印章、碑拓和版型印花技术在东西方各国古代都曾出现,但通向印刷术之路受阻,因为那里没有发展印刷术的物质载体即纸。没有纸就不能发展印刷术,中国是最早造纸的国家,最先拥有印刷器的物质载体。有了纸并经历以纸抄写读物的阶段后,才有对新型复制技术的需要和发展印刷术的物质前提。

中国用纸比其他国家早几百年,在这期间有足够多的时间发展印刷术。以印章为例,向木版印刷演变必须经历的决定性步骤都首先在中国出现,例如将反体字印在纸上,至迟发生于4世纪—5世纪的晋代,这时许多国家还不知纸为何物,或刚刚用纸。道家将刻有许多字的木印印在纸上作护身符,发生于晋到南北朝时期。中国比其他国家更早地实现从印章向雕版的演变。石刻虽在东西方都有,但以纸拓印碑文则是中国特有的现象,西方从未有过。日本和朝鲜拓印技术出现很晚。碑刻反体文字也是外国少见的。纸拓儒家经典始于南北朝,从拓印向印刷术演变只能发生于中国。其他国家古代也有织物印花技术,但将雕花版印在纸上则很晚,而且也没有用在宗教和文化事业方面。从文化和技术传统来看,各种古典复制技术向印刷术方向的演变都最先发生于中国,而不是其他国家或地区。

印刷术作为推动文化发展的动力,是社会稳定、经济繁荣和文教昌盛时代的产物,任何国家只有在这样的环境下才能发展印刷术。就中国而言,公元前3世纪秦始皇建立统一的封建大帝国,结束了战国时代分裂割据局面,这一成果在汉晋得到进一步巩固。此后经过南北朝的短暂分裂,至隋唐(6世纪—10世纪)又重归一统,社会相对稳定,经济、文化教育和学术研究获得空前发展,建立起统一的科举制度,学校和读书人的数目迅速增加。历代统治者强调文治,使中国成为文教之邦。像儒学一样,佛教也大规模发展,各地寺院林立,僧尼、信徒众多。《汉书·艺文志》(100)载经史子集各类图书近1.5万卷,而《隋书·经籍志》(600)则增至5万多卷,隋内府嘉则殿藏书达37万卷。这些浩如烟海的文献用手抄写在纸上非常费力,消耗古人许多时间,因此迫切要求以新的复制技术代替手抄劳动,雕版印刷正好能满足这一要求。中国自秦代统一文字以来,汉字发展进入新阶段,魏晋以来隶楷盛行,至隋代形成稳定的楷书字体,易认、易刻,是适于版刻的文字字体。南北朝以来造纸、制墨技术有新的发展,为印刷业提供了原材料和物质基础。因此,在南北朝的后期(532—589),印刷术的出现已经具备了各种必要的条件。

反观其他国家和地区,欧洲奴隶制社会时间很长,比中国晚1000年才进入封建社会,476年西罗马帝国的灭亡标志奴隶制的瓦解,但西方早期封建制仍带有农奴制特征。中世纪欧洲长期处于所谓黑暗时代(Dark Age),社会发展裹足不前,经济进展缓慢,文教事业不振,识字的人很少,有些书抄写在羊皮板或莎草片上就足以满足需要了,社会上没有对新型复制文献技术的迫切需求。当隋唐帝国以高度文明与富强统一的大国屹立东方时,西方各国仍在相互厮杀之中,每个国家内部君主与教皇间的争权夺利导致社会动乱,这种社会环境与中国形成鲜明对照。[①]至于其他古代文明地区,埃及与两河流域的古代文明后来中断,连文字都没有保留下来,更谈不上发展印刷术了。印度奴隶社会持续到6世纪方逐渐解体。当印度开始造纸时,中国人已使用印本书了。阿拉伯文明一度大放光彩,但又出现得过晚。在东亚,隋唐社会文化、科技水平高于同时期的日本和新罗,因而这两个国家在印刷文化方面不可能走在隋唐之前。

二、论印刷术起源于隋

在木版印刷起源问题上,要探讨的主要是它何时产生于中国。这个问题在过去长期没有得到妥善解决,因为人们主要根据古书中片言只字立论,很少对考古发现、印刷术发展规律和社会经济、文化背景做综合研究,而对古书文义又有不同理解,因而一度出现众说纷纭的局面。近几十年来,随着研究的深入和资料的积累,已经到了结束这种局面的时候了。木版印刷不是在某一天突然出现

[①] 韦尔斯.世界史纲:生物和人类的简明史[M].吴文藻,谢冰心,费孝通,等译.北京:人民出版社,1982.

贝尔纳.历史上的科学[M].伍光甫,等译.北京:科学出版社,1959.

的,应当把它的起源看成是一个过程的产物,即社会各界探索代替手抄劳动的新型复制技术的过程,或古典复制技术向机械复制技术演变、转化的过程,经历某一成熟阶段后,自然出现了印刷术。正因为如此,不能将印刷起源时间锁定在某个具体年份,而应划定在一个适当时期内,找出时间上限和下限,再依文献记载、出土实物和技术推理,在上下限之间定出接近实际情况的起源时间。这样做,比先前单依照某本书的某一句话研究起源时间可能更稳妥一些。

根据前文所述,从技术上看可以将南北朝(420—589)当作印刷术起源的时间上限,因为这时造纸、制墨技术足以能提供满足印刷需要的纸和墨,从印章和碑拓技术向印刷术过渡的技术准备都在这时成熟。对印刷术起刺激作用的佛教也在南北朝获得发展。印刷术最初来自民间,与广大佛教信徒的宗教活动有关,几乎所有佛经都传达佛祖的教导:反复诵读经咒、抄写佛经及供奉佛像,可积福根、消除灾患,死后更可免受地狱之苦。信徒们疲于抄写经咒,而以雕版技术复制佛经,可提供大量廉价副本,信徒只要填上姓名和发愿词即可买到现成佛经、佛像,故乐为之,印刷术就这样在民间盛行起来。中外前贤不少人倾向于南北朝有印刷活动,虽所用史料可以商榷,然而结论仍有存在的空间,只是有待新的证据或未来考古发现加以验证。南北朝以前出现印刷术的可能性就很小了,汉魏时虽已有纸,主要用于书写,尚未脱离纸、简并用阶段,东晋时简牍才被纸彻底淘汰。从印章和碑拓向印刷术的过渡发生于晋以后,南北朝以前缺乏产生印刷的技术积累。文献记载和考古发现表明,唐初(618—713)已有印刷活动,这应是印刷术起源的时间下限。因此,就目前掌握的资料而言,隋朝(581—618)应是印刷术出现的关键时期。

先从文献记载谈起,早在明代,陆深(1477—1544)《河汾燕闲录》就提出木版印刷始于隋代:"隋文帝开皇十三年十二月八日(594年1月5日),敕废像、遗经悉令雕撰,此印书之始,又在冯瀛王(冯道)先矣。"明代版本目录学家胡应麟《少室山房笔丛》《甲部·经籍会通四》也认为：

> 载阅陆子渊(陆深)《河汾燕闲录》云，隋文帝开皇十三年十二月八日，敕废像、遗经悉令雕撰，此印书之始。据斯说，则印书实自隋朝始，又在柳玭(848—898在世)先，不特先冯道(882—954)、母照裔(约902—967)也……余意隋世所雕，特浮屠经像，盖六朝崇奉释教致然，未及概雕他籍也。唐自中叶以后，始渐以其法雕刻诸书，至五代而行，至宋而盛，于今(明代)而极矣……遍综前论，则雕本肇自隋时，行于唐世，扩于五代，精于宋人。此余参酌诸家，确然可信者也。

陆、胡二位提出上述见解时，显然依据隋人费长房(557—610)《历代三宝记》(597)卷12所述：

> 开皇十三年十二月八日，隋皇帝、佛弟子姓名(杨坚，541—604)敬白……属周代乱常，侮蔑圣迹，塔宇毁废，经、像沦亡……做民父母，思拯黎元，重显尊容，再崇神化。颓基毁踪，更事庄严。废像、遗经悉令雕撰……再日设斋，奉庆经、像，日十万人，香汤浴像。①

费长房上述记载中所说"周代乱常"，指北周(557—581)武帝建德三年(574)下令禁佛、道二教，捣毁寺院经、像，强令沙门还俗之逆举，许多宗教文物毁于一旦。推翻北周政权，建立统一的隋王朝的隋文帝杨坚(541—604)笃信佛法，在国家经济状况好转，社会文化和佛教进一步发展后，于594年1月5日在佛前敬白，希望使北周武帝时被毁的塔宇、佛像、佛经和损失的佛像、佛经都恢复起来，重振佛教。并与皇后承诺，"废像、遗经悉令雕撰"，当众布施，待铜像铸成后，再集众人香汤浴佛。此处所说的"像"，主要指铜铸佛像，"经"主要指纸本佛经。雕者刻也，撰者造也，"雕撰"此处当训为"雕造"。"撰"此处不应释为"著述"，因此"废像、遗经悉令雕撰"实即"废像、遗经悉令雕造"，"造"指铸造佛像和雕造或雕印

---

① 费长房.历代三宝记:卷12[M]//大正新修大藏经:卷49.东京:大正一切经刊行会,1924:108.

纸本佛经、佛像。费长房用语中"雕撰"或"雕造"是两个及物动词,其补语为佛像和佛经。对佛像而言,意味通过铸造而重显其尊容;对佛经而言,意味通过印造而再崇神化。因此,可将《历代三宝记》所述作为隋朝有关印刷的记载,不能因其用词简略而加以怀疑、非议。

在研究《历代三宝记》时,应当将它放在当时隋朝社会的大背景中加以分析,还要考虑到与此后不久唐初出现的印刷文献记载和出土印刷品年代紧密衔接。隋文帝时全国统一,海内殷富,统治者大力扶植佛教,为尽快使前朝毁失的佛经重新流通,印刷是最便捷的途径,也有这种可能。但清人王士禛(1634—1711)《居易录》卷25谈到陆深观点时写道:"予详其文义,盖雕者乃像,撰者乃经,俨山(陆深)连读之误耳。"近时也有人说"雕撰"指雕刻佛像、撰集佛经,怀疑隋朝即雕印佛像、佛经。[①]这样理解《历代三宝记》原话,未必令人信服,反造成新的误解。如"悉令雕撰"中的"雕"专指佛像,问题就出现了。赞宁(919—1001)《僧史略》上卷解释寺院浴佛时指出,浴佛用于铜佛像,而铜佛像皆铸成,岂能雕刻?"雕者乃像"的理解不合原文本义。对费长房的原文要做整体理解,不能割裂理解。另一史料也值得注意。《隋书》卷78《卢太翼传》载,卢太翼(548—618)博览群书,受隋文帝赏识,"其后目盲,以手摸书而知其字",大业九年(613)从炀帝至辽东,后数载卒于洛阳。王仁俊(1866—1914)对此解释说:"以手摸书而知其字,按此摸书之版耳……此时书有其版甚明,故知所摸为书版。"[②]版刻文字为反体,由反体而知正体,才显出卢氏聪明过人。有人说他摸的是石碑碑文,亦未必见妥。史料明确说卢太翼摸的是书,而石碑不能称为书,且碑文多是正体,摸正体而知其字,显不出卢太翼过人之处。因此将他所摸之书释为书版,仍有理由,这是隋朝有关印刷的另一记载。

唐初以来有关印刷的记载接连出现。僧人彦悰(625—

---

① 张秀民.中国印刷术的发明及其西传[M].北京:人民出版社,1958.

② 王仁俊.格致精华录:卷4[M].上海:石印本,1896.

690)为其恩师玄奘(602—664)写传时指出,玄奘晚年于高宗显庆三年至龙朔三年(658—663)五年间,"发愿造十俱胝像,并造成矣"①。"俱胝"为梵文数量词"koti"之音译,此处指十万。"造"字在唐人用语中指印造,即印刷,如咸通九年(868)刊《金刚经》题记云:"王玠为二亲敬造普施。"因此,彦悰载658—663年玄奘发愿印造百万枚佛像,并印造成矣。10世纪金城(今兰州)人冯贽《云仙散录》(926)卷5亦称:"玄奘以回锋纸印普贤菩萨像,施于四众,每岁五驮无余。"②谈的是同一件事。两条记载可相互补充与印证。《云仙散录》过去有人疑为北宋人王铚(1090—1161)"伪作",但此书有开禧元年(1205)郭应祥刻本,卷首有作者冯贽于后唐天成元年(926)自序,此书还为孔传《孔氏六帖》(1131)所引,书中所记玄奘印佛像之事依然可信,且与玄奘弟子彦悰的记载相补充。

　　早期印刷品因唐武宗会昌五年(845)禁止佛教,焚烧佛经、佛像而惨遭厄运,因而很少流传下来,这是很可惜的。所幸的是,在这以前入葬于墓中的早期印本近年来时有出土,使我们得见一斑。据陕西考古学家韩保全先生报道,1974年西安市文物管理委员会考古人员在西安柴油机械厂征得单页印刷的陀罗尼经咒(图4.10),出自唐墓中。经咒出土时,装在一铜臂钏(镯)中,同出文物尚有一规矩四神铜镜,其他器物基本散失。印本为方形,长27 cm、宽26 cm,正中央有一宽7 cm、高6 cm的空白方框,其右上方写有"吴德□福"四字,有一字脱落,吴德当是墓主姓名。方框外四周为经咒印文,上下印文均13行,左右残缺,估计也是13行。咒文四边围以三重双栏边框,内外边框间距3 cm,其间有莲花、花蕾、法器、手印(mudra)、星座等图案。咒文究系梵文,还是以僧伽罗(singhalese)字母拼写的巴利文(pāli-bhāsā),一时难以定夺,韩先生姑且称之为外文。

---

① 慧立,彦悰.大慈恩寺三藏法师传:卷10[M]//大正新修大藏经:卷50.东京:大正一切经刊行会,1927:275.

② 冯贽.云仙散录:卷5[M].四库全书:第1355册.影印本.台北:商务印书馆,1983:666.

图 4.10 1974 年西安柴油机械厂出土 7 世纪初梵文陀罗尼经咒单页印本[①]

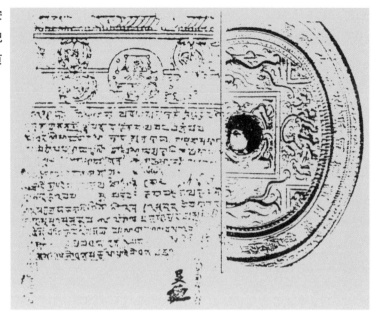

装经咒的铜臂钏呈弧圈形，长 4.5 cm、宽 4.2 cm，两侧变细，各长 12 cm。其下有中空半圆形筒，筒径 2.8 cm。筒两端有铜片封严，经咒即叠置于筒中，展开后已残损。规矩四神铜镜径 19.5 cm、厚 0.3 cm、沿高 0.8 cm，通体呈银白色，为圆铉龙形方座，内区青龙、白虎、朱雀、玄武各据一方，四神间饰以四规，规内各有一兽头，外区内圈有铭文，由外区隔以锯齿（图 4.10），从形制上可断为隋至初唐之物，与西安出土其他同期铜镜相同。中国科学院考古所编《西安郊区隋唐墓》（1966）对镜式及分期做了研究，对照此镜，则铭文及纹饰分属Ⅰ型二式及Ⅱ型四式，属隋至初唐时期。印文、图案与西安发现的其他唐代陀罗尼印本相比，版刻技术较粗放，边角部分及咒文墨色模糊不清，其年代应更早些。

韩先生根据上述情况，又结合唐代密教发展背景，将此经咒定为 7 世纪唐初印刷品，"因而它应是当前世界上已知的最古的印刷品了"[②]。报道发表后 10 年间没有人对此提出异议，直到 1997 年赵永晖著文认为此经咒为中晚唐（756—845）

①② 韩保全.世界最早的印刷品：西安唐墓出土本陀罗尼经咒[M]//石兴邦.中国考古学研究论集：纪念夏鼐先生考古五十周年.西安：三秦出版社，1987：404-410.

印本,其理由是:① 印本与铜镜是从被破坏的基地中收集的,出土情况不明,未留下发掘报告,两者之间的关系无从查对;② 从中晚唐起才盛行佩带经咒之风,将咒文、图像排列成方阵,仿曼荼罗(mandala)坛状,四周环绕手印、法器、图案,也始自中晚唐;③ "吴德□福"手迹没有初唐书法笔意。[①]然而持此反论者并未认读经咒咒文,为了弄清赵文所举理由是否能足以否定1974年西安发现的这份陀罗尼经咒印本为初唐印本的原有断代结论,我们认为有必要重新对此本进行研究。

为此,我们首先请教了原报道作者韩保全,询问此本出土情况。他说,1974年西安市文管会曾派人前往出土现场调查后确认,虽然出土物多散失,"巧幸的是,装外文印本经咒的臂钏与同墓出土的四神规矩铜镜尚未散失"[②]。1987年原报道也明确说印本与铜镜出自同一个唐墓。1974年西安市文管"征集文物收据单"也载明铜镜、木版印经咒及铜颚托(应是铜臂钏)三件文物同出一处,且有顺序编号,1974年8月2日正式入库。这个基本事实必须肯定下来,印本与铜镜之间的关系不容怀疑,有证据可查。由于这不是有计划的考古发掘,"文革"时期研究机构停止正常工作,无法及时写出简报,不能因此说文物来历不明。应当说,他们那时征得这件国家级文物是功不可没的。

为查明印本上的咒文是何种文字,1997年笔者请中国社会科学院亚洲及太平洋研究所著名梵学家蒋忠新先生做了认读,鉴定为至迟从6世纪起即已通用的梵文字体。[③]此时戒日王(Śilāditya,589—647)在位时(606—647)统一北印度,迁都曲女城,大力发展佛教。玄奘旅居印度时(628—643)曾在此受到款待,因此他取回的梵文佛经也是用这种梵文字体写成的。此经咒梵文绕中央空白方框(唐代称为"咒心")排列成方形字阵,确呈曼荼罗方坛形,上下、左右各13行,共52行。如果我们将写有墓主姓名的部分当正面来看,就会发现

① 赵永晖.关于印刷术起源问题之管见[N].中国文物报,1997-02-16(03).

② 韩保全致潘吉星的信,1996年12月5日发自西安。

③ 蒋忠新与潘吉星的谈话,1997年4月15日于北京蒋宅。

咒心下的各行字皆正置,上方的字皆倒置。将咒文向任何方向扭转90°,也可看到同样现象。我们认为文字从咒心左下角最内一行排起,至右下角转行,经右上角及左上角绕咒心一周,完成第一圈。此后用同样方法排列,直到第13圈(图4.11)。

图 4.11　1974 年西安唐墓出土的梵文陀罗尼印本中咒文排列及环读方向(潘吉星复原)

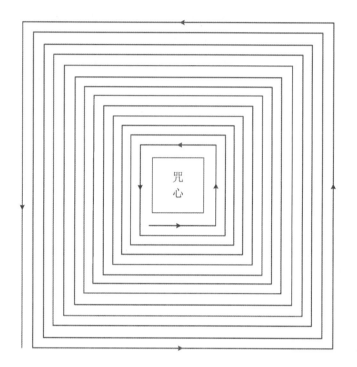

梵文属于印欧语系的拼音文字,从左向右横书。只有按上述方式不断扭转角度阅读此印本经咒,才能一气读完。中国密教史料表明,佩带经咒和将经咒文字、图像排成方块曼荼罗形,至迟在唐初即已流行,并非从中晚唐才开始。持明密教(Vidya-dhārani-yāna)自6世纪后半期梁末、周隋时期(550—600)已传入中国,至7世纪唐初,传译弘扬已趋兴隆。不但有外僧传译,还有唐土僧人设坛弘扬,东西两京(长安、洛阳)成为密教中心,由此再传向各地及东亚邻国。唐初最早传译密典、设坛弘密的是智通(580—645在世),他在隋大业年间(605—618)住长安大禅道场,"于总持门(密教)特所留意",唐初此道场改称总持寺,成为西京密教中心。[①]

----

① 吕建福.中国密教史[M].北京:中国社会科学出版社,1995:162-163.

智通传译的持明密教经典首先是《千手观音陀罗尼经》（*Sabacrabhuja-sahasraneta-aralokiteśavara-dhārani-sūtra*）。据唐初福寿寺大德波仑（660—714 在世）《千眼千臂观世音菩萨陀罗尼神咒经序》所载，千手观音，密法早在唐高祖武德年间（618—626）就从印度传入中国，"时有中天竺波罗门僧瞿多提婆（Gotādeva）于细毡上图画形质及结坛、手印经本，至京进上"[①]。此处所述印度僧进上的"图画形质及结坛、手印经本"，就是将梵文经咒写成可环读的方坛形字阵，在经咒四周画有菩萨手印、法器等图案的经本。1974 年西安出土的梵文经咒就是根据武德年间从印度传来的这类梵文写本而刻版印成单页的。此外，唐太宗贞观十二年（638）前后，又有北印度婆罗门僧跋吒那罗延（Vajnārāyana）持梵本《千手观音陀罗尼经》进上，太宗敕令智通与此僧共译，译毕进内。智通以另一译本传持流通，此本由他与阇提（Jati）、婆伽（Bhaga）兄弟译出，再传于弟子玄暮，诵咒师僧数百人求法于智通，可想见其流通之广。

武周（690—705）时又有乌仗那国（Uddiyana）婆罗门僧达摩战陀（Dharma- Candā）在洛阳佛授记寺传持千手法，波仑说他"尝明悉陀罗尼咒句，每常奉制翻译，于妙毡上画一千臂菩萨像，并本经咒进上。神皇（则天女皇）令宫女绣成，或使匠人画出，流布天下，不坠灵姿"[②]。此处所载菩萨像和经咒，与前述唐高祖武德年间梵僧所进及唐太宗贞观年间智通所译者相同。智通译本共上下两卷：上卷有大身咒 94 句、受持法及功能、12 种印咒、十肘曼荼罗坛法、画像法；下卷有 13—25 种印咒法和大身咒梵文原文，大身咒即大法身咒。因此本在唐初长安流传很广，对它的需求量大，乃有版刻之举。因此，西安出土的梵文经咒取自持明密教佛典《千手观音陀罗尼经》中的大身咒梵文原文。

武周长寿二年（693）罽宾（Kashmir）僧宝思惟（Ratnacina，619—721）在洛阳天宫寺译出的《随求即得大自在陀罗尼神

①② 波仑. 千眼千臂观世音菩萨陀罗尼神咒经序[M]//全唐文：卷 913　第 10 册. 北京：中华书局，1983：9511-9522.

咒经》中说,"若欲书写、带此咒者,应当依法结如是坛","于其纸上先向四面书此神咒",即将咒文围绕空白方框(咒心)向四面写成曼荼罗形,咒心内根据愿望临时加绘不同图像,再佩带在身上,即可发挥陀罗尼的法力。如欲求雨,则在咒心画一九头龙;如妇人欲生男,则在咒心画一童子,等等。然后再在咒文外围画出栏线,表示结坛,坛内画出莲花、金刚杵、剑斧和手印等。妇人将咒佩于颈下,男人则佩带于右臂,以臂钏藏之。此经最后说,"若诸人等,能如法书写、持带之者,常得安乐,所为之事皆得成功。现世受乐,死后升天上,所有罪障悉得消灭"①。因此,活人可佩带,死人也可佩带。赵文只提到不空于乾元六年(758)译出的《随求即得大自在陀罗尼神咒经》而立论,殊不知在这以前的武周时此经已译出,而武周前,类似密法早已传持。

7世纪前半期隋唐之际,持明密法主要内容是像法、坛法和供养法,都有严格规定。此时菩萨造像有多头、多臂、多手,手执器仗、宝珠、莲花、金刚杵、三叉戟、宝轮、羂索等物,间以手结成不同的手印。造像多作曼荼罗组合,坛法一般设方坛。在敦煌石窟的隋代石窟中都可见实物形象②。像法、坛法和供养法与西安发现的梵文经咒有直接关系,是梵文经咒出现的前提。菩萨造像是将持明密教佛典所述内容加以概括,用艺术形象表现出来。曼荼罗经咒也是将佛典内容加以概括,展现在图文并茂的单页平面上。在这里有时看不到菩萨,却能看到其所执的各种法器,暗示菩萨法身仍在。绘出不同手印,还可招请不同菩萨。佩带经咒于身,表示与菩萨时时同在,并受到其保佑。这说明,西安发现的梵文经咒印本出现于唐初并非偶然,而是隋唐之际持明密教发展的必然结果。

放置这种经咒的臂钏不但见于唐初佛经记载,还见于唐初造像,如四川广元北区石窟造像中,千佛崖莲花洞第13号窟就有菩萨佩带项圈、臂钏和手镯者,其年代为武周万岁通

① 随求即得大自在陀罗尼神咒经[Z].宝思惟,译.中国国家图书馆:7444.
② 吕建福.中国密教史[M].北京:中国社会科学出版社,1995:189-191.

天元年(696)或以前①。唐初《随求即得大自在陀罗尼神咒经》说，菩萨将陀罗尼咒放在臂钟中佩带，可免一切险难，"若有人带此咒者，当知如来以神通力拥护是人，当知是人是如来身，当知是人是金刚身"。按经文所述，将经咒佩在身上，则人即有菩萨藏身。可见佩带经咒之风并非从中晚唐才开始，而是至迟在唐初即已盛行了。从帝王将相到僧俗大众，很多人相信陀罗尼的法力，使社会上对经咒的需要量大增，这才促进其刻版刊行。

西安唐墓出土的梵文陀罗尼印纸，经我们检验为麻纸，白色，纤维匀细。位于咒文四周的三重双线边栏表示一种坛法。按唐高宗永徽四年(653)阿地瞿多(Atikuta，617—672在世)译《陀罗尼集经》卷12所述各部都会曼荼罗法时指出，供养坛有四肘坛、八肘坛、十二肘坛和十六肘坛，有一院、双重院、三重院和七重院不等，"院院作格子位"。依此，西安发现的经咒曼荼罗取四肘坛、三重院之坛法。"院"为梵文"arāma"的意译，指围以土墙的屋舍，经咒上以线表之。取何种坛法，由咒师选定，因此唐代写本或印本上的陀罗尼坛法不尽相同，框线多少不反映时代先后。有人不了解这一点，根据唐刊各陀罗尼四周一重双线、三重双线或线间手绘图案、刻印来定其年代早晚，而将西安出土的梵文陀罗尼年代排后②，这是不正确的。其实这些区别不代表技术难易，因为既然能刻出一重双线，也就能刻出三重双线；既然能刻咒文，也就能刻图案。这些区别是由咒师选定坛法不同造成的。手绘部分据持咒者的不同需要而变换，而印出者仍可据咒心空白大小手绘所需内容，这中间没有时间先后关系。

至于梵文经咒上的"吴德□福"手迹，原报道认为"是风行唐初的王羲之行草"，赵文认为没有唐初笔意。我们将这三字与王氏及唐初法帖、写本对比后，认为原写字者并非书法高手，仓促间信笔写成，谈不上有什么书法艺术性。从印刷技术角度观之，将此本与现存其他唐刊梵文陀罗尼本比较

① 吕建福.中国密教史[M].北京:中国社会科学出版社,1995:196

② 宿白.唐宋时期的雕版印刷[M].北京:文物出版社,1999:8-9.

后,发现此本在版刻、刷墨上更显古拙,其梵文字体也较早。1996年11月20日,陕西省文物鉴定委员会组织专家对此本进行集体鉴定后,再次确认它是7世纪唐初印刷品,属于一级文物。继此之后,我们对此本从多视角进行重新研究,得出下列认识:

(1)梵文经咒印本、铜臂钏及四神规矩铜镜三件文物同出于工地上的一个唐墓,而铜镜有年代特征,为隋至唐初所铸。

(2)经咒咒文取自初唐武德、贞观年间从印度传来的持明密教典籍中的梵文原文,而印文则是至迟从6世纪即已流行的古梵文字体。

(3)有关佛经记载和佛像造像实物资料显示,佩带经咒和将经咒文字排成曼荼罗方坛形状,同时配上手印和法物等图像,早在初唐即已风行,并非从中晚唐才开始。

(4)据唐高宗永徽四年(653)成书的《陀罗尼集经》卷12所述,此印本咒文周围的三重双线边栏的设置有特殊的宗教含义,表示一种选定的坛法。[①]

因此,1987年原报道将1974年西安柴油机械厂内唐墓出土的梵文陀罗尼印本定为7世纪唐初印刷品的断代意见和1996年陕西省文物鉴定委员会的确认结论是正确的,必须维护。而将此本断为中晚唐印本的反方意见所依据的理由,与已知的大量史实相矛盾,因而不能成立。此本是现存最早的印刷品,其刊刻年代当在太宗贞观后期至高宗显庆年之间(640—660)。前述玄奘于高宗显庆三年至龙朔三年(658—663)印造十俱胝菩萨像,与该640—660年所刊印的印本梵文经咒,差不多处于同时期,反映了唐初印刷活动的真实侧面。由此上溯至隋文帝开皇十三年(594)"废像、遗经悉令雕撰",尚不足半个世纪。唐初印刷总应有个事前的"胎动"时期,在技术上看才合乎事物发展规律,以上分析正与该设想两相印证。因此,明代学者胡应麟所倡"雕本肇自隋时,行于唐世"

① 潘吉星.1974年西安发现的唐初梵文陀罗尼印本研究[J].广东印刷,2000(6):56-58.

潘吉星.1974年西安发现的唐初梵文陀罗尼印本研究:续[J].广东印刷,2001(1):63-64.

之说,今天看来有新的内容可以加强。将雕版印刷起源时间定在隋朝是较稳妥的。其他学者①也与我们持相同意见。唐初以后,有关印刷的文献记载和出土实物接连出现,实际上已进入印刷术的早期发展阶段了,已无需在讨论起源时列举。

三、雕版印刷在唐代的早期发展

唐初继太宗、高宗之后,至武则天(624—705)称帝时,革唐命,改国号为周(690—705),史称武周。则天武后笃信佛法,曾借佛教故事为登帝位做舆论准备,天授二年(691)夏四月,"制以释教开革命之阶,升于道教之上",令僧尼处道士、女冠之前,从而将佛教奉为国教。又从中亚、西亚和印度等地延请高僧来华,于两京开设译场,令僧众增译梵典弘扬,鼓励刻版印造经像。佛教在政府支持下得到了大力发展,佛教印刷因而受到刺激。受武后提携和倚重的法师法藏(643—712),不但通晓印刷技术,还留下有关印刷的记载。法藏俗姓康,长安人,显庆四年(659)从云华寺智严(602—668)学《华严经》。咸亨元年(670)武后舍住宅为太原寺,度僧。武周时奉制译经,为华严宗理论创始人,被女皇赐号为贤首戒师,卒赠鸿胪卿(正四品)。法藏于武周证圣元年至圣历二年(695—699)奉制参译80卷本《华严经》,他还对此经有深湛的经典研究。

在新译本《华严经》出现以前,人们使用的是421年译出的60卷本,此经有八会,分别讲述佛祖成道后在八次法会向弟子说法时的内容。关于八会形成机制,各家有不同看法。天台宗认为八会分前后两部分,前七会是佛祖成道后的前三个七日间的说法内容,第八会是在这以后的说法内容。华严宗理论家法藏不同意这个观点,认为佛祖成道后的前七日间没有说法,而在第二个七日内说出全部佛法。他认为虽然八会经文排列顺序有先后,但所有佛法是佛祖成道时同时悟出的,而且在此后第二个七日说完,第八会不是在这以后说出

① 肖东发.中国图书出版印刷史[M].北京:北京大学出版社,2001:41.

的。为说明这一见解，他在《华严——乘教义五教章》或《华严五教章》(约677)中做了大量论证。关于此书成书时间，日本华严学专家汤次了荣先生在《华严五教章讲义》(收入《大藏经讲座》)一文内认为此书是法藏在30岁左右写成的，即高宗仪凤二年(677)前后。法藏在陈述其观点后，还以印刷做了比喻：

> 是故依此普闻，一切佛法并于第二七日一时前后说，前后一时说，如世间印法，读文则句义前后，印之则同时显现。同时、前后，理不相违，当知此中道理亦尔。①

在法藏看来，《华严经》内八会经文排列顺序有前后，其中一切佛法都是佛祖成道后同时悟出的，正如印本书上的文字那样，文句排列顺序有前后，但在印版上刷印时则同时显现于纸上。因此，"前后"与"同时"从道理上并不矛盾，两者存在辩证统一关系。法藏在677年以印本书为比喻讲解《华严经》八会形成机制，说明这时印刷术在中国已相当普及了。在《华严经》80卷新译本译成后，法藏在《华严经探玄记》中再次谈到这个问题，日本学者松原恭让在《佛书解说大辞典》中对《华严经探玄记》进行解说时，认为是法藏写于45—50岁，即武周垂拱三年至如意元年(687—692)。他在该书卷2中说：

> 二摄前后者有三重，一于此二七之时即摄八会，同时而说。若尔，何故会有前后？答：如印文，读时前后，印纸同时。②

以上两条史料是日本印刷史家神田喜一郎先生在《论中国印刷术的起源》(1975)一文中首先引用的，此文发表于《日本学士院纪要》卷34第2号。我们发现的一条史料是武周初年将印刷术用于证件印发上。唐人刘肃(770—830在世)《大唐新语》(807)载，则天武后称帝之初，天授二年(691)九月，凤阁金人张嘉福指使洛阳人王庆之等人联名上表，请立武后

---

① 法藏.华严五教章:卷1[M]//大正新修大藏经:卷42.东京:大正一切经刊行会，1924:482.

② 法藏.华严经探玄记:卷2[M]//大正新修大藏经:卷35.东京:大正一切经刊行会，1926:127.

之侄武承嗣为皇太子,而废其生子李旦,使政权成为名副其实的武氏天下。但武后未予采纳,王庆之"覆地以死请,则天务遣之,乃以内印印纸谓之曰:持去矣,须见我以示门者当闻也。庆之持纸,来去自若,此后屡见,则天亦烦而怒之"[1]。《资治通鉴》(1084)卷204《唐纪二十》有同样记载,皆取材于宫内实景。所谓"内印印纸",是指由宫内以纸印成的出入宫通行证。唐人用语中"印纸"指有特殊用途的官方印刷品,如《旧唐书·食货志》载德宗建中四年(783)以印纸为抽税单据,印纸制度在宋代仍推行。

史载武后称帝期间(690—705)创制并颁行18个特殊的字,通称武周制字。唐中宗李显即位后,神龙元年(705)降诏废除武周制字及武后其他改制,一切恢复到唐高宗永淳元年(682)以前的原有体制。因而在唐代写本、刻本中是否有武周制字是判断是否为武周遗物的标准之一。

1966年10月,韩国庆州佛国寺释迦塔中发现一部小型卷轴装密宗典籍《无垢净光大陀罗尼经》(*Aryaraśmi-vimalvi-śuddha-prabhā-nāma-dhārani-sūtra*),印在12张黄色楮皮纸上,每纸一版,纸直高6.5 cm,横宽52.5—54.7 cm总长643 cm。每版版框直高5.4 cm,横长不等(35.2—57.3 cm),每版55—63行,每行7—9字,多数为8字,刻以唐代楷字,每字径4—5 mm,相当于今三号宋体字或15.6磅大小。各字笔画挺劲,刀法工整,字上有刀刻痕迹(图4.12)。此经无刊记,经文中混用了武周制字,且有大量宋以前使用的异体字,经文与宋刻本及高丽(936—1391)刻本有歧异,表明它是武周时期的刻本。但是具体刊年和刊地需要考证。查庆州为新罗(688—936)首都,古称金城,与唐关系密切。佛国寺为唐玄宗天宝十年、新罗景德五十年(751)由新罗宰相金大城(700—774)延请唐代建筑工匠、技师兴建的。

据唐代僧人智昇(695—750在世)《开元释教录》(730)载《无垢净光大陀罗尼经》(以下简称《无垢经》)由法藏与中亚吐火罗国(Tukhara)僧弥陀山(Mitrasanda,667—720)译于

---

① 刘肃.大唐新语:卷9[M]//笔记小说大观:第1册.扬州:广陵古籍刻印社,1983:48.

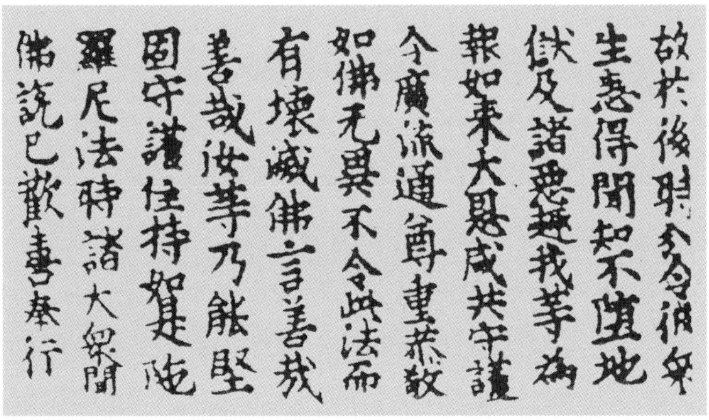

图 4.12 唐武周长安二年（702）洛阳刊印的《无垢净光大陀罗尼经》（1966 年韩国庆州佛国寺释迦塔发现）

"天后末年"[①]，即武周后期。武周共 15 年（690—705），其后期为最后 5 年即长安年间（700—705），这是很明显的。武后于圣历二年至长安三年（699—703）因年迈多病，常卧床不起，急图除病延年，乃命僧人翻译密宗典籍。699—700 年于阗僧实叉难陀（Siksananda，652—712）先译出《离垢净光陀罗尼经》，经中说多次诵读经咒或广修佛塔供养此经，可增福根，除病延年。这正应女皇所需，但她认为该经译自旧梵失本，不甚满意，遂令法藏重译，经名易为《无垢经》，其译出时间只能在《离垢净光陀罗尼经》译本之后及弥陀山离华之前，即 700 年之后、702 年之前，不可能在别的年份。《开元释教录》说弥陀山译完《无垢经》之后，即"辞帝归邦"，而他于 702年返吐火罗国，因而可推算出此经译出时间为 701 年，翻译地点为洛阳佛授记寺翻经院。武后见此经后甚喜，嘉奖译者，其刊出时间为受奖的下一年即 702 年。我们已做了详细考证[②]，此不赘述。

有人将"天后末年"理解为武周最后一年，说其刊行时间为 706—751 年，这是不正确的。因为彼时弥陀山早已返回吐火罗国，怎能与法藏在洛阳译此经呢？武后死于 705年，706—751 年武周制字已在唐帝国废止，新罗也不会继

① 智昇.开元释教录:卷9[M]//大正新修大藏经:卷55.东京:大正一切经刊行会，1928:567.

② 潘吉星.论韩国发现的无垢净光大陀罗尼经[J].科学通报，1997，42(10):1009-1028.

潘吉星.论中国世纪造纸和无垢经刊行问题[J].黄河文化论坛，2001(6):43-66.

PAN J X. On the origin of printing in the light of new archaeological discoveries [J]. Chinese Science Bulletin, 1997,42(12):976-981.

续使用《无垢经》，此时怎么还会出现制字呢？当初翻译出版此经目的是为武后积福，借陀罗尼的法力使她除病延年，在她死后此举已无必要，只有702年她在世并生病时才有必要这样做。将此经印刷字体与敦煌石室发现的唐代写本、刊本做整体对比，发现字体相同，都是唐代流行的楷体，出现的异体字也相同。此本版框形制和装订形式也与唐写本、印本一致，770年日本《百万塔陀罗尼》所据底本来自唐，与庆州发现本相同。此本中武周制字与正常字混用现象也见于同时期其他唐代佛经中。佛经用纸以黄蘗染成黄色，不论是麻纸还是楮纸，是唐代的时尚。所有这些都说明此《无垢经》是702年在中国唐代首刻的，而后传入新罗。新罗没有印刷记载，也没有其他印本遗存，朝鲜半岛从高丽朝以后才有印刷活动。《无垢经》在韩国的发现，反映了唐与新罗佛教文化交流的一个侧面。

1975年西安西郊冶金机械厂内发现《佛说随求即得大自在陀罗尼神咒经》的神咒单页汉文印本（图4.13），出自唐墓。出土时它放在小铜盒中，黏成一团，展开后呈方形，规格为35 cm×35 cm，印以麻纸。中央有一方框（咒心，5.3 cm×4.6 cm）内有彩绘两人，一站一跪。框外四周环以咒文，每边18行，共72行，行间有界线。咒文外有边线，四周有手印。纸色微黄，咒文残缺，经名中"说随求"三字脱落。此经由宝思惟于武周长寿二年（693）译于洛阳天宫寺。此经咒形制与前述1974年西安出土的唐初印本梵文陀罗尼有相似之处，表示密法仍继续传承，但此本咒文已由梵文易为汉文。因汉字与梵文不同，是由上向下直书，从咒心右上角起向下排列，至右下角处转行左行，经左下角至左上角右行，排满一圈，再依同法绕咒心排另一圈，直到最后一圈为止，咒文最后一字位于外圈右下角处。此经各种唐写本可于中国国家图书馆及不列颠图书馆看到。对照唐写本，按上述排字方式可将咒文一气读完，所有脱落文字可补齐。因而此本虽残损，欲制成复原件，并不困难。

图 4.13　1975 年西安出土的盛唐（713—766）《佛说随求即得大自在陀罗尼神咒经》单页印本①

　　通过研究，我们弄清了咒心内站立者为金刚持菩萨（Vajradhara），为佛祖讲说密法时的现身相，以手按在跪着的佛僧头顶，使他受到佛的庇护，"安乐所为之事皆得成就"，死后升天。由此可知，此唐墓墓主当是一僧人。由于画面有部分脱落，佛僧头部已看不到了。版框外围的姿势各异的手印，意思是可以招请不同的菩萨降临。这件文物可帮助我们了解唐代流行的密法。此咒有多种功能，适应不同人的不同祈求，因而咒心是空白的，人们可以根据需要，在其中画出不同图像，求得圆满。至于此本刊刻年代，显然 693 年是时间上

① 韩保全.全世界最早的印刷品：西安市唐墓出土印本陀罗尼经[M]//石兴邦.
　　中国考古学研究论集：纪念夏鼐先生考古五十周年.西安：三秦出版社,1987：
　　404-410.

限,考古学家将其定为盛唐(713—766)①,这是正确的,不会再晚。因为肃宗乾元元年(758)时,不空亦据梵本译出同样佛经,易名为《普遍光明焰鬘清净炽盛如意宝印心无能胜大明王大随求陀罗尼经》(以下简称《大随求陀罗尼经》),经名长达28字,从此该经开始盛行。因此出土的此本应在不空译本出现前问世,其刊年为玄宗时期(712—756)。在这以后刊经,应当用不空新本,不会用60多年前的旧本。有人说,似乎只有"开元三大士"以后才有密宗刊本,这与历史事实不符。《大随求陀罗尼经》的出土,提供了盛唐时期印刷品实物,因是民间出版,版刻仍不够精细。

1944年四川成都东门外望江楼附近唐墓中出土另一梵文陀罗尼单页印本,呈方形,规格为31 cm×34 cm,置于死者佩带的银臂钏中。咒心方框内刻六臂观音坐在莲花座上,六臂各执法器。咒心外四周为环读的梵文咒文,每边17行。咒文外四周有诸菩萨像,印件展平后已残破(图4.14)。此处将手印代之以诸菩萨,含义相同。咒心内印出观音菩萨,表明

图 4.14　1944 年成都出土的盛唐后期(757—766)刻梵文陀罗尼印本

---

① 韩保全.全世界最早的印刷品:西安市唐墓出土印本陀罗尼经[M]//石兴邦.
中国考古学研究论集:纪念夏鼐先生考古五十周年.西安:三秦出版社,1987:
404-410.

可满足信徒一切祈求,不必再一一具体绘出了。这种变换表明此印本比前述梵文陀罗尼经和《大随求陀罗尼经》晚出。墓内死者口含开元铜钱两枚,钱背有"益"字,表明铸于益州府。死者手中还各握开元钱一枚和玉棒,墓内同出陶器四件。咒文版框内右侧有通栏汉字"□□□成都县□龙池坊……近下□□印卖咒本……",有些字脱落,无年款。"成都县"前三字残缺,简报作者将其断为"成都府",认为铜钱铸于武宗会昌年间(841—848),遂将此墓及墓内之物定为会昌年后唐末(9世纪)遗物。[①]

对成都出土梵文经咒上述断代意见,在西安经咒未出土以前的多年间,被不少人引用,成为对这类印本断代的标准意见。凡与此类似形制的其他唐代印本都依此向后推至中晚唐。但研究起来,此断代意见有待商榷。此墓砖砌形式为"三平一竖";平铺三层再立竖一层,如此重叠,这种建筑手法在长江中下游早在南北朝即已有之。该墓属四川早期砖墓。其中陶器由成都琉璃厂唐窑烧造,最早可追溯到盛唐。印刷用纸经我们检验为半透明的坚韧皮纸,这类纸多制于唐代前半期,唐末少见。梵文咒作方坛形排列,放入臂钏中佩带,均见于初唐佛经记载,亦与初唐西安墓出土梵文咒印本相同,这一切都说明将此墓及印本断为9世纪唐末,为时过晚。

原断代主要依据铜钱。《旧唐书·食货志》称,高祖武德四年(621)于洛、并、幽、益等州铸开元通宝,此后多次重铸。同书《地理志》载,成都置县于垂拱二年(686),属益州府。开元二十一年(733)分全国为50道,四川属剑南道,治所在益州。玄宗天宝元年(742)改益州为蜀郡,十五年(756)避安史之乱驻蜀郡,这里成为陪都。756年肃宗即位,改元至德,玄宗退位。至德二年(757)肃宗改蜀郡为成都府。四川各墓发掘情况表明,所葬铜钱多是当时通用者,因此该墓内铜钱开铸于713—741年,至少应在848年以前。综合砖墓建筑形式、陶器形制、印刷用纸、经咒形制、铸钱时间和府县建制各方面判断,此墓及墓内印本物年代应为8世纪前半期,不晚于

① 冯汉骥.记唐印本陀罗尼经咒的发现[J].文物参考资料,1957(5):48-51.

盛唐后期(757—766)。将其断为9世纪唐末的原有意见需要修正。

唐中期开元盛世应有更多印刷品问世,因武宗845年反佛使这以前的大量印本佛经被毁,早期印本多是佛教出版物。20世纪60—70年代还出土了一些其他唐代刊印的梵文或汉文单页陀罗尼本,因未做认真研究,此处不做介绍。应当指出,除宗教印本外,唐代非宗教印刷品也有不同用途。《旧唐书·食货志》载,德宗建中四年(783)六月,为缓解国家经济困难,户部奏准加派"税间架"(住房税)及"算除陌"(所得税)两种增税法,"市衙各给印纸",所谓"印纸"即纳税收据,事先印出抽税项目、收入额、税额、纳税人姓名等栏,再由官员填写,加盖官印,证明完成交税。不交税者罚重款,且处以杖刑。此法一行,天下怨声载道,两年后不得不废止。[①]这说明印刷品在当时已用于国家财政管理。此后,宪宗元和年间(806—820)发行的汇票"飞钱"[②],也应印制而成,因在各道(省)使用,"合券乃取之",必须有统一格式,用量又大,只能用"印纸"才行。

唐代后期印刷品多样化,佛经、字典、音韵等语文工具书、相宅算命书和历书等面向大众的出版物相继出版。历书由礼部奏准颁行天下,但有人为求获利,常私印之。因此,文宗太和九年(835)"敕诸道府,不得私置历日板"[③]。成都、淮南、扬州是私历印刷集中地,商人贩至各地,至腊月宫历颁行前,私历已满天下。不列颠图书馆藏唐僖宗乾符四年(877)历书残页(图4.15),印得相当精美。版面复杂,图表俱全。各项间有纵横细线界栏。残页只存四至八月内容,除历日、节气外,还有算命的《十二相属灾纪法》、十二生肖图,相宅的《五姓安置门户井灶图》《宫男宫女推

---

① 刘昫.旧唐书:卷49 地理志:下[M]//二十五史:第5册.缩印本.上海:上海古籍出版社,1986:254-255.

② 刘昫.旧唐书:卷19 食货志[M]//二十五史:第6册.缩印本.上海:上海古籍出版社,1986:152.

③ 刘昫.旧唐书:卷17 宗纪[M]//二十五史:第5册.缩印本.上海:上海古籍出版社,1986:76.

游年八卦法》也讲算命。其内容之多，几乎与清代历书相近。

图4.15 敦煌石室发现的唐乾符四年(877)刊的历书

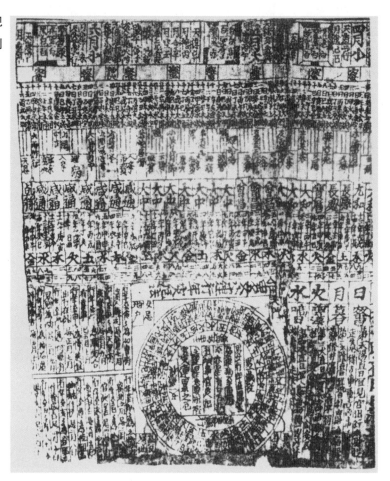

王谠(1075—1145在世)说:"僖宗入蜀,太史历本不及江东,而市有印卖者,每差互朔晦,货者各征节候,因争执。"①这是说,中和元年(881)正月僖宗为避黄巢率部攻京,从长安逃到成都,私人趁机印历,四川、江东(江南东道)都有私历,为太史官历所不及。江东指今江浙及闽台,印历集中于扬州、苏杭及越州(今绍兴)。私历推算方法不一,朔望、节候互异,故而发生争执。僖宗前朝懿宗咸通年间(860—873)印刷术已高度成熟。1907年斯坦因在敦煌石室发现咸通九年(868)印整卷《金刚般若波罗蜜经》(*Vajracchedikā-prajña-pā-ramita-sūtra*),作卷轴装,现藏不列颠博物馆。此经全长

① 王谠.唐语林:卷7[M].上海:上海古籍出版社,1978:256.

525 cm,由七纸连接而成,卷首有精美插图,刻工精湛,描写佛祖于祇独园向弟子须菩提(Subhūti)说法情景(图4.16)。接下六纸为楷体经文,每纸规格为26.67 cm×75 cm,卷首题记为"咸通九年四月十五日(868年5月11日),王玠(jiè)为二亲敬造普施"。1982年10月,笔者在伦敦时对此经观察后,确认印以麻纸,白间肤色,表面平滑。此经在用纸、版刻和刷墨方面均属上乘之作。

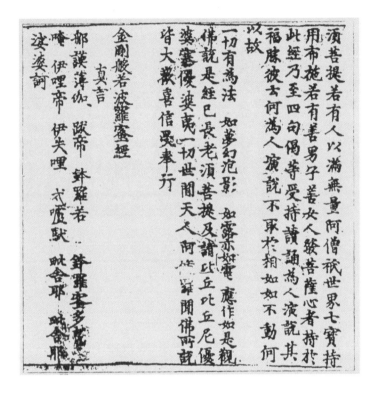

图 4.16 唐咸通九年(868)王玠为父母印造的《金刚经》

　　唐末文人司空图(字表圣,837—908)《司空表圣文集》卷9《为东都敬爱寺讲律僧惠确募雕刻律疏》称:"今者以日光旧疏,龙象宏持,京寺盛筵……自洛阳罔遇时交,乃楚印本,渐虞散失,欲更雕锼。"此处"日光旧疏"指唐初相州(含河南安阳)日光寺僧法砺(569—635)的《四分律疏》,从司空图所述得知,845年反佛前此《四分律疏》已有印本,由洛阳敬爱寺僧惠确讲授。845年此本被焚,寺院遭毁。唐宣宗(846—859)后,禁佛令止,惠确托司空图写募捐资,以便重刻。募捐书约写于僖宗乾符元年(874),注曰"印本共八百纸",这是说传单印800份,广为散发。9世纪唐末刊《一切如来尊胜佛顶陀罗尼》,现藏巴黎国家图书馆(图4.17)。同时期江西观察使纥干众(817—884)研究炼丹术多年,大中(847—859)时刊《刘弘传》数千份,寄赠同道者,事见范摅(840—912在世)《云溪友议》(约876)卷下。

图 4.17　敦煌发现的 9 世纪唐刻本《一切如来尊胜佛顶陀罗尼》

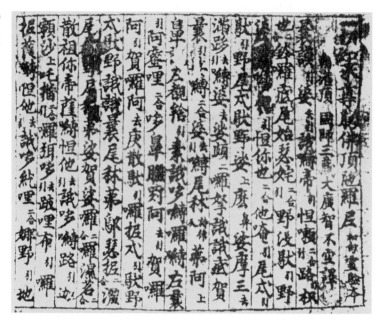

咸通年间四川成都还出版过《唐韵》《玉篇》等语文工具书,并传往日本。咸通三年(862)来华的日本学问僧宗睿,三年后(865)随唐商李延孝之船返国,带回许多中国书,他在《书写请来法门等目录》中开列下列书:

……西川印子《唐韵》一部五卷,西川印子《玉篇》一部三十卷。右杂书等,虽非法门。世者所要也。[①]

"西川印子"即四川印本,这些书是865年日本留学僧圆载在长安访求的,交宗睿带回,同年藏于奈良东大寺。唐人柳玭《柳氏家训》称,中和三年(883)他在陪都成都书肆上看到阴阳、占梦、相宅、九宫、五纬之类书,"率雕版印纸",数量多,仅次于小学书。巴黎国家图书馆藏唐刻本《大唐刊谬补缺切韵》(编号5531)残卷,就属小学书。

---

① 木宫泰彦.日、中文化交流史[M].胡锡年,译.北京:商务印书馆,1980:202.

第三节

五代、宋以后的木版印刷

一、五代十国的印刷

自6世纪隋朝木版印刷技术问世后至唐末这段时期,在写本书仍占统治地位的情况下,印本书作为新技术产物还像涓涓细流那样,向写本书市场渗透,主要购买对象是大众阶层,因为机械复制本价钱便宜。然而至唐末,文人学士们已经经不住这些廉价读物的诱惑,加入了印本书的消费队伍,使刻书商受到了鼓舞,出版了一些士子常用的工具书,且销路甚好。官府垄断的历书印制,也受到私商的挑战。在传统(手抄)图书中,只有儒家经典,暂时还保有最后一片"世袭"领地。然而新生事物是不可抗拒的,9世纪时中国图书业的发展趋势是雕版化,以机械复制取代手抄劳动。五代时由政府主持刊行士子必读的儒家《九经》,正是唐末这种发展趋势的延续,从而使印本书终于登上大雅之堂。发起这项运动的是后唐(923—936)宰相冯道。据王钦若(962—1025)等奉敕稿《册府元龟》(1013)卷608载,长兴三年(932)冯道向后唐明宗李嗣源(867—933)奏曰:

> 臣等尝见吴蜀之人,鬻印板文字,色类绝多,终不及[儒家]经典。如经典校定,雕摹流行,深益于文教矣。

冯道为振兴北方文教事业,建议以长安"开成石经"为底本,由国子监诸经博士校定文字,刻版刊行儒家《九经》。明宗准奏,敕太子宾客马缟(854—约938)主持。北方更换四个朝代,冯道始终保持相位,他所倡导的刊经工作一直没有停止。原参与此事的官员因年迈退休或过世,但田敏(约881—972)始终未离岗位。自后唐长兴三年(932)起,至后周广顺三年(953),整个工程完成,共历时21年,计印《易经》《尚书》《诗经》《春秋左传》《春秋公羊传》《春秋谷梁传》《仪礼》《礼记》和《周礼》,共130卷。为使经版体例、字体统一,后晋开运三年(946)国子监刊《五经文字》《九经字样》各一卷,规定刊印过程各工序操作则例及标准印刷字体,此二书从印刷技术史角度看有重要意义,可惜宋以后失传。五代北方官刊《九经》是有划时代历史意义的空前盛举,对后世印刷有深远影响。

此时私人刊书之风也有扩大之势,巴黎国家图书馆藏敦煌出土的一大包刻本佛像(编号4514),内有:① 开运四年(947)归义军节度使曹元忠(约905—980)刊《观音菩萨像》单页印本5份,匠人雷延美刻;② 开运四年曹元忠刊《大圣毗沙门天王像》11份;③《文殊师利菩萨像》单页印本11份,每件规格为31 cm×20 cm;④《阿弥陀菩萨像》5份;⑤《地藏菩萨像》印页1份。以上皆上图下文(图4.18),刊于敦煌。天福十五年(950)曹元忠还刊《金刚般若波罗蜜经》,雷延美刻,为册页装,亦藏巴黎国家图书馆(P4515)。编号4516刻本与编号4515刻本为同一佛经的上下部,合在一起即成全帙。曹元忠作为陇右地方官,在发展当地造纸、印刷和保护敦煌石窟方面做过重要贡献。

《旧五代史》卷127《和凝传》载,词曲家和凝(898—955)于后晋天福五年(940)拜相,其作曲流行于开封、洛阳两京,"有集百卷,自篆于板,模印数百帙,分惠于人焉"。后晋高祖石敬瑭好道教,《旧五代史》卷79《高祖经》载,帝令道士张荐明将《道德经》"雕上印板,命学士和凝别撰新序于卷首,俾颁行天下"。

五代是北方黄河流域南北地区连续交替的五个朝代,与此同时,南方建立十个政权,称为十国,但彼此较少有时间上的连续性,辖区大小不同,相对来说战事少,经济、文化得以发展,为印刷扩展创造了条件。在四川建立的前蜀(907—925)、后蜀(934—965)出版过儒释道各种读物。

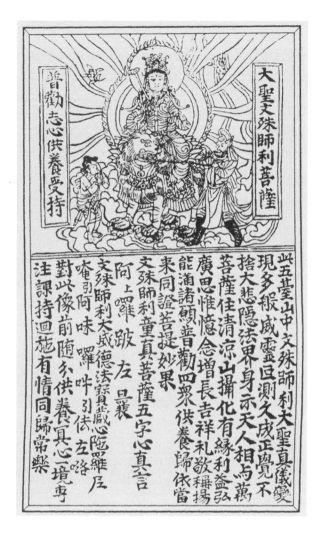

图 4.18 敦煌发现的五代（950）印单张《大圣文殊师利菩萨像》（北京国家图书馆藏）

909—913年前蜀刊印道士林光庭（850—933）《道德经广圣义》30卷，用460块版。前蜀乾德五年（923）僧贯休（832—912）《禅月集》，由弟子昙域刊于成都，收入诗稿千首。前蜀还出版过历书。据宋人王明清（1127—约1216）《挥麈录·后录余话》卷2所述，后蜀宰相母昭裔少贫，向友人借《文选》读，遭拒绝，"遂发愤，异日若贵，当板以镂之，遗学者。后仕王蜀为宰相，遂践其言刊之"。广政七年（944）母昭裔拜相后，"门人勾中正、孙逢吉书《文选》《初学记》《白氏六帖》镂板"[①]，行于世。

地处今苏南、浙江和闽东的吴越（907—978），以杭州为

---

① 宋史：卷479　母守素传[M]//二十五史：第8册．缩印本．上海：上海古籍出版社，1986：1573．

中心发展印刷。国王钱俶（929—988）下令以皮纸、竹纸刊印《宝箧印陀罗尼经》（*Dhātū-kārand-dhārani-sūtra*）8.4万份，此经全名《一切如来心秘密全身舍利宝箧印陀罗尼经》，现有三种印本[①]：第一种印本于1917年在浙江湖州天宁寺塔内被发现，每纸规格为7.5 cm×60 cm，经文341行，每行8—9字，卷首插图绘佛祖及其左右胁侍，还有礼佛者，线条及造型简朴。插图前题记"天下都元帅吴越国王钱俶印《宝箧印经》，八万四千卷，在宝塔内供养。显德三年丙辰（956）岁记"。此为后周年号，当时吴越奉后周正朔。第二种印本于1971年在绍兴涂金舍利塔内被发现，置于长10 cm竹筒中，每行11—12字，与第一种有类似插图及题记，但刻工较好，印以白色皮纸，题记中无年号，只有乙丑（965），相当于宋太祖乾德三年。第三种印本于1925年在杭州雷峰塔内被发现，竹纸本，直高3.6 cm，横长190.5 cm，27行，每行10或11字，经首插图有王后及侍女礼佛像。题记为"天下兵马大元帅吴越国王钱俶造此经八万四千卷，舍入西关砖塔，永充供养。乙亥（975）八月日纪"（图4.19）。

图4.19　1925年杭州发现的975年印《宝箧印陀罗尼经》（北京国家图书馆藏）

956—975年的19年间，钱俶刊印《宝箧经》，分置吴越各地佛塔中。这时杭州灵德寺僧延寿（904—975）印过十多种经文、经咒和佛像，总共40万份，其中16万份印在绢上。[②]吴越西邻南唐（937—957）辖今江苏大部、皖、赣及闽西，是个大

① NEEDHAM J. Science and civilisation in China: vol. 5. Cambridge：Cambridge University Press, 1985:157-158.

② 张秀民.五代吴越国的印刷[J].文物,1978(12):74.

国,首府为江宁(今南京),该国以产澄心堂纸闻名于世。明代藏书家丰坊(1510—1567在世)《真赏斋赋》云:"及乎刘氏(刘知几)《史通》《玉台新咏》,则南唐之初梓也。"注云:这些书中有"建业文房之印"牌记。南唐继吴(919—936)而建,前述冯道奏文中"吴蜀之人,鬻印板文字,色类绝多",说明吴也印过许多书,贩运到后唐洛阳等地。

纵观五代十国时期,虽然中国还没有统一,但南北各政权在发展印刷方面都表现出很高的积极性,且相互竞赛,使印刷技术更加普及。尤其北方后唐、后晋、后汉和后周四朝在宰相冯道倡议下,由国子监刊印儒家《九经》的举措,大大促进了印刷术的发展。唐代各地印刷的涓涓细流进入五代以后,不到半个世纪就成为不可阻挡的洪流,猛烈冲击着手抄本堡垒。10世纪是个转型期,在印刷史中起承前启后作用,在这个基础上使宋代一下子进入印刷的黄金时代。五代之所以能为宋代印刷大发展奠定基础,得益于唐代高度发达的造纸技术和文教事业,为印刷术的腾飞插上了翅膀。

二、宋辽、西夏、金、回鹘及蒙元的木版印刷

结束五代十国割据而建立的北宋(960—1127),是实现统一的新兴王朝,南北经济和科学文化汇合一起,获得一体化发展。宋统治者重视印刷业,把出版图书看作振兴文教、巩固统治和宣扬国力的一项措施。宋太宗(976—997)即位后,迅即于太平兴国二年(977)敕翰林学士李昉(925—996)开馆,主持《太平御览》《太平广记》和《文苑英华》三部大型图书的编纂和开雕,三书共2500卷,其出版是学术研究上的重大建树,仅这三部图书的印刷量就相当于五代版刻《九经》的19倍。986年太宗又准奏出版善本《说文解字》等书,皆由国子监组织刊印。太宗、真宗在位时,988—996年刊印《十二经注疏》,1006年重刊五代《十二经》旧监本,加上1011年印的《孟子》,构成后世士子必读的《十三经》。994年又始印《十七史》,1061年完成。《十七史》印本精校、精刻,是首次敕命刊印的历代正史。至此经史俱备。《宋史》卷431《邢昺传》载,景德

二年(1005)五月真宗幸国子监视察库书,问祭酒邢昺(932—1010)现藏经版几何,昺对曰:

> 国初(宋初)不及四千,今十余万,经传、正义皆具。臣少从师业儒时,经具有疏者,百无一二,盖力不能传写。今版本大备,士庶家皆有之,斯乃儒者逢辰之幸也。上(真宗)喜曰:国家虽尚儒术,非四方无事,何以及此。

从上述君臣对话中可知,由于社会安定、经济繁荣和学术振兴,至真宗(997—1022)时,出版事业已进入高潮。以国子监藏书版为例,开国45年来即迅速增长25倍,经史齐全,士庶可得。景德二年(1005)朝廷再命学士王钦若、知制诰杨亿(974—1020)主编《历代君臣事迹》(1013)千卷,真宗御制序,赐名《册府元龟》,可与《太平御览》等媲美。神宗(1067—1085)同样倡导书籍编纂及出版,为司马光(1019—1086)《资治通鉴》(1084)赐名并御制序。

由于统治者倡导图书编纂及出版,大大促进了木版印刷的发展,而国子监印本以其质量高、管理严,为全国出版业做出表率。各地方政府亦尽其能同襄此举,使宋代印刷达到新的高峰。印本书已居主导地位,印刷品内容涵盖儒释道及诸子百家所有学术领域,甚至扩及经济领域和日常生活。各少数民族地区也发展了印刷技术。全国形成官刻、坊刻和私刻的印刷网络。在木版印刷基础上,又出现了活字印刷,除单色印刷外又有了多色印刷,中国成为世界上超级印刷大国。关于多色印刷及活字印刷,将在第五章及第六章中讨论。为适应印刷行业特点,宋代形成标准的印刷字体,即今天所谓的宋体字,而图书的装订形式也为之一变,卷轴装让位于新的装订形式。印页版框形制的设计也成为后世楷模。宋刻本传世者不少,在校、刻、印方面被后世视为善本。

宋代官府在刊印大量儒家经典、正史和学术著作的同时,还刊印佛教系列丛书,主要是巨型大藏经(*Tripitaka*)。太祖开宝四年(971)敕高品、张从信往益州(今成都)主持经版开雕,历12年(971—983)版成,共5048卷,名《开宝大藏经》(简称《开宝藏》,图4.20),这是世界上汇刻佛教巨型丛书的空前壮举,开此后历代及其他国家刊藏经之先河。此后两宋各地陆续出版《崇宁藏》(1080,福州)、《毗卢藏》(1112,福州)、《圆觉藏》(1132,湖州)、《资福藏》(1175,安吉)和《碛砂藏》(1231,苏州)等6种,每种多达5000—7000卷。其中《开宝藏》用13万块雕版,但取卷轴装,其余为经折装。藏经的出版是大规模印刷活动,宋以前多为写本。

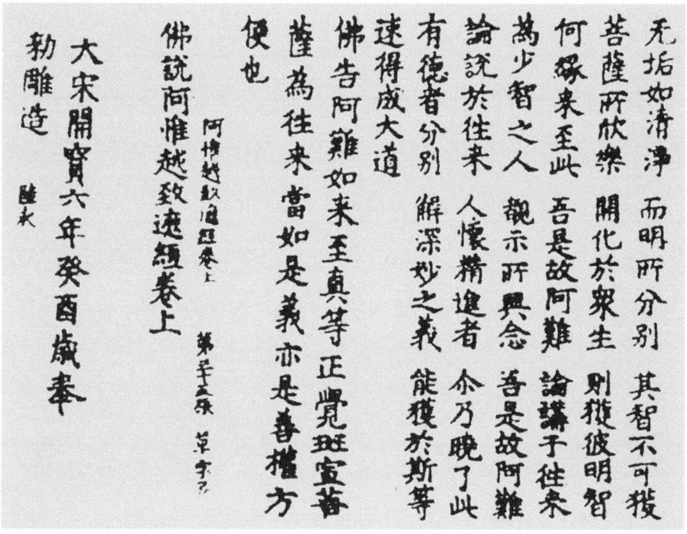
无垢如清淨 而明所分別 其智不可獲
菩薩所欣樂 開化於衆生 則獲彼明智
何緣來至此 吾是故阿難 論講于往來
爲少智之人 觀示所興念 吾是故阿難
論說於往來 人懷精進者 尒乃曉了此
有德者分別 解深妙之義 能獲於斯等
速得成大道
佛告阿難如來至真等正覺現寶普
薩爲往來當如是義亦是善權方
便也
阿惟越致經卷上
佛說阿惟越致遮經卷上
大宋開寶六年癸酉歲奉
勅雕造

图4.20 北宋开宝四年(971)在成都刊印的佛教大藏经《开宝藏》中的《佛说阿惟越致遮经》(局部,中国国家图书馆藏)

宋代佛经雕版和印本时有出土,如1920年河北巨鹿宋墓出土佛教印刷品雕版残块,规格为43.1 cm×12.5 cm,两面刻,一面为陀罗尼咒和八尊佛像,另一面为阿弥陀佛像,约刻于大观二年(1108),现藏纽约市公共图书馆。[①]中国历史博物馆藏巨鹿北宋仕女像雕版残片,规格为59.1 cm×15.3 cm,厚2.3 cm,刻工精细。另一块亦为妇女像,残存规格为26.4 cm×13.8 cm,厚2.5 cm。两版皆枣木刻成。[②]1978年苏州瑞光塔发现北宋佛经精刻本,有咸平四年(1001)《大随求陀罗尼经》,皮纸,规格为44.5 cm×36.1 cm,咒心为释迦及诸神像,环以汉字咒文,共26圈,刻于成都。还有同经咒梵文单页印本,规格为25 cm×21.2 cm,楮纸,咒心有诸菩萨、二十八宿及十二宫星宿图,刻于景德二年(1005)。同出有天禧元年(1017)刻《妙法莲华经》卷10本,印以桑皮、竹混料纸,每纸

① 钱存训.中国书籍纸墨及印刷史论文集[M].香港:香港中文大学出版社,1992:127-138.

② 石志廉.北宋人像画雕版二例[J].文物,1981(3):70-71.

(16.9—17.1 cm)×(51.5—55.5 cm),黄色。[①]道教系列丛书《道藏》也在宋代首刊,如福建的《万寿道藏》(1116—1117)共540函、5481卷,也是洋洋大观,此藏经后曾重印。

科学技术和医学著作也是宋代出版的重要内容,如数学丛书《算经十书》(1074刊)、《齐民要术》(1018刊)、《四时学要》(1018刊)、《伤寒论》(1061刊)、《脉经》(1068刊)、《诸病源候论》(1027刊)、《黄帝内经素问》等古代优秀图书过去只有写本流传。这些刊本的出现促进了科学知识在全社会的传播。还有些宋代时完成的新著也及时出版,如《武经总要》(1044刊)、《营造法式》(1103刊)、《新仪象法要》、《开宝本草》(973刊)、《本草图经》(1062刊)、《证类本草》(1108刊)、《太平圣惠方》(1100刊)和《铜人针灸图经》(1026刊)等。这些科学书中多附有插图,以帮助读者了解正文所述内容。此外,文史、哲学、地理、诗文、小说、戏剧、音乐、美术、考古以及占卜星象之类刊本应有尽有,可谓包罗万象,试观当时书目,令人有眼花缭乱之感。

官方出版单位包括国子监、崇文院、秘书省、司天监、太医局等中央政府各部门,其中京师国子监最为闻名(图4.21)。这些机构出版严肃著作,不以营利为目的,如欲购求,只收纸墨工本费。

书稿要求有较高学术价值,精校,以好纸、好墨印刷,代表国家最高水平。监本有正经、正史和前述《太平御览》《太平广记》《文苑英华》《册府元龟》等大型图书以及《太平圣惠方》《千金翼方》等医书。崇文院刊政府颁布的法典,也刊《吴志》《广韵》《齐民要术》等书。太医局以刊医书为主。各路(省)、州、县等地方政府及相关专业机构及各级学校刊书的积极性也很高,经费由国家调拨或以地方税收支出。现流传的有浙东茶盐司刻《资治通鉴》(1185刊于余姚)、江西转运司刊《本草衍义》(1185刊于南昌)、临安府刊《汉官仪》(1139刊于杭州,图4.22)、抚州公使库刊《礼记注》(1177刊于临水)等。

---

① 乐进,廖志豪.苏州市瑞光塔发现一批五代、北宋文物[J].文物,1979(11):21-26.

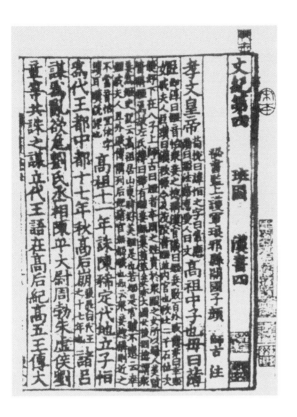

图 4.21　南宋初国子监
覆刻北宋监本《汉书注》
（中国国家图书馆藏）

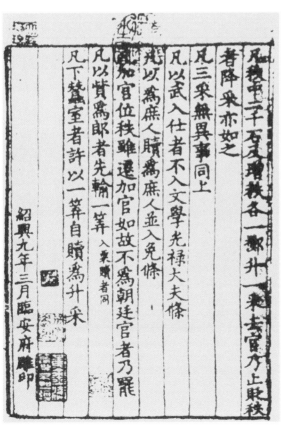

图 4.22　南宋绍兴九年
（1139）临安府刻《汉
官仪》

宋代民间刻书有自家刻（图4.23）、坊刻、寺院刻等之分。自家刻由文人、士大夫集资刻书，分赠亲友，虽数量少，但质量高，如周必大（1126—1204）1191年刻《欧阳文忠公集》153卷，福建学者廖莹中（约1200—1275）世彩堂咸淳年间（1265—1274）刻《昌黎先生集》，建安黄善夫（1155—1225在世）之敬堂1195年刊《前汉书》等。坊刻以营利为目的，出版民间流行和需要的书，种类庞杂，数量大，力图价廉，多印以竹纸，字体小，版面紧凑。如临安陈姓书铺、福建建安余氏（图4.24）、杭州钟家等都出版不少图书。寺院本传世者有福州东禅等觉禅院所刻《鼓山藏》等。据孟元老《东京梦华录》（1187刊）卷3所载，相国寺佛殿前"资圣门前，皆书籍、玩好、图画"，可以说是一条文化街，书店林立，可以买到各种书籍，杭州和福建建阳是坊家集中之处。

图4.23　北宋宣和元年（1119）寇约校勘的《本草衍义》①

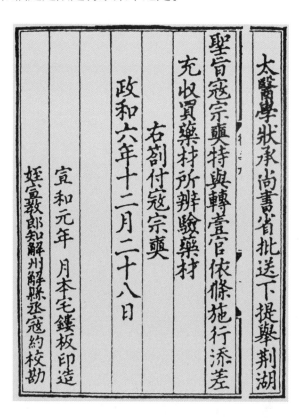

① 中山久四郎.世界印刷通史[M].东京：三秀舍出版社，1930.

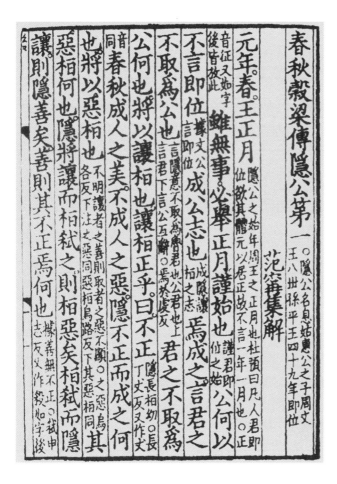

图 4.24　南宋绍熙二年（1191）建安余仁仲刊《春秋穀梁传》①

由于坊家出书较多且间有盗版现象发生，宋政府颁布了一些法令，对书籍出版进行管理。涉及国家机密及官方档案者严禁私印、私卖。有关政府法令、皇帝手书、历书和纸币亦严禁民间私印。从《宋会要辑稿·刑法禁约》和《庆元条法事实》中可看到不少有关这方面的诏令和法律法规。政府法令由大理寺、崇文院授权出版，官府为保护刻书人合法权益还宣示，不得翻印已申请版权之书。尽管还没有一部完备的有关出版的成文法，但宋人已有版权意识，侵犯版权被追责的事例时有记录。但关于私印纸币则有明确法律，伪造者处斩，告捕者受赏，关于纸币印刷，详见第七章。

宋代形成的完备的印刷体系对当时中国境内的其他少数民族建立的政权也有很大影响。与北宋同时，北方有辽（916—1125）、回鹘，两宋之间西北还有西夏（1038—1227），

---

① 中山久四郎.世界印刷通史[M].东京:三秀舍出版社,1930.

北方更有金(1115—1234)和蒙古(1206—1279)。辽由契丹族建立,是北方最大的少数民族政权。920年辽太祖以汉字为基础创制表意文字,称为契丹大字。926年辽太祖弟受回鹘文影响又创契丹小字,除保留一些表意文字外,多为表音文字。但辽刻本除用契丹文外,很多仍刻以汉文,契丹文本多译自汉文原著。辽统治者重儒学,信佛教,虽与宋有战事,但与宋经济、文化、技术交流和人员往来持续不断,及时引进大量汉文刻本。至迟在穆宗、景宗(10世纪)时辽已掌握了印刷术(图4.25)。

图 4.25 **1974年山西应县佛宫寺释迦塔内发现辽刻蝶装《蒙求》**(山西博物馆藏)

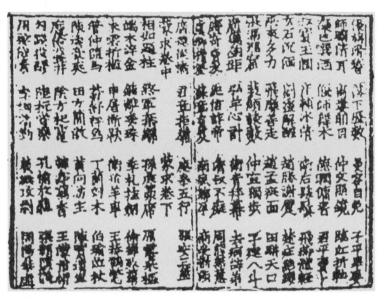

1974年山西境内辽建立的应县木塔内发现一大批辽印刷品,共61件,年代最早的是圣宗统和八年(990)刻《上生经疏科文》,有"燕京仰山寺前杨家印造"之字,在今北京。塔内还有辽刻《大藏经》12卷残卷,作卷轴装,印以黄纸、楷体大字,每卷以千字文编号,其中有1003年刻《称赞大乘功德经》。特别是《炽盛光九曜图》为整版雕刻,画面高120 cm、宽48 cm,是目前所见最大木刻版画。辽除刻佛经、佛像外,还刻儒家经及子史著作。《辽史》卷22《道宗纪》载,咸雍九年(1073)冬十月"诏有司颁行《史记》《汉书》"。同书卷15《圣宗纪》称,开泰元年(1012)辽圣宗诏赐铁骊部(今黑龙江铁力)"护国仁王佛像一,《易》《诗》《书》《春秋》《礼记》各一部",是辽国子监官刊本。辽代僧人行均(957—1017在世)的《龙龛

手镜》(997)是汉文字典,收字2.6万多字,有注音释义。此书辽刻本传入北宋,沈括《梦溪笔谈》(1088)卷15说:"观其音韵次序,皆有理法。"此书由宋、高丽和日本重刻,辽本现所见多汉文,契丹文本少见。

金由女真族建立于东北,后来南下,1126年攻北宋京城开封,将大量图书、书版和印刷工人掳至北方,迁都燕京(今北京)。金上层人物多通汉文,读汉籍,《金史》卷51《选举志》称,凡《易》《诗》《书》《春秋左传》《仪礼》《周礼》《论语》《孟子》《孝经》《十七史》《老子》《荀子》等书,"皆自国子监印之,授诸学校"。1130年在平阳府(今山西临汾)建经籍所印官刊本,民间书坊也有发展。如平阳府张存惠的晦明轩据宋版重刊《证类本草》,河北境内宁晋的荆家书坊出版过《崇庆新雕改并五音集韵》等书。金出版中心集中于燕京、山西和开封,所刊书多以宋版为底本,因此受到版本学家的重视。现传世的有1164年刊《重校圣济总录》,1186年刊刘完素《伤寒直格》《黄帝内经素问》和《刘知远诸宫调》等。1140—1178年以北宋《开宝藏》为蓝本在山西出版有名的《赵城藏》,共7000卷(图4.26),作卷轴装。这部佛藏的出版也反映出金的出版实力。图4.27为金代平水版《萧闲老人明秀集注》。

图 4.26　**1140—1178**年在山西出版的卷轴装《赵城藏》

图 4.27 金 代 平 水 版
《萧闲老人明秀集注》

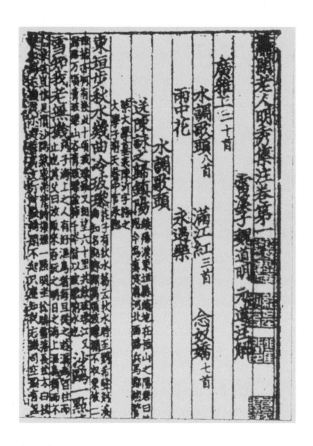

女真族初无本民族文字,后来借用汉字和契丹字创制女真文字,名曰"大字",1119 年颁行,1138 年又造"小字"。女真字介于汉字、契丹字和西夏字之间。有了文字后,始设女真国子学,让贵族子弟入学。1164 年起一些汉籍如《易》《书》《春秋》《论语》《孝经》《老子》《史记》《汉书》和《贞观政要》等都译成女真文,供士子学习,都曾出版。这些翻译是在女真族大儒徒单镒(约 1144—1214)主持的译经所进行的。《金史》卷 8《世宗纪》载,世宗对宰相说:"朕所以令译《五经》者,正欲女真人知仁义道德所在耳。"及章宗即位(1190),则诸经备矣。为适应汉人、女真人科举应试需要,金还刻印了语言文字方面的书,如《说文解字》《玉篇》《尔雅》等书。

党项族建立的西夏位于今宁夏及甘肃境内,定都兴庆府(今宁夏银川),与北宋有密切的经济与文化交流,境内还居住不少汉人。景宗李元昊与宰相野利仁荣一面吸收汉文化,另一面又保留本民族传统,建立汉官制与党项官制并列的统治机构。党项语或西夏语属汉藏语系藏缅语族,更接近藏语。广运三年(1036)野利仁荣制定西夏文并加以颁布,与汉文共同流通于境内。西夏文像汉文一样属表意文字,一字一音,据西夏文词曲《音同》(1132)所收,西夏文有6000多字,实际上可能更多一些。字形方正,分篆、楷、行、草四体,笔画由"一""丨""丿""乀""フ"及"丁"组成,较汉字繁冗。西夏境内在唐初即造纸,北宋印刷技术又传到这里,因此夏仁宗天盛年间(1149—1169)成书的《天盛律令》列举官营、工厂时就谈到纸工院和刻字司。《音同》跋中指出:"设刻字司,以蕃学士等为首,刻印颁行世间。"这是西夏最大的印刷厂,内有汉族、党项族工匠,出版汉文和西夏文佛经和非宗教著作,成为当时中国西北地区印刷中心。

20世纪以来大量西夏时期的印刷品被相继发现。1907—1909年俄国人科兹洛夫(Peter Kuzmich Kozlov,1863—1935)率领的蒙古、四川考察队在内蒙古额济纳河沿岸西夏黑水城(Kharahota,今内蒙古额济纳旗)遗址发掘出2000多种西夏文、汉文、蒙文的文书、写本和印刷品[①],具有重大史料和学术价值,也为研究西夏印刷提供了实物资料,现藏于俄罗斯科学院亚洲民族研究所(Institut Aziatskich Natsiey),由孟列夫(L. N. Menshikov)、戈尔巴切娃(E. N. Gerbacheva)对汉文和西夏文做了编目。[②]这批文献正由上海古籍出版社陆续影印出版,至2019年已出版至第29册。概括起来,这批出土的西夏时期文献包括佛典、儒道书、语文字典及类书、史书、兵书、政法、文学、天文历算和医药等内容。有汉文原著、西夏文译本、党项人自著,佛典占80%。印本有卷轴装、蝶装和经折装,刊印地点为首府兴庆寺院或官府机构,初由民间印刊,不久纳入官刊体制。其中最早的有年款的汉文刊本是1073—1074年陆文政施印的《般若波罗蜜

① KOZLOV P K. 蒙古、安多和死城哈喇浩特[M].王希隆,丁淑琴,译.兰州:兰州大学出版社,2011.

② 孟列夫.黑城出土汉文遗书叙录[M].王克孝,译.银川:宁夏人民出版社,1994.
GERBACHEVA E N, KOCHEKOV E I. Katalog tangutskikh manuskriptov i pechatnykh proizvedeniey sobrannykh v leningradskom otdelenie institut aziatskikh [M]. Moskva: AN SSSR, 1963.

多心经颂》(图4.28),以诗注经文,经折装,印以麻纸,版面规格为8 cm×13.5 cm,尾题"[天赐礼]盛国庆五年(1074)岁次癸丑(1073)八月壬申朔,陆文政施"。此为夏惠宗(1068—1086)年号,但年号与干支相差一年,如以干支为准,则印造于1073年9月5日。

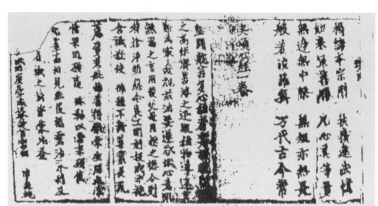

图4.28 俄藏西夏天赐礼盛国庆五年(1073)刊经折装《般若波罗蜜多心经颂》

大安十年(1084),兴庆府大延寿寺沙门守琼施印的《大方广佛华严经·普贤行愿品》为卷轴装。《总持功能依经录》为蝶装,刻于夏仁宗(1140—1193)时,仁宗在发愿文中说,他令工匠刻印此经西夏文、汉文本15000卷,施于官民,召法界诵读。他还发愿刻《妙法莲华经》7卷,经折装,每卷首有佛像图,刻于人庆三年(1146),共7万汉字,刻工为王善惠、王善圆、贺善海和郭狗埋。西夏文佛经印本有大安十一年(1085)刊《佛说阿弥陀经》等。黑水城出土的非宗教作品中,以骨勒茂材的《番汉合时掌中珠》(图4.29)最为重要,刊于夏仁宗乾祐二十一年(1190),是一部西夏文与汉文音义对照的双解词典,是党项人学汉文和汉人学西夏文的必读语言字工具书。

1902—1907 年,由李谷克(Albert von Le Coq, 1860—1930)和格林维德尔(Albert Grünwedel, 1856—1935)带领的普鲁士考察队在新疆吐鲁番也发现了一些西夏文和汉文等多种文字的印本残页(图4.30),现藏柏林民族学博物馆,详见李谷克的《新疆探宝记》(*Auf Hellas Spuren in Ostturkestan*, 1926)。

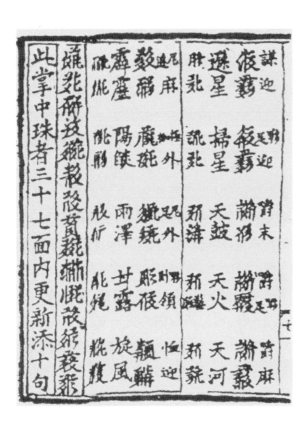

图 4.29　西夏 1190 年
刊《番汉合时掌中珠》

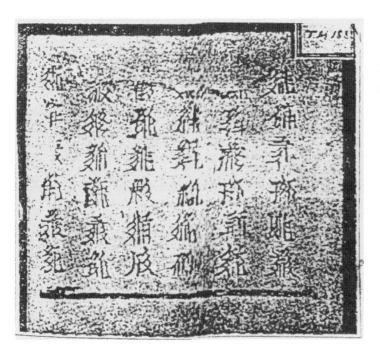

图 4.30　1907 年新疆
出土的西夏刊经折本西
夏文刊本佛经残页（原
柏林民族学博物馆藏）

20世纪50年代以后,西夏文物时而出土,如1959年敦煌文物研究所考古队在宕泉河东岸元代喇嘛庙内发现三部西夏文经折装《观世音经》本刻本,卷首有插图,印以麻纸。[①] 1972年甘肃武威一山洞中发现西夏文刊本《四言杂字》两页、夏仁宗人庆二年(1145)刻汉文历日残页,蝶装西夏文刊佛经等。[②] 1989年宁夏贺兰县西夏宏佛塔内还发现一些被烧过的西夏文佛经雕版残块。[③] 西夏为期仅189年,却在这样短时间内出版大量汉文和西夏文印刷品,反映出这个位于西部的少数民族地区有高度发达的文化。此地区不但发展雕版印刷,还发展活字印刷,关于活字印刷将在第六章讨论。

与西夏邻近的回鹘(维吾尔族聚居区)一支设牙帐于甘州(今甘肃张掖),称河西回鹘。另一支西迁到西州,以高昌(今新疆吐鲁番)为中心,称为西州回鹘。回鹘语属阿尔泰语系突厥语族,8世纪时借用中亚粟特文字母创制的回鹘文为音素文字,一直使用到15世纪。回鹘地处中国境内古丝绸之路的西端,汉代在这里设西域都护府、西域长史部,唐代时设陇右道,与中原有密切的经济、文化来往,境内还居住很多汉人。回鹘人信仰佛教,五代至两宋与中原失去直接接触,被西夏所阻隔。从1030年起,西夏占据河西,河西回鹘依附西夏,因而与西夏往来更为密切。1209年以后,整个回鹘地区受蒙古统治,称为畏兀儿,为"Uyghur"的译音。这是维吾尔族的自称,意为"团结、联合"。文献记载和地下考古发掘资料证明,至迟在畏兀儿受蒙元统治期间(1209—1324),这里的雕版印刷和木活字印刷就同时发展起来,显然是直接从西夏引进这种技术的。

18世纪法国汉学家德经(Joseph de Guignes, 1721—1800)在《匈奴通史》(1758)中指出:"古代蒙古高原中,有畏兀儿族在蒙古帝国一时颇负盛名,他们奖励科学和技术……书写方式也像汉文那样由上而下,他们率先用雕版作印刷之

---

① 张仲.敦煌简史[M].兰州:敦煌市对外文化交流协会,1990:120.

② 甘肃省博物馆.甘肃武威发现一批西夏遗物[J].文物,1974(3):200-204,216.

③ 宁夏回族自治区文物管理委员会办公室,贺兰县文化局.宁夏贺兰县宏佛塔清理简报[J].文物,1991(8):1-13,26,97-101.

用。"①"率先"指回鹘人在蒙古人之前发展木版印刷。这段话被20世纪考古发掘所证实。1902—1907年德国人李谷克在吐鲁番西州回鹘遗址发现大量刻本残片,多为佛经、佛像,有回鹘文、汉文、梵文、西夏文、蒙文和藏文六种文字,后收入柏林民族学博物馆等处,当时中亚僧人多通梵文,因而梵文佛经的印刷是适应出口需要的。有些非汉文印刷品,常夹杂一些汉字,包括经名、页数、刻工姓名等内容,表明是汉人工匠与回鹘人合作的产物。因为都是残片,没有保留下刊记、年款,其刊行年代需要考证。经专家研究后发现,蒙文和兰察体(lantsa script)梵文印经中出现成吉思汗(1206—1227)的名字,说明刊年不会早于13世纪,但进入13世纪以后吐鲁番地区已经有了相当成熟的木版印刷业,此后一些时间保持持续发展的势头。②

梵文印本字体有两种,用得较多的是古梵文,少数用13世纪通用的兰察体梵文。兰察体印本精美,图4.31为《金刚般若波罗蜜经》,经折装,每版直高15.5 cm、横长64 cm,每隔一页用梵文和汉文交替印出卷名及页码,便于装订。图4.32上有汉文品名《十万颂般若第十三上》及"卅"等字,"万"字用现在的简体,"卅"为第30页。这批不同文字印刷品装订形式

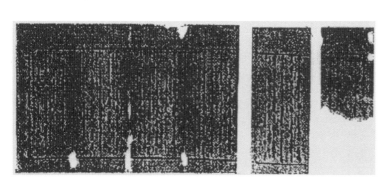

图4.31 新疆出土的元代(13世纪)刊回鹘文经折装刊本佛经

① DE GUIGNES J. Histoire générale des Huns, des Turcs, des Mongols, et des Autres Tartares Occidentaux[M]. Paris: Chez Desaint & Saillant, 1758.

② VON LE COQ A. Buried treausures of Chinese Turkestan: an account of the activitiies and adventures of the 2nd and 3rd German turfan expedition[M]. London: Allen & Unwin,1928:52.

CARTER T F, GOODRICH L C. The invention of printing in China and its spread westward[M]. 2nd ed. New York: Ronald,1955:146-147,218.

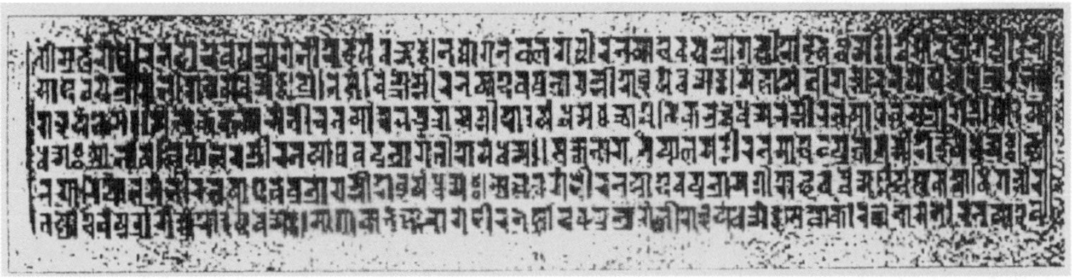

图 4.32 新疆发现的 13 世纪末元代刊梵文《金刚经》

有卷轴、经折和贝叶等,兰察体梵文经用贝叶装订。1930 年黄文弼博士在吐鲁番获得回鹘文印本佛经,经折装,高 24.5 cm、宽 53.5 cm,内有汉文页码"十"字及"陈宁刊"三字,这是刻工姓名。经回鹘文专家冯家昇(1904—1970)先生辨认,这是《佛说八阳神咒经》,卷首还有《如来说教图》。[①]1908—1909 年日本人大谷光瑞(1876—1948)随考察队在吐鲁番也得到一些回鹘文、梵文等多种文字印本;如京都有邻馆藏佛经残卷有四行回鹘文题款,大义是:"……愿成就圆满。至正二十一年三月一日于甘州印制。善哉,善哉。"[②]说明此经于 1361 年 4 月 6 日印于甘州,今甘肃张掖。由此可以说,回鹘木版印刷盛行于 13 世纪—14 世纪,而以吐鲁番和甘州为印刷中心。活字印刷将于第六章叙述。

蒙古族游牧于漠北草原,受辽统治,1125 年金取代辽统治蒙古草原。此时出现了杰出人物铁木真,1206 年他被推举为蒙古大汗,称为成吉思汗,并建立蒙古汗国。蒙古族早期信萨满教,后改信喇嘛教格鲁派,为藏传佛教的派别之一。蒙古语属阿尔泰语系蒙古语族,初无文字。1204 年铁木真战胜文化水平较高的乃蛮部后,虏其掌印官塔塔统阿(1169—1234 在世),命他创蒙古文字。塔塔统阿以回鹘文字母为基础创制 19 个字母记录蒙古语,从此蒙古族有了自己的文字,蒙古字在形体上很像回鹘文。蒙古汗国建立后,迅速西征与

① 黄文弼.吐鲁番考古记[M].北京:中国科学院出版社,1954:64.
   李光璧,钱君晔.中国科技发明和科技人物论集[M].北京:三联书店,1955:225-235.
② 百济康义.回鹘语观无量寿经[M].京都:永田文昌堂,1985:31.
   史金波,吾守尔.西夏和回鹘活字印刷术研究[M].北京:社会科学文献出版社,2000:83.

南下,统一中国北方,并将势力延伸到中亚和东欧。忽必烈(1215—1294)继汗位后又建立元朝,迁都燕京,号为大都(今北京),成为统一中国的皇帝,即元世祖。元代大一统结束了唐末以来各政权长期并存的割据局面,在中国历史上有深远意义。1269年元世祖命藏族国师八思巴(1235—1280)以藏文字母为基础,创蒙古新字,1270年颁行,后称八思巴文,直书右行,与回鹘体老蒙文并行。元亡后,八思巴文废,明清时仍通用老蒙文。蒙元时期中国印刷术进一步发展,各民族文字的印刷品都继续出版。李谷克的德国考察队在新疆发现的各种印刷品,正是对这一时期中国出版印刷事业在西部地区发展的一个侧面反映。

　　在李谷克发现的印刷品中,有四张残页是印本佛经,所用文字为八思巴蒙文(图4.33)。这决定了此经刊于13世纪后期。版心印有"八失""十"等汉字,残片规格为14.2 cm×20 cm,看来仍印于吐鲁番。蒙文佛经像汉文、回鹘文佛经那样,行文由上而下、自右向左阅读。此经版式与中原汉书更近,黑口,双鱼尾,每版两页,其装订形式既非经折亦非卷轴,可能是线装。这是现存年代较早的蒙文印本。蒙古在灭西夏、金和南宋时,总要将其内府所藏图书及首都的印刷工人带回蒙古后方,为其所用。和林(今蒙古共和国境内)、上都(今内蒙古正蓝旗)、燕京和吐鲁番等地是蒙古大后方印刷中

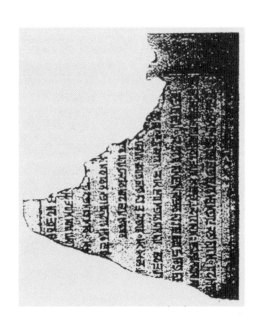

图4.33　新疆吐鲁番出土的13世纪八思巴蒙文佛经印本(原柏林民族学博物馆藏)

心。《元史·选举志》及《百官志》载,至元六年(1269)世祖诏令各路(省)设蒙古字学,两年后(1271)再于大都设蒙古国子学,招蒙古族及其他民族子弟习蒙文,这些学校以蒙文译本《通鉴节要》等书为教材。1275年又设蒙古翰林院,掌译书等事务。蒙古统治者下令将各种汉籍译成蒙文,再由官府刊印,包括《通鉴节要》《孝经》《大学衍义》等图书,可惜这些刊本没有保存下来。今内蒙古自治区图书馆、博物馆及区内大寺院藏有不同时期蒙文写本和印本,但对其年代仍需仔细鉴定,才能成为印刷史的研究对象,而这需要假以时日。

建立元朝的蒙古大汗尤其是世祖忽必烈,懂得"在马上得天下,不能于马上治之"的道理,乃从耶律楚材、许衡、吴澄和姚枢等谋士之议,在全国发展儒学,不改汉制,兴学校行科举,让汉人与政,以巩固这个少数民族建立的政权在中原的统治。早在太宗八年(1236)就在燕京设编修所,在平阳建经籍所,从事图书出版。灭南宋后,又在南方各路设出版机构。元代官府刊书在中央有国子监、秘书监(1273年立)、兴文署(1290年立)及太医院、司天台等,地方有各路、府、州及郡县的儒学、书院等机构。民间有各地书坊及家塾。元代印刷仍继承宋代传统。法令规定,各地出书要先向所在路地方政府提出申请,有时呈至中央的礼部、集贤院等,或呈中书省或其派出地方机构看过,才能出版。但后来在执行过程中有所松弛,事实上官府也不可能逐一审看那么多书。

元代中央机构出版的书,传世者不多,但仅秘书监就有上千名刻工,其刊书当不会少。中央委托地方官刊的书有很多传本,如大德年间刊九路本《十七史》,刊地在今安徽、江西一带。至正六年(1346)中书省在浙江派出机构于杭州刊行的《宋史》、《金史》(图4.34)、《辽史》堪称善本,半页10行,每行22字。书院本有1299年广信(今江西铅山)书院刊宋代词人辛弃疾(字稼轩,1140—1207)的《稼轩长短句》(图4.35),为代表性刊本,印以赵孟頫(1254—1322)字体。坊家刊本流传下来的也较多,如天历三年(1330)福建建安叶日增的广勤堂刊《王氏脉经》(图4.36)和元统三年(1335)崇安余志安勤有书堂刊行的《国朝名臣事略》(图4.37)。

列傳第二十五　金史八十七

開府儀同三司上柱國錄軍國重事中書右丞相監修國史領經筵事臣脫脫奉

勅修

紇石烈志寧　僕散忠義

徒單合喜

紇石烈志寧本名撒曷輦上京胡塔安人自五代祖太尉

韓赤以來與國家世爲甥舅父撒八海陵時賜名懷忠爲

泰州路頗河世襲謀克轉猛安審爲東平尹開遠軍節度

使志寧沉毅有大略娶梁王宗弼女永安縣主宗弼於諸

壻中最愛之皇統間爲護衛海陵以爲右宣徽使出爲汾

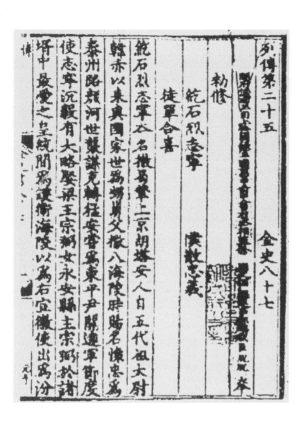

图 4.34　元至正六年（1346）杭州官刊本《金史》

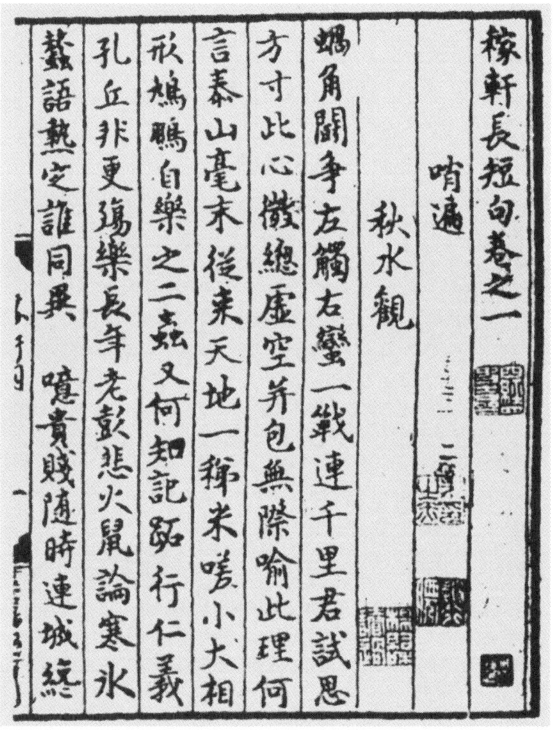

稼軒長短句卷之一

哨遍

秋水觀

蝸角鬬爭左觸右蠻一戰連千里君試思

方寸此心微總虛空并包無際喻此理何

言泰山毫末從來天地一稊米嗟小大相

形鳩鵬自樂之二蟲又何知記跖行仁義

孔丘非更殤樂長年老彭悲火鼠論寒氷

蟄語熱定誰同異　噫貴賤隨時連城緫

图 4.35　元大德三年（1299）江西广信书院刊《稼轩长短句》

图 4.36 元天历三年
(1330)福建建安广勤堂
刊《王氏脉经》

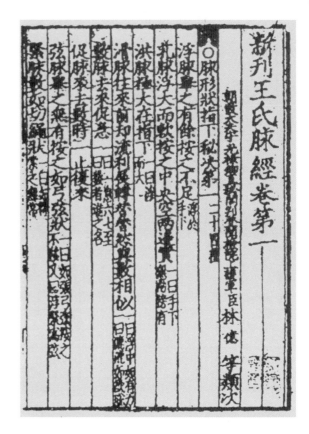

图 4.37 元元统三年
(1335)崇安余志安勤有
书堂刊《国朝名臣事略》

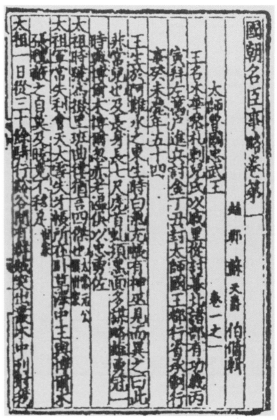

这里不再罗列元代刊书细目。总的来看,因这个朝代存在时间较短,刊书远不及宋代之盛,在印刷技术方面仍未超过宋代技术水平。

三、明清的木版印刷

明清两代是印刷术进入高峰的时期,印刷品数量、品种、质量、题材多样性和产地分布等方面都超过了前代。木版印刷技术更趋成熟,印刷品艺术性和可用性非前代可比,技术上有创新。插图本骤增,画面大且复杂,因多色套印技术的发展,使整幅美术作品以印刷形式再现出来,进入千家万户,印刷品真正成为艺术品。各种活字技术获得全面发展,且活字印刷高潮迭起。以往印刷字体多手书楷体,仿书法名家手迹,因而印刷字体未能达到一体化和标准化,明清时流行横平竖直、横轻竖重的方形标准印刷字体,更符合行业特点,是技术进步的标志。在装订方面,包背装和线装成为主流,更便于使用与存放。面向大众的题材广泛的通俗读物,尤其是插图本戏曲、小说、连环画册出版量很大,而经史子集、释道、科学技术、地方志、谱牒、丛书、类书、各少数民族文字作品和西洋著作也无所不包地出版,有些题材不见于前代。

明清两代国家统一,科举制完备,学校教育事业发达,学术研究硕果累累,为印刷品提供了丰富稿源,且有亿万读者。这两朝著名统治者如明太祖、明成祖、清圣祖、清高宗,都热衷文教和出版印刷事业。他们在位时,社会相对安定、经济繁荣、国家实力雄厚,是所谓"盛世",因而出现大规模编书、刊书高潮,为印刷业的发展打下了基础。造纸、印刷在这两朝集历史之大成,但从世界角度观之,18世纪以后,传统手工业生产方式已逐步让位于近代先进的机器印刷技术。中国作为世界的一部分,当然无法抗拒这一技术发展的总的潮流。因此,当明清印刷技术处于历史上的高峰时,也就意味着其处于即将退出历史舞台的前夕,而让位于近代印刷技术。清末从西方引进石印和铅印技术,到20世纪20年代以后,近代铅活字技术成为中国主要印刷方式。

明初定都南京达50余年(1368—1421),这里成了政治中心,也是最大的印刷中心。国子监、政府各部院都印书。国子监为各级学校提供标准教材和政府批准的其他重要著作(图4.38)。成祖(1403—1424)永乐十九年(1421)迁都于北京,在北京设国子监,南京的仍保留,故称南北二监。南京其他部院也未撤销,北京又另设一套,北京部院权力大,由北京发号施令。太祖(1368—1398)时南监接收元代杭州西湖书院原南宋国子监及元大都奎章阁、崇文院藏书及书版,洪武二年(1369)刊《四书》《五经》《通鉴纲目》等书,先后刊书271种。北监刊85种,包括万历年刊《十三经注疏》及《二十一史》。成祖以后重用宦官,司礼监也成为刊书机构,所设经厂拥有很多刻工,资力雄厚,负责皇帝向各地颁发的佛藏、道藏及其他著作的出版,经厂刊书172种(图4.39)。部院本有

图4.38 明万历二十四年(1592)南京国子监刊《三国志注》①

---

① 书口下有"戴明刻"三字。

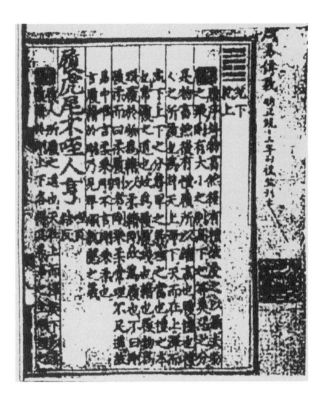

图 4.39　明正统十二年
（1447）北京司礼监经厂
刊《周易传义》

礼部刊行的《五经四书大全》《性理大全》（均刊于1415年）等，历届科举考试的《登科录》《会试录》，兵部刊《大阅录》、《九边图说》（1538）、《武经七书》等，户部刊《醒贪录》《教民榜文》等，钦天监刊历法，太医院1443年刊《铜人针灸图》《医林集要》等。

　　各地方政府机构如各省布政司、按察司、盐运司和各府、州、县也时而出书，尤其是地方志，也翻刻中央颁发本。太祖为巩固统治，封皇子为藩王并驻守各地，王府刊书是明代特色，如周王朱橚（1361—1425）于永乐四年（1406）刊其《救荒本草》及其主编的《普济方》168卷。郑恭王之子朱载堉（1536—1610）刊《乐律全书》。关于货币印刷，将在第七章讨论。同时，民间坊刻和私人刻书也很盛行，主要集中于南北两京、苏杭、常州、扬州、建宁、抚州、南昌、徽州等地。坊刻刊畅销书，如针对科举考试的参考书、消遣读物、居家日用书、工农业生产参考书、医药书等。私人刊书最著名的是常熟（今江苏境内）人毛晋（1599—1659），他是藏书家，建汲古阁，藏书8万册，在家中设刻印间，请名士校勘，刊书600种，包括《十三经》《十七史》《六十种曲》《津逮秘书》（751卷）。与毛晋齐名的还有杭州人胡文焕（1561—1630在世），刊书450种，明代出版的科学技术书在种类、数量上超过以往任何朝代，各官府、书坊和私人都出过这方面的书，如《本草纲目》(1596)、《武备志》(1621)(图4.40,版框规格为14 cm×20.5 cm)、《农政全书》(1639)和《天工开物》(1637)等书，还刊过一些西洋科学书，如《几何原本》。

图 4.40　明天启元年（1621）南京刊《武备志》

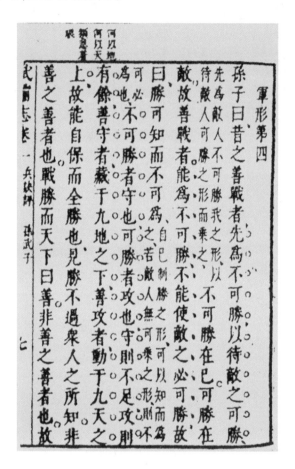

　　清代官方印刷体制与前代不同，国子监和中央部院很少刊书，而由康熙年间成立的武英殿文书馆主管刊书，康熙二十九年（1690）易名为武英殿修书处，在紫禁城西华门内，隶属于内务府，由内务府总管大臣督导。全国通用的书由此处供应，称武英殿本或殿版。颁发各地后，允许地方官府翻版。康熙、雍正、乾隆三朝刊书500种[1]，多为本朝书，如《大清会典》《大清律例》《大清一统志》《皇朝礼器图式》《万寿盛典》

① 卢秀菊.清代盛世之皇室印刷事业[M]//许倬云,等.中国图书文史论集.北京: 现代出版社,1992:33-74.

《八旗通志》《日下旧闻考》等。康熙年出版大量“钦定本”，如《数理精蕴》《历象考成》《星辰考原》《康熙字典》《佩文韵府》《渊鉴类函》《性理精义》《耕织图》《全唐书》《子史精华》等。乾隆年刊《石渠宝笈》、《西清古鉴》、《授时通考》、《医宗金鉴》（图 4.41，版框规格为 15.2 cm×23.2 cm）、《十三经》及《二十四史》等。武英殿本刻印及纸墨精良，版式统一，有大字本及小字本，多白口，四周双边，单鱼尾，印以浅黄色连史纸（竹纸）及白色开化纸（皮纸）。殿版在较长一段时期内成为唯一官刊本，但与皇室关系密切的曹寅（1658—1712）康熙时受武英殿修书处委托，按殿版体例在扬州出版一些书，称扬州书局本，如《全唐诗》《渊鉴类函》《佩文韵府》《御定历代题画诗类》等，也相当精美。

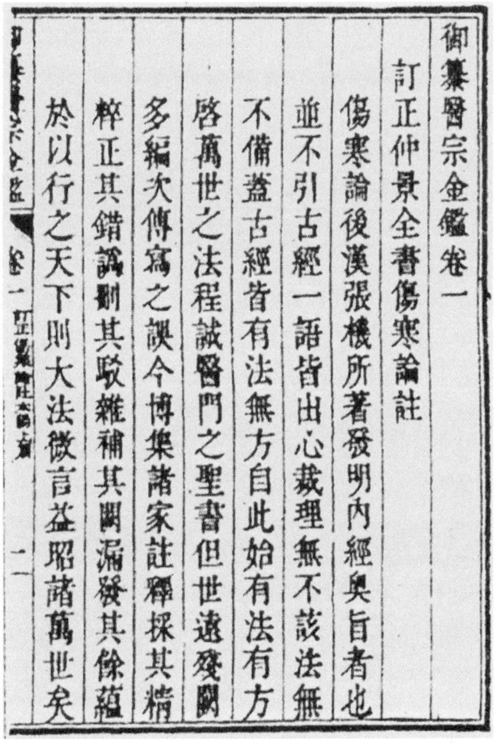
御纂醫宗金鑑卷一
訂正仲景全書傷寒論註
傷寒論後漢張機所著發明內經奧旨者也
並不引古經一語皆出心裁理無不該法無
不備蓋古經皆有法無方自此始有法有方
啓萬世之法程誠醫門之聖書但世遠殘闕
多編次傳寫之誤今博集諸家註釋採其精
粹正其錯譌刪其駁雜補其闕漏發其餘蘊
於以行之天下則大法微言益昭諸萬世矣

图 4.41　清乾隆年内府刻本《医宗金鉴》

武英殿修书处还出版前朝著作，如《通典》《通志》《文献通考》《唐会要》《论语集解义疏》《十三经》《二十四史》和《大藏经》等。嘉庆（1796—1820）以后，殿版继续刊行，但数量锐减。同治（1862—1874）后，江浙、赣鄂、川湘、晋鲁、闽广、云贵、冀皖等省设官书局，翻刻殿版并刊其他书，总共 1000 多种。清代私人书坊遍布各地,刻书内容广泛,数量也大。清代印刷品种类多,除图书外,还有报刊、官府告示、房契、地契、广告、票据、民间年画和纸钞等。其中篇幅最大的是布告,如中国印刷博物馆藏顺治元年七月八日(1644年8月9日)清兵入北京后摄政王多尔衮发布的"安民告示",由大块木板刻字,周围有云龙图案。与此类似的是明永乐二十年九月十五日(1422年9月30日)山西提刑按察司关于使用新旧纸钞的布告,1974年发现于山西应县佛宫寺释迦塔,此布告高94.5 cm、长276 cm,整版印成。这两件布告可能是迄今为止最大的单页印刷品。

明清时少数民族文字的印刷也得到发展,首先应指出藏族地区的印刷及藏文典籍的出版情况。史载蔡巴·噶德贡布(约1259—1319在世)在元世祖(1260—1294)时,曾七次由西藏前往内地考察,将印刷技术引入藏区,并在拉萨东郊蔡巴寺设印刷厂。而受世祖宠信的国师八思巴协助中央政府管理西藏事务时,也在其据点萨迦寺建印刷厂,该寺在日喀则地区萨迦县,分南北寺。南寺由八思巴委托夏迦桑布建于至元六年(1269),寺内大经堂现藏《萨迦历代史略》《萨迦各教主法王传》等木雕版和藏文经版。八思巴及其弟子将内地印刷技术引入西藏发生于至元二年到十五年(1265—1278)。因此,在拉萨和日喀则两地13世纪已有了印刷厂。[1]1902—1907年李谷克考察队在吐鲁番发现藏文雕版佛经咒残片,也是13世纪之物。

早期藏文印本多为经咒、佛像或单部佛经,元末时蔡巴·贡嘎多吉(1309—1364)编成《甘珠尔》(*Kangyur*),收入藏文佛典1000多种,而布敦·仁钦朱(1290—1364)编定《丹珠尔》(*Tāngyur*),收书3461种(德格版)。这两部书构成藏文《大藏经》的基础,因卷帙浩瀚,且成书较晚,在元代未能出版。明初成祖应西藏僧众请求,于永乐九年(1411)敕令于南京设番经厂,遣中官侯显为钦差,会同大宝法王却贝桑布(1384—1415)主持印经,在汉、藏工人合作下刊成《甘珠尔》(图4.42,版框规格为8.1 cm×5.8 cm),共108函,永乐原本曾藏于萨

---

① 潘吉星.中国科学技术史:造纸印刷卷[M].北京:科学出版社,1998:482-485.

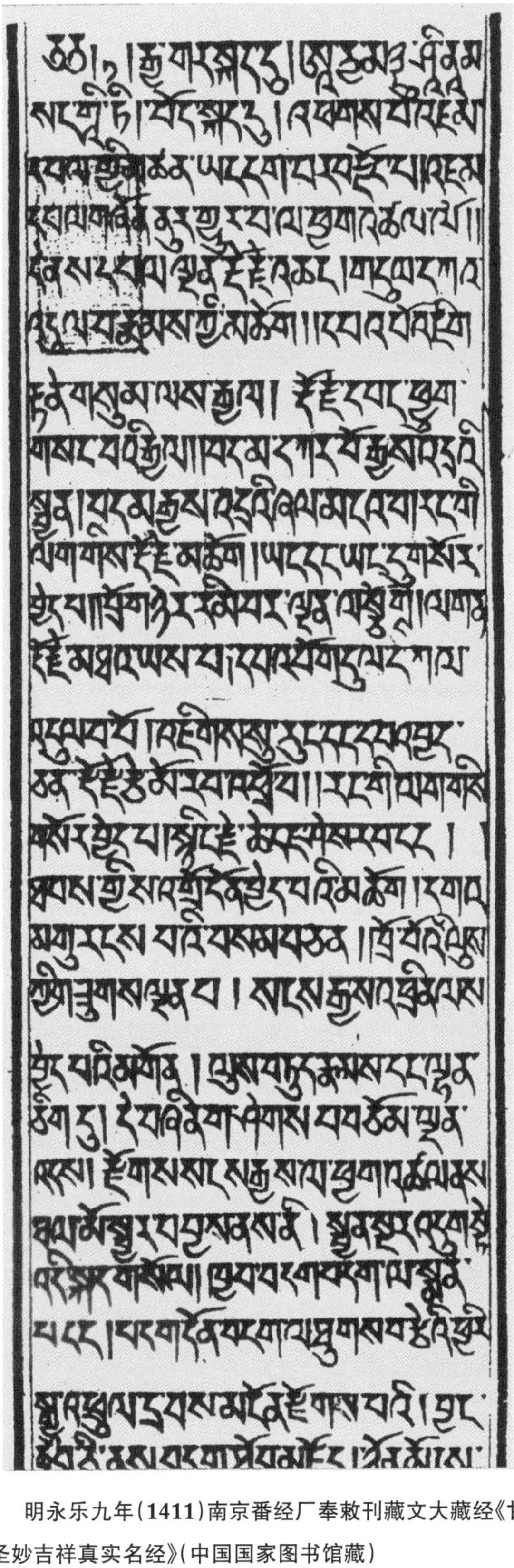

图4.42　明永乐九年(1411)南京番经厂奉敕刊藏文大藏经《甘珠尔》中的《圣妙吉祥真实名经》(中国国家图书馆藏)

迦寺,后移至拉萨布达拉宫,1985年清查文物时发现。明神宗万历二十二年(1594)朝廷敕命在北京设经厂,出版《丹珠尔》,至此藏文《大藏经》刻印完毕,在这过程中积累了经验并培养出一批批藏族刻印工人,促进了西藏印刷的发展。明清之际(17世纪)后藏的理塘寺刊行新版《甘珠尔》和《丹珠尔》。清雍正七年(1729)德格土司却吉登巴泽仁(1678—1738)兴建著名的德格印经院,在今四川甘孜藏族自治州德格县内,靠近西藏,成为藏区最大的印刷中心[①],出版过大量藏文著作,现有历代书版217500块,一块两页,一页以600字计,总字数达2.6亿。

彝族是西南少数民族,分布于滇、川、贵、桂,而以云南为多,信奉多神,彝语属汉藏语系藏缅语族,彝文仿汉字形体,是超方言象形音节文字,一字一义,有10000多字,至元代时已定型,散落在民间的本民族文字著作以千万计,涉及文史、天文和医药等内容。1253年,彝族地区统一于蒙元,其首领被授以路府州县土官,明设卫所,仍袭元土官制度。清代改土归流后,由流官代替世袭土官。1940年云南武定县某土司家旧藏明代云南彝文刻本道教书《太上感应篇》(图4.43),黑口、版框规格为13.9 cm×22.3 cm,半页10行,每行25字,四周单边,后移入中国国家图书馆。目前学术界对彝文文献的研究还有待深入展开。瑶族分布在广东、广西、湖南、贵州、云南,其语言属汉藏语系苗瑶语族,瑶文也借汉字形体创制,一字一音,如"我"读作"yā",写作"仾",其历史文献《过山榜》记录本民族由来、祖先迁移及农耕等,今有清代木刻本传世。

元代时蒙古族的文化积累至明清结出硕果。明太祖时任翰林侍讲的蒙古族学者火源洁(1342—1402在世)以汉字译蒙文,洪武十五年(1382)编成《华夷译语》,今传世有洪武二十二年(1389)内府刊本,是研究蒙古语的工具书。罗布桑丹津(1686—1758在世)以蒙文写的《蒙古黄金史》以编年体记录古代至明清之际蒙古族历史,于清代刊行。雍正年丹赞达格巴编的《蒙文启蒙》有各种版本,集蒙文文法之大成。道

---

① 德格印经院:藏文版[M].成都:四川民族出版社,1981.1-7.

杨嘉铭.德格印经院:汉、藏、英文解说本[M].成都:四川人民出版社,2000.

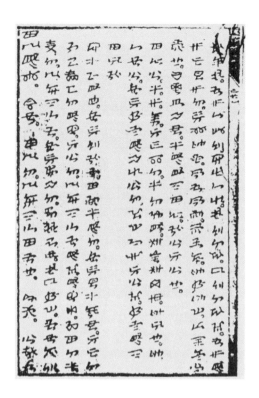

图4.43　明代云南彝文
刻本《太上感应篇》

光年刊的蒙古族举人景辉的《蒙古文字晰义》，是研究汉、蒙、
满文关系的参考书。米朱尔将藏医宇妥·云丹贡布的《四部
医典》（约750）由藏文译成蒙文，也刊于清代。早期清刊本还
有佛经，如康熙二十一年（1682）北京刊蒙文《七佛如来供养
仪轨经》（图4.44，版框规格为11.8 cm×41.6 cm）。

图4.44　清康熙二十一年（1682）北京刊蒙文
《七佛如来供养仪轨经》（中国国家图书馆藏）

清政权由满族统治者建立,因此清代满文刻本数量很多,北京是印刷中心。太宗崇德元年(1636)任弘文馆学士的满族学者希福(1588—1652),在盛京(今辽宁沈阳)时已将《辽史》《金史》及《元史》摘译成满文,入关后于顺治元年(1644)进呈,遂于北京刊行,供八旗子弟学习。顺治七年(1650)再刊达海(1595—1632)在盛京译出的《三国演义》汉满文对照本,题为《满汉合璧三国志演义》(图4.45,版框规格为28.1 cm×20 cm),供满汉人互相学习对方文字。昭梿(1776—1830)《啸亭续录》卷1称:

> 定鼎(1644)后,设翻刻房于[京师]太和门西廊下,拣旗员中谙习清文者充之,元定员。凡《资治通鉴》《性理精义》《古文渊鉴》诸书,皆翻译清文以行。

图 4.45 清顺治七年(1650)北京内府刊满汉文对照《三国演义》中满文部分(中国国家图书馆藏)

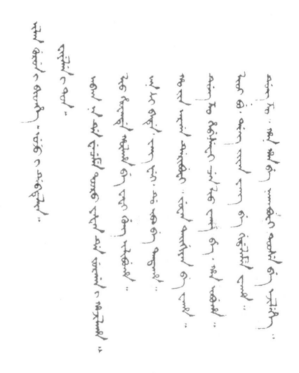

可见翻刻房是清初内府设立的最早出版满文作品的机关,前述辽、金、元三史及《三国演义》即于顺治初刊于此。按昭梿所述,《性理精义》《古文渊鉴》成于康熙年,其满文译本应刊于康熙年间。顺治三年(1646)译出的《洪武宝训》刊刻满汉文字,颁布全国。康熙、雍正、乾隆三朝是清代经济、文化兴旺时期,也是满文书出版的高峰时期。康熙二十二年

（1683）沈启亮成书《大清全书》14卷，这是中国第一部满汉对照的大型词典，收词1.2万条，以满文12字头排列，刊行后再版之际（1713）又增补《清书指南》。康熙四十九年（1710）《附图满汉西厢记》出版。为适应满、蒙生员参加科举考试，《四书》《五经》满文官刊本早已出版，还有各种坊刻本，如乾隆三年（1738）北京鸿远堂刊插图本《满汉字书经》（图4.46），乾隆十三年（1748）命大学士傅恒（1720—1769）仿汉文篆体设计满文篆字，同年高宗御撰《盛京赋》，武英殿版刊行。此书有满文单行本、满汉合刻本及满文篆字刻本（图4.47，版框规格为21.1 cm×15.3 cm）三种版本。这种文字在刻版方面难度很大，满汉对照本要两种文字各字位置对应，刻一行一语种后，再刻一行另一语种，也有一定难度。

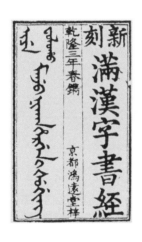

图4.46 清乾隆三年（1738）北京鸿运堂刻《满汉字书经》

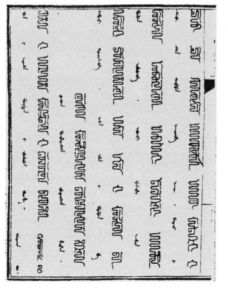

图4.47 清乾隆十三年（1748）武英殿刻清高宗所撰满文《盛京赋》（中国国家图书馆藏）

第四节

木版印刷的技术工艺

一、刻 版 技 术

以往有关印刷史作品只谈书籍的出版,很少谈印刷技术,严格说是出版史,而非印刷史。印刷史应纳入技术史领域,与出版史有别,我们的兴趣不是开列每个朝代的出版书目,而是讨论这些书是通过何种技术生产出来的。这里陈述的木版印刷技术,是历代工匠通用的传统模式,为中原地区和各少数民族地区所采用。古代在这方面很少留下记载,已故南京通志馆馆长卢前(字翼野,1905—1951)的《书林别话》(1947)对民间作坊保留的传统木版印刷技术做了调查,提供了可贵的记录。[①]钱存训的论印刷史作品中也对印刷技术给予很多关注。[②]他们的作品对我们有启发,20世纪90年代我们也前往北方和南方保留传统技术的作业现场做了调查,再将现代手工印本与古代印本比较,运用技术史分析方法,就能基本理清古代印刷技术的轮廓。

首先讨论雕版板材的选择,要求板材取自粗壮、挺拔的乔木,以得到足够大的板面。木料硬度宜适中,既易于下刀刻字,又有足够强度。木质要细密均匀,纹理规则,少有疤节。因用量较大,树木应分布较广,还不能过于昂贵。一些稀见的贵重树木显然不能采用。松木、杨木分布广、价廉易得,但因木质轻软,不便制版,且松木中含树脂,也不适于印刷。考虑到这

---

① 卢前.书林别话[M]//张静庐.中国现代出版史料:丁编.北京:中华书局,1959:627-654.

② NEEDHAM J. Science and civilisation in China: vol. 5. Cambridge:Cambridge University Press, 1985:195-201.

些技术经济条件后,古人通常选用梓木、梨木和枣木等做板材。宋元版刻本题记中有时谈到板材,如南宋乾道七年(1171)蔡梦弼刊《史记集解索隐》卷2题记载"刻梓于东塾"。金初(1140—1178)刻《赵城藏》中《阿毗昙毗婆娑论》卷31题记称,万泉县荆村杨昌等人舍梨树50棵供刻版用。中国历史博物馆藏北宋版画雕版,由枣木刻成。这三种树木在印刷中普遍使用,于是"梓行""付梓""付之梨枣"成了"出版"的同义语。

梓为紫葳科落叶乔木梓(*Catalpa ovata* G. Don),高6 m(图4.48),分布在中国东北南部至长江流域,生长较快,木质较硬,纹理直,耐朽,除广泛用于制雕版外,还用于制棺木。梨为蔷薇科落叶乔木梨(*Pyrus sinensis*)中的中国梨,原产中国,2000多年前已成中国重要果树之一,分布很广,有若干品种。枣为鼠李科落叶乔木(*Ziziphus vugaris*),也原产中国(图4.49),以冀、鲁、晋、豫、陕、甘等省最多,品种也不少。无论

图4.48　梓树

图4.49　枣树

用枣木还是用梨木制版,都合乎技术要求。枣木更硬些,可用以刻版画。其他有类似品质的乔木也可用,如杏也原产中国,分布于西北、华北等地。各地可根据资源情况选材,如桑科的榕(*Ficus microcarpa*),德格藏族区用红桦(*Betula albosinensis*)做板材。

将砍下的树割去外表皮,锯成适当长段,顺纹理将每段木料锯成长方形木板,根据设计的版面大小,决定木板尺寸。一块木板相当一块印版,或书的两页,每一块木板一般厚2.5 cm,直高20 cm,横长30 cm左右。将木板表面及四边刨光,不许有节疤。为免书版受冷热而生裂,要将其放水中浸一段时间,通过发酵除去木质中的果胶(pectin)等杂质。浸泡时间因季节而定,夏季浸泡时间短,一般约一个月。必要时对木材做蒸煮处理,目的与水浸同,但可节省时间。再将木板阴干,不可在烈日下曝晒或用火烤。干后用细刨刨平表面后,在板上擦豆油或菜子油,用苋科节节草(*Alternanthera sessilis*)茎(图4.50)将表面打磨光滑。用其他草类亦可,但茎部不可有硬刺。若发现木板某处有硬节,须挖去,补上大小合适的木块,刨平。

图 4.50 节节花或节节草

木板准备好后,要将写样贴上去。请书写高手将书稿文字工整抄写在有方格的纸上,字的大小和字体都事先定好。方格以朱色印在纸上,书手沿每格中线下笔,使每字左右匀称、大小一致,遇有注文,则以双行小字写出(图4.51)。写样

用纸宋以前为麻纸或皮纸,宋以后一律为皮纸。写样完成,
要与书稿进行初校,发现错字,则贴以正字,再经复校。此
后,在木板上以刷子均匀刷一层薄的熟米浆,将写样反贴在
木板上,使有字的一面贴在板上。用细棕毛刷擦于纸背,使
纸上墨迹以反体转移到板上(图4.52)。静置一刻,待字迹固
定板上,再以粗毛刷刷纸背,使其成茸,刷去毛茸。必要时以
手撕去背纸。阴干,未除尽的纸屑,用节节草磨去。这样,木
板上全是反体字迹或图画,如同直接写绘于板上一样,这些
是刻印前的准备工作。

图4.51　写印本字样

图4.52　将字样反体转
移到木板

　　书稿写样上板后,即可刻字,由技术熟练的刻字工操作,
以不同形式的刻刀(图4.53)将木板上反体墨迹刻成凸起的
阳文(图4.54),同时剔除板上其余空白部分,使之相对于板
面凹下2 mm左右。刻工用斜口刀、平口刀在每字周围划出

线,先划直线,再划横线,使每字在四方形刀线内刻成。持刀方向由外向内,向刻工自身方向进刀,从字的左侧刻起,对每字的"一""丿""乀""丨""、"等笔画逐一下刀刻出。刀不宜直立,略呈一斜度,先刻"丨""丿""乀""、",再转90°刻"一"。因线条形状及粗细不同,可换用不同形状和大小的刻刀,有的刀口宽而平或窄而平,有的刀口有不同斜角,有的刻刀两头有刀口。刻刀为钢制,有木柄。无字部分用大小不同的剔空刀剔除,使字凸起。如空位较大,可用圆口凿铲去:以小木槌击打凿背,斜向推进,将多除木料除去。刻出的字在板面呈梯形隆起,这样才不易破损。刻各行界线时,要左手按尺,右手持刀,手重者刻两刀,手轻者刻三刀,使行线笔直。最后按版面设计,留出四周边框。刻完,以热水冲洗板面,洗去木屑。

图 4.53　刻版用刀具

刻刀　　双刃口　　半圆刃口　平口　刮刀　木槌

图 4.54　下刀刻字

二、刷印技术

正式印刷前,打印出印样若干张,对文字再做校对。发现错字,将其挖出,再补上正字。笔画漏刻者,则补刻之。发现有较大增删者,需移行时,此板即作废,需另刻一板。但这种情况很少发生,因刻字前已对刻样做了校对,而刻工一般来说都是认真工作的。印前要准备好纸、墨。墨汁含胶量比墨块少些,炭黑与胶重量配比为100:20—100:25。将炭黑与牛皮胶(明胶)混合,搅匀,使之成稠粥状。在缸中贮存,加入少量酒,放置半月,此时呈黑色稀粥状,产生的臭气四溢,经三四个霉天,臭味消失时使用。通过胶质发酵,使炭黑充分分散。不可临用时急速配制墨汁,必须放置一段时间才能用。刻工所刻各板按原稿顺序加以编号,送入印刷间内,同时将纸裁成适当大小。

将印版固定在齐腰高的木桌上,将纸张卡在另一桌上,两桌之间留一缝隙。放印版的桌面上有墨汁、刷印工具。印刷工先用圆柱形平底刷将墨汁在调墨板上调制,再以另一圆刷在调墨板上蘸墨,将墨均匀刷在版面上。再将纸的正面覆盖在版面上,以干净的平底长刷沿字行方向从上至下擦纸,使全纸紧贴版面,纸上便出现墨迹的正像。每印完一张,将其翻至两桌缝隙中间使之保持下垂,自然晾干。印版再上墨,刷另一张纸,如此重复操作,直到印至所需份数为止。将每块印版印出的纸堆在一起,逐版印出许多堆纸,按顺序放置,最后再装订成书册(图4.55)。刷墨工序要求每一张纸墨色一致,此工序直接影响产品质量,由熟练工操作。一般来说,一人一天可印1500—2000张,每块印版可连印万次。印毕之版洗净,贮存,以备重印。彩色印刷操作与此相同,只是使用的着色剂颜色不同。

图 4.55　上墨刷印

三、装订技术及装订形式的演变

从文献记载和现存实物观之,印本形制和装订形式经历了不断演变的历史过程,至明清才达到最终的固定形式。蒋元卿先生对传统装订技术做了综合论述[①],是难得的文献记载。历史上印刷书籍最早的形式是卷轴装,唐代印本多取此形式(图4.56),如1907年敦煌石室发现的唐咸通九年(868)

图 4.56　卷轴装(取自刘图钧)

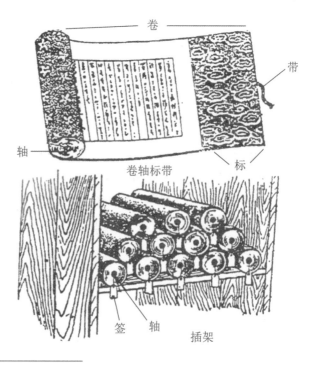

卷

带

轴

卷轴标带

标

签　轴

插架

① 蒋元卿.中国书籍装订术的发展[J].图书馆学通讯,1957(6):20-25.

刊《金刚经》等都是卷子本,北宋开宝四年(971)刻《开宝藏》也是如此。

　　这种形式脱胎于隋唐以前的纸写本书形制。将每张印纸裁成同样直高,再粘连成一长的横幅,卷尾空白处加卷轴,通常用木棍,有时涂以朱漆,贵重的轴用玉、象牙等材料。从左向右卷起,卷首有书名、篇名、作者名等,接下是正文,每行十几字至二十几字不等,卷尾有题记。每卷有几米至十几米长,阅读时颇不便,且一般只能横放。

　　唐末(9世纪中叶)出现新的装订形式,将长幅印纸反复折成同样宽(约10 cm)的一叠,露在外面的书首、书尾用厚纸保护,糊以丝绢作为封面。后又以薄木板为封面,上标出书名及篇名。虽也称某某"卷",实际上外形已由圆柱体变成狭长立方体了,这是书籍形体上的一次革命。宋元至明清期间一直用这种形式装订佛教印本,故称经折装或梵夹装。它可能受到印度贝叶经的某种影响,或模仿其外形。但贝叶经是在每片贝叶上穿两孔,以绳穿成一叠,每片树叶单成一页,与经折装仍不相同。一部经折装书由若干卷(册)组成,将其用包以绢或布的函套集中在一起,函套由厚纸板做成,因而可横放在书架上,也可竖放。阅读时逐页翻动,不像卷子本那样卷来卷去。宋代福州开元寺1112年刊《毗卢藏》及元明佛经都取这种形式,有些碑帖拓本也如此。这类书因纸的正反面均有折缝裸出,每页长期呈折曲状态,易断裂,需用薄纸在断裂处加固。而卷子本虽阅读不便,却因书页卷在一起,外有封面,并不裸外,因而不易折损,"寿命"很长。

　　为使书页易于翻检,又防止其折裂,9世纪中叶唐代又出现旋风装,因这类实物少见,人们想象它像经折装那样,但卷首、卷尾用一张厚纸连起(图4.57)。这样书页的另一面折缝被保护起来,只有一面折缝裸出。如果书页折裂,是不易修复的,这样理解旋风装缺乏文献和实物支持。宋人张邦基(1090—1166在世)《墨庄漫录》(1131)卷3写道:"吴彩鸾善书小字,尝书《唐韵》鬻之……今世所传《唐韵》,犹有回旋风叶,字画清劲,人家往往有之。"吴彩鸾为唐代炼丹修道的女性,善书,嫁给文箫后,靠写《唐韵》在市上出售而谋生。北京故宫博物院藏旧题吴彩鸾写《刊谬补缺切韵》唐写本,应是张邦基所说的实物。此本为麻纸,纸较厚,加蜡处理,两面书写,高26 cm、长48 cm,作卷轴装。以一长的厚纸为底,将四五张写有字的纸右边空白处逐张向左糊于底纸上,像鱼鳞那样相错排列,再以木轴置于卷首,向尾卷起。打开卷后,可逐页来回翻动并读双面文字(图4.58),这可能才是旋风装形式。

图4.57 近代人想象中的旋风装

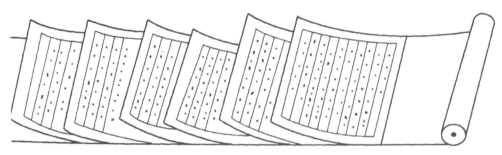

图4.58 旋风装(潘吉星据国家图书馆藏品临绘)

上述旋风装看似卷轴装,但书页又像经折装,可来回翻动,是两种形式的结合产物。因书页被保护起来,不易折裂,但处于卷曲状态,开卷后需用镇尺压住,也有不便之处。现只有写本传世,印本是否以此方式装订,恐有疑问。这种形式看来只行用了很短时间,因为书籍外形发展趋势是由圆筒形向扁平形过渡,既便于阅读,又便于存放,因此,宋代出现另一种新的装订形式,即蝴蝶装。蝶装将书页逐张订成册页,适合印刷品特点。它首先对每个书页做了精心的版面设计,实际上是对每块印版做了技术设计。版面取长方形,正中有四根较粗的边线,构成版框区域,即上墨刷印部分。版框四周外留出空白,以保护版框内文字不致损坏。版框有细直线构成的界行,行内是文字。正中间一行称为"书口",中国习惯单面印刷,沿书口中线将纸对折。书口左右各有一页,一版含2页,每页5—12行,每行10—30字。正文字大,注文在每行内为双栏小字。从每页能估算出字数,如同现代稿纸那样(图4.59)。

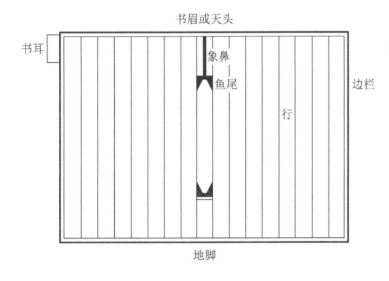

图4.59 印本书页的典型版式

为便于在书口中线折叠纸,版心还有"鱼尾"及隔线,鱼尾由两个黑三角构成,分单鱼尾和双鱼尾,从鱼尾两个三角形交接处折纸。有时在鱼尾上版心正中加一粗线,被称为"象鼻",也是折标。书口上部通常有书名,鱼尾下有卷次,书口底部有页数。这种版面设计经过精心考虑,后来成为许多国家印本书的典范。所谓蝶装,是将上述单独印页逐张沿中缝对折,使有字的两面相对,无字的背面朝外,将折好的印张折口对齐,用糨糊粘起来,用表纸将书的首尾及版心包起来(图4.60),封面书签上标出书名并将书签置于封面左上角。因折缝在书的内部,受到保护。打开后,有字部分整个版面一览无遗,翻书时书页来回展开如蝴蝶展翅(图4.60)。这种装订形式在10世纪唐五代之际已见有写本,宋以后用于印本,如景定元年(1260)刊《文苑英华》即为蝶装。如封面用厚纸,还可竖放。但阅读时要连续翻两个空白页才遇到有字页,不便于快速查阅。元代以后就被包背装所代替。明清人时而用蝶装,意在仿古,又另当别论。

图4.60　蝴蝶装

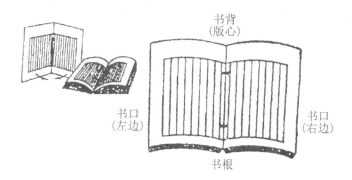

包背装与蝶装相反,虽仍将书页沿中缝对折,但让有字的两面朝外,无字的部分朝内。因此版心中线折缝外露,成为书口,版框外空白部分成了书脊。逐张折边对齐,叠成一册,将散开的书背切齐,用糨糊粘在一起,最后用厚纸将全书包起(图4.61)。这样每页都有字,可连续读下去。将若干册书放在硬壳函套内,既保护书册,又可横、竖放在书架上。包背装在元代盛行,一直持续到明中叶(16世纪中叶),到清代逐步被线装取代。现存元至元二十四年(1287)武夷詹光祖月崖书堂刊《千家注纪年杜工部诗史》、至正二十二年(1362)杭州沈氏尚德堂刊《四书集三圣》等,都是包背装。

图4.61　包背装

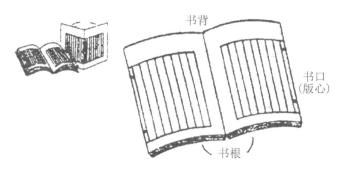

上述卷轴装、旋风装、蝶装和包背装四种装订方式都离不开糨糊,这种糨糊是特制的,要黏性强,防腐防蛀,一般淀

粉糊是不可用的。元代秘书监著作郎王士点(约1295—1358)《秘书监志》卷6记载裱褙匠焦庆安(1218—1287在世)于至元十四年(1277)二月所用糊药秘方:

> 裱褙匠焦庆安,计料到裱褙书籍物色,内有打面糊物料为黄蜡、明胶、白矾、白芨、藜蓉、皂角、茅香各一钱(3.73 g),藿香半钱,白面五钱。硬柴半斤,木炭二两。

元人陶宗仪(1316—1396)《辍耕录》(1366)卷29载王古心与隆平寺主持永光(1288—?)关于前代佛经粘接法的谈话:

> 前代藏经接缝如一线,岁久不脱何也?[永]光云:古法用楮树汁、飞面、白芨末三物调和如糊,以之粘接纸缝,永不脱解,过如胶漆之坚。

将面筋、牛皮胶、楮树汁和白芨(*Bletila striata*)根作为糊剂主料,再加入白矾(明矾)、藜、茅香(*Hierochloe odorata*)、藿香(*Pogostemon cablin*)等防腐抗菌剂,做成的糨糊黏性强、驱虫性强,还有香味。

包背装的书经常翻阅,仍难免书页散离。为加固起见,索性用丝线或细麻绳将书页打孔后订在一起,这就成为线装了。我们在敦煌石室所出五代写本中已看到原始的线装形式,但用于印本一般认为从明中叶以后才盛行。它无需糨糊,手续简单,方便阅读,又很少散页,也极易重订。一般平放,如护以硬壳函套,亦可竖放。通常有四针眼和六针眼装法(图4.62),有时装订线一侧上下书角易磨损,一般用绢包角。现将蒋元卿对线装技术的记载介绍如下:

图4.62 线装

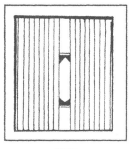

1. 印页

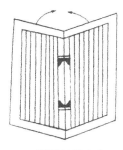

2. 印页对折方向

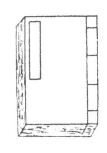

3. 装订后

① 折页:将书页逐张沿中线对折,勿使歪斜,将有字的两面折向外→② 分书:折页后,按书页次序堆起,如装100部,则摊成100叠,再压紧→③ 齐线:逐页对准中缝,使其整齐,再夹压→④ 添副页:每册书添空白副页2—3张→⑤ 草订:用皮纸捻订之,以防书页滑动→⑥ 加书面:在副页之外,加黄或蓝等色纸为封面,再衬一层白纸→⑦ 裁书:用快刀将书的上下及书脊裁齐→⑧ 打磨:切后的书页有刀纹,用砂纸磨光→⑨ 包角:讲究的书在书背用绫绢包角→⑩ 钉眼:按书的直高在书背确定打眼距离,或四眼或六眼,以铁锥锥之→⑪ 穿线:用丝线或麻线在孔眼处来回穿订,务求订紧→⑫ 贴签:在书面左上角贴书签,其颜色视书皮之色而定。

上述线装操作中前五项也适用于包背装,包背装之后的步骤包括浆书背、裹书皮等。书册制成后还可放在函套中上架,也可用与书大小一致的两块木板,穿上布带,将书夹在两板之间,在木板上刻出书名。更可将书放在特制樟木匣中。中国书比西洋书轻,因中国纸薄,且书皮是软纸,而西洋书皮为皮革。中国书有界行栏线,每行字数相等,读时不易串行。西洋书字小,无行线,且常有将单词按音节移行现象。中国书页单面有字,西洋书页双面有字。线装是传统中国书中最好的装订形式。总的来说,刊印一部书要经历以下工序:① 板材准备→② 写印本书稿→③ 校对→④ 将书稿字反体转移到板上→⑤ 刻字→⑥ 清理版面→⑦ 打印样→⑧ 再校对→⑨ 挖补→⑩ 上墨→⑪ 刷印→⑫ 洗版→⑬ 装订(图4.63)。每个工序包括若干步骤,古人说"片纸非容易,过手七十二",实际上制出一部书也不容易,过手亦有几十道。

图4.63　书籍装订操作图(潘吉星设计,郭德福绘)

第五章 铜版印刷、版画印刷和彩色印刷的起源和发展

第一节

铜版印刷的起源和发展

一、铜版印刷简史

木版印刷发展以后,中国又很快出现了铜版印刷(copper-plata printing),木版和铜版虽均属整版印刷(mono-block printing),但这两种印版制造方法不同。木版上的文字或图像皆以刀刻成,而铜版上的图文铸造而成。铜版比木版坚固耐久,版上精细图像花纹和文字经反复印刷后仍不变形,版材不用时还可回炉重铸新版,而木版却做不到这一点。然相比之下,铜版耗资比木版多,制造过程较复杂,多用于印单页或篇幅不大的印刷品。所用的版材并不用纯铜,而是用铜与锡、铅的合金,又称青铜,因其中铜含量大,遂将此印版简称铜版。中国铸青铜器有4000多年的悠久历史,印刷发明后,便用这种铸造技术铸出青铜印版。

铜版印刷的起源可追溯到唐代(618—907)。清代学者叶昌炽(1847—1917)积20年时间收集历代石刻拓片8000多种,加以深入研究,写成《语石》(1909)10卷。在该书卷9谈到反文石刻的事例后,写道:"此外,尚有宋熙宁八年(1075)君山铁锅及唐开元(713—741)《心经》铜范、蜀刻韩[愈]文书范,亦皆用反文。"此处所述的《心经》,为唐初高僧玄奘译《般若波罗蜜多心经》(*Prajña-pāramitāhrdaya-sūtra*)的简称,只一卷,文字不多,实际上是《般若波罗蜜多心经》的提要。叶昌炽所记唐玄宗开元年间遗留下来的有阳文反体字的《心经》"铜范",经研究并非作书范之用,而是直接用以印刷该经的铜质印版。^①这是8世纪前期中国使用铜版印刷的迄今最早的资料,此印版主要以文字为主。

　　唐代以印刷佛像为主的铜印版于30多年前在陕西宝鸡被发现。宝鸡市博物馆藏出土的唐文宗大和八年(834)铸佛像印版呈长方形,直高14.8 cm,横宽11.5 cm,厚0.7 cm,重455.8 g。版面正中有3尊主佛像,其四周九层有105尊小佛像,总共108尊。背面有手刻《金刚抵命真言》:"唵,缚日啰,庚曬,娑婆诃。"真言下为发愿文:"大和八年四月十八日(834年5月30日),为任家铸造佛印,永为供养。"^②(图5.1)版面相当于现今36开本书页大小,其直高比唐武周刻本《无垢净光大陀罗尼经》(702)和五代吴越印本《宝箧印陀罗尼经》(956)版框直高还多出9.4 cm,这是迄今所见年代最早的铜版印刷实物资料。

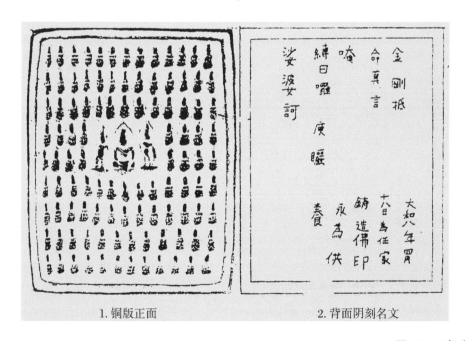

1. 铜版正面　　　　　2. 背面阴刻名文

图 5.1　唐 大 和 八 年 (834)铸佛像铜印版(陕西宝鸡市博物馆藏)

① 庄蕆.唐开元《心经》铜范系铜版辨:兼论唐代铜版雕刻印刷[J].社会科学,1979(4):151-153.

② 高次若.宝鸡市博物馆收藏铜造像介绍[J].考古与文物,1986(4):71-73.

上述834年铜铸印版图像很多,细看线条清晰,每尊佛像轮廓分明,保存状态良好,仍可供印刷。此佛像是依唐代僧人不空译出的密宗典籍《金刚顶经》(*Vajraśekhara-sūtra*)所述故事铸成的。经中说,密宗本尊毗卢遮那(Mahā Vairocana)或大日如来有108尊法身,故此处以108尊佛像表示。版面正中三尊大佛像居中者为大日如来,其左右分别为普贤菩萨和观音菩萨。《金刚抵命真言》由九字组成,为梵文陀罗尼经咒的汉字译音,其中"缚日啰"(Vajra)意为"金刚",娑婆诃(Svākā)意思是"成就",唵(om)意为"归命"。这块印版在印刷史和佛教史研究中有重要文物价值。

宋代以后,由于商品经济的发展,铜版印刷还广泛应用到经济领域中。中国历史博物馆藏北宋(960—1127)济南刘家针铺订铸的铜版略呈方形,直高12.4 cm,横宽13.2 cm。从版面文字及图观之,应是一商业广告印版,印在纸上作该店产品包装用。版面中间为刘家针铺商标白兔图,图左右有"认门前白兔儿为记"8字。图上通栏为阴文"济南刘家功夫针铺"8字。图下有7行28字:"收买上等//钢条,造功//夫细针,不//甘宅院使//用。客转与//贩,别有加//饶,请记白。"(图5.2)这段话的意思是:"收买上等钢条,造功夫细针,不管钢条是否用过。如有人前来转卖钢条,另行加价收购,请记此告白。"版面除插图外,共有44字,内有8字为阴文。阴阳文合铸于一块铜版上,有一定难度。这是迄今所见最早的广告用铜铸印版。

图5.2 北宋济南刘家针铺铸广告用铜印版(中国历史博物馆藏)

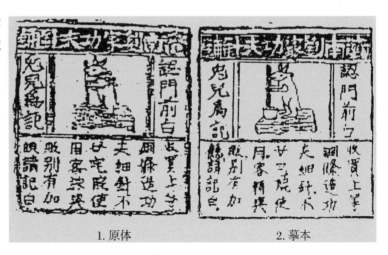

1. 原体　　2. 摹本

11世纪—12世纪之际,北宋在发行纸币时也以铜版印刷币面,而且还将铜活字植于印版上,表示票面的编号,通常取《千字文》中的字,因此纸币是铜版和铜活字两种印刷方式相结合的产物。最早的纸币称为"交子",是北宋仁宗(1023—1063)时在四川印发的,限于川、陕一带流通。宋徽宗崇宁四年(1105)又印发新钞,名曰"钱引",流通于今河南、山东、安徽等地,是宋代行用时间最长(1105—1234)的纸币。1160—1279年宋代还发行"会子",行用于浙江、湖北、安徽。纸币版面一般有币名、面额、流通区域、印发机构、印造时间、惩赏告示和装饰性花纹、图案等内容,都铸在铜版版面上,钱引还印成红、蓝、黑三色。元代人费著(约1303—1363)《楮币谱》(约1360)谈到大观元年(1107)五月成立的印发钱引的机构钱引务编制时指出,有监官二人,"掌典十人,贴书六十九人,印匠八十一人,雕匠六人,铸匠二人,杂役十二人,廪给各有差"。其中印匠为印刷工,雕匠为刻铸模的刻工,铸匠为铸铜印版的工匠。与北宋并存的金(1115—1234)从海陵王贞元二年(1154)起仿北宋制度印发纸币,名曰"交钞",此后一直通行至金末,但币名时有改变。此后元、明两朝继续印发宝钞,钞版仍为铜版。因此,铜版印刷用于印造纸钞从11世纪起在中国已有700多年持续不断的发展史,且有大量出土实物为证,详见第七章。

二、铜版铸造技术

铸造铜版时,首先按事先设计好的版面样式刻成铸模(casting model),以木板或锡板为材料,刻成凸面阳文反体字。再以长方形框架作为铸范工具,每两个为一套。选用绝细黏土及砂粉为铸范造型材料,填入少许水,揉成可塑状态,放入一个框架内,槌实,构成半个铸范。将铸模放入砂框内,同时放浇道模,将两者高的1/2压入型砂之中。再将第二个框架放在此框架上,装入黏土及细砂,将铸模及浇道模埋起来,槌实。将合拢在一起的框架翻转180°,使第二个框架在下,第一个框架在上,这时铸模和浇道模落在第二个框架上。

取下第一个框架,将第二个框架上露出的铸模和浇道模小心提出,再将第一个框架扣在第二个框架上,用绳绑紧。两个砂框中形成中空的铸腔,其中印版铸范含阴文正体字与浇道腔相连,浇口位于两框架交接处。①

将铜、锡和铅块按比例分别放入由黏土烧固的坩埚中,在熔化炉内熔化成合金液,以活塞风箱鼓风,温度在800—1000 ℃。将盛有液态合金的坩埚对准铸范的浇道口,使之流入其中,冷却后即铸出含阳文反体字的印版。打碎铸范,将铸件取出,加以修整,即可用于印币。为便于在印版上植入铜活字,在铸模的相应部位还要凿出若干凹槽,其大小相当于一个活字,最后铸出的印版也出现若干凹槽。明代铜版制作精良,比以前大有进步,其代表作是洪武八年(1375)在南京铸造的大明通行宝钞印版。

有时为减少铜的消耗,在合金材料中增加锡和铅的含量,所铸出的印版称为锡版,实际上也可印刷。这种印版本在12世纪—13世纪南宋时就已出现,且有实物出土,甚至在明清时仍继续使用。明初时民间好利之人用锡版印制伪钞,被官府处以死刑。清乾隆五十二年(1787)歙县(今安徽境内)人程敦印出《秦汉瓦当文字》一卷,"始用枣木摹刻,校诸原字,终有差池。后以汉人铸印翻砂之法,取本瓦为范,熔锡成之"②,则惟妙惟肖。"取本瓦为范"用词欠妥,应当是以秦汉瓦当铸模,压入黏土与细砂中形成铸范,再以锡合金液浇注成印版,因此,在不损坏原瓦当的情况下铸出与其文字一模一样的印版,印出后便逼真了。当然用拓印方法亦可有同样效果,但拓印一次只能得一份拓片,而制成金属印版,一次即可印数十万张。

铜版印刷从唐代起至清代为止,虽持续发展,终未能成为主流,究其原因主要因投入资金和人力较多,只在历代政府主持的纸币印造中得到大规模应用,民间则偶有用之。但北宋起将铜版印刷与活字印刷两种技术结合后,铸出了

① 潘吉星.中国金属活字印刷技术史[M].沈阳:辽宁科学技术出版社,2001:103-126.

② 张秀民.中国印刷史[M].上海:上海人民出版社,1989:566.

铜活字。从这一点来看,铜版印刷有其历史功绩。欧洲铜版印刷起于 1430—1440 年,印版以刀刻成,主要用于印制个别图画,制造方式较为落后,且晚于中国达 700 年之久。但 17 世纪起欧洲人研究出以化学制剂腐蚀法制铜版,技术较为先进,18 世纪时此技术传入中国。清乾隆四十八年(1783)帝令意大利耶稣会士郎世宁(Joseph Castiglione,1688—1766)与中国匠师二三人,在北京制强水(硝酸)蚀刻铜版印成圆明园建筑图,是中国人蚀刻铜版的早期尝试,而在这以前康熙年间测绘全国地理时,中国也曾用新法铜版印刷技术。[1]

第二节

历代的版画印刷

一、唐、五代时期的版画

所谓版画,指用刀或化学制剂等在木板、石板和铜板等板面上经雕刻或蚀刻印刷出来的图画。但用化学制剂对石板、铜板蚀刻的方法是 17 世纪—18 世纪在欧洲首先发展起来的,到 18 世纪才传到中国,并非中国古代的传统技术,不在此处讨论范围之内。此处主要讨论以刀在木板上雕刻成印版,再印成图的技术,这是版画的最早形式。在中国木版画与木版印刷相始终,主要使印刷品收图文并茂之效,配上插图有助于加深对文字叙述的理解,提供文字表达不了的艺术形象,便于读者记忆。早期版画由画家供稿,刻工刻版,由印刷工印之,而不是由画家自己兼任刻印工作,这与近世版画是不同的。早期版画与文字叙述在一起,是对文字叙述的补

---

[1] PELLIOT P.乾隆西域武功图考[M].冯承钧,译.上海:中华书局,1956.

充,后来才出现以画为主的画册。画家的笔要通过刻工的刀体现出来,最后由印工的刷子印出,三者互相配合,因此版画是艺术和技术高度结合的产物。

从考古发掘物来看,最早的出版物是宗教读物,因此最早的版画也多是宗教画,在这方面东西方是一致的。据文献记载,658—663年唐初高僧玄奘就发愿印造百万枚单张菩萨像,并造成矣。1974年西安发现的7世纪唐初单页梵文陀罗尼经咒周围也有一些图画。唐代最著名的版画是1907年在敦煌莫高窟中发现的咸通九年(868)刻本《金刚经》中的扉画(图5.3),画面直高23.5 cm,横宽28.3 cm。此《说法图》描绘佛祖释迦牟尼生在坛上说法,长老须菩提跪拜听讲,释迦周围有护法神、弟子僧众及施主18人,背景是"祇树给孤独园",上部还有男女提婆(deva,天神)呈飞天姿态,总共有21位人物,形象各异,坛前还有两只狮子。构图内容复杂,众多人物、道具和背景布局紧凑,宾主位置处理得当,线条流畅,刀

图5.3 1907年敦煌石室发现的唐咸通九年(868)刻《金刚经》(不列颠博物馆藏)

法精湛,足以反映当时版画艺术的成就。唐代这类版画当为数很多,可惜流传下来的很少。

五代时的版画在唐的基础上进一步发展,可见者以北京图书馆藏《文殊菩萨像》为代表,也是单张,规格为 31 cm×20 cm,上图下文,由敦煌刻工雷延美刻于947—950。巴黎国立图书馆藏947年刻《大圣毗沙门天王像》,亦与此类似。两图刻工都好,只因画面较小,画工、刻工的才能未得以充分展现。

二、宋、辽、金、元时期的版画

宋代结束了五代分裂割据局面,农业、手工业、商业和科学技术得到进一步发展,社会出现繁荣景象,文化教育和科举制的普及促使造纸和印刷业进入了黄金时代,画版随印本书的推广使用也进入前所未有的兴旺时期。首先,版画题材多样化是这个时期的显著特征,画稿艺术水平和刻工技术水平都比前代有所提高。除宗教画继续发展外,文学艺术、经史、医学、科学技术等各领域的著作中都出现了版画。这些书中的插图足以能解说深奥的专业问题,对知识的普及起了促进作用,也使版画功能为之扩大。与宋同时的辽(916—1125)、金(1115—1234)和西夏(1038—1227)等少数民族建立的朝代和此后建立的元代,都在宋的影响下发展版画,而且流传下来的作品也比唐、五代多。这里只能介绍一些有代表性的作品。

医学、自然科学和工程技术著作中的插图大量出现,超过以前朝代。例如宋仁宗庆历四年(1044)出版的《武经总要》(图5.4),是军事技术百科全书,内有239幅插图,包括各种战船、火药武器等,从图中可知武器等的构造和形制,被中外学者高度重视。崇宁二年(1103)刊《营造法式》是建筑技术专著,有建筑工程图193幅。嘉祐五年(1060)成书的《嘉祐本草》是一药物学专著,但有文无图。后来作者掌禹锡(990—1066)等根据在各地收集的药材标本完成《本草图经》,嘉祐七年(1062)刊行,这是最早的插图本药物学印本。此本虽不传,但以它为底本编成的插图本《证类本草》(1108年刊,图5.5)、《政和本草》(1116年刊,1249年重印)今有传本。元至顺二年(1331)北方刊行的《饮膳正要》(图5.6)是蒙古族人忽思慧(1289—1355在世)所著,是营养保健和食物疗病的专著,有185幅精美插图。这些插图专业性很强,能准确表达文内所述内容,为后世科技著作树立楷模。

图5.4 北宋刻本《武经总要》(1044)中的版画水平仪图

图5.5 北宋刻本《证类本草》(1108)中的海盐图(取自1249年重印本)

图 5.6　元刻本《饮膳正要》(1331)中插图

　　有关文史、考古方面的人文科学著作可举出北宋嘉祐八年(1063)福建建安余靖安的勤有堂刊行的《列女传》，由汉人刘向(前77—前6)撰，书中配有123幅图描写贤明、仁智和节义等不同类型的妇女形象，都是上图下文。宋徽宗宣和三年(1121)出版的《宣和博古图》，描述宫中宣和殿所藏商殷、秦汉以来古铜器839件、铜镜113件，是当时古器物的集大成之作。每图皆由宫廷画家据原件摹绘而成，并加以文字说明，是重要的考古工具书。宋人聂崇义(910—975在世)的《三礼图》(962)是有关古代服饰、风俗、起居和器物的图解资料，现有淳熙二年(1175)刊本，内有大小插图377幅。

　　12世纪金代平阳府(今山西临汾)姬氏刻印的《四美图》，描写汉晋时的王昭君、班姬、赵飞燕和绿珠等四位女性形象，印以黄纸，直高77.8 cm，横宽31 cm(图5.7)。人物取工笔白描写真画法，与北宋白描《八十七神仙卷》画法类似，是现存最早的年画，此物在1909年由俄国人科兹洛夫发现，并带回俄国。画面人物形象生动，线条流畅准确，背景中栏杆、花石、框上的鸾凤、蔓草纹都有妥善安排。此画已摆脱宗教题材，转向民间年画，是版画中的一件精品。北宋嘉熙二年（1238）刊宋人宋伯仁的《梅花喜神谱》，介绍梅花的各种画法，实际上这是一部画册，在戏曲、小说等文学作品中加配插图，更引人入胜。现存元至治年（1321—1323）刊插图本《三国志平话》《武王伐纣平话》等，是从宋代出版的同类书中相承下来的。

图 5.7　金代平阳印年画《四美图》（圣彼得堡艾尔米塔日博物馆藏）

自唐、五代以来宗教版画经300多年发展后，到宋元已结下硕果，散见于各种佛经中。如1968年山东莘县宋塔中发现的北宋熙宁二年（1069）杭州刊行的《妙法莲华经》卷首有各卷变相图，人物众多，背景复杂，但画面紧凑，布局合理，线条纤细，场面多变，颇有巧思，现藏山东省博物馆。美国哈佛大学福格艺术博物馆(Fogg Art Museum,Harvard University)藏北宋大观二年(1108)重刊《开宝藏》时为宋太宗序《御制秘藏诠》所配的四幅插图,尤为珍品。[①]画中虽描述的是宗教故事,但人物在画中所占的画面甚小,整个画面突出表现的是气势磅礴的大好江山,开宗教画中一种新的画风。宋徽宗赵佶长于丹青,由他敕命重刊的佛藏中收录的这套版画,由宫廷画家起稿,在绘制和刻印方面都极尽精妙之能事(图5.8),除宋外,辽、金所刊佛经中的插图也堪称上品,宋代版画的印版在20世纪还曾出土。

三、明、清时期的版画

中国版画到明、清时期进入总结的集大成阶段。插图本非宗教著作成为该时期印本书的主流,广大读者需要的戏曲、小说和其他大众通俗读物的流行是推动版画大发展的动力。16世纪明中叶以后,同一部戏曲、小说在各地出现不同版本,刻书商为加强竞争,极力在书中增加插图,以加强其趣味性和艺术性,有时插图多至几十甚至上百幅。版画形式变化多端,除上图下文的小幅图外,占整版或半版的大幅版面和更大幅的年画多了起来,还有逐幅相接的连环画和以画为主的大型画册,儒家经典、史地、科学技术和文学艺术著作中的版画在数量和质量上超过宗教画,也是这一时期的特点。

明代版画水平之所以高,除因有专业画家供稿外,还因涌现出一批又一批一流的专门从事版画的刻工,实现了两者的合作,他们垄断了多数重要版画作品的制作,这就是著名的徽派版画。他们从实践中研制出适合刻工笔白描的刀具(图5.9)和雕刻技术,是其成功的诀窍。

---

① LOEHR M. Chinese landscape woodcuts: from an imperial commentary to a 10th century printed edition of the buddhist canon [M]. Cambridge:Belknap Press,1968.

图5.8　北宋大观二年（1108）重刻《开宝藏》时加的四幅插图之一

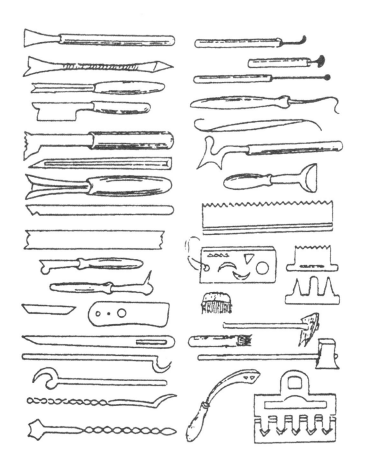

图 5.9 明代徽州刻工刻版画用的工具①

明末版画作品很多,不可历数,只能列举一些事例,详细情况可见郑振铎的《中国版画史图录》(1940—1947)及昌彼得的《明代版画选》(1969)等书。万历二十七年(1599)休宁人黄应祖(1563—约1633)所刻《人镜阳秋》中插图由当地画家汪耕(1556—1621在世)供稿,人物故事以工笔白描绘出,人物活灵活现,器物有立体感。万历三十八年(1610)休宁刊《坐隐图》等,画家及刻工同前。汪耕还为起凤馆刊《王凤洲(王世贞)、李卓吾(李贽)评北西厢记》配图,由黄一楷(1580—1622)刻于杭州。画家陈洪绶(字老莲,1599—1652)的画册《博古叶子》《水浒叶子》《九歌图》,由黄建中(1611—?)刻版,前两者是纸牌图案,崇祯十三年(1640)刊于杭州。

徽州制墨专家程大约(1541—1616)的滋德堂于万历三十四年(1606)刊《程氏墨苑》,为精美多色套印版画上品,图

---

① 王伯敏.中国版画史[M].上海:上海人民美术出版社,1961.

录14卷、诗文4卷。由画家丁云鹏(字南羽,1547—1628)供画稿,黄鏻(1564—?)、黄应泰(1588—1642)刻版。徽州汪云鹏的玩虎轩万历二十八年(1600)刊王世贞(1526—1590)辑《列仙全传》9卷,收入581人,配像222幅,每幅半版,人物形态各异,由黄一本(1576—1641)刻版。黄一本还与黄一凤(1583—?)、黄一楷合刻《元人杂剧》,万历四十七年(1619)由杭州顾曲斋刊行,有80幅插图,绘、刻精致(图5.10)。前述玩虎轩还在万历二十五年(1597)出版的《琵琶记》,含38幅图,也是徽派刻工上乘之作。崇祯年间(1628—1644)刊《金瓶梅词话》也有百幅插图,由黄建中刻版。黄姓刻工可查者达30多人,刻插图本书存世者有47种。

图 5.10 明顾曲斋刻《梧桐雨》杂剧插图 (1619)

徽州汪、刘两姓也刻出一些优美版画,如万历二十八年(1600)刊《唐诗画谱》,以画配诗,手书体唐诗和诗意、画各占半个版面,由汪士珩刻版,这种书受到读书人的喜爱。又刊《忠义水浒传》,其含120幅画,刻绘梁山英雄好汉事迹,由刘君裕刻板。有时汪、刘、黄三姓还合作共同刻同一部书,如前述《金瓶梅词话》即为例。徽派刻工刀法精熟,线条纤细流畅,于细微处一丝不苟,忠实地再现画家画稿上的神韵,又寓

居各印刷中心,推动各地区版画技术的发展,将明代这一技术领域推上新的高峰,其历史作用应予肯定。

明代画册还有画家高松(1510—1575)的《高松画谱》,刊于嘉靖三十四年(1555),其中包括菊、鸟、竹等的画法。宫廷画家顾炳(1555—1615在世)将历代设色名画,以墨色摹绘,凡106家106幅,山水、花鸟、人物一应俱全,辑成《历代名公画谱》,使没有机会一睹名画的人得以临绘、欣赏。万历三十一年(1603)由虎林(杭州)双桂堂出版,每图占半版(图5.11)。前述《程氏墨苑》及万历十七年(1589)徽州另一制墨家方于鲁(1548—1613在世)出版的《方氏墨谱》,在某种意义上说都是画册,汇辑墨块上表现的各种图画,均出徽派刻工之手。

图 5.11　1603 年明杭州刻《历代名公画谱》中的文房图

明代科学技术发达,植物学、本草学、医学、农学、工艺技术、数理科学和军事技术书中多配有专业性很强的插图,技术要求很高,不可随意画出,形成了版画的又一系列。如永乐四年(1406)刊朱橚《救荒本草》载414种救荒野生植物写图,是世界上这类著作中最早的一部。每种植物根、茎、叶、果各部位均据原物按比例大小绘出,学术性很高。万历二十四年(1596)金陵(今南京)刊行的李时珍(1518—1593)的巨著《本草纲目》有1160幅动物、植物和矿物图。弘治七年(1494)吴县刊行邝璠(1465—1505在世)的《便民图纂》,有农桑络织图31幅,上图下文,每版两幅。天启元年(1621)在南京出版的茅元仪(约1570—1637)著大型军事百科全书《武备志》240卷,插图达数百幅,均占半版,由高梁刻版。宋应星《天工开物》为技术百科全书,崇祯十年(1637)刊于南昌府,插图123幅,有较高的科学价值。

王圻(1540—1615在世)父子合编的《三才图会》,万历三十七年(1609)刊于南京,共106卷,是包括人文和自然科学知识的百科全书。据笔者统计,书中插图多达4000多幅,为前代所罕见,同时期外国出版物也没有可与此匹敌的。仅历代人物就有596幅肖像,由南京刻工陶国臣等刻版。在世界版画史中,此书以插图之多、题材之广,创空前纪录。清代出版的大百科全书《古今图书集成》中很多幅插图取自《三才图会》。这也说明,明代除徽派外,金陵派刻工也在版画界中占有一席之地。崇祯末年(1642)朱一是(1600—1664在世)在邓志谟(1565—1630)的《蔬果争奇》跋中说:

> 今之雕印,佳本如云,不胜其观。诚为书斋添香,茶肆添闲。佳人出游,手捧绣像(插图本书),于车中如拱璧。医人有术,检阅编章,索图以示病家。凡此诸百事,正雕工得剞劂(jī juè,刻版用具)之力,万载积德,岂逊于圣贤传道授经也。

这一段生动的描述歌颂了刻工创造精神文化财富的功德,也反映了当时插图书籍在社会上的广泛流行及其影响。中国历代出版的插图书约有4000多种,刊于明代者几乎占一半,相当明以前所刊这类书的总和。

清初顺治、康熙近80年间的版画是在晚明基础上发展的,明清之际有抗清意识的画家陈洪绶的画法对清初版画有很大影响。其《水浒叶子》刻画了具有反抗精神的梁山英雄形象,清初曾重刊。在此影响下,清初出现了以歌颂英雄、烈女和卓越历史人物为题材的版画新潮。另一趋向是反映神州大好山河的山水写真版画,激起人们爱国爱乡意识,唤起人们思念大明江山之情。清初画家萧云从(1596—1673)的《离骚图》刊于顺治二年(1645),共64幅,由徽派的汤复刻版,其《太平府山水图》(图5.12)顺治五年(1648)出版于当涂,共43幅,由徽派旌德人刘荣、汤尚、汤义刻版。

图 5.12 清顺治五年(1648)安徽刻萧云从绘《太平府山水图》(中国国家图书馆藏)

康熙七年(1668)苏州桂笏堂出版的《凌烟阁功臣图》画法受陈洪绶影响,由画家刘源(1621—1689)供稿,苏州人朱圭(1643—1718在世)刻版,描写唐初开国功臣事迹。具有萧云从画风的山水版画,还有康熙五十三年(1714)休宁出版的《白岳凝烟图》,这本包含40幅画的画册描摹了休宁城外15千米处的白岳风光,由画家吴镕(1674—1734)供稿,休宁人刘功臣刻版。至18世纪康熙中后期到乾隆年间,清政府统治逐步巩固,反清作品渐少,反映皇清盛世的作品增多。"钦定"版画由宫廷画家绘图,内府刊行,这种现象为明代少见。康熙三十五年(1696)内府刊《御制耕织图》(图5.13)由宫廷画家焦秉贞(1650—1727在世)据宋人楼璹(约1090—1162)《耕织图》(1145)改绘,共23幅,每幅图都有康熙帝御笔题诗一首,由苏州人朱圭刻版。

康熙五十二年(1713)内府刊行《万寿盛典》120卷,描述为康熙帝祝寿的盛大场面,148幅大型图由宫廷画师王原祁(1642—1715)主持精绘而成,由内府刻工朱圭刻版。乾隆三十一年(1766)殿版《南巡盛典》反映乾隆帝四次南巡情况,场面宏大。还有反映皇室文物的《皇朝礼器图式》(1759);反映各民族交往和对外关系的《皇清职贡图》(1751),600幅人物画着不同服饰,出于画师门庆安、戴汲等人之手。这些图均具有史料价值。

图 5.13　清康熙三十五年(1696)内府刊印《御制耕织图》

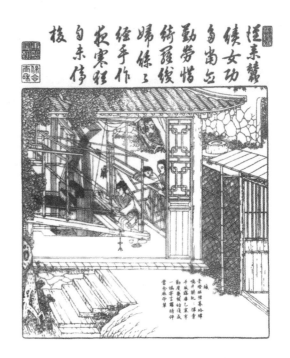

清代民间人物画册有闽派画家上官周(1665—约1749)的《晚笑堂画传》(1743),收入120个历史人物,一人一像,占半版。各种戏曲、小说如《水浒传》《红楼梦》《封神演义》《隋唐演义》和《三国演义》等,都配有插图。各种科学技术书也是如此,如《钦定授时通考》(1742)、《钦定武英殿聚珍版程式》(1776)等,尤其是《古今图书集成》(1728),其插图之多、绘刻之精为历史之最。清末吴其濬(1789—1847)《植物名实图考》(1848)绘图精美准确,足可供植物学家作为分类依据。这里只举出一些有代表性的作品,不可能举全。除此之外,明清时南北各地年画有很大发展,节日贴于壁上,增加喜庆气氛,印出墨色轮廓后,再在相应部位添上各种颜色。著名的年画产地南有苏州的桃花坞,北有天津的杨柳青。

第三节

彩色印刷的起源和发展

一、单版多色印刷的起源和早期发展

早期印刷品都是以墨汁为着色剂印成单色的,由于审美和使用方面的需要,人们希望出现两种或多种颜色的文字和画面,这就导致彩色印刷的发明。在唐、五代时期,人们为了使佛经中版画更加美观,有时在线条轮廓内手工添上两三种或更多种颜色,同一颜色还有浓、淡之别。巴黎基迈博物馆(Musée Guimét)藏敦煌石室出土的五代后晋开运四年(947)印《大慈大悲救苦观世音菩萨像》,各部位添以红、蓝、黄、绿、橙等色。如第四章所述,西汉时对绫绢的多色印染技术已相当成熟,且有印版出土。将被印材料由绫绢易之以纸,用同样印染方法,即可实现对印刷品的多色印刷,因此可以说这种技术的源流由来已久,其出现并非偶然。

使单色印刷品呈现多色的方法之一,是将不同色料刷在同一印版的不同部位,再一次印在纸上,我们把这种技术称为"单版多色印刷"(multi-colour mono-block printing)。用这种技术制成的印刷品最初只有黑、红两色,后来增至三四种颜色,显然比手工添色更为便捷,缺点是在不同颜色交接处容易发生相互渗透而变色的现象,而且很难印四种以上颜色。手工添色却可在任何部位添任何颜色。这两种方法各有短长,长期并存。单版多色印刷至迟在11世纪北宋时已处于实用阶段,宋代绘画史家郭若虚(1039—1095在世)《图画见闻录》(约1075)卷6写道:

景祐初元(1034)上(宋仁宗)敕待诏高克明等图画

三朝(宋太祖、宋太宗、宋真宗)盛德之事,人物才及寸余,宫殿、山川、銮舆、仪卫咸备焉。命学士李淑等编次、序赞之。凡一百事,为十卷,名《三朝训鉴图》。图成,复令传模,镂板印染,颁赐六臣及近上宗室。

南宋人王明清(1127—约1216)《挥麈录·挥麈后录》(1195)之《章宪太后命儒臣编书镂板禁中》条称,仁宗即位时(1023)方十岁,刘太后临朝,太后素多智谋,命儒臣冯元、孙奭、宋绶等采历代君臣事迹编成《观文览古》,后又以宋初三朝先帝故事编成《三朝宝训》10卷,每卷一事,并"诏翰林待诏高克明等绘画之,极为精妙……镂板禁中。元丰末(1085)哲宗以九岁登极……亦命取板摹印,仿此为帝学之权舆,分赐近臣及馆殿"。可见1023年《三朝宝训》文字稿写出后,由画家高克明补绘插图,而于1034年"复令传模、镂板印染",名为《三朝训鉴图》。"传模""镂板印染"指将画稿刻在木板上,再上若干色料,印成单版多色,1034年彩印本《三朝训鉴图》又于1085年以同法重印。这部宋内府彩色图版书用几种颜色印出,因原件不在难以判断,估计不会超过四色。

宋徽宗是画家,在位时于大观元年(1107)发行的纸币名曰"钱引",据费著(约1303—1363)《楮币谱》(约1360)载,币面上饰以花纹、图画,以红、蓝、黑三色印在印版的正背双面上,因此需双面印刷。宋人李攸(1101—1171在世)《宋朝事实》(约1130)卷15谈到绍兴三十年至嘉定七年(1160—1214)间印发的纸币"会子"时指出:"同用一色纸印造,印文用屋木、人物、铺户押字,各自隐秘题号,朱、墨间错。"是鉴于宋徽宗时印三色钱引票面较费事,遂改成"朱墨相杂",即在一块版上涂双色,再付印。

从文献记载观之,单版多色印刷在11世纪初北宋时用于版画和纸币已确切无疑,但有关双色或三色印刷品未能流传下来。现在所能看到的是继承此技术的元代印本。1947年南京图书馆购得元顺帝至元六年(1340)中兴路(今湖北江陵)资福寺刻印的无闻和尚注《金刚般若波罗蜜经》(*Vajracchedikā-prajna-pāranita-sūtra*),插图中有黑、红两色(图5.14)。1949年以后此本移藏于台北,钱存训先生观看原件后发现两种颜色交接处颜色相混①，说明是单版双色同时印刷。过去有人认为这是双版双色套印，恐不确切，如用两版分别上色刷印，则不会有颜色相混现象。

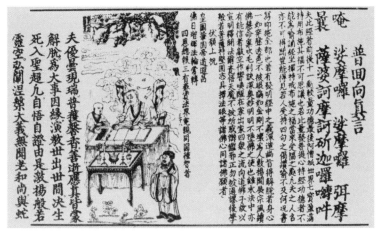

图 5.14　《金刚般若波罗蜜经》

比上述元刊本更早的三色印刷品在 40 多年前也相继被发现，1973 年陕西省博物馆考古人员在西安碑林石牌空穴中发现民间版画、女真文残页、碑文拓片及铜币，最晚的铜币铸于金正隆三年（1158），因而可断定这批文物为金代遗物。②版画《东方朔偷桃图》，原为唐画家吴道子绘，画面由浓墨、淡墨及浅绿三色印刷在浅黄色麻纸上，版面高 108 cm、宽 55.4 cm，应是一幅 12 世纪初印于金代平阳府（今山西临汾）的民间版画（图 5.15）。其印刷方法与元代朱墨双色印《金刚经注》相同，这也证明单版多色印刷起于北宋是无疑的。

在单版多色印刷实践中，为减少着色剂交接区，通常将某种色料集中于某一部位。对以文字为主的书而言，正文印朱，注文印墨，读起来方便。但对版画而言，这样处理反而显得呆板，并不美观也不自然。为增加颜色并避免色料相遇后渗透，古人想到了分版着色、分批印刷，这就导致多版多色印刷（multi-colour multi-block printing）或套版印刷、套色印刷，今俗称木版水印（water-colour block printing）。所谓多版多色印刷或套色印刷，是以大小不同的几块印版分别上不同色

① 钱存训．中国书籍、纸墨及印刷史论文集[M]．香港：香港中文大学出版社，1992：144.

② 刘最长，朱捷元．西安碑林发现女真文书及版画[J]．文物，1979(5)：1-5.

料,再分几次印在同一纸上的技术。每块印版刻出画面的某些部位,每版印一种颜色,干后,再以另一版印另一种颜色,积多版为整幅版面。为使各版色料印在纸上的给定部位,不同色料印版应定在适当位置,不能错位。

图5.15 金代平阳府刻《东方朔偷桃图》三色版画[①]

中国木版彩色印刷经历了单版单色印刷→单版多色印刷→多版多色印刷三个阶段的发展形式。[②]从第二个阶段的发展形式向第三个阶段的发展形式过渡,不会晚于元明之际,因为明代多版多色印刷已获很大发展。后两种发展形式实际上也代表技术发展阶段,而明清时期是三种技术形式并行存在的时期,选用哪种形式取决于出版者刊书的性质和经济上的考量。虽然多版多色印刷或套色印刷是最美的印刷形式,但它仍无法取代另两种形式,因为并非所有的出版物都要求是多色的,而单色出版物仍占据大部分市场份额。由中国开始的彩色印刷,具有深远的历史意义,它使印刷品进入争奇斗艳的彩色世界。

明代彩色印刷在宋元基础上进一步发展,尤其在万历年间(1573—1619)以后处于黄金时期。胡应麟《少室山房笔

① 刘最长,朱捷元.西安碑林发现女真文书及版画[J].文物,1979(5):1-5.
② 潘吉星.中国科学技术史:造纸与印刷卷[M].北京:科学出版社,1998:322-324.

丛》卷4《经籍会通四》称:"凡印[书],有朱者,有墨者,有靛(蓝)者,有双[色]印者,有单[色]印者。双印与朱,必贵重用之。"以蓝淀汁印成的书,早在成化十四年(1478)就有《灵棋经》,还有弘治十一年(1498)印的《安老怀幼书》。浙江人闵齐伋(1580—约1650)和凌濛初(1580—1644)两家出版了不少朱墨双色本,如前者在万历四十四年(1616)刊《春秋左传》时,将经诗正文印以墨,将当代名家的评点放在版框上部,以小字用朱砂汁印出。万历四十五年(1617)闵齐伋刊《孟子》则是墨、朱及黛(墨绿)三色印本。再多颜色的书成本必高,且读之令人眼花缭乱,全无必要。有时还将评点文字以朱色印在正文之旁,从实物观之,不像是用一版印成的,而是用两版套印的。据统计,闵、凌两个家族在吴兴于16世纪—17世纪时印过彩色本书近百种。①

二、多版多色套印技术的发展

对读者而言,朱墨双色印本书最为合用,价格还可接受,故印刷量较大。三色、四色本书价格昂贵,只有少数人问津。套印技术在印文字时受到局限,就是在技术高度发达的今天,也没有必要用几种颜色去印以文字为主的书。但将套印技术用于版画印刷有很大的发展空间,因为版画上的色调越多越好看、越令人爱看,尤其讲授绘画技术的作品,配上颜色后使学画者得到丹青要领,再昂贵也会买,观赏家和收藏家也视此为必藏之物。现在能看到的这类作品有明万历二十八年(1600)刊《花史》,分春、夏、秋、冬四集,是四季花卉写意画的画册。每幅画上的花、叶皆印不同颜色,各色交接处有颜色相混现象,因而是单版多色印刷产物。但万历三十三年(1605)徽州人程大约滋德堂精刊的《程氏墨苑》则有所不同,50幅插图用四色或五色印出,如画家丁云鹏绘《巨川舟楫图》以墨、墨绿、蓝、褐和黄五色印出。各色交接处没有混色现象,说明是多版多色或套色印刷产物。次年(1606)徽州府由黄一明刻版的《风流绝畅图》也是五色套印本。

① 陶湘.闵板书目[M].北京:故宫博物院,1933.

徽州是版画印刷中心，同时还是套色印刷中心，这是很自然的。明代多版多色印刷在行业中还有个专门名称，即所谓"饾版"（assembled blocks）。此词导源于"饾饤"，是民间将不同形状的五色面饼堆放在盘中供陈设的面点食品名称。饾版作为多版多色叠印技术，操作时先按画稿上的色调、设色深浅、浓淡和阴阳向背的不同，由技师进行分色，将分出的各色调部分勾描在纸上，再将其从纸上转移到木板上。由刻工分别刻出多块印版，每版只含有一种要印的颜色的部分画面。将事先调好的色料涂在不同印版上，逐一在纸上套印或叠印，最后各着色部分整合形成完整的彩色画面。有多少种色调，就要刻多少块印版，着色时由浅至深、由淡至浓依次叠印。色料多是水溶性或悬浮液，照画稿颜色配制，因此饾版后来又称木版水印，但这个词并未能准确表达出此技术的含义和特征，也未能与单版多色印刷区分开来。从技术上看，将其称为"多版多色叠印"似乎更合理些。

明代人还将多版多色叠印技术与所谓"拱花"技术结合起来。拱花即砑花（pattern embossing），最初用于造纸业，早在唐、五代就出现了砑花纸，在木板上刻出阳文反体图案或文字，将其压在纸上，即显出无色的阴文图案。将这种技术引入印刷领域，可使纸上出现凹纹图案，增加立体感。明末徽州书画家胡正言（约1582—1674）寓居南京郊区，庭院种竹十多棵，故称此居所为十竹斋。他从天启七年（1627）起至崇祯六年（1633）止，6年间用饾版和拱花技术主持出版了著名的《十竹斋书画谱》4卷，装订成4册，作蝴蝶装，使人可见完整版面。书中分八大类，包括他本人、古人和同时代人30人作品中的花鸟、山水、怪石、竹林画，还有博古器物、书法等，共180幅画和140件书法作品，大部分图是五色套印（图5.16）。

在刊印上述画谱的过程中，胡正言还开展了《十竹斋笺谱》的编辑、出版工作。此书收集并设计具有图案的各种信纸，仍以饾版、拱花技术印之，共4册，包含4卷。每卷分若干类，包括的图案有古器物、岩石、花木、山水和人物等，有彩色的，也有无色砑花的，共有画289幅。书首有崇祯甲申十七年

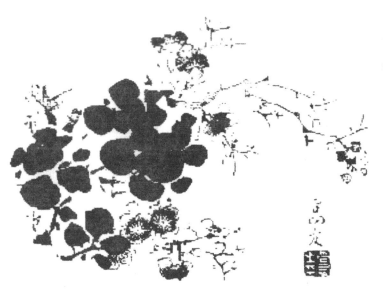

图5.16　明末（1627—1633）南京刊多版多色叠印本《十竹斋书画谱》

（1644）序文，说明在明代最后一年出版，可视为《十竹斋书画谱》的姊妹篇，两者是套色印刷登峰造极之作。胡正言的同乡友人李克恭（1595—1665在世）在《十竹斋笺谱》序中评论说：

> 嘉［靖］（1522—1566）、隆［庆］（1567—1572）以前，笺制朴拙。至万历（1573—1619）中年，稍尚鲜华，然未盛也，至中晚而称盛矣，历天［启］（1621—1627）、崇［祯］（1628—1644）而愈盛矣。十竹诸笺汇古今之名迹，集艺苑之大成。化旧翻新，穷工极变，毋乃太盛乎！而犹有说也。盖拱花、饾板之兴，五色缤纷，非不烂然夺目。然一味浓装，求其为浓中之淡，淡中之浓，绝不可得，何也？饾版有三难：画须大雅，又入时眸，为此中第一义。其次则镌忌剽轻，尤嫌痴钝，易失本稿之神。又次则印拘成法，不悟新裁，恐损天然之韵。去其三疵，备乎众美，而后大巧出焉……是谱也，创稿必追踪虎头龙瞑，与夫仿佛松雪、云林之支节者，而始倩从事。至于镌手，亦必刀头具眼，指节通灵，一丝半发全依削锯之神，得心应手，曲尽斫轮之妙，乃俾从事。至于印手，更有难言，夫杉杙（jì，木块）、棕肤（棕刷），《考工》之所不载，胶清彩液，巧绘之难施……并前二美，合成三绝。

精于印刻的书画家李克恭这里虽谈的是《十竹斋笺谱》，

但所述内容也同样适用于《十竹斋书画谱》。他认为胡正言的书在画稿取材、雕刻和刷印三方面堪称完美结合，"合成三绝"，不为过分。因为做好这三项工作很难，首先，画稿题材要有高雅的艺术创造性，还要临绘刻样时忠实体现原作笔意及意境，既要形似还要神似。其次，须对画稿从艺术和技术上加以剖析，进行正确分色，勾绘出色调及深浅、浓淡不同部分作为刻版、刷印的依据。最后，刻工要一丝不苟地下刀，"刀头具眼，指节通灵"，有以刀代笔的技巧。而印工按画稿色调调制所需色料应与原稿相符，再精心套版刷印。制造过程中还要将饾版、拱花两种技术结合，"化旧翻新，穷工极变"。这些的确是成功之秘诀。

与此同时，寓居南京的福建人颜继祖（字萝轩，约1590—1639）于明天启六年（1626）编辑、出版《萝轩变古笺谱》，分上、下两册，收录笺纸图案182幅，与胡正言的笺谱一样，每幅都有诗、书、画，各图也以饾版、拱花技术印出，由南京应天府江宁人吴发祥（1598—约1652）刻版。而胡正言则请徽州人汪楷（1592—1666在世）和南京人一起刻版，刻印工共十数人。颜继祖因只刻笺谱，其刊毕时间比《十竹斋笺谱》早18年，比《十竹斋书画谱》早一年。将两人编印的书对比，发现颜本插图着色部分是先勾画出轮廓，再着色刷印，色调浓淡变化较少。而胡本插图中着色部分则用宋人无骨画法，没有勾出轮廓，且色调浓淡变化较大，故制作更加困难。胡本现藏海内外各大图书馆，颜本藏于上海图书馆。1981年上海朵云轩按古法复制出版《萝轩变古笺谱》后，1986年复制了《十竹斋书画谱》，使人们可见此"二美三绝"之全貌。

清代彩色印刷继续发展，如18世纪乾隆年间刊《雍正硃批谕旨》112册，为朱墨套印本。道光四年（1824）河北涿州卢坤刊《杜工部集》25卷，据叶德辉《书林清话》（1920）卷8称，用紫、蓝、朱、绿等色印出明清学者评点内容，而正文用墨印。是否如此，因未见原书，不敢肯定，但其成本一定很高。康熙十八年（1679）沈因初（1631—1701在世）在南京出版的《芥子园画传》（图5.17），又将明末《十竹斋书画谱》所用的饾版技术复兴起来。因此书刻印于沈因初的岳父李渔（1611—

1679)在南京的别居"芥子园"中,又得李氏资助,故以此园冠名。此书初集5卷,为山水画谱,共133幅,供初学者习画用,以彩色套印印出。康熙四十年(1701)又出版二集八卷,包括兰、竹、梅、菊四谱。三集四卷,有花木、鸟虫等谱,与二集同时出版。有关人物画谱是在百年后的嘉庆二十三年(1818)由苏州小酉山房补刊的,名《芥子园画谱四集》,实际上是由另一套班子编印的,也是彩色套印。这套书培养了一代又一代的画家。

图5.17　清康熙四十年(1701)南京刊多版多色叠印本《芥子园画传》

三、多版多色套印的技术方法

20世纪以来,通过对《十竹斋笺谱》和其他古代绘画的复制重印,古老的饾版印刷技术或多版多色叠印技术获得新生,同时也弄清了这种独特的印刷技术的工艺过程细节,并使之继续发扬光大。大体说来,包括下列一些基本工序:

(1)临摹原作:由绘画高手对照原画笔意、气韵和颜色进行一次临摹,通过临摹实践对各个部位的线条和色彩的运用有了切身感受,为分色分版提供基础。

（2）分色分版：仍由画师对原作从艺术和技术上加以剖析，结合临摹的体会，进行正确的分色，提出分色方案。按一色一版的原则，根据色彩种类、同一色的深浅等不同，定出总共需多少色调或多少版才能体现原作设色全貌，通常要分十几种至几十种色调。同时还要将这些色调表现的部位勾画在十几张或几十张纸上，这项工作是决定总体工作成败的关键。

（3）分版勾描：根据画师绘出的分色分版草图，将透明纸放在原画稿上，勾画出一幅幅独立的小画面。每幅画面反映原画中同一色调的一个或多个局部部位，务求准确将原画按色调分解成若干细部。

（4）由画师对分版勾描图与原画稿逐一进行校对，看线条是否有漏绘或色调是否与原画相关部位一致。

（5）上板：将校对后的各个分版勾描的反体画面转移到刨光的木板上，一种色调一块板，需十几块至几十块板。转移的方法在第四章已述及。

（6）刻印版：刻工以不同形状的刻刀刻出画面，空白部分以凿剔空。不时转动刻版方向，刻出不同线条，其操作与刻书版大同小异，但难度较大。

（7）调色料：除浓墨、淡墨外，还要准备其他色料，色料应与原画使用的相同。如朱砂（硫化汞）需研细，与稀胶水相调和；赭石（含 Fe_2O_3）以温水浸泡，去渣，与胶水相调和；藤黄以冷水浸之，去滓；胭脂取自菊科红花（*Carthamus tinctorius*）之花，将红花饼浸水中，加少许胶；蓝淀主要成分是靛蓝（indigotin），是植物染料，以冷水浸之；石绿成分是碱式碳酸铜 $[CuCo_3 \cdot Cu(OH)_2]$，需研细，与胶水调和。各色料调配好后，要在纸上试用，看是否与原画相关色调一致。如不一致，则重新调料，直到相符为止。

（8）对版：这是在印刷台上将纸和多块印版固定在适当位置上，使印版上的局部画面准确叠印在纸的预定位置，故称"对版"。印刷工作台由两块案板构成，两者之间有一宽约 10 cm 的缝隙，缝隙右边案板上下两端各凿两个杠眼，内置杠箍，杠箍内有一长杠将一叠纸卡紧，纸横放在案板上（图5.18）。这一侧还置长方形压印刷子等物。缝隙左边放印版、圆柱形上墨刷、墨汁、各种色料碟、上色笔、洗笔筒和小块印版等物。缝隙左端案板上立一高出台面3 cm的薄木板，以便刷印时使纸摊平。印刷台齐腰高，刷印工可坐可立。纸的位置固定后，下一步是固定大小及形状不同的印版，每块印版有编号，用熔化的松香与蜡将印版固定在印刷台案板的适当位置上，与这一部分画面在纸上的位置重合，并随时调整印版位置，蜡干固后，印版的位置即固定好。

图5.18　多版多色叠印工作台

（9）打样：正式印刷前，先试印出若干印样，以观看效果。上色时按先上黑色后上其他色料的顺序，颜色浅的后上。中国画用墨的部位较多，以圆柱状棕刷蘸墨汁涂在印版上，覆以纸，再用长方形压印刷擦拭纸背，再将印有墨迹的纸翻开，依同法印下一张。如墨色与原画稿相同，即正式开印。依同法，用其他色料亦逐一打出印样。随时调整色料色调，随时打样以观效果，通常要打样十多次，才能与原作色调一致。

（10）刷印：打样合格后，即开始正式刷印。一块印版的一种颜色印毕后，再换另一印版印另一颜色。如此重复叠印多次，直到整个画面印出为止。每印完一张，将其翻至缝隙中间使之保持下垂，自然晾干。有的色料用得较少，可用毛笔蘸之，再在版上上色，避免不同颜色用同一笔。印毕后，将印版洗净、收存。

（11）印后处理：印毕后，将纸从杠下取出，逐张检查，剔除次品，将纸压平，或进行装裱，或装订成册。近年来已有这方面的专著①问世，可以参考。

① 冯鹏生.中国木版水印概况[M].北京:北京大学出版社,1999:113-137.

第六章 非金属活字印刷的起源和发展

第一节

木活字印刷的起源和发展

一、论木活字印刷起于北宋初

中国在木版印刷获得四五百年发展之后，于11世纪北宋时期又发明了活字印刷。古代运用活字思想的实践由来已久。周秦青铜器铸造过程中就使用了活字原理，例如1925年前后甘肃出土的公元前7世纪东周铸青铜饮食器秦公簋铭文有50字，从拓片上可见是一字一范，合多范而成文，字与字之间相接的边线分明。①显然是先将刻有单个字的母模逐个印在陶范上，再行浇铸。这类实践可能为后世将活字原理运用于印刷提供过灵感，但严格说还不能认为这是活字印刷，正如不能将古代钤印视为雕版印刷一样，因为古代不具备发展印刷所需要的社会氛围和技术条件。

宋代是木版印刷的黄金时代，活字印刷显然是从木版印刷演变出来的，而且是其发展的必然结果。木版刻工终日辛勤劳动所刻出的一套印版只能印一种书，即令重印，仍是同一内容，且耗费大量板材。如果使其劳动产品同时进行不同内容的多次印刷，就可省去重复刻字之劳，且节省材料消耗。而将木版上的字以细锯逐个锯下，就成单个字块，将各字组成印版，印刷后从版上取出，还可重排新的印版，用一套字块即可实现多套雕版的印刷功能。这就使死的印版变成活的印版，活字印刷便由此产生。从技术发展规律来看，木活字

---

① 罗振玉.松翁近稿:卷1[M].上虞罗氏石印本,1925:32.

　容庚.商周彝器通考:第1册[M].北平:燕京大学哈佛燕京学社,1941:88,158,图35.

是最早的活字之一,只要能刻出含许多字的木雕版,就能很容易制成单个木活字用于印刷。

由于活字是事先制成的,以活字组版可提高制版过程的时效,节省板材、工费和工时。活字印毕,还可拆版、回收,继续使用,又易于贮存。因为活字印刷改变了印刷领域内制版工艺面貌和以下的一些工艺程序,包括增加拆版、回收活字、活字贮存、拾字等工序,使用一些新的设备,已经构成一项发明。活字印刷的出现是继木版印刷之后,印刷史上的又一个里程碑,具有划时代意义,近代世界印刷就是从活字印刷发展起来的。这项发明也是在中国完成的,而后传至全世界。中国最初从何时将木活字用于印刷,需要深入探讨,但肯定不会像过去人们所认为的那样晚。活字之所以诞生于中国,是因为中国是木版印刷的起源地,而雕版是活字版所赖以出现的技术前提,没有木版印刷思想和实践,不可能凭空出现活字版印刷。对长期使用木版印刷的中国人而言,发明活字印刷是很自然的,有心人只要做些试验就够了。

至迟在 10 世纪五代(907—960)末至北宋(960—1127)初,当木版印刷大发展后,有人已从事木活字印刷的试验尝试,至 11 世纪北宋初已处于实用阶段,用于官府发行的契约和票据印刷。以田契为例,因各州县发行量相当之大,宋政府制订统一格式,以木版印成。马端临(1254—1323)《文献通考》(1309)卷 19 载,绍兴五年(1135),"初,令诸州通判印卖田宅契纸……县典自掌印板,往往多印私卖。今欲委诸州通判,立千字文号印造,每月给付诸县。遇民买契,当官给付。"在田契上印出千字编号,每契变换一种字号,印契的印刷数量就受到监控,防止县官多印私卖以肥私。因为魏人钟繇(151—230)原撰、梁人周兴嗣(约470—521)次韵的《千字文》虽由 1000 字编成,却无一字重复,适于连续编号。

宋人谢深甫(1145—1210 在世)《庆元条法事类》(1202)卷 30《经总制》称:"人户请买印契,欲乞依旧,令逐州通判立料例,以千字文为号。每季给下属县,委[县]丞收掌,听人户请买。"字号料例或料号在这里指官契上印出的千字文流水编号。《宋会要·食货廿五之十三》乾道七年(1171)二月一日条更载,"降指挥专委诸路通判印造契低,以千字文号置簿,送诸县出卖。可令各路提举司立料例,以千字文号印造契纸,分下属诸郡,令民请买"。可见各路(各省)通判以千字文编号印造的契纸,在发至各县出卖之前,还要登记入簿,以便事后查验。据《宋史·食货志》载,上述制度可以追溯到宋初太宗(976—997)于雍熙(984—987)及端拱(988—989)年间发行的盐钞及茶引之法。此后,庆历八年(1048)及熙宁七年(1074)依此法印发盐引、茶引,官府收取商人现钱,发给其千字文字号印造的贩卖许可证即"引",再加盖公章,登记入簿,商人持引便可到各地贩卖盐、茶。

北宋各路或户部提举司通过各州通判(第二号官员)发至诸县的官契,皆以木版印造而成,且每契都有不同的千字文编号,则这些字号只能以木活字印出,不可能因几字之差重刻一块印版。这就是说,在官契印版的相应部位留出一些凹槽,将需要出现的字号以木活字植入其中,印完一张后取出,再以另外木活字印之。因而整个印版上大部分文字内容不变,字号、料号则随时变化。田宅契纸、盐引(或盐钞)及茶引等是将木活字植于木雕版中进行活字印刷的产物,至迟在11世纪前半叶已大规模应用,由官府掌管这项特殊的印刷业务。

宋代既能以木活字印官契,当然也能用来印经史及佛经等书籍。但北宋木活字本没有保存下来,却有南宋本传世。例如1999年5月笔者在台北故宫博物院善本室藏南宋理宗淳祐十二年(1252)徽州(今安徽歙县)刊《仪礼要义》,文字歪斜不齐,墨色浓淡不匀,当为木活字本。木活字印刷在北宋发展后,还迅速扩散到西北少数民族地区。与北宋并存的西夏(1038—1227),是党项族建立的政权,与北宋有密切的政治、经济和文化往来,1036年野利仁荣(?—1042)仿汉字笔画创西夏文,与汉文共同通行于境内,并从宋引进木版印刷技术和活字印刷技术,用来印书。1991年9月,宁夏贺兰县秤寺沟西夏方塔内发现从藏文译成西夏文的密宗典籍《吉祥遍至口和本续》（*Mahā-laksmi-dhārani-sūtra*）印本，为九册蝴蝶装，共 220 页、10 万字，印以当地造白麻纸（图 6.1）。

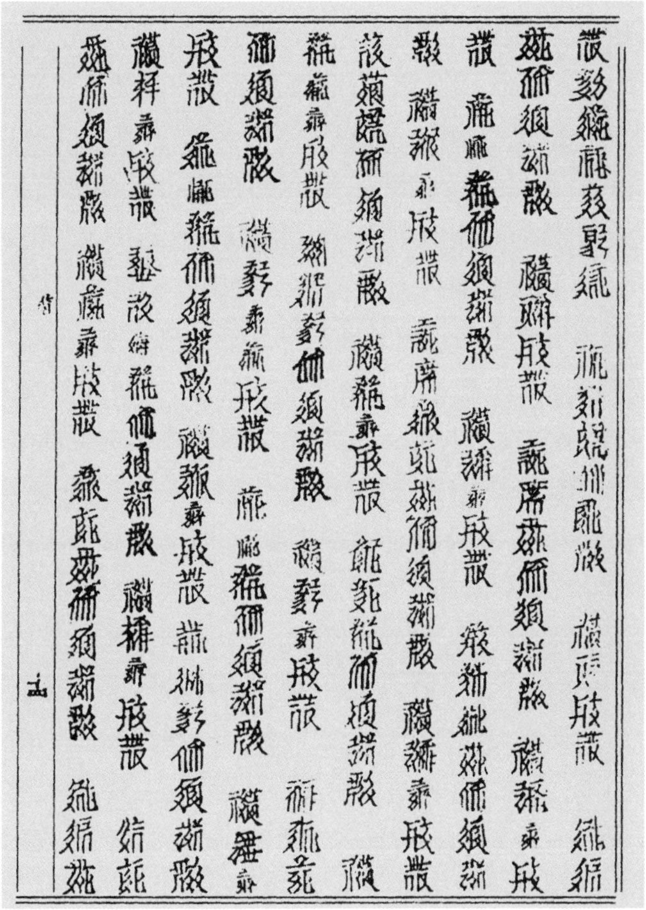

图 6.1　1991 年宁夏贺兰发现的 12 世纪西夏文木活字本《吉祥遍至口和本续》[1]

　　上述佛经每半页版框直高 23.6 cm、横宽 15.5 cm，四周双边，白口，无鱼尾，有页码。经牛达生先生研究，定为 12 世纪下半期（1150—1180）木活字印本。[2]这个结论在 1996 年文化部主持的专家鉴定会上再次被确认。其刊印时间相当于南宋初高宗（1127—1162）至孝宗（1163—1189）时期，书中汉文数字"四""廿七"等倒置，说明刻工为汉人，植字工为党项人，是汉族与党项族工匠合作的结果。此本，版框栏线四角不衔接，版心左右行线长短不一，文字有大小，大字 20 mm 见方，小字 6—7 mm 见方，笔画粗细不均，墨色浓淡不匀。个

①② 牛达生.西夏文佛经《吉祥遍至口和本续》[J].中国印刷，1994，12(2)：38-48.

别字倒置,版心行线有的漏排,书名简称用字混乱,时有误排。页码用字误排、漏排多,尤其还残存有作界行的竹片的印迹。这些现象都是木活字本的特点,此本为现存年代最早的木活字印刷品。

1909年,俄国人科兹洛夫探险队在黑水城发现大量西夏文献,其中《三代相照集文》经西夏专家史金波先生研究为12世纪—13世纪刊行的西夏文木活字本。[①]此书为非宗教著作,共41页(82面),蝴蝶装,每面纸直高24 cm、横宽15.5 cm,版框直高17 cm、横宽11.5 cm,四周双边,每面17行,每行16字,白口,版心有西夏文及汉文页码。卷尾发愿文汉译为:"清信发愿者节亲王慧照……字活新印者陈集金。""字活"即"活字",发愿者为西夏节亲王慧照,由汉人陈集金刻木活字,由党项人排版。此发愿文明确讲该书为活字本。俄藏另一西夏印本《德行集》也是木活字本。

虽然宋代汉文木活字本较少发现,但据北宋木活字技术而刊行的西夏文木活字本的发现,补充了这一时期中国木活字印刷实物资料,还为研究北宋木活字印刷技术提供了可靠线索。如前所述,1150—1180年刊行的西夏木活字本《吉祥遍至口和本续》或《大吉祥陀罗尼经》,残存有作界行用的竹片的印迹,这说明在排版时每满一行字,加一薄竹片,竖放,其宽度比活字高度略小,将活字挤齐。依此每排满一行字加一竹片,则各行字均由竹片夹紧,无字的空位由不同大小的木块填充,使活字刷印时减少移动距离。印完后易于拆版、回收活字。装订方式取蝴蝶装、包背装,每版含两页,再沿中缝对折,最后装订,也符合印刷特点。

二、宋以后的木活字印刷

宋以后,蒙元时期木活字印刷继续发展,元初著名科学家王祯(1260—1330在世)《农书》(1313)书尾收录的《造活字印书法》一文对木活字技术做了系统总结和详细介绍。王祯字伯祥,山东东平人,元贞元年(1295)任旌德(今安徽境内)

① 史金波.西夏活字印本考[J].北京图书馆馆刊,1997(1):67-80.

县尹(仅次于知县的县官),任内捐资修桥铺路、教民树艺,且施药济人,有善政。大德四年(1300)调任江西永丰县尹。他在旌德时(1295—1300)业余开展科学研究,著《农书》39卷,又制木活字3万枚,1298年用以刊大德《旌德县志》(共6万字),且写有活字印刷论文。他本想以自制木活字出版其《农书》(11万字),但活字数量不足,且书还未写完。王祯被调到永丰后,江西有人愿以木版刊印这部有插图的农学巨著,因而未出活字本。王祯想以其木活字印其他书,但印了什么书,没有流传下来。关于王祯在《造活字印书法》中所述的活字技术,将在下面讨论。

宋代的木活字技术还扩散到西北维吾尔族地区。1908年法国人伯希和(Paul Pelliot,1878—1945)在甘肃敦煌莫高窟第181号(今464号)窟发现维吾尔族用过的回鹘文木活字968枚(图6.2),断其年代为1300年,相当元大德四年[①],正是在王祯于旌德以木活字刊县志之后两年。卡特公布了纽约大都会艺术博物馆(Metropolitan Museum of Art)收藏的这批木活字(4枚)照片,每字高2.2 cm、宽1.3 cm、长1—2.6 cm(图6.2)[②]。1995年回鹘文专家吾守尔博士对巴黎吉美博物馆(Musée Guimet)藏的这批木活字(960枚)研究后,发现每字以字母、词、词干、词缀等为单位,所含字母有多有少,因此各个活字长短不一。这批活字文物还含有栏线、表示标点符号的活字和排版填空用的夹条和中心木[③](图6.3),其制作年代为12世纪末至13世纪初。这批木活字刻工精美,字体美观,是维吾尔族根据内地技术结合本民族语言文字特点而创制的,提供了从汉字到拼音文字过渡的中介类型活字。

① PELLIOT P. Une bibliothèque médiévale retrouvée au Kansou[J]. Bulletin de l'Ecole Française d'Extrême-Orient,1908(8):525-527.

② CARTER T F, GOODRICH L C. The invention of printing in China and its spread westward[M]. 2nd ed. New York: Ronald,1955:146-147.

③ 吾守尔.敦煌出土回鹘文活字及其在活字印刷术西传中的意义[M].//叶再生.出版史研究.北京:中国书籍出版社,1998:1-2.

史金波,吾守尔.西夏和回鹘活字印刷术研究[M].北京:社会科学文献出版社,2000:89-105.

图 6.2　1908 年敦煌发现的 12 世纪—13 世纪的回鹘文木活字①（活字块由潘吉星绘）

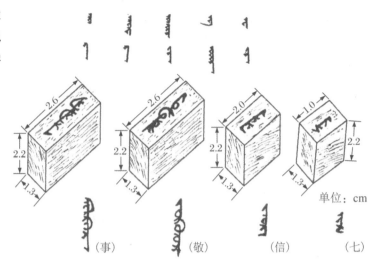

（事）　　（敬）　　（信）　　（七）

图 6.3　敦煌发现的回鹘文木活字词缀、版框线和标点符号

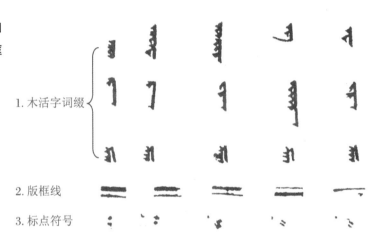

1. 木活字词缀

2. 版框线

3. 标点符号

　　在元初王祯用木活字印书后不到十年，浙江奉化州知州马称德（1279—1335 在世）也从事同样的印刷活动。马称德字致远，广平（今河北永年）人，延祐六年（1319）任浙江庆元路奉化州知州，在任三年（1319—1322）像王祯那样，于当地教民垦田、树艺，为发展文化，还制造木活字 10 万枚刊印书籍。康熙《奉化县志》（1686）卷 11 引元人李源孙《知州马称德去恩碑》（1323）云：

　　　　广平马侯称德字致远，作州于庆元之奉化，兴利补
　　　　弊，无事不就正。三载（1322），代者至……［称德］荒田
　　　　之垦至十三顷……养士田增置千二百石，活书板镂至十

① CARTER T F, GOODRICH L C. The invention of printing in China and its spread westward[M]. 2nd ed. New York: Ronald, 1955:146-147.

万字,教养有规。

又乾隆《奉化县志》(1773)引元人邓文源《建尊经阁增置学田记》(1322)云:

> 广平马侯致远来牧是州(奉化)……于是出己俸倡募,建尊经阁……乃以前政宋御史节置到《九经》,[唐]韩、柳文子集等书,及今次(1322)刊到活字书板印成《大学衍义》等书,庋其上。

明、清两代在元代基础上,木活字印刷又得到进一步发展。明代版本目录学家胡应麟《少室山房笔丛》载:"活板始宋毕昇,以药泥为之。今(明代)无以药泥为之者,惟用木称活字云。"明刊木活字本今有传世,但在版本鉴定上较为困难,因这类刊本很少注明活字用材,而泥活字和金属活字本多明确指出活字材料,而木活字如刻工、排版精细,也不易与木版区分。如仔细审视已知木活字、泥活字、金属活字本,掌握其字体、排版及着墨特点,就能做出版本判断。如中国国家图书馆藏明万历十四年(1586)刊卓明卿(1552—1620在世)编分类唐诗选《唐诗类苑》百卷(图6.4),即为木活字本,其版心下印"崧斋雕木"四字,"崧斋"疑即卓明卿。[①]南京图书馆藏正德十年至嘉靖九年(1515—1530)刊《璧水群英待问会元》90卷,是供宋代太学生应试的参考书,卷尾题记为"丽泽堂活板印行//姑苏胡昇缮写//章凤刻//赵昴印",此当为苏州出版的木活字本。

与上述书同时问世的另一万历版木活字本为浙江嘉定人徐兆稷刊其父徐学谟(1522—1593)《世庙识余录》,此书26卷,载明世宗嘉靖年间(1522—1566)各种掌故,题记为"是书成凡十余年,以贫不任梓,仅假活板印得百部,聊备家藏,不敢以行世也。活板亦颇废手,不可为继,观者谅之。徐兆稷白"。"假"此处作"凭借"解,不是借用。有的王府和书院也刊行木活字本,如益王朱翊鈏于万历二年(1574)刊元代无神论者谢应芳的《辨疑论》,书尾题"益藩活字印行",嘉靖十六年(1537)成书的《续古文会编》曾由"东湖书院活字印行,用广

---

① 赵万里,等.中国版刻图录:第1册[M].北京:文物出版社,1961:101.

其传”，版心下有“东湖书院印行”等字。[①]从现传本观之，明末（16世纪）各地刊木活字本较为普遍。顾炎武（1613—1682）《亭林文集》卷3更称，明崇祯十一年（1638）起政府发行的新闻简报《邸报》也以木活字出版。据不完全统计，明代所刊木活字本有100多种。

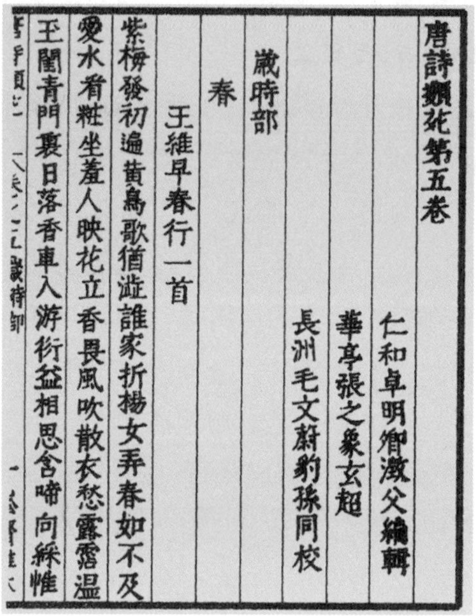
唐詩類苑第五卷
仁和卓明卿澂父編輯
華亭張之象玄超
長洲毛文蔚豹孫同校
歲時部
春
王維早春行一首
紫梅發初遍黃鳥歌猶澀誰家折楊女弄春如不及
愛水看粧坐羞人映花立香畏風吹散衣愁露霑溼
玉閨青門裏日落香車入游衍益相思含啼向綵帷

图6.4 明万历十四年（1586）浙江刻木活字本《唐诗类苑》（北京国家图书馆藏）

清代（1644—1911）在18世纪乾隆年间（1736—1796）掀起了木活字印刷高潮，高宗乾隆三十八年（1773）敕编大型丛书《四库全书》之际，令先行出版已佚之书，馆臣拟出书目后，《四库全书》副总裁兼武英殿修书处总管金简（1727—1791）上奏以木活字排印这套丛书，得准。乾隆以“活字板”一词不雅，赐名为“聚珍版”。次年（1774）制成大小木活字25.3万枚，排印《武英殿聚珍版丛书》134种，共2389卷，具体书名详见有关书目。[②]活字以枣木刻成精美印刷字体，有大小两种型号，大号字规格为1.28 cm×0.9 cm，小号字规格为1.28 cm×0.64 cm，高度均为2.24 cm，活字及工具制造费用2339两银。每种书均统一版式，半页9行，每行21字，每书首页行下有“武英殿聚珍版”6字。这套丛书颁至外省，准其

① 张秀民.中国印刷史[M].上海:上海人民出版社,1989:676-682.
许瀛鉴.中国印刷史论丛:上册[M].台北:台湾印刷学会,1997:279.
② 陶湘.武英殿聚珍版丛书目录[J].图书馆学(季刊),1929,1(2):205-217.

翻版复印。除此,还以木活字刊乾隆《八旬万寿盛典》《西巡盛典》等书。金简更刊《武英殿聚珍版程式》(1776)(图6.5)对所用技术做了规范性叙述(图6.5)。此后各地方官府、坊家和私人纷纷按此技术排印书籍,数量相当之大。甚至还出现专业印刷人带着活字到外处"游荡",为各家排印家谱。

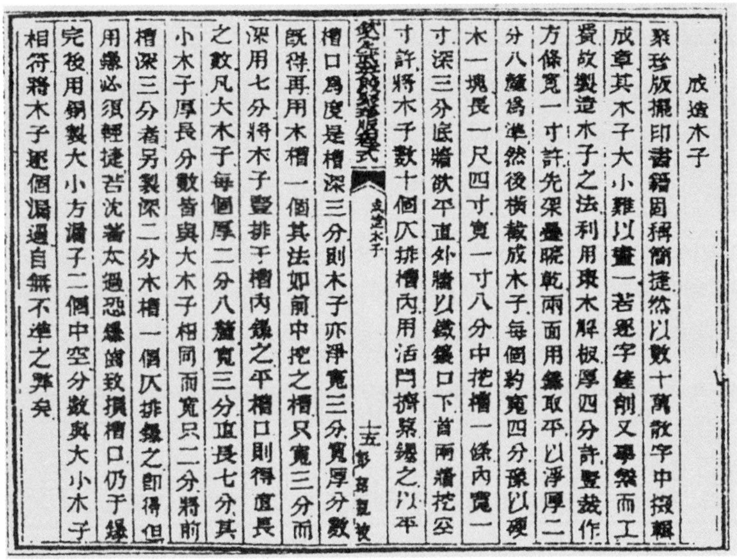

图6.5 清乾隆四十一年(1776)内府刊木活字本《武英殿聚珍版程式》

三、木活字的制造和排版技术

对木活字印刷技术的系统叙述是从元初科学家王祯《造活字印书法》这篇经典论文开始的。他对这种技术首先做了下列概括:

> 今又有巧便之法,造板木作印盔(印版),削竹片为[界]行。雕板木为字,用小细锯锼开,各作一字。用小刀四面修之,比试大小、高低一同。然后排字作行,削成竹片夹之。盔字既满,用木榍(xiè)榍之,使坚牢,字皆不动,然后用墨刷印之。[1]

"今又有巧便之法",指从宋代流传下来、经王祯改进过的方法,他的最大改进是以下要介绍的旋转贮字盘的发明,

---

[1] 王祯.农书:卷22 造活字印书法[M].上海:上海古籍出版社,1994:759-762.

其余都是前已有之的。这段话主要谈活字制造及排版技术。先由善书人将字样写在纸上,在刨平的木板上刷稀米浆,将有字的一面纸覆于板上。纸被湿润,正体字转移到板面成为反体。再以毛刷擦拭纸的背面,将纸茸去掉。在有格的板上用刀将字刻出,以小细锯沿格线将字逐个锯下,成为各个活字。再用标准器具测量各字块尺寸是否合乎标准,以小刀或细锉对活字四面进行修理。排版前以木板制成长方形框架作为印版,印版尺寸与版面一致。按书稿文字将活字从印版左边逐行植入,以薄竹片为界行,每排满一行加一竹片,无字的空白部分以不同大小的木楔塞紧。活字被竹片夹紧,又被木楔挤紧,就不会移动。排满整版后,以木板将活字压平,再在版上刷墨,覆纸于其上,纸背以棕刷沿垂直方向擦拭,即完成刷印过程。出土实物证实,这正是宋代使用的制活字及排版方式。木活字以字样直接刻成,其字体无异于木雕版字,因此木活字印出后,字体较生动,受墨性又好。

每个活字要制出若干,常用字如"之""也"等要有更多活字,才能适应排版需要。宋代贮存活字是按字韵将其分类,放在大木柜的抽屉内,贴上标签。再准备一检字手册,各字排列与字柜一致。排版时由唱字工按检字手册说出某字在某柜位置,由拣字工将活字放入拣字盘中,再交排字工排版,这是宋代使用的方法。王祯鉴于拣字工往来于各字柜之间很辛劳,遂发明旋转贮字盘。对此,他写道:

> 造轮法:用轻木造为大轮,其轮盘径可七尺,轮轴高可三尺许。用大木砧凿窍,上作横架,中贯轮轴,下有钻臼。立转轮盘,以圆竹笆铺之,上置活字。板面各依号数,上下相次铺摆。凡置轮两面,一轮置监韵板面,一轮置杂字板面,一人中坐,左右俱可推转摘字。盖以人寻字则难,以字就人则易。以转轮之法,不劳力而坐致字数。取讫,又可铺还韵内,两得便也。今图轮像监韵板面于后(图6.6)。

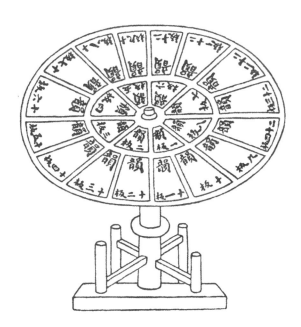

图 6.6 元贞元年 (1295)王祯发明的活字贮存转盘

中国印刷技术史

第一节 木活字印刷的起源和发展

这一段叙述旋转贮字盘的制造方法,转盘呈圆形,共两个,由轻木制成,直径7尺(约215 cm),盘轴高3尺(约92.2 cm)。底部在厚重大木砧板上凿出五孔,中间孔上置转盘轴,以支撑转盘。大木砧板其余四孔安上横支架,以固定轴座。为使轴带动圆盘旋转,圆盘下的轴部凿出窝槽,内铺以圆片。窝槽内放一稍细的轴与圆盘相连。圆盘分出小格,各格依韵号存放活字,由内向外排开(图6.7)。一套转盘存常用的字,另一套放杂字及冷僻字。拣字工在两盘之间,依唱字工说出字韵,转动圆盘拣出所要的字。活字印完、拆版,还可依字韵放还原处,排版、归字两得其便。这种装置省力,但只适用于字数少的书。因两个字盘容字有限,若排大部头书,活字还得放在大木柜内。

金简在《武英殿聚珍版程式》中叙述的技术[①],主要在活字制造上有改进。宋、元人在刻有字的雕版上以小细锯逐个锯下活字,必须使锯道行进笔直,否则很难保证各活字尺寸一致,易出次品。金简提出的方法是,将具有适当厚度(与活字高度相当)的木板,锯成长方木条,刨平,再将每个木条横截成"木子"(活字块)。将十几个木子放在硬木刨槽内,以活闩挤紧,刨到与槽口相齐为止,这使活字尺寸统一。将其逐

① 金简.武英殿聚珍版程式[M].木活字本.1776(清乾隆四十一年):15-32.

个放在铜制标准字模中检验,看尺寸是否合乎标准。将活字块紧放在刻字床上,当字样反体字转移到活字表面时,即刻字,用此法可保证活字尺寸统一,又易于下刀刻字。

图 6.7 依王祯《农书》所述而绘制的木活字操作图①

以往贮存、拣出和回收活字按字韵或字的发音进行分类,但金简提出以部首及笔画或按字的形体进行检索,代替音韵系统。这对不通音韵的一般识字工来说,是简便易行的。宋、元排版时,将活字、夹条、版心逐个植入印版上,再上墨、刷印,因此边线连接处多出现断缺现象。且加夹条操作较为烦琐,也费时间。金简先在木板上刻出版框、版心、行格,将此版刷印在纸上,使纸上印出全部格线。再在印版上只排出活字,因活字尺寸统一,所排各行较直,再将事先印有格线的纸覆于印版上刷印。这样书面行格清晰,边线紧密衔接,犹如雕版。此外,金简还提出"逐日轮转办法",即排版、刷印、拆版、收字和再排版等工序交叉进行的流水作业法,提高了活字利用率。中国传统木活字印刷技术在18世纪已达到历史上最高水平(图6.8)。

---

① 刘国钧.中国古代书籍史话[M].北京:中华书局,1962.

1. 做活字块

3. 做槽版

2. 刻木活字

4. 拣字排版

图6.8 《武英殿聚珍版程式》(1776)所载木活字技术操作图

第二节

陶活字印刷的起源和发展

一、陶活字印刷的起源

北宋发明的木活字印刷虽比木版印刷优越,但因汉字有近2万个,印书需刻10万至20万个木活字。这个工作量并不小,且对用材要求较高,投入的资金也较多,所以木活字出现后,未能取代木版印刷,而是与之并行发展,在发展中逐步完善。北宋印刷工毕昇(990—1051在世)于庆历年间(1041—1048)研究出一种新法,制成陶活字,这就大大降低了生产成本。同时代科学家沈括(1031—1095)《梦溪笔谈》(1088)卷18对此新技术有下列记载:

庆历中(1041—1048),有布衣毕昇又为活板。其法:用胶泥刻字,薄如钱唇,每字为一印,火烧令坚。先设一铁板,其上以松脂、蜡和纸灰之类冒之。欲印,则以一铁范置铁板上,乃密布字印,满铁范为一板,持就火炀之。药稍熔,则以一平板按其面,则字平如砥。若止印三二本,未为简易。若印数十百千本,则极为神速。

常作二铁板,一板印刷,一板已自布字。此印者才毕,则第二板已具,更互用之,瞬息可就。每一字皆有数印,如"之""也"等字,每字有二十余印,以备一板内有重复者。

不用,则以纸贴之。每贴为一韵,木格贮之。有奇字,素无备者,旋刻之,以草木火烧,瞬息可成。不以木为之者,木理有疏密,沾水则高下不平,兼与药相粘,不可取,不若燔土。用讫,再火令药熔,以手拂之,其印自落,殊不沾污。

昇死，其印为予群从（侄子）所得，至今保藏
（图6.9）。^①

昇死，其印为予群从（侄子）所得，至今保藏（图6.9）。[1]

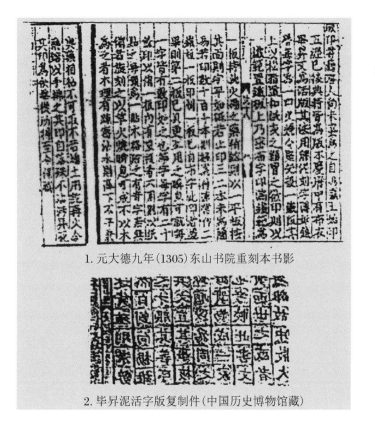

1. 元大德九年（1305）东山书院重刻本书影

2. 毕昇泥活字版复制件（中国历史博物馆藏）

图 6.9 《梦溪笔谈》（1088）关于毕昇发明泥活字的记载

二、陶活字原料成分和烧造技术

对沈括上述记载需做出解说。文中"用胶泥刻字，薄如钱唇"是什么意思呢？钱唇为铜钱的边，厚约2 mm。有人认为其指活字的高度，这显然是不正确的。因高2 mm的泥活字难以制造和排版，强度也小。实际上钱唇应指刻字深度，在技术上才合理。"欲印，则以一铁范置板上，乃密布字印"，这句话的意思是，将活字植于铁制印版中，再以薄铁片为夹条，每植满一行字，加一铁条，起到使活字整齐排列的规范作用。沈括没有谈到胶泥为什么材料，有人认为是古代炼丹家所用的"六一泥"[2]，并列举其12种原料配方，主要成分是赤

---

① 沈括.梦溪笔谈：卷18　技艺[M].北京：文物出版社，1975：15-16.

② 冯汉镛.毕昇活字胶泥为六一泥考[J].文史哲月刊，1983(3)：84-85.

石脂(Fe_2O_5)、白矾、滑石、胡粉[$2PbCO_3 \cdot Pb(OH)_2$]、牡蛎（CaO）、食盐、醋等。

从技术上判断，用"六一泥"的可能性极小，因为炼丹家用它密封炼丹炉，一般无需煅烧。即令煅烧，能否有足够强度用于印刷，仍有问题。且"六一泥"由7种（6＋1）原料临时配制而成，各炼丹书有不同配方，无所适从。其原料采集及配制颇费工，炼丹家只少量使用，而做活字则大量消耗，布衣出身的毕昇是不会用人工配制的"六一泥"作活字材料的。实际胶泥活字原料是烧制陶器用的一般黏土（pottery clay），是大自然提供的现成材料，廉价易得。黏土化学成分为二氧化硅（SiO_2）、氧化铝（Al_2O_3）、氧化钠（Na_2O）、氧化钙（CaO）和氧化钾（K_2O）等，也有7种或更多，但都是天然具备的。取来黏土后，晒干、碾细、过筛，加水制成泥浆，过滤、沉淀，得到细泥，半干时捣细，加入模具中制成大小一致的泥坯，呈可塑状态。

"用胶泥刻字"这句话从技术上解读，实际上的操作程序应当是先制成具有阴文正体字的字模，将其压入黏土坯上，形成阳文反体字的黏土字块，再入窑烧固。此时发生化学变化，黏土成为黑陶活字。将其称为"泥活字"是不科学的，规范术语应是陶活字，但"泥活字"一名已经叫开，便将错就错。事实证明，黏土材料在700—900 ℃温度下煅烧成陶器后，吸水率为5％—10％[①]，适于作印刷用活字。因此毕昇陶活字烧成温度应在600—1000 ℃，600—800 ℃可能最为适宜[②]。

活字烧成后，从窑中取出，经过修整即可使用。活字呈长立方形，灰黑色，表面光滑，有足够强度，吸墨性良好。印书需用大小不同型号的活字，每字需若干个，常用字要几十个。其大小应与宋代木版书上的字相当，长宽为0.5—1.0 cm，高为1—1.5 cm，宋代木活字尺寸原则上与陶活字相差无几。活字烧成后，按字韵分类、编号，放入木柜抽屉格子内，外面以纸贴上标签，便于拣字、归字。

考虑到陶活字的材料和性能特点，印版由四周有边框的铁板制成，边框高度与活字高度相当。为使活字固着于板

① 冯先铭，等.中国陶瓷史[M].北京:文物出版社,1982:47-50.
② 潘吉星.中国科学技术史:造纸与印刷卷[M].北京:科学出版社,1998:325-326.

上,毕昇先在板上放入松香和蜡作为"粘药"。植字时铁板以火微烘,粘药熔化,再将泥活字植入印版。先从印版左边框起自上而下地植字,满一行后,放铁条为界行,竖放其宽度如与活字高度相同,则能印出行线;如小于活字高度,则印不出行线。加入薄铁条使各字逼齐,起夹条作用。当然,不用铁条亦可排版。排满整版时,以平板按平活字,以便刷印时均匀受墨。印书用两块版,一版植字完毕,即上墨刷印;此时另一版植字。第一块版印完,以火烘底,粘药熔化,拆版取下活字入柜,以备下次排版。第二块植完字,再刷印之,两版交替使用。如遇冷僻字,则临时刻一泥活字速烧而成,亦可刻一木活字充之。

毕昇用上述方法制成活字印书,用过的活字流传到沈括的侄子手中,沈括得知后,便将此技术记录下来。毕昇的技术包括陶活字制造、拣字、排版、刷印、拆版和活字贮存等全套工艺过程,因而是一项完整的发明,具有可行性。他是作为陶活字印刷技术的发明者而载入史册的。陶活字是从木活字演变而来的,但两者成分和制作方法不同。陶活字经高温煅烧而成,原料发生化学变化;木活字在常温下以刀刻成,原料未发生化学变化。陶活字以黏土为原料,扩大了活字原料的来源范围,降低了生产成本,因而促进了活字技术的发展,且对金属活字的铸造有启发作用,对毕昇的历史贡献应给以充分肯定。

毕昇烧制的陶活字数量不会少,当数以万计。他死后,其技术由家人和徒弟继承,再由科学家沈括介绍,使陶活字印刷知识很快在宋代各地扩散和传承。继沈括之后,浙江学者江少虞(1036—1169)于《皇朝事实类苑》(1145)卷52也对毕昇的技术做了类似记载。南宋人周必大(1126—1204)还以此法出版陶活字本书籍。绍熙四年(1193)他致同年友人程元成信中说:

> 某素号浅拙,老益谬悠,兼之心气时作,久置斯事。近用沈存中法,以胶泥铜板,移换摹印。今日偶成《玉堂杂记》二十八事,首恩台览。尚有十数事,俟追记补段续纳。窃计过目念旧,未免太息岁月之沄沄也。[①]

---

① 周必大.周益国文忠公全集:第49册 与程元成给事书[M].欧阳棨重刊本,1851:4.

收信人程元成(1120—1197),名叔达,黟人(今安徽黟县)。于绍兴二十年(1150)与周必大同中进士,曾典湖学,进御史,累官华文阁直学士,亦著《玉堂集》。周氏1191年罢相,屈就潭州(今湖南长沙)地方官,悠闲时刊《玉堂杂记》,追记翰林院往事。"近用沈存中法"指用沈括(字存中)描述的毕昇泥活字印书法,"移换""摹印"指植字、刷印。但他将铁制印版改为铜印版,是为追求考究。因此,1193年周必大在长沙刊印的《玉堂杂记》应是由精美的泥活字印本印成的,印后送友人程叔达。宋代这类版本还有实物遗存,反映当时用泥活字情况。1965年浙江温州白象塔发现12世纪刊印的《无量寿经》(*Aparimitāyur-sūtra*)残页,规格为13 cm×10.5 cm,经文印以宋体字,作回旋排列,回旋处有"O"记号,存12行、166字。字的大小、笔画粗细不一,字体稚拙,脱落字较多,各字墨色浓淡不一,纸上字迹有微凹陷,且"杂色金刚"中"色"字横卧,考古学家据此塔内同出其他北宋文物将此经定为12世纪泥活字印本[1](图6.10)。

白象塔发现的印本大号字宽0.5 cm、长0.45 cm,中号字宽0.4 cm、长0.3 cm,小号宽0.3 cm、长0.15 cm,均为长方形,与宋本书相比为小号字。有人看到经文上下字间距小、笔画相接,认为不应出现于活字本中,个别字倒置发生于回转处是有意指示所连接下句经文的方向,不是误植,主张是木刻本。[2]印刷史家钱存训认真研究后,认为原报道结论正确,因为早期活字可能按字的笔画雕刻,各字字体大小不一,并不留出笔画上下的空白,如此两字相连,这正是活字而非雕版特点,雕版在方格内刻字,不会出现上下字笔画相连的情况。句中漏字也是活版出现的机会多些,个别字倒置不表示连接下句的方向,因其他转折处文字并未倒置,回旋处以"O"号表示,因此"色"字倒置是活字误植。[3]我们同意这个鉴定意见和原报道结论,此本活字与排印直行书的一般活字不同,是坊家或寺院特制的,其目的是以活字排印不同形状的线条,

---

[1] 金柏东.温州白象塔出土北宋佛经残页介绍[J].文物,1987(5):15-18.

[2] 刘云.对《早期活字印刷术的实物见证》一文的商榷[J].文物,1988(10):95-96.

[3] 钱存训.中国书籍、纸墨及印刷史论文集[M].香港:香港中文大学出版社,1992:130-132.

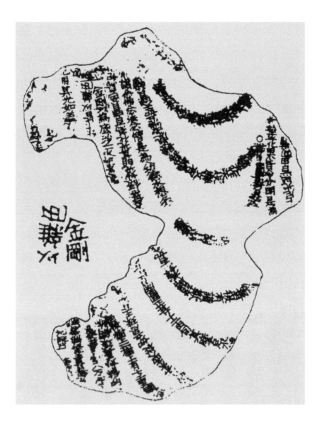

图 6.10　泥活字印本《无量寿经》残页（温州市博物馆藏）

再组合成各种图像或图案作为特殊读物，一套活字可反复排印不同图案。此处是以《无量寿经》经文排印图像。

　　鲁桂珍（1904—1991）博士藏有一寿星图，即以文字组成画面。看来以文字组成画面由来已久。为适应曲线需要，活字必须制成扁形，字的上下所留空间较小，以保证字与字排列紧密。《无量寿经》所用泥活字即为此目的而烧制成扁形小字，在铁板上加粘药后可将活字排成不同形状线条，再刷印。如版面较大，则制成几版，印后再拼接。显而易见，用活字组版比用雕版刻成由文字组成的曲线或画像要更容易与便捷。更何况费很大力刻出一块雕版只能印一种图像，而以活字则可排印不同画像。温州发现的这件文物是毕昇活字技术的早期历史见证。至于说到文字紧贴现象，在直行排字书中也存在，如韩国1403年铸的癸未铜活字本就存在"上下字间有重叠现象"[1]，不能以此为由否定其为活字本。

　　宋代陶活字技术还在西夏党项族地区被应用，1987年5月甘肃武威新华乡玄母遗址出土西夏文泥活字印本《维摩诘

① 曹炯镇.中韩两国活字印刷技术之比较[M].台北:学海出版社,1986:108.

所说经》（*Vimalakīrti-nirdeśa-sūtra*）残卷（图6.11），共54页，每页7行，每行17字，印以西夏文。每页直高28 cm、横宽12 cm，经折装，每字1.4—1.6 cm见方，其产生时间为13世纪前半期（1223—1226）。[①]1907年俄国人科兹洛夫在黑水城西佛塔遗址发现的西夏文《维摩诘所说经》，现藏俄罗斯科学院东方学研究所圣彼得堡分所，共5卷，经折装，每页直高27.5—28.7 cm、横宽11.5—11.8 cm，版框直高22.1 cm，上下单边，每页7行，每行17字，可能是两种印本。各字大小及字体不一，排列歪斜，纸背透墨深浅不一，笔画不流畅，经研究为泥活字本。[②]经中题记有西夏仁宗（1140—1193）尊号，其刊年为12世纪中叶，不迟于13世纪初。

图6.11　1987年甘肃武威出土的13世纪初西夏文泥活字印本《维摩诘所说经》（小图为据经文所复原的泥活字）

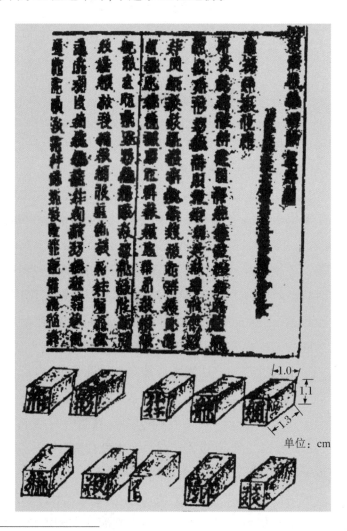

1.0

1.1

1.3

单位：cm

① 孙寿龄.西夏泥活字版佛经[N].中国文物报,1994-03-27.

② 史金波.西夏活字印本考[J].北京图书馆刊,1997(1):67-80.

三、元、明、清的陶活字印刷

13世纪元初陶活字印刷的发展与大儒姚枢(1201—1278)的倡导有关,他曾任世祖忽必烈(1215—1294)的顾问和大臣,其侄姚燧(1239—1314)载:

> 乙未(1235)[太宗]诏二太子南征,俾公(姚枢)从杨中书即军中求儒道释、医卜、酒工、乐人……岁辛丑(1241)赐衣、金符……遂携家来辉……又汲汲以化民成俗为心,自板小学书《语孟或问》《家礼》……又以小学书流布未广,教弟子杨古为沈氏活板,与《近思录》《东莱经史论说》诸书,散之四方。①

这条史料指出,1235年姚枢与中书令杨惟中(1205—1259在世)随元太宗窝阔台军南下,奉命在南宋地区访求各种人才送往北京,以振兴北方学术。1241年姚氏受到嘉奖,便至河南辉县垦田,又在当地提倡文教,自行出版《语孟或问》等书。考虑到语言文字方面的"小学书"流布未广,他又教弟子杨古(1216—1281)以沈括记载的毕昇活字印书法制成活字版,时间当在1241—1250年。与杨古同时代的人王祯谈到活字印书时写道:

> 有人别生巧技,以铁为印盔(印版),界行内用稀沥青浇满,冷定取平,火上再行煨化。以烧熟瓦字(泥活字)排于其内,作活字印板。为其不便,又以泥为盔,界行内用薄泥,将烧熟瓦字排之,再入窑内烧为一段,亦可为活字板印之。②

王祯所说"有人",指宋人毕昇及其以后发展陶活字技术的人。他介绍了两种制版方式:一是将烧固的泥活字植于铁制印版上,板上放稀沥青为粘药,每行活字两旁放上夹条夹紧。沥青为有机胶质,比松香和蜡的黏性强,烘烤后又易与活字分离,这是对毕昇所用黏药的一项改进。二是用黏土做成的稀泥为粘药,将泥活字植于泥制印板上,将整版入窑烧

① 姚燧.牧庵集:卷15 中书左丞姚文献公神道碑[M].上海:商务印书馆,1929:4.
② 王祯.农书:卷22 造活字印书法[M].上海:上海古籍出版社,1994:759-762.

固。印毕,打碎泥版,收回活字。此法看似经济,但可行性很小,从技术上判断是行不通的。我们不认为将活字版整版入窑煅烧是合理的,没有证据显示此法能推广使用。

明代人似乎对陶活字印刷缺乏热情,但入清后这种技术又获得复兴。如苏州人李瑶(1790—1855)于道光十年(1830)在杭州出版的《南疆绎史勘本》,扉页背后印有"七宝转轮藏定本//仿宋胶泥板印法"两行篆文。《凡例》中亦有"是书从毕昇活字例,排板造成"之语,显示这是陶活字本。道光十二年(1832)李瑶又刊《校补金石例四种》,他在《回序》中说:"即以自制胶泥板,统作平字捭(摆)之。"继此之后,翟金生(1775—约1860)也研制陶活字并用以印书。翟金生,字西园,号文虎,安徽泾县水东村人,身为秀才在当地从事教育工作,中年以后热衷于活字技术研究。中国国家图书馆藏道光二十四年(1844)刊《泥版试印初编》(图6.12)上、下册,半页8行,每行18字,有行线,共123页,书中有"泾上翟金生西园氏著,并造印"等字,说明他自造泥活字印自己的诗文集①。

图 6.12　1844 年安徽泾县翟金生烧制的泥活字本书

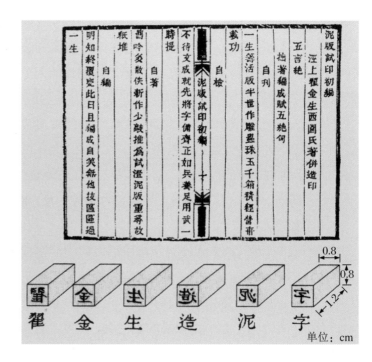

单位:cm

泾县学者包世臣(1775—1855)在《泥版试印初编序》中写道:

---

① 冀淑英.新发现的泥活字印本:泥版试印初编[J].图书馆工作,1958(1):22-24.

> 吾乡翟西园先生,好古士也。以三十年心力造泥字活版,数成十万,试印其生平所著各体诗文及联语为两册……先生读沈氏《笔谈》,见泥字活版而好之,因持土造煅。

可见翟金生因读沈括《梦溪笔谈》所述毕昇陶活字技术后,而重复实践,在1814—1844年用黏土烧造10万活字。道光二十八年(1848)他还以此出版其友人黄爵滋(1793—1853)的《仙屏书屋初集》,封面印有"泾翟西园//泥字排印"双行小字,亦藏中国国家图书馆。而北京大学图书馆亦藏同年刊行的《泥版试印续编》两册,半页9行,每行21字,字体较小,是《泥版试印初编》的修订本。1848年翟氏族弟翟廷珍也刊行自著《修业堂集》20卷,说明其族人也从事活字印刷。咸丰七年(1857)翟金生命其孙翟家祥用家藏泥活字印《泾川水东翟氏宗谱》,亦藏中国国家图书馆。

20世纪60—70年代,在泾县发现当年翟金生所制的陶活字数千枚,现藏中国科学院自然科学史研究所和安徽省博物馆等处。这些活字有大小五种型号,一般长0.5—0.9 cm,宽0.35—0.85 cm,高1.2 cm,外观呈黑色,相当坚硬,仍可使用。除供印刷的阳文反体字外,还有作字模的阴文正体字,字体相同,均为印刷字体,还有填空用的活字块,为研究其工艺技术提供了实物资料。[①]翟金生对复兴北宋陶活字技术做出了很大贡献。有人认为北宋人毕昇烧造的胶泥活字易脆,不切实用,因而是"短命的"(short lived)。[②]这种说法已由事实证明是不正确的,因为沈括记载的毕昇用过的技术是可以重复实验的,而且宋、西夏、元、清历代人按此技术以陶活字印书的实验均告成功,印本和陶活字至今仍有遗存,中国陶活字印刷活动持续达1000多年,怎么能说是"短命的"呢? 陶活字印刷是中国独具特色的印刷形式,因中国制陶工艺精湛,又有悠久历史,刻字工与陶工配合就能烧出廉价物美的活字。成功的关键是使活字有适当的高度(1 cm左右),才能保证它有足够的强度。

---

① 张秉伦.关于翟金生泥活字问题的初步研究[J].文物,1979(10):90-92.

② SOHN P K. Invention of movable metal-type printing in Koryo: its role and impact on human cultural progress [C]. Seoul: International Symposium on Printing History in East and West, 1997.

第七章

金属活字印刷的起源和发展

第一节

金属活字印刷的起源

一、宋、金的铜活字印刷

中国古代用活字原理铸造青铜器铭文,由来已久。1925年前后在甘肃出土的东周(前7世纪)铸饮食器秦公簋铭文有50字,从拓片上可见是一字一范,合多范而成文,文内字与字之间相接的边线分明。[①]显然是先刻出含有单个字的字模,逐个捺印在陶范上,再行浇铸。这些实践可能为后世将活字原理用于印刷提供灵感。但严格说还不能算是活字印刷,正如不能将古代钤印视为雕版印刷一样,因为古代不具备发展活字印刷所需的社会条件和技术前提。在雕版印刷发展400年后,11世纪时北宋出现活字印刷,最早的活字是木活字和陶活字。8世纪时唐代还出现了铜版印刷,将刻有阳文反体字的模板压入黏土范上,形成有阴文正体字的陶范,再浇铸成具有阳文反体字的铜质印版,用于印刷,铜版印刷也在北宋获得进一步发展。

活字印刷和铜版印刷在北宋的发展,为金属活字印刷技术的出现提供了技术前提,最早的金属活字是铜活字,确切说是青铜活字。我们可以将金属活字看作只含一个字的铜版,既然能铸出含许多字的铜版,就能很容易铸出铜活字,因为使用的工艺都是相同的。铸铜活字的工艺还与铸铜钱、铜镜和铜印章的工艺遵循同样的原理,而这些铸造实践也在中国有悠久历史,且有大量实物遗存。但唐及唐以前虽有可能,

---

① 容庚.商周彝器通考:第1册[M].北平:燕京大学哈佛燕京学社,1941:88,158,图35.

却未能铸出印刷用的铜活字。因为活字印刷是从北宋才发明的，只有在这以后才会将可能变为现实。就中国而言，历史表明促使金属活字技术发展的主要社会因素是纸币的发行，而不是对印本书的需要，因为中国有发达的木版、铜版印刷和非金属活字印刷技术，足以满足社会上对各种优质印本读物的需要。当然，能将金属活字用于印钞，也同样能用于印书，中国人侧重以金属活字印钞，是由中国当时具体情况决定的。

金属活字印刷之所以发明于中国，是因为中国发展铜版印刷和非金属活字印刷领先其他国家达几百年，又在世界上最早发行纸币，最先拥有发展金属活字印刷的社会需要和技术前提，待其他国家或地区具备发展金属活字印刷的适宜条件时，中国早已铸出铜活字并用于印刷，而且这种技术已向东西方传播出去了。中外学者过去对中国金属活字印刷起源和早期历史缺乏深入研究，将起源时间定得非常之晚，例如韩国学者认为在15世纪末明代始有铜活字印刷[1]，甚至中国有的学者[2]也持这种看法。然而根据我们的最新研究，早在11—12世纪北宋印发纸币时中国已大规模应用铜活字印刷技术了。[3]因此研究中国早期铜活字技术史，应从印钞史入手。

北宋时由于城市工商业有很大发展，商人往来于各地开展贸易，携带大量铜钱或铁钱既不方便又不安全，因而借用唐代"飞钱"旧制，于真宗大中祥符年间（1008—1016），由四川成都16家富豪联手发行纸币的兑换券，名曰"交子"。当时张咏（946—1015）镇蜀，对此举加以支持，在票面上加盖益州官印，因而私人发行的交子成为纸币的前身。宋人李攸（1101—1171在世）《宋朝事实》（约1130）卷15《财用》条称：

> 诸豪以时聚首，同用一色纸印造，印文用屋木、人

① CHON H B. Development process of movable metal-type printing in Korea[C]. Seoul: International Symposium on Printing History in the East and West, 1997.

② 张树栋，等. 中华印刷通史[M]. 台北:财团法人印刷传播兴材文教基金会,1998: 343-344.

　李致忠. 古代版印通论[M]. 北京:紫禁城出版社,2000:365.

③ 潘吉星. 论金属活字技术的起源[J]. 科学通报,1998,43(15):1583-1594.

　潘吉星. 中国金属活字印刷技术史[M]. 沈阳:辽宁科学技术出版社,2001:38-46.

物、铺户押字，各自隐密题号，朱墨间错，以为私记。书填贯[例]，不限多少。收入人户见钱，便给交子。

由上可知，票面都以一种特制纸印刷，除文字外，还有屋木和人物图案、铺户花押和保密编号，且以红、黑双色印之，面额则临时填写。北宋真宗天禧年间（1071—1021）因经营交子的铺户无足够现钱兑现，引起客户挤兑、争讼，知益州寇瑊下令罢之，又上奏朝廷，将交子之法收归官营，别置一务，差官印发。[①]仁宗（1023—1063）即位时，寇瑊离蜀，转运使张若谷及新知益州薛田奉旨重议此事，奏称：

> 今若废私交子，[由]官中置造，甚为稳便。仍乞铸益州交子务铜印一面，降下益州，付本务行使。仍使益州观察使印记，仍起置簿历，逐道交子，上书出钱数，自一贯至十贯文。合同印过，上簿、封押，逐钱纳监官收掌。候有人户将到见钱，不拘大小钱数，依例准折交纳，置库收锁，据合同、字号给付人户，取便行用。[②]

仁宗准奏，遂正式印发官营交子，这是最早的纸币。交子以铁钱为准备金，限用三年为一界，期满以旧换新，流通于1023—1105年，只限川、陕使用。1023—1038年，其面额种类较多，自一贯（每贯1000文）至十贯不等，且需临时填写，甚为不便。因此1039—1068年面额减至五贯及十贯两种，按比例（五贯占20％、十贯占80％）发行，且面额及字号由填写改为印刷[③]，一般来说每界印发交子125万贯。1069—1105年面额又易为一贯及五百文两种，仍按比例（一贯占60％、五百文占40％）发行。所谓"合同印过"，指将铸有"壹贯背合同印"及"拾贯背合同印"等面额文字的长方铜印钤于钞的背面，确认正面印出的面额，以防涂改。所谓"字号"或"料号"指以千字文编号，表示票面连续流水编号，一钞一号，且登记入簿，便于查验，并起监控印数及防伪作用。

纸钞印刷量很大，如1039—1068年的四川交子，需印五贯票面25万张、十贯票面100万张，共125万张。同时又事关国

① 宋史：卷182　食货志：下[M]//二十五史：第7册.缩印本.上海：上海古籍出版社，1986：5741.

② 李攸.宋朝事实：卷15　财用[M].北京：中华书局，1955.

③ 刘森.宋金纸币史[M].北京：中国金融出版社，1993：24-26.

计民生大事,用木版印刷适应不了需要。因木版在温湿变化时易走样,耐印性差,印数多时版上线条易磨损不清,又易于伪制,因此以铜铸印版印钞,现所见宋、金早期钞版也多是铜版。文献记载也是如此,元人马端临《文献通考》(1309)卷9《钱币考》载,"隆兴元年(1163)乃诏总所,以印造铜板缴申尚书省",这是说宋孝宗于1163年命令将户部派至湖广总领财赋的总领所将以前所铸湖广会子铜版收归尚书省。同书该卷又称,"淳熙三年(1176)诏第三界、四界[会子]各展限三年,令都茶场会子库将第四界铜板接续印造会子二百万,赴南库桩管"。铜版印钞,耐印性强,不易走样,又难伪作,是最好的印版材料。

早期钞面一般包括纸钞名称、面额、流通区域、印发机构、印造时间、惩赏告示等文字和装饰性花纹、图案,有时省略某一内容,这些文字都事先铸在铜版版面上。但为防伪造、滥印,还采取其他措施,除加盖官印外,更为每张钞票加设"字号""料号",以千字文编号,类似现在纸币上的冠号。同时有印造、发行机关官员的花押(签名)。这些内容并不与其他文字同时在铜版上铸出,而是在铜版上铸出一些凹槽。临印前将相应的字以活字植入凹槽,从而形成完整版面。因印版是铜版,版上植入的活字自然是铜活字。印完一张纸钞后,需将原来的活字取出,再植入新的活字重印,如此反复操作。因此印钞过程包括铜活字铸造、排版、刷印、拆版、收字和再排版等铜活字印刷的全套工序,是由官府经营的特种印刷业务。

继交子之后,北宋又印发新钞,名曰"钱引"。《宋史·食货志》载:徽宗崇宁四年(1105)"令诸路(省)更用钱引,准新样印制,四川如旧法……时钱引通行诸路,惟闽、浙、湖广不行……大观元年(1107)诏改四川交子务为钱引务"[①]。"钱引本以代盐钞",1105年起发行,以铁钱为准备金,三年为一界,面额有一贯及五百文两种,以新样印刷,流通于京东、京西、淮南等路及京师(开封)。此时四川乃用交子,自1107年发行交子第43界起,改四川交子务为钱引务。钱引是行用时间最长(1105—1234)的宋代纸币,北宋时每界印发125.6万贯。

---

① 宋史:卷181 食货志:下[M]//二十五史:第7册.缩印本.上海:上海古籍出版社,1986:569.

元人费著(约1303—1363)《楮币谱》(约1360)谈到钱引票面形制：

> 大观元年(1107)五月,改交子务为钱引务。所铸印凡六：日敕字,日大料例,日年限,日背印,皆[印]以墨；日青面,以蓝;日红团,以朱。六印皆饰以花纹,红团、背印则[饰]以故事。

"所铸印凡六"通常被认为铸了6块铜印版,但这么多版很难整合而印在票面上。实际上应理解为版面上的6个主要内容：① 敕字,即伪造、告捕的惩赏、流通敕令；② 大料例,即票面流水编号；③ 年限,即印造年月及流通年限；④ 背印,即印在背面的面额或合同印；⑤ 青面,即票面上的图案纹饰；⑥ 红团,即装饰性人物故事图。①—④印以墨,⑤印以蓝,⑥印以朱。但费著没有提供这些内容如何构成票面的图样,只以文字叙述1161—1179年第70—79界钱引各部分内容(图7.1),从叙述中很难复原票面原貌。

图7.1　《楮币谱》所述南宋钱引票面样式①

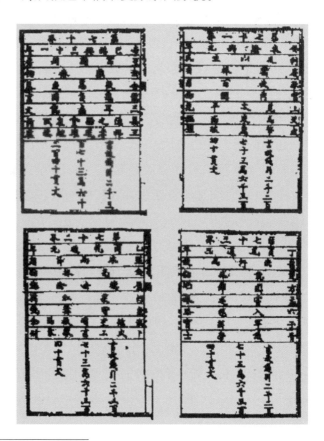

① 曹学佺.蜀中广记[M].福州.1614(明万历四十二年).

表示文字编号的"大料例"或"贴头五行料例"由五字组成有关政治、经济方面的不同用语，如"至富国财用""利足以生民"等，每界钱引有不同用语，这种编号系统不用千字文，但仍有同样作用。有人认为这是用来区别界分的[①]，恐不一定如此。因为"年号""年限"这两项已明确标出界分了。南宋自1160年又发行另一种纸币，名曰"会子"，1160—1279年流通于行在（杭州）、淮、浙、湖北等地，面额分一、二、三贯，后又有二百、三百及五百文，三年为一界，首界印1000万贯。

　　两宋纸币印版至今仍有实物遗存，20世纪30年代河南出土北宋铜铸钞币印版，高16 cm，宽9.1 cm，现只存其拓片，1938年日本钱币学家奥平昌洪在其《东亚钱志》中首次做了介绍，认为是会子铜版。此版上没有钞名，上栏有十枚铜钱，中栏文字为"除四川外，许于诸路州县公私从便主管，并同见钱七百七十陌，流转行使"，下栏为房屋及人物图，图的右上角有"千斯仓"三字。此版应两面有字，但流传的拓片（图7.2）只是一面，版的另一面拓片失落，因而诸家对其币名

图 7.2　1106—1110 年
铸北宋小钞铜印版

① 刘森.宋金纸币史[M].北京:中国金融出版社,1993:59.

说法不一。除认为是会子外，还有人认为是交子或钱引，近年来一些学者认为是北宋的"小钞"[1]。看来它不可能是钱引，因其形制与《楮币谱》所描述的钱引票面内容不相符合。票面上十枚铜钱意味着它流通于北宋徽宗崇宁、大观年间（1102—1110）使用"当十钱"的地区，这决定了它的印造时间和地点。"并同见钱七百七十陌"，与北宋初（977）以铜钱七十七为百的"省陌"制相合，则此钞版另一面应有"一贯文省"字样。

宋人谢来伯（1176—1241在世）《密斋笔记》卷1称，崇宁五年（1106）敕知通监印造小钞，三年为一界，"其样与今（南宋）会子略同"，钞面上有禁止伪造敕令、官员花押等内容。因面额从一百文到一贯，故称"小钞"。大观二年（1108）为第一界，因此上述铜版应是1108年起铸造的小钞印版。按理说，版上还应有字号，以铜活字植入，而"千斯"二字出自《千字文》，就可能是活字。否则，活字必定出现在钞版的另一面。中国历史博物馆藏南宋1161—1168年在杭州铸的会子铜版，明显植入了铜活字。此版长17.8 cm，宽12 cm，厚1.7 cm，重2700 g。版面上栏中间有"敕伪造会子犯人处//斩，[告捕者]赏钱壹仟贯。如不//愿支赏，与补进义校//尉。若徒中（同伙）及窝藏之//家，能自告首，特与免//罪，亦支上件赏钱，或//愿补前项名目者，听"。上栏左右有"大壹贯文省""第壹佰拾料"，两行字，中栏有"行在（杭州）会子库"五字，下栏为山泉图案，上部周边有花纹（图7.3）。

上述赏罚条令文字内容与《宋史·食货志》及马端临《文献通考·钱币考》所载相符。宋高宗绍兴三十年（1160）户部侍郎钱端礼（1109—1177）奉旨印造会子，三十二年（1162）定《伪造会子法》，印会子于临安（今杭州）。[2]行在会子库为都茶场会子库别称，主管印币事务。因此，这块印版铸于高宗绍兴三十一年至孝宗乾道四年（1161—1168）。版面上"第壹

① 刘森.宋金纸币史[M].北京:中国金融出版社,1993:41-43.

② 宋史:卷182　食货志:下[M]//二十五史:第7册.缩印本.上海:上海古籍出版社,1986:569.

佰拾料"中的"壹佰拾"三字排列歪斜,字形及大小与其他字明显不同,应是植入的铜活字。这是现存南宋初的铜活字实物资料。

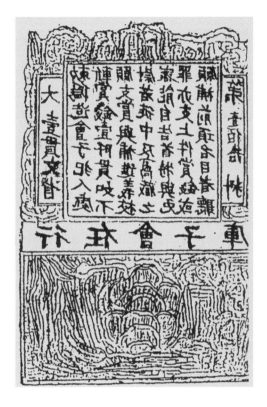

图7.3　**1161—1168年**杭州铸会子一贯面额的铜摹本(中国历史博物馆藏)

与北宋并存的金(1115—1234)是女真族建立的政权,从海陵王贞元二年(1154)起仿效北宋制度发行纸币,名曰"交钞",流通期以7年为限,到期以旧换新。金世宗大定二十九年(1189)以后改为无限期流通,直到金末,但钞名几经变更。《金史·食货志》载:

> 贞元二年(1154)迁都之后,户部尚书蔡松年复钞引法,遂制交钞,与钱并用……初,贞元间(1153—1155)既行钞引法,遂设印造钞引库及交钞库,皆设使、副、判各一员,都监二员。而交钞库副则专主书押、搭印、合同之事。印一贯、二贯、三贯、五贯及十贯五等,谓之大钞……以七年为限,纳旧易新,犹循宋张咏四川交子之法,而纾其期尔。①

① 金史:卷48　食货志:下[M]//二十五史:第9册.缩印本.上海:上海古籍出版社,1986:7034.

海陵王完颜亮(1122—1161),1153年将金都迁至燕京(今北京),因此1154—1159年交钞印造于北京,由户部交钞库主管。1160年迁都于南京(今开封)后,这个机构随之南迁,1189—1215年纸钞流通区较广,又允许地方在户部派出官监督下自行印钞。1197年起又发行一、二、三、五及七百文交钞,又称"小钞"。关于票面形制,《金史》载:

> 交钞之制:外为栏,作花纹,其上横书贯例,左曰某字料,右曰某字号。料号外,篆书"伪造交钞者斩""告捕者赏钱三百贯"。料号横栏下曰:中都(今北京)交钞库准尚书户部符,承都堂札付,户部覆点勘令史姓名押字。又曰:[奉]圣旨印造逐路[通行]交钞,于某处库纳钱换钞,更许于某处库纳换钱,官私同见钱流转。其钞不限年月行用……库掐、攒司、库副、副使各押字。[又有印造]年月日,印造钞引库库子、库司、库副、副使各押字,上至尚书户部官亦押字,其搭印支钱处合同。余用印,依常例。①

上述记载系于金世宗大定二十九年(1189)十二月条下,除"不限年月行用"一项为1189年新政之外,其他内容都反映在这以前的交钞形制。考虑到宋盐引、交子、会子或有字号,或以千字文为料例的情况,并参验1189年以后金交钞样式及诸史所载,1154—1189年的交钞票面亦当有字号、字料、面额、禁伪及赏格、流通期限、倒钞地点、印钞机构、准印文字、印钞官员书押等,文字外围或以花草纹、龙鹤为栏。②历史学家贾敬颜藏金章宗泰和年间(1201—1208)铸交钞印版残件拓片,上部有"字号""弎佰贯文""泰和""印造"等字(图7.4),是现存有年号的金交钞中最早的印版。我们对其进行了部分复原。从中可以看到"字号""字料"上部应植入两个铜活字,而官员花押部分应植入另一批活字。

---

① 金史:卷48 食货志:下[M]//二十五史:第9册.缩印本.上海:上海古籍出版社,1986:7034.
② 刘森.宋金纸币史[M].北京:中国金融出版社,1993:219.

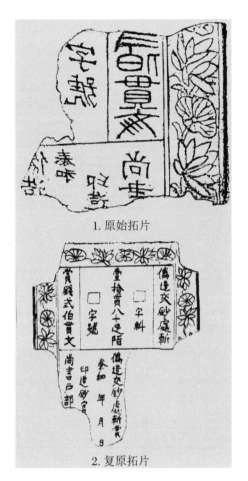

图7.4 金章宗泰和年间（1201—1208）铸交钞印版残件拓片

1. 原始拓片

2. 复原拓片

　　清代江苏太仓人徐子隐（1792—1857在世）藏金宣宗贞祐年间（1215—1216）铸贞祐宝券五贯印版（图7.5中图1），在字料上明显可见一小字"辖"为植入的铜活字[①]，此字取自《千字文》，字号上亦应有一活字，但脱落。上海博物馆藏同时铸的同样印版（图7.5中图2）是未植入活字前的状态[②]，其中只有两个官员花押随原版铸出，而徐子隐藏版则出现9个花押，这就是说此版植入了9个铜活字，其中2个供千字文编号用。《金史·食货志》载，贞祐三年（1215）七月改交钞名为"贞祐宝券"。钞名虽改，但票面形制仍与以前交钞相同。上海博物馆藏版高35 cm，宽21.5 cm，厚3 cm，重6150 g。字号、字料上各有方形凹槽[③]，高1.6 cm，宽1.3 cm，深1.5 cm，相当于一

①② 罗振玉.四朝钞币图录:卷1[M]//永慕园丛书.上虞罗氏景印本.北京:1914.
　　卫月望,等.中国古钞图辑[M].2版.北京:中国金融出版社,1992:25-26,图2-10,
　　图2-11.
③ 潘吉星.中国金属活字印刷技术史[M].沈阳:辽宁科学技术出版社,2001:41-43.

个铜活字的尺寸。凹槽并未穿透到版的背面,排除了将活字穿过凹槽捺印在钞面上的可能性。

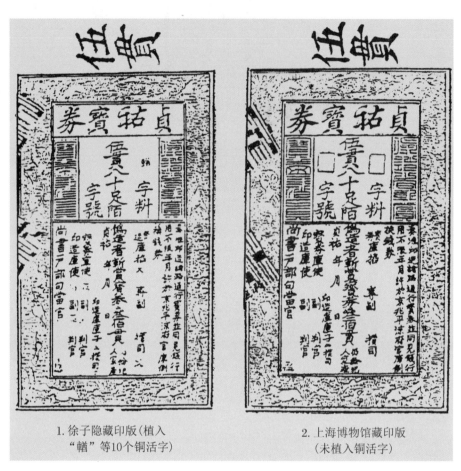

1. 徐子隐藏印版(植入
"辖"等10个铜活字)

2. 上海博物馆藏印版
(未植入铜活字)

图 7.5 金代 1215—1216 铸贞祐宝券五贯铜印版

1956年内蒙古自治区博物馆征集到出土的金代陕西东路流通的壹拾贯交钞铜铸印版,铸于1215年。从版面照片(图7.6)上明显可见至少有8个凹槽,是为植入铜活字而设的。王兰溪藏1213—1214年铸金代山东东路流通的壹拾贯交钞铜印版也有8个放活字的凹槽。[1]金代从1154年印发交钞起一直在印版中植入铜活字组成完整版面,而金又遵循北宋1039年起印发四川交子之法,宋、金纸币为铜版与铜活字组版后的印刷品,已确切无疑。文献记载和出土实物证明,中国以铜活字印刷纸币始于11世纪北宋,至12世纪又扩及

① 卫月望,等.中国古钞图辑[M].2版.北京:中国金融出版社,1992:12,图2-3.

少数民族建立的金统治区。

图 7.6　金代陕西东路
1215 年铸壹拾贯交钞
铜印版①

以铜活字为纸币编号,可取《千字文》中两字为一组,按 $m(m-n+1)/n$ 式计算,可得出 499500 种不同号数,接近 50 万个号码,足以满足需要。式中 m 为总字数 1000,n 为每组字数。再加上面额不同、流通区域不一,每个钞面都不相同。宋、金、元三朝纸币皆用千字文编号,明、清则将《千字文》中一字与数字组合,如"天字第五十号"等。除编号用字外,各官员花押也用活字,因此每印刷一套纸币,需铸出大量铜活字。宋代既然以铜活字印钞,也就能用来印书,只是这类印本书没有像钞币和钞版那样保存下来,有待今后发现。

有人说,只有以金属活字印书才是金属活字印刷,而以金属活字印钞不是金属活字印刷,理由是缺乏排版工序。② 这种说法是没有理论根据的。如前所述,将一些铜活字植入纸币印版这本身就是组版行为,没有这一步是不能印出可用

---

① 卫月望,等.中国古钞图辑[M].2 版.北京:中国金融出版社,1992:12,图 2-3.
② 曹炯镇.致潘吉星的信[Z].2000.

的钞票的。在印钞以前,中国于11世纪北宋初已发明用非金属活字排印书籍的技术,而排钞版与书版除使用活字数目有多寡不同之外,在原理和操作上并无原则上的区别。其次,不能把印刷史等同于印书史,因印刷除印书外,还包括印钞以及印制票据、契约、广告等,这都是印刷史的研究对象。开展金属活字印刷基于对活字技术原理的掌握和金属活字铸造,这两项都出现于11世纪的北宋,并首先用于印钞,用铜活字印书不过是印钞的一种技术延伸。

二、南宋的锡活字印刷

11世纪—12世纪北宋时期中国铜版印刷和铜活字印刷获得较大发展,但12世纪—13世纪南宋时因主要产铜区逐步被金占领,导致铜的匮乏,因此以锡代铜成为时代风尚。以铜钱为例,北宋一般含铜约64%、锡约9%、铅约23%,南宋铜钱中铜含量减少,锡、铅含量增加,如"夹锡钱"含铜约50%,锡、铅各含约25%。与此相对应,铜版以锡版代之,如1957年杭州西湖出土南宋孝宗淳熙十三年(1186)胡彦所制《大圆满陀罗尼神咒秽迹真言》锡印版,长27.5 cm,宽16.5 cm,厚0.65 cm,双面均有阳文反体宋代楷字,背面为另一神咒。[①]此版由信徒唐十五娘等人发愿捐资,印造经咒,使众生同出苦源(图7.7)。

1983年安徽东至县发现南宋理宗景定五年(1264)宰相贾似道(1213—1275)专权时制作的"金银见钱关子"纸币印版,据称其材料为铅铁合金。[②]但从合金技术角度观之,应为锡、铅、铜及少量铁的合金。版高22.5 cm,宽13.5 cm,厚0.4 cm,重1000 g。版面上下有纹饰,最上通栏文字为"行在榷货务对桩金银见钱关子",其下有直行三栏文字,中间为"壹贯文省"四个大字,左右两栏连读:"应诸路州县公私从便主管,每贯//并同见钱七伯七十文足,永远流//转行使。如官民户及应干官司去//""处,敢有擅减钱陌,以违制论,徒

① 金柏东.现存最早的锡印版[J].东方博物,1996(创刊号):157-160.

② 汪本初.安徽东至县发现南宋关子钞版的调查和研究[J].安徽金融史志(钱币增刊),1987(4):58-64.

贰//年,甚者重作施行。其有赍至关子,//赴榷货务对换金银见钱者,听。"(图7.8)

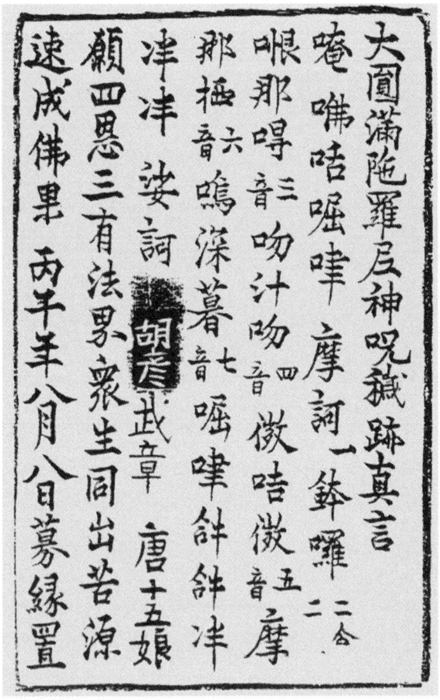

图 7.7　1957 年杭州西湖出土的南宋 1186 年铸《大圆满陀罗尼神咒秽迹真言》锡印版①

图 7.8　1983 年安徽东至县发现的南宋 1264 年发行关子的锡制试样版②

① 金柏东.现存最早的锡印版[J].东方博物,1996(创刊号):157-160.

② 汪本初.安徽东至县发现南宋关子钞版的调查和研究[J].安徽金融史志(钱币增刊),1987(4):58-64.

与此1264年关子印版同时发现的还有准敕版、颁行版、宝瓶版和四枚铜印,共8件。《宋史》卷474《贾似道传》和王圻《续文献通考》(1586)卷7都有发行金银见钱关子的记载。有人认为8件为全套印版,将8件拼接成"贾"字形印版,以与《贾似道传》所述相对应。[①]但这令人生疑,因如此拼接成的版面直高超过50 cm,不可能会印出这样大的票面。同时也不能认为8件是全套的,因为缺乏反映字号、料号的编号系统,但它们确是南宋之物,或许是试样版。[②]

南宋时既然因缺铜而以锡合金制印版,代替铜版,当然也会以锡合金铸活字,作为铜活字的代用品。元初科学家王祯在《造活字印书法》中讨论了活字印刷技术,此文成于元成宗大德二年(1298)。文内谈到木活字、泥活字和金属活字,它写道:

> 近世又铸锡作[活]字,以铁条贯之作行,嵌于盔内(植入印版内)界行印书。但上项字样(活字)难以使墨,率多印坏,所以不能久行。
>
> 今[世]又有巧便之法,造板木作印盔,削竹片为行。雕板木为字,用小细锯锼开,各作一字……然后排字作行,削成竹片夹之。[③]

王祯所说"今世又有巧便之法",指13世纪后半期元初从宋代继承下来的木活字技术经本朝改进的巧便之法,重要的改进是研制出可旋转的贮字盘。而"近世"或近代指距本朝不远的时代,如《三国志·吴志·孙登传》称:"[孙]权欲登读《汉书》,习知近代之事。"对王祯而言,他所说"近世又铸锡作活字",当是指距元初不远的南宋(12世纪—13世纪)铸锡活字印书,以代替铜活字。锡合金活字为长立方体,字身有一小孔,排版时以细铁丝贯之,将活字逐个穿联成行,植于印版上,再以薄竹片将各行活字夹紧,作为界行,以防活字移动。18世纪时清代出版《古今图书集成》所用的

---

① 张季琦.宋代纸币及其现存印版[J].中国印刷,1994,12(2):34-37.

② 刘森.宋金纸币史[M].北京:中国金融出版社,1992:149-151.

③ 王祯.农书:卷22 造活字印书法[M].上海:上海古籍出版社,1994:759-762.

铜活字字身也有小孔，以铁丝穿之成行，植于印版，正是继承南宋金属活字传统。[①]

但王祯认为锡活字不易着墨，加力刷印时纸易划破，"所以未能久行"。到底是否如此，还要具体分析。从上述宋代已成功用铜版、铜活字和锡版印书、印钞的实践来看，铜、锡合金材料着墨问题早已解决，且有相应实物出土，当不会成为发展锡活字印刷的技术障碍。12世纪—13世纪时南宋以锡活字代铜活字印书应当说是可行的。1998年江苏扬州广陵古籍刻印社以锡活字排印《唐诗三百首》的实践证明，用普通墨汁就可印书，没有出现王祯所说难着墨、划破纸的情况，此为笔者所目睹。因此，有人据王祯所述断言，中国14世纪以前使用金属活字"以失败告终"（ended in failure），从15世纪明代才开始有金属活字印刷[②]，便与历史事实相违了。

南宋人以锡版、锡活字为铜版、铜活字代用品，乃不得已而为之，因为这个偏安朝廷控制的产铜区多已失陷，为减少铜的消耗，才在合金中加大锡、铅含量。蒙古1234年灭金、1279年灭南宋后，建立统一的元帝国，控制全国各地的矿产资源，可重新铸优质的铜活字。因此王祯所说"锡活字未能久行"，应理解为在元朝时已不再以锡活字作为铜活字的代用品了。尽管如此，锡活字因价廉并未退出历史舞台，在明、清时，再次被民间印刷人所使用。

① 潘吉星.中国金属活字印刷技术史[M].沈阳:辽宁科学技术出版社,2001:52.

② CHON H B. Development process of movable metal-type printing in Korea[C]. Seoul: International Symposium on Printing in the East and West, 1997.

第二节

元、明、清的金属活字印刷

一、元代的金属活字印刷

　　1206 年成吉思汗建立的蒙古(1206—1270)崛起于漠北,1234 年灭金。1271 年忽必烈建立元朝(1271—1368),次年迁都大都(今北京),1279 年灭南宋,实行全国统治。《元史·食货志》载,中统元年(1260)元世祖忽必烈即汗位时,即仿宋、金纸币制度于开平府(今内蒙古正蓝旗)印发"中统元宝交钞"。此纸币分十、二十、三十、五十、百、二百、三百、五百文及一贯、二贯文省 10 种面额,以银为本位,二贯同白银一两,无限期流通。后因大量印造,钞值跌落,至元二十四年(1287)世祖改发"至元通行宝钞",停止印中统钞,但旧钞仍通用。武宗至大二年(1309)罢中统钞,四年(1311)仁宗即位,又恢复印造,与至元钞并行。顺帝至正十年(1350)印发新中统钞,每贯当至元钞二贯、铜钱千文。[①]

　　元人陶宗仪(1316—1396)《辍耕录》(1366)卷 19 载,南宋太学生叶李(1242—1292)景定五年(1264)上书宋理宗,指责贾似道印公田关子误国误民,贾似道黥其面,流放岭南。叶李于元至元十四年(1277)投元,二十三年(1286)应召入大都,向世祖献"至元钞样,此样在宋时固尝进呈,请以代关子,朝廷不能用。故今别改年号复献之,世皇(忽必烈)嘉纳,便用铸造,以功累官"[②]。《元史·叶李传》载,叶李字太白,号亦

---

①元史:卷 93　食货志[M]//二十五史:第 9 册.缩印本.上海:上海古籍出版社,1986:7509.

②陶宗仪.南村辍耕录:卷 19　至元钞样[M].北京:中华书局,1959:235.

愚,杭州人,1264年与太学生联合告贾似道行关子误国,放逐福建漳州。1286年元世祖闻其名,召大都问治国之道,因请立太学、定至元钞法,帝嘉纳文,多依议推行,以功累官至中书省左丞,再升至右丞相。[1]可见,他将献给南宋朝廷而遭拒绝的钞样及钞法再献给元廷,而被采纳。

至元通行宝钞分五百文、三百文、二百文、一百文、五十文、三十文、二十文、十文、五文及五贯、一贯等11种面额,每贯当中统钞五贯,二贯易银一两,二十贯易赤金一两。整个元代,纸钞通行全国,成为主要货币形式。其票面形制与金钞类似。1260—1276年在开平府以木版及木活字印钞,1276年起一律以铜版及铜活字印钞,印造于北京,今所见大量出土的元代钞币或印版,皆铜铸,再植入铜活字,版面规格约为33.2 cm×25.5 cm,印在灰色厚的桑皮纸上。版面包括钞名、面额、字料与字号、印造与发行机关、奖罚条令、发行年月等。字料、字号上各铸出凹槽,以备印钞前植入铜活字,仍以两字一组的千字文编号。每印一套宝钞,至少要铸2.2万个铜活字,从1276年起到1350年为印钞所铸字数当以十万计,铜活字印刷在印钞方面被大规模应用。

1907—1908年俄国人科兹洛夫在黑水城发现一枚中统元宝交钞壹贯文省(1000文)钞币(图7.9)。钞面最上通栏为"中统元宝交钞"6字,中栏正中为"壹贯文省"4个大字,其左右两侧各有以汉文篆字及八思巴蒙文印出的"中统宝钞""诸路通行"两行字,再往下是"陶字料"及"唐字号",而陶、唐两字取自《千字文》,为植入铜版的铜活字。原件现藏圣彼得堡艾尔米塔日博物馆,钞背面有"至正印造元宝交钞"长方墨印[2],至正(1341—1370)为元顺帝年号,这是1350年起印的新中统钞。现在还可看到元代至元通行宝钞的未植入铜活字的印版(图7.10)[3]和植有"劭""口"两个铜活字的钞票(图7.11)[4],这是1287年起印发的宝钞。类似钞版和钞票有大量实物遗存。

① 元史:卷173 叶李传[M]//二十五史:第9册.缩印本.上海:上海古籍出版社,1986:7702-7703.

② 卫月望,等.中国古钞图辑[M].2版.北京:中国金融出版社,1992:2,彩图2.

③ 卫月望,等.中国古钞图辑[M].2版.北京:中国金融出版社,1992:58,图3-26.

④ 卫月望,等.中国古钞图辑[M].2版.北京:中国金融出版社,1992:56,图3-24.

图 7.9 元中统元宝交钞壹贯现钞

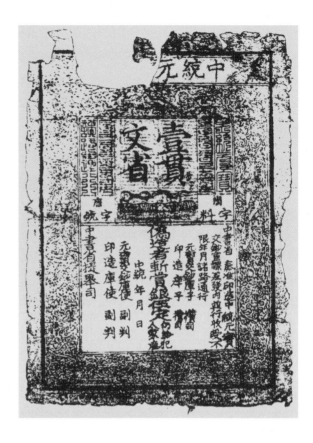

图 7.10 元至元二十四年(1287)起铸造的至元通行宝钞贰贯印版(1993 年河北平山出土)

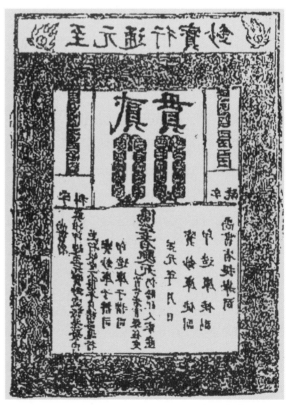

单位：cm

图7.11　元至元十三年（1276）起铸造的印钞用铜活字（据元代宝钞印版及钞面复原）

元代宝钞与金代交钞唯一不同的是钞面上没有相关官员的花押，因此印版植入的铜活字只限于字号与字料所需的字，但元代仍铸出大量铜字印押，这类实物在新疆曾有出土，今藏新疆维吾尔自治区博物馆。印押含单个八思巴蒙古字或汉字，实际上是铜活字，用于文件中，有时含蒙古字及汉字各一个，或由几个八思巴文字母组成的字，像回鹘文本活字那样。正面均呈长方形，有时为圆形。北京大学图书馆藏13世纪蒙、汉文对照的《百家姓》印本，蒙古史家蔡美彪认为，如拥有足够数量的上述铜铸印押，是可以排印出这类书的活字本的。[①]另一方面，元代以铜活字排印书籍的记载仍见诸史册。元仁宗（1312—1320）、英宗（1321—1323）时进士出身的翰林侍讲学士黄溍（1277—1357）为大都庆寿寺住持智延禅师写的塔铭中写道：

　　上（仁宗）每幸庆寿［寺］，为颜与之语，特授荣禄大夫、大司空，领临济宗事。前后赐以金玉佛像、经卷及他珍玩之物数十事。秘府所蓄名画，凡涉于佛氏故事者，悉出以示之。英宗皇帝以禅师［沐］先朝旧德，每入见，必赐坐，访以道要。命于永福寺与诸尊宿校勘三藏，将镂铜为板以传。后因屑金书藏经，虑前撰集之书或有伪滥，复命之删定焉。[②]

黄溍的记载说明，元英宗时命智延禅师和其他高僧齐集永福寺校勘佛教经典之经、律、论三大部，将以铜活字排印新版《大藏经》以传世。这条史料是史学家谷祖英（为邓广铭笔名，1907—1998）于1953年发现的，他将今通行本中"校勘三崴"，校改名为"校勘三藏"，且于此加逗号[③]，是正确的。这样可与下文"屑金书藏经"相对应，而诸尊宿校勘对象也有了交

① 蔡美彪.铜活字印刷术起源问题[N].光明日报,1954-01-09.

② 黄溍.金华黄先生文集:卷41　北溪延公塔铭[M].上海:商务印书馆,1929.

③ 谷祖英.铜活字和瓢活字的问题[N].光明日报,1954-09-25.

代。"崴""藏"两字字形相似,易刻误。但有人认为"三崴"指元英宗至治三年(1323),说拟出版的不是《藏经》,而是仁宗赐给庆寿寺住持的佛经、佛像。[1]这种理解不合原文本义,因几十种经、像无需动用各寺院高僧一校再校,也与《元史》记载相矛盾,所以高僧确是校勘三藏。这样的巨型佛教丛书不能以铜版付印,则"镂铜为板"必是以铜活字出版《大藏经》。

《元史·仁宗纪》载,仁宗崇佛尊儒,常去庆寿寺行佛事,赐其益都田170顷,延祐元年(1314)敕置印经提举司,三年(1316)升印经提举司为广福监[2],看来确有刊行《大藏经》的举措。其子英宗嗣位后继续从事这项工作,延祐七年(1320)敕增译佛典,次年赐永福寺金500两、银2500两、宝钞50万贯,是资助印造藏经的,而以永福寺为据点,命智延禅师等众僧校勘三藏,准备以铜活字排印。至治元年(1321)遣洪瀹(yuè)至高丽购求藏经纸[3],这说明其以高丽纸刷印。三年(1323)二月,藏经稿校勘完毕,帝令左丞相拜住(1298—1323)主持以泥金抄写两部。[4]抄写时发现"前撰集之书或有伪滥,复命之勘定"。待一切准备就绪时,1323年8月御史铁失发动政变,英宗和主持刊经的左丞相拜住同被杀害,致使刊经中断。这条史料记载确实说明1314—1323年元代朝廷计划以铜活字出版新校正《大藏经》已着手进行,且大部分工作已完成,待到最终印刷的关键时刻,因突发政变而功亏一篑。

二、明代的金属活字印刷

明(1368—1644)、清(1644—1911)两朝是中国传统金属活字印刷的集大成阶段,不但印刷品数量、品种和产地分布

---

[1] 张秀民.中国印刷术的发明及其影响[M].北京:人民出版社,1958:87.

[2] 元史:卷26 仁宗纪[M]//二十五史:第9册.缩印本.上海:上海古籍出版社,1986:75-76.

[3] 高丽史:卷35 忠肃王世家[M].平壤:朝鲜科学院出版社,1957:539.

[4] 元史:卷27—28 英宗纪[M]//二十五史:第9册.缩印本.上海:上海古籍出版社,1986:81,83.

上超过前代,而且在原料选择、铸造和排印技术方面也达到前所未有的水平。1368年明朝初建时,定都南京,金属活字印刷也是从印钞开始的。《明史·食货志》载:

洪武七年(1374)帝(明太祖)乃设宝钞提举司,明年(1375)始诏中书省造大明宝钞,命民间通行。[纸]以桑穰(桑皮)为料,其制:高一尺(31.1 cm),广六寸(18.66 cm);质青色。外为龙文花栏,横题其额曰:"大明通行宝钞"。其内上两旁为篆文八字曰:"大明宝钞""天下通行"。中图钱贯十串为一贯,其下云:"中书省奏准,印造大明宝钞,与铜钱通行使用。伪造者斩,告捕者赏银二十五两,仍给犯人财产。"若五百文,则画钱文为五串,余如其制而递减之。[①](图7.12)

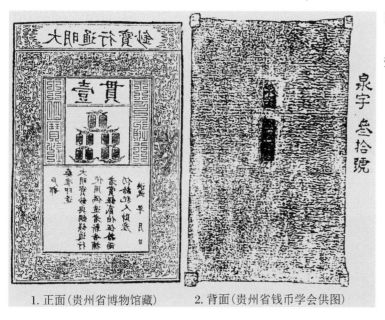

图 7.12　明洪武八年(1375)开铸的大明宝钞壹贯铜印版正面及背面

1. 正面(贵州省博物馆藏)　　2. 背面(贵州省钱币学会供图)

大明宝钞面额有一百、二百、三百、四百、五百文及一贯6种,一贯准钱千文、银一两,四贯准黄金一两。钞面承袭元代宝钞形制,但文字更为简练。与元钞不同的是,将字号、料号从正面移至背面,以《千字文》中一字与数字配组作票面连续编号。20世纪40年代南京明初工部遗址出土1375年起南京铸造的大明宝钞一贯面额的铜印版(图7.12),高32 cm,宽

① 明史:卷81　食货志:五[M]//二十五史:第10册.缩印本.上海:上海古籍出版社,1986:216.

20.8 cm，厚 1.0 cm，版面完好。此版由原中央古物保管所收藏，1937 年抗日战争爆发后，随其他古物转移到贵州，现藏贵阳市博物馆。[①]版背面有两个长方形凹槽，槽深0.5 cm，内植入"泉字""叁拾号"五个铜活字，其正面呈方形，规格为 1.3 cm×1.3 cm，高 0.5 cm（图 7.13）。据贾敬颜提供的明钞五十文印版拓片，其背面也有两凹槽，内植"永字""拾伍号"五个铜活字，字体、大小与壹贯印版上的铜活字相同。

图 7.13　印制大明钞所用的铜活字字体（1376年铸，潘吉星测绘）

单位：cm

明宝钞通行全国，无限期流通，每次印钞数百万张，明初一开始就进入以铜活字大规模印刷纸钞的高潮。明成祖于永乐元年（1403）即位后，户部奏请更钞版，将其上洪武年号改为永乐，"帝命仍其旧，自后终明世皆用洪武年号"[②]。明钞传世者较多，所印铜活字为手书体，字体优美，类似明初经厂本《贞观政要》之字，比前代有改进。其他印刷品是否也以铜活字排印，要根据需要和经济上的考虑而定。中国从宋代以来形成的印刷方式多样化的传统，即重点发展木版印刷，相应发展非金属和金属活字印刷，在明清仍在延续，这是由中国国情决定的，而不同于东西方其他国家。

明代民间以金属活字印书的积极性大于以前朝代，著名印刷集团是南直隶（今江苏省境内）的无锡华氏家族，而以华燧（1439—1513）为代表。叶德辉（1864—1927）《书林清话》（1911）卷 8 介绍华氏印刷业绩后，引起中外学者注意。其最早传记作者邵宝（1460—1527）写道：

---

① 卫月望，等.中国古钞图辑[M].2 版.北京:中国金融出版社,1992:82,84,图 4-42A.

② 明史:卷 81　食货志:五[M]//二十五史:第 10 册.缩印本.上海:上海古籍出版社,1986:216.

会通华氏讳燧,字文辉,无锡人。少于经史多涉猎,中岁好校阅[书籍]同异,辄为辨证,手录成帙。遇老儒先生,即持以质焉,或广坐通衢,高诵不辍。既而为铜板锡字以继之,曰吾能会而通之矣,乃名其所为会通馆,人遂以会通称。①

华燧的另一同时代人乔宇(1457—1524)谈到他时也写道:

悉意编纂,于群书旨要必会而通之,人遂有会通子之称。复虑稿帙漶漫,乃范铜为板,镂锡为字,凡奇书艰得者,皆翻印以行。所著《九经韵览》,包括经史殆尽。②

综上所述,华燧出身于无锡读书世家,藏书甚多,自幼涉猎经史,中年以后爱好校订诸书,加以辨证,且手录其心得成帙,著《九经韵览》等。后来便从校书转而研究刊书的金属活字印刷技术,能融会贯通,并用以出版好书。他是学者兼印刷人,因其家境富裕,有财力从事这项事业。所刊活字本书可考者有15种③,内11种有传本,多藏中国国家图书馆。较早者是《宋诸臣奏议》150卷,刊于弘治三年(1490),半页9行,每行17字,书名前有"会通馆印正"五字。其次是《锦绣万花谷》160卷,版式同前,书口有"弘治岁在阏逢摄提格(甲寅)"及"会通馆活字铜板印"字样,刊于弘治七年(1494)。次年(1495)刊《容斋随笔》74卷(图7.14)、《文苑英华纂要》84卷、《古今合璧事类前集》63卷。弘治十四年(1501)再刊《百川学海》177卷,可见华燧所刊多是大部头学术著作,具有从事大规模铜活字印刷的雄心壮志。他研制活字始于成化(1465—1487)末年,至弘治(1488—1505)初获得成功。

① 邵宝.容春堂后集:卷7 会通华君传[M]//四库全书:集部 别集.1781(清乾隆四十六年).

② 乔宇.乔庄简公集:会通华处士墓表[M]//华从智刊华氏传芳集:卷15.1572(明隆庆六年).

③ 钱存训.中国书籍、纸墨及印刷史论文集[M].香港:中文大学出版社,1992:181-183.

图 7.14　明弘治八年
(1495)无锡华燧会通馆
印铜活字本《容斋随笔》
(中国国家图书馆藏)

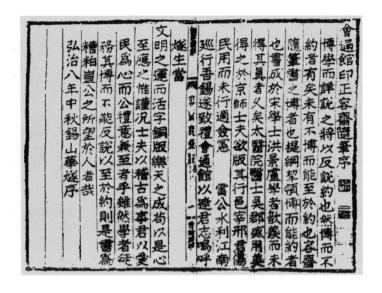

华燧所铸活字用何种材料,其说不一。有人说是铜活字[①],另有人认为是将锡活字植于铜铸印版上[②],我们主张活字材料是铜、锡、铅三元合金[③]。判断华燧用什么材料铸字,应以其自己所说为准,他明确称其版为"活字铜板",即铜活字版,而非锡活字版。从技术上看,只能是铜的合金,与铜钱成分相同。印版版框多为木制,也可用金属,如版框用铜材,可以锻焊制成。"范铜为板"指范铜字为版,不是指版框由铜铸造而成。金属活字动辄以十万计,必须铸成,岂有逐个镂刻之理。进士出身的文官邵宝、乔宇显然用错了词,并对用词作字面理解,以致以讹传讹。华燧铜活字有长体、方体及扁体,又有大、中、小三种型号,是分批铸成的,总字数一定很多。过去认为中国金属活字印刷始于15世纪明代无锡华氏,显然是不正确的。还有人说华燧研究铜活字受朝鲜影响,这是没有证据的推测。事实上在他那时代,中国使用的铜活字已有300多年持续不断的历史。围绕华氏铸字问题所出现的种种误解,都需逐个澄清,以便正确了解事实真相。

华燧还将其技术传给族人,其叔辈华珵(字汝德,1438—

① 赵万里,等.中国版刻图录:第1册[M].北京:文物出版社,1961:97-98

赵万里,等.中国版刻图录:第7册[M].北京:文物出版社,1967:599-602.

② 潘天祯.明代无锡会通馆印书是锡活字本[J].图书馆学通讯,1980(1):51-64.

③ 潘吉星.中国金属活字印刷技术史[M].沈阳:辽宁科学技术出版社,2001:87.

1514)的尚古斋于弘治十五年(1502)以铜活字印《渭南文集》50卷及《剑南稿》8卷。华燧堂侄华坚(字允刚)兰雪堂以铜活字印书5种,其中《元氏长庆集》60卷、《白氏长庆集》71卷刊于正德八年(1513),两年后(1515)刊《艺文类聚》100卷。书口有“兰雪堂”3字,卷尾有“锡山兰雪堂华坚活字铜板”等字。无锡除华氏一家外,安国(1481—1534)一家是另一活字印刷集团。据无锡《胶山安黄氏宗谱》(1922)所述,安氏先祖本黄姓,洪武年间(1368—1398)有苏州人黄茂入赘安明善家,定居于无锡胶山,四传至安国,家业殷富。安国字民泰,号桂坡,善经商,又好藏书和旅行,著《四游记》《游吟稿》。他也决定投资于印刷业,先后以铜活字出版10多种书。据宗谱卷14所载,他于正德十六年(1521)刊《东光县志》6卷,现存早期刊本有《吴中水利通志》17卷,半页8行,每行16字,书中印“锡山安国活字铜板刊行”等字,印于嘉靖三年(1524),藏于中国国家图书馆(图7.15)。从安国刊《古今合璧事类备要》(69卷)中还可看到排印工人姓名,此书出版于1524—1534年。

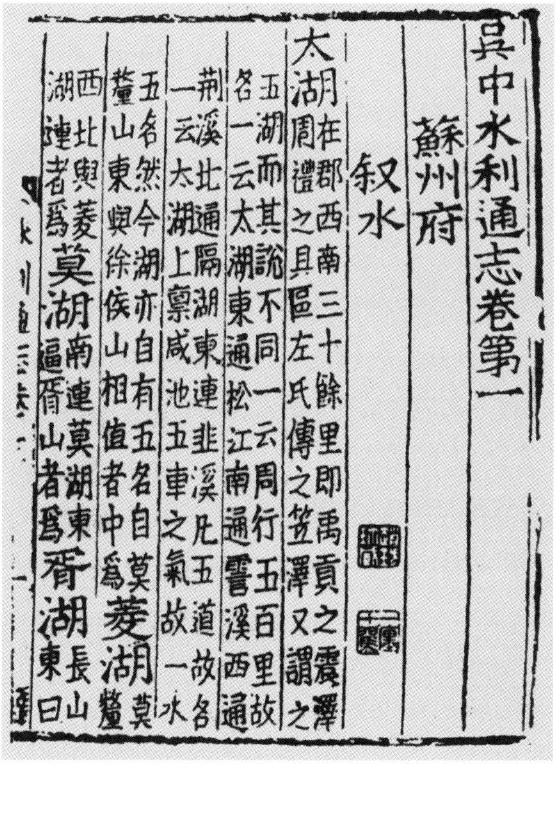
吳中水利通志卷第一
蘇州府
叙水
太湖在郡西南三十餘里即禹貢之震澤周禮之具區左氏傳之笠澤又謂之
五湖而其說不同一云周行五百里故名一云太湖東通松江南通霅溪西通
荊溪北通隔湖東連韭溪凡五道故名一云太湖上稟咸池五車之氣故一水
五名然今湖亦自有五名自莫葑山東與徐侯山相值者中爲菱湖莫鼈
西北與菱湖連者爲莫湖南連莫湖東逼胥山者爲胥湖長山東曰

图7.15 明嘉靖三年(1524)无锡安国刊铜活字本《吴中水利通志》

从史料记载和现传本观之,明代民间刊金属活字印本的地点除江苏外,还有浙江、福建等印刷大省,多由商富投资。明人陆深(1477—1544)《金台纪闻》(1505)云:"近日昆陵(江苏常州)人用铜、铅为活字,视板印尤巧便,而布置(植字)间讹谬尤易。"这是指以铜和铅(锡)的合金铸活字印书,如校对不慎,易出错误,但排印比木版巧便。"近日"指弘治、正德之际(1500—1508)。北京大学图书馆藏弘治十五年(1502)金兰馆刊铜活字本《石湖居士集》34卷,为宋人范成大原著。据考证,金兰馆为苏州某人堂名①,此本当刊于苏州。上海图书馆藏《诸葛孔明心书》一卷,为1517年浙江出版的铜活字本,书内题"浙江庆元县学教谕琼台韩袭芳铜板印行",书首有刊者题记:"兹用活套书版翻印,以与世之志武事者共之……正德十二年丁丑(1517)夏四月之吉,琼台韩袭芳题于浙东书舍。"庆元县在浙南处州府境内,与福建建宁府相邻,建宁也是铜活字印刷中心。

中国国家图书馆藏明刊铜活字蓝墨印本《墨子》15卷,卷8末印有"嘉靖三十一年岁次壬子(1552)季夏之吉,芝城铜板活字"一行字,经考证芝城即福建建宁。②此本字体为印刷字体,铸字、刷印均堪称上乘(图7.16)。同馆更藏《通书类聚尅择大全》卷16至卷19,字体与上述《墨子》相同,多印以小字,卷16尾页有"嘉靖龙飞辛亥(1551)春月谷旦,芝城铜板活字印行"诸字。建宁除府城外,所属建阳县的游榕和饶世仁两人也合伙出版铜活字本书,如万历二年(1574)刊千卷《太平御览》100部,版心下有"宋板校正,闽游氏全(铜)板活字印一百余部"及"宋板校正,饶氏全(铜)板活字印行一百余部"等字样。此前一年(1573)印《文体明辨》题记为"闽建阳游榕制活板印行",也是铜活字本。各地大型铜活字本的出版,充分显示了明代民间印刷人的出版实力。

---

① 张秀民.中国印刷史[M].上海:上海人民出版社,1989:695.
② 张秀民.中国印刷史[M].上海:上海人民出版社,1989:687-689.

图 7.16　明嘉靖三十一年（1552）福建芝城姚奎刊铜活字蓝印本《墨子》

三、清代的金属活字印刷

清初统治者对发行纸币没有兴趣,仍铸铜钱流通于社会。但清初政府主持的大规模铜活字印刷以出版巨型图书的方式出现,积5年努力编出大型图书,名《古今图书汇编》。康熙四十五年(1706)书成,五十五年(1716)进呈御览,赐名为《古今图书集成》,敕内府铸铜活字刊之。包世臣(1735—1855)《安吴论书》称:"康熙中,内府铸精铜活字百数十万,排印书籍。"①但《古今图书集成》未及出版,帝崩。皇四子、雍亲王胤禛与诚亲王争夺帝位取胜后即位,改元雍正(1723—1735),是为清世宗。他将诚亲王词臣陈梦雷逐出,命进士蒋廷锡(1669—1732)重编旧稿,雍正四年(1726)完成,六年(1728)由武英殿修书处以内府铸铜活字排印66部,名为《钦定古今图书集成》(图7.17)。

《钦定古今图书集成》共万余卷、1.6亿字,订成5020册,是当时世界上最大的百科全书,篇幅比著名的第11版《不列颠百科全书》(*Encyclopaedia Britannica*,1911)多出四倍有余。此书对研究中国传统文化和科学有重大价值,以铜活字

① 包世臣.安吴论书[M]//咫进斋丛书:第2集.1883(清光绪九年).

图7.17 清雍正四年
(1726)内府铸铜活字本
《钦定古今图书集成》

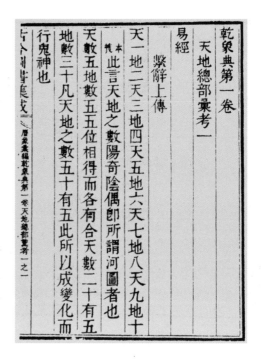

刊此巨著是印刷史上的空前壮举。该书半页9行,每行20字,大字1 cm见方,小字0.5 cm见方,均为宋体。法国汉学家儒莲,认为印这部书需活字25万个[①],这是按《武英殿聚珍版丛书》(1776)用25万个木活字而估计的,但这套丛书不足2400卷,而《钦定古今图书集成》上万卷,需铜活字100万至200万枚,即包世臣所说百数十万。活字用什么方式制成,存在两种说法,现已到最终定案的时候了。吴长元(1743—1800在世)《宸垣识略》有云:"武英殿活字板向系铜铸,为印《古今图书集成》而设。"包世臣也持同样意见。

但有人引清高宗《题武英殿聚珍版十韵》(1776)所说"康熙年间编纂《古今图书集成》,刻铜字为活板"之语,认为活字是逐个手刻的。[②]还有人发现书中同页内同一字结体有变异,认为如系铸出,不应有此现象,也主张是手刻的。[③]我们认为清人吴长元所述正确,因为自11世纪北宋以来铜活字一直为铸成,明清任何官方或民间不可能放弃已有的铸字技

① JULIEN S. Documents sur l'art d'imprime, à l'aide des planches au bois, des planches au Pierre et des types mobiles[J]. Journal Asiatique,1847,4(9):508.

② 张秀民.中国印刷史[M].上海:上海人民出版社,1989:718.

③ GILES L. An alphabetical index to the Chinese encyclopaedia[M]. London:British Museum, 1911:xvii.

术,甘愿雇工逐个手工刻出几十万至百万以上铜活字,这个基本原则适用于中外。铸字技术在中国已有400年以上历史,怎能突然发生技术大倒退,不用铸造,而以手刻?古人用语不够规范,不应依此将本来是铸成的活字说成手刻。当活字数量大时,同一字要用数范铸成,还要修整,因而同一字结体出现变异是自然的,这种情况在东西方其他国家金属活字本中也可看到,难道也认为是手刻的吗?因此,乾隆皇帝说"刻铜字为活板",也改变不了铸铜字为活版的历史做法。朝鲜国学者李圭景(1788—约1862)对18世纪清内府精铸铜活字形制有如下描述:

> 中原(中国)活字以武英殿聚珍字为最,字背不凹而平,钻孔贯穿,故字行间架如出一线,少不横斜矣。我国(朝鲜)字式则或大或小,或厚或薄,又凹字底镌(字背),不钻不贯,故字行龃龉,开帙自无尔雅之态。[①]

李圭景从出访清帝国的朝鲜使团成员与中国官员对话中得知详情,便记录下来。他指出,武英殿修书处所铸铜活字为长立方实体,正、背面平坦不凹,字身有一小孔,以铁线穿之,将活字植于印版上,防止其移动。这与前述元代人王祯关于12世纪—13世纪宋代锡活字形制的描述完全相同,可谓一脉相承。清嘉庆十一年(1806)满族人武隆阿(约1765—1831)任台湾总兵官时,曾仿铸武英殿铜活字出版《圣谕广训注》。进士姚莹(1785—1853)任台湾道台时,见过这批活字和所印的书,在致友人信中说:

> 此间(台湾)武军家(武隆阿)亦铸聚珍铜板,字亦宋体,而每板只八行,不惬鄙意。又有闽人林某作聚珍木板,每板十行,[行]十一字,皆可,较善于武刻。[②]

清代出版的《文苑英华律赋选》,即是铜活字本(图7.18),现藏中国国家图书馆。此书四卷,黑口,双鱼尾,半页10行,每行18字,手书体,字体优美。书名页有"虞山钱湘灵先生先""吹藜阁同(铜)板"字样。书首还有编选者钱

---

① 李圭景.五洲衍文长笺散稿:卷24 铸字印书辨证说[M].汉城:明文堂,1982:699.

② 沈文倬.清代学者的书简[J].文物,1961(10):61-65.

陆灿写的序,内称"于是稍简汰而授之活板,以行于世"。钱陆灿(1612—约1698),字湘灵,虞山(江苏常熟)人,顺治举人,好藏书,教授于常州、南京间,著《调运斋集》。《文苑英华律赋选》是他在常州所编,则出版单位吹藜阁当在常州[①]。19世纪前半期,福建、浙江和广东等省民间有财力者也铸字印书。清人魏崧《壹是纪始》(1834)卷9说:"活板始于宋……今又用铜、铅为活字。""今"指道光年间(1821—1850),铜指铜合金,铅指锡、铅等合金。明清人行文时,锡铅不分,铅即锡。

图7.18 清康熙二十五年(1686)常州吹藜阁刊铜活字本《文苑英华律赋选》

道光二十六年(1846)福建福清县龙田乡人林春祺(1808—?)积20年努力,用20万两银铸铜活字40万枚印书。现传本有《音学五书》中的《音论》《诗本音》共12册,另有《军中医方备要》两册。[②]《音论》卷首有林春祺写的《铜板叙》,叙述其铸字原委。书名页背后有"福田书海//铜活字板//福建侯官//林氏珍藏"四行字,在这里他用了"铜活字板"这个正确的技术术语。道光末年(1850)广东佛山唐姓一家以一万两银铸锡合金三套活字30万个(图7.19),大字规格为1 cm×1 cm,小字规格为0.6 cm×0.8 cm,高1.32 cm。咸丰二年(1852)以此出版《文献通考》348卷,近2万页,订为120册。

① 魏隐儒.中国古籍印刷史[M].北京:印刷工业出版社,1998:222.

② 张秀民.中国印刷史[M].上海:上海人民出版社,1989:722.

美国人卫三畏(Samuel Wells Williams，1818—1884)当时在广州看到这批活字并做了报道，公布了活字字样。[1]有人说唐氏借用了西洋人方法铸字[2]，这种说法是不确切的，因为根据卫三畏的介绍，唐氏所用的是中国传统方法，以木活字为铸模，用翻砂铸造法铸字。

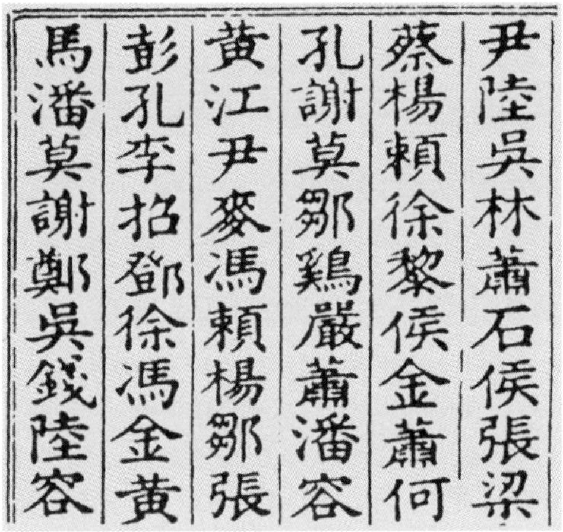

图 7.19 清道光末年(1850)广东佛山唐氏铸的锡活字[3]

四、金属活字印刷为何未能在清以前成为主流

中国从宋代以来形成的印刷传统是，重点发展木版印刷，相应发展非金属活字和金属活字印刷，此后的元、明、清三朝仍在延续。中国印刷方式多样化的特征是由本国国情决定的，而不同于其他东西方国家。金属活字印刷作为一种有发展潜力的先进印刷方式，虽起源于中国，却未能成为主流并淘汰其他印刷方式，反而与之长期并存，且木版印刷长盛不衰，直到清末才让位于金属活字印刷。为什么会出现这种现象，这需要讨论。在拥有多种印刷形式的情况下，官府或民间印刷机构采用何种形式，一般根据印刷业务需要和经济情况来考量，并不存在技术上的问题。如政府印发纸钞，必须将铜活字植入铜铸印版上。出版多种字数甚多的大型

①③ WILLIAMS S W. Movable metallic-types in China[J]. The Chinese Repository, 1850(19):247-249.

② HIRTH F. Western appliances in the Chinese printing industry[J]. Journal of the North China Branch of the Royal Asiatic Society, 1886(20):166-167.

著作,用金属活字比较合适,可避免刻大量木版,字数不太多的书还是用木版合算。

汉字是表意文字,一字一音节,由不同的字组成词句。每个汉字由一些笔画组成,而每个活字只含一字,字数又很多,常用字有2万多,加上冷僻字和重复出现的字,数目就更多,一般需10万—20万个活字才能印书。铸金属活字要先刻出几十万个木活字作为母模,再铸出同样数目的活字,所需资金较多,不但比木版、木活字生产成本高,且生产的书也比木刻本、木活字本价格高几倍。只有印出的书能卖出并及时收回成本,有利可图,坊家才肯铸字印书。铜活字本投放市场后,在价格上竞争不过其他版本,而广大读者在书肆上有各种选择余地,只要有使用价值,宁可选用便宜的版本。在民间坊家看来,印刷是商业行为,是否铸字印书,取决于是否有经济效益和是否有足够财力和人力,其紧紧盯住市场。木版印刷在中国有悠久历史,刻印技术极其成熟,木材资源丰富,木刻本质量精良,价格便宜,售完还可随时重印,满足了广大读者的需要,故乐为之。重版可能性大的书和文内有插图的书,适合用木版印刷。

有些将金属活字印刷看作一种事业的富裕的学者,愿出巨资出版家藏各种珍本秘籍。如果坊家有足够财力,想出版多种著作,印数不大,又不拟再版,可用金属活字印书。如不想进行更多投资,则用木活字或陶活字印之。活字版比木雕版优越之处是可拆版并反复以活字印书,排版时间短,但因活字数目太多,成本和一次资金投入反而增加,优越性因此被抵消。另一方面,木版上刻出的字形体优美,近似书稿手迹,木版成本相比之下较低,与活字版相比,其不足之处得到补偿。中国幅员辽阔,人口众多,对读物种类和数量上的需要大于任何其他国家,官方和民间出版机构多于外国,可以根据需要、可能和爱好刊印各种形式的版本,而且都能在庞大的市场上找到销路,因此各种印刷形式能长期并存,而木版为主、活字版为辅的发展方向是由市场的经济规律决定的,最终的决定性因素是广大读者的取向。

朝鲜与中国同属汉字文化圈国家,但在保留木版印刷的同时,侧重发展金属活字印刷,时而用木活字印刷,这是由其国情决定的。因其建国以来印刷业基本上由王廷和各级官府所垄断,民间印刷没有像中国那样普遍和发达,因人口少,对印本书的需求量也少,但对书的品种需要却较多,王廷经营的印刷机构是国内最大的出版中心,出版的书由政府分发各部门使用,且每种书一般印200—300部,不太考虑再版,随得中国新书随即印之。官办印刷所与专以营利为目的民间作坊不同,有足够财力和人力,不计较出书成本,在这种情况下使用金属活字印刷较为合适。但消耗量大的印刷品,如中国皇帝颁下的历书还是以木版翻印。

金属活字技术传入欧洲后,之所以很快取代木版印刷成为主流,是因为欧洲各国通用由二三十个字母构成的拼音文字,只要铸出几千个活字就可排印所有的书。投入的资金不到中国的1/50,反复印书,因印数少,能很快售出并及时收回生产成本。而用木版只能印一种书,比活字更费工时,卖出的书还不见得便宜。拉丁文字母虽结体简单,但圆转的笔画较多,字号又小,不易下刀,欧洲人刻木版肯定比中国人更吃力。木活字虽成本低,但刻成小号字时既困难,印刷时又没有达到足够的机械强度,而刻大号木活字印刷又浪费篇幅和纸张,所以未能持续发展下去。在中国这样一个人口最多的大国,只有在19世纪用机器生产方式大规模铸字,金属活字成本才能降低,金属活字印刷才能成为主流印刷方式,而在手工业生产时代是做不到这一点的。但在手工业生产时代,中国木版印刷虽居主流地位,所铸的金属活字数量总和仍大于朝鲜和欧洲,这是需要说明的。

第三节

金属活字铸造技术

一、铸造方式及铸模、铸范材料

中国金属活字印刷从 11 世纪—12 世纪北宋及金之际出现并使用之后,到 19 世纪清代为止,已有 700 多年持续不断的发展历史,有关实物资料也多有出土。但有关这种技术的系统记载却很少,成为印刷史研究中的一个薄弱环节。从理论上说,金属活字印刷像木活字、泥活字等非金属活字印刷一样,需经过活字制造、排版、刷印、拆版、收字和再组版等工艺,除活字制造不同外,其余工艺在原理上是相同的,而有关非金属活字技术,却有丰富的文献记载,尤其是木活字技术在排版、拆版、收字方面与金属活字相同之处更多,详见元代人王祯的《造活字印书法》(1298)和清代人金简的《武英殿聚珍版程式》(1776)。由于金属与木材在成分和性能上不同,以这两种材料制成的活字在制造方法上显然也是不同的,探讨金属活字印刷技术的关键是弄清活字的制造技术。

从理论上讲,金属活字可由镂刻和铸造两种方法制成,如前所述,由于金属材料比木材坚硬,用刻刀对几十万枚金属活字块逐个镂刻成阳文反体字,在技术和经济上是行不通的,只能用铸造方法制成,而木活字是逐个用刀刻成的。金属活字铸造原则上应与铜钱、铜印的铸造相似,而后者在中国有悠久历史,可以追溯到公元前 8 世纪,其铸造技术及图录见于明代科学家宋应星的《天工开物》(1637)等书。自古以来历代所铸的铜钱及钱范有大量出土,通过分析化验和研究,我们知道其成分和加工处理方法,对了解金属活字材料和铸造技术是有启示的。朝鲜国学者成伣(1439—1504)《慵斋丛话》(1495)卷7有关铜活字铸造技术的一段叙述,指出铜活字以木活字为母模,借翻砂铸造(sand-casting)法制成,符合中、朝两国传统技术的实际情况。1980年中国学者冯富根等人对商代青铜器铸造技术的实验研究[①]和1998年扬州古籍刻印社侯桂林等人以传统方法铸金属活字排印《唐诗三百首》的尝试,揭示了铸造过程中的一些细节。近年来韩国学者在这方面也做了类似工作,我们从美国人卫三畏对1850年广州唐氏以锡活字印书的报道[②]中,同样得知铸字技术的梗概。

中国传统金属活字印刷从19世纪后半期清末以后起,基本上已很少使用了,进入20世纪以来已完成其历史任务,退出印刷舞台,让位于近代机器生产方式的铅活字印刷,如今这种印刷方式又让位于电脑排版印刷。因此,现在看来,古代金属活字印刷成为一种失传技术和印刷技术史的研究对象。此处探讨中国传统金属活字印刷,实际上是对失传的技术做复原研究。前述各项内容为从事这种研究提供了一些必要的技术信息和线索,但并不是完整和系统的,有些地方停留于简短的叙述,缺乏对操作细节的介绍。有的技术要考虑到金属活字的特点加以变通,再通过实验予以确认。因此,探讨传统金属活字技术,还有许多研究工作要做。首先,需对有关零散的文献记载做系统考证,对出土实物做科学研究。其次,要辅之以模拟实验和科学判断。通过研究,我们弄清了中国传统金属活字铸造工艺过程、各步骤操作细节和所需工具、设备[③],现叙述于下。

活字铸造从理论上讲有两种方式:一是翻砂铸造;二是失蜡铸造(dewaxing casting)或熔模铸造(investment casting)。两者在《天工开物·治铸》中叙述有关铜钱和铜钟的铸

---

① 冯富根,王振江,等.商代青铜器试铸简报[J].考古,1980(1):91-94.

② WILLIAMS S W. Movable metallic-type in China[J]. The Chinese Repository, 1850(19):247-249.

③ 潘吉星.中国金属活字印刷技术史[M].沈阳:辽宁科学技术出版社,2001:103-126.

造方法时,都有所论述。失蜡铸造是一种精密铸造,先以石灰、泥和细砂调和,作为与被铸件外形一致的模骨(内模),干后,将熔化的牛油(80％)和黄蜡(20％)涂在内模上,再在油蜡层上刻出文字或图案。以捣碎、过筛的耐火材料细黏土和木炭调成糊状,逐层铺在油蜡上,再撒耐火砂粒,硬化后形成外模,用慢火烘烤,壳内油蜡熔化流出。内外模壳之间形成中空的铸腔(铸范),向其中浇入铜水,凝固后经修整即成铸件。[①]此法程序复杂、成本高,主要用来铸造形状复杂的佛像、钟鼎或铜印,且铸件数目甚少。铜钱造型简单,铸件数目巨大,用失蜡法在经济上并不合算,通常用翻砂法铸出。[②]铜活字造型比铜钱还简单,自然宋以后的铜活字也当用翻砂法。

翻砂铸造是一种简便而经济的方法,适于大规模铸造钱币和活字。据《天工开物》所载,铸铜钱时先以锡制成钱模,刻出阳文反体字。选用黏土、细砂和少许木炭粉为铸范造型材料,加入少量水充分糅合,放入木制长方形框架中,筑实。框架长37.32 cm、宽15.51 cm、高3.73 cm。再将钱模正面和背面交互排在框架内的砂、土面上。取另一框架,用同样的方式放满黏土和细砂,筑实,对准盖在前一框架上。将两个合拢的框架翻转过来,则钱模落在第二个框架上面。照同样的方法做成十多副框架,合拢后用绳捆定,接缝处留一圆孔,将在坩埚中熔化的铜水,逐一向孔中倒入。冷却后打开框架,铜钱像树枝上的花果那样,取下经锉磨即成成品铜钱。[③]由此可知,铜钱砂型铸造法包括:铸模制造、铸型制造、金属液浇注、落砂和清理四大步骤,铸型或铸范是在长方形砂框内形成的(图7.20)。铜活字的铸造也应与此相同,但钱模上的文字很少,且没有多大变化,可用锡质材料,而铜活字上的文字千变万化,用大量锡做字模是不合算的,只能用木质材料。换言之,铜活字的铸模是木活字。

---

① 宋应星,潘吉星.天工开物译注[M].上海:上海古籍出版社,1992:107-110,273.

② 郑家相.历代铜质货币冶铸法简说[J].文物,1959(4):68-70.

③ 宋应星,潘吉星.天工开物译注[M].上海:上海古籍出版社,1992:112-115,274-275.

图7.20 铸钱图[①]

《天工开物》叙述铸钱技术时,对有些操作细节没有讲清,如树枝状的浇道如何形成,铸型型腔形成后要将铸模从砂框中取出等,都不见于正文叙述,需要补充说明。至于铸型材料的配制及其成分,也未提及,也需补充研究。从铸造学原理分析,铸型材料必须是耐火材料,粒度细而匀,有可塑性和透气性,又廉价易得。据对出土古代铸范的实物研究,其多以黏土、旧范土、细砂等混合而制成,主要含黏土21%—33%、砂67%—74%或含黏土16%—27%、砂73%—88%[②],耐火度可达1580℃,且透气性好。黏土由含30%以上颗粒直径小于0.005 mm的矿物粒组成,塑性指数在10以上,其中50%—70%成分为二氧化硅(SiO_2),15%—20%是三氧化二铝(Al_2O_3)。砂由直径0.05—2 mm的矿物粒及岩石屑组成,主要含石英、长石、云母等,其中石英砂含石英95%,主要成分为二氧化硅,长石、云母的主要成分为含钾、钠、钙、镁、铝的硅酸盐。砂必须粉碎到其70%—80%以上物质的的粒径为0.005—0.05 mm时才可用。

---

① 宋应星,潘吉星.天工开物译注[M].上海:上海古籍出版社,1992:112-115,274-275.

② 华觉明,等.中国冶铸史论集[M].北京:文物出版社,1986:262-263.

二、铸范制造技术

黏土须于地下1m以下深度取之,晒干,用细碾碾成细粉,重重过筛,图7.20上部即描写筛选操作。对沙也以同样方法处理,但要更精细,其成分为砂,实际已呈粉状。将黏土与砂按一定比例配合,搅拌,加入适量水,以脚踩熟,还要反复揉搓。取出小块,以手试之,感到揉软不涩,可随意捏成各种形状而不断裂,即可用。否则,再调整配料,反复揉之,最后堆起。铜活字的铸范框架虽也是长方体形,但一般为铁制材料,以两个为一组,平放在平板上,将配好的黏土、细砂放入一个框架之中,放满时上面置一木板,以槌击板,使材料筑实。再据瞄准线将木活字一排排放好,按字模正反面交错的顺序码放,即前一个字模正面在上,下一个背面向上。每排字模取偶数,行行字模数目相等,排列整齐,再将字模厚度的1/2压入型砂中。

为使熔化的金属液进入铸范铸出活字,还要在铸范中压出浇道(pouring channel)。浇道由浇口、直浇道和分浇道组成,分浇道呈"人"字形,与被铸件铸腔相连。从出土的汉代五铢钱铸范可看到浇道呈树枝状(图7.21),金属活字铸范的浇道也应如此。因之需要制成浇道的树枝状铁模,将其小心放在摆好的两排木盾字模之间,浇道模高度与字模高度相当,亦有1/2压入型砂之中。亦可在型砂中先放浇道模,再依次在分浇道处放入字模,必须对准。

图7.21 铸钱和活字用的浇道模

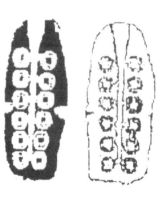
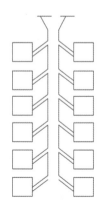

1. 铸钱用浇道模　　　2. 铸活字用浇道模

上述第一个砂框完成装沙、装模后，形成半个铸型，还要将第二个砂框套在第一个沙框上，用同法填满黏土和细砂，将前一砂框中露出的字模和浇道模埋起来并槌实。将合在一起的两个砂框翻转180°，令第一个砂框在上，将其移去，则字模和浇道落在第二个砂框上（图7.22）。用夹子将字模和浇道取出，刷洗、阴干后下次再用。如此则在两个砂框中形成中空的铸腔或铸范，并有阴文正体文字。为保证顺利从型砂中取出铸模，可在铸模上涂菜籽油，起润滑作用。如欲使活字字身有一小孔，可在上下铸范合拢前，在活

1. 将黏土及细砂装入砂框中

2. 将字模及浇道模装入砂框中，形成半个铸范

3. 放上木板并打实

4. 将另一个砂框套在上述砂框下，装入黏土及细砂，打实形成完整铸范

图 7.22 金属活字铸范制造图

字型腔中放入小铁杆作为型芯(core),铸出活字后将铁杆取出。合拢的两个砂框以绳绑紧,构成一套铸范。要准备多套铸范,以便一次能铸出许多活字。每套砂框间交接处要有浇道口,以备浇注之用。

三、浇铸技术及活字贮存

浇注前,要将金属材料在坩埚中熔化成液体。做铜活字的材料不可用纯铜,因成本高,且熔点为1083℃,不易熔化,一般用铜的合金。中国从春秋、战国(前8世纪—前3世纪)以来以铜、锡、铅三元合金用以铸铜钱,此后遂成定式,但历代合金配比有所变化。合金中含锡、铅可降低成本和熔点,如铜80%、锡20%时熔点为890℃;铜70%、锡30%时熔点为755℃。战国(前5世纪—前3世纪)成书的《周礼考工记》中载有铜合金六种配比及其应用,这类合金又称青铜。根据对出土的北宋(11世纪—12世纪)铜钱的化学分析[①],平均含铜64%、锡9%、铅23%,此外含铁2%、锌1%,铜活字的合金成分大体与此相同。南宋时因铜的供应短缺,合金中锡的含量增加,如锡25%—29%、铜50%—62%、铅8%—25%,可铸钱和活字,所铸活字称为锡活字。不同时期活字合金成分各异,但基本仍是三元合金。

对于坩埚的制造,在《天工开物·冶铸》中论铜钱铸造时有所介绍。材料为绝细的黏土、打碎的砖粉和木炭粉,土与木炭之比为7:3。黏土是耐火材料,木炭起保温作用,将两者合匀,加水,做成平口圆底状坩埚。坩埚高24.88 cm,口径3.73 cm,厚约1.5 cm,以火烧固,可容料近6 kg。将铜、锡、铅按规定的比例称重,先将铜块放入坩埚中,在熔炉内以火熔之,以活塞风箱鼓风(图7.20),再按熔点高低顺序,依次加入锡块和铅块,在800℃左右三者合金即呈液态,以铁制鹰嘴钳夹住坩埚,即可趁热浇注。

装铸范的砂框之所以要用铁制材料,是因为在大规模生产中铸范须在600℃下烧固,才能有抵抗高温合金液冷热骤

---

① 许燮章,黄绍辙.中国制钱之定量分析[J].科学,1921,6(1):1173.

变的能力,而浇注前还要预热到200 ℃左右。中国历史博物馆藏明代宝钞伍拾文陶范(图7.23),即由黏土与细砂烧固,阴文正体文字,是供浇注用的。历代出土的铜钱陶范也皆经烧固而成。活字的铸范材料黏土与砂粉烧固后发生化学变化,成为陶范,正如泥活字烧固后成为陶活字一样,称"泥范""泥活字"严格说是不科学的。将预热的各套铸范框架排放在地上,使浇口朝上,铸范与地面略呈斜角。由浇注工将盛有合金液的坩埚口对准浇道口,使熔液迅速而平稳地流入直浇道和分浇道,再流入活字型腔中。注满一范,再注入另一范;一个坩埚流完,另一坩埚继之。直到一批铸范注完为止,这道工序要有不同浇注工协调操作,且须紧张而有序地进行。

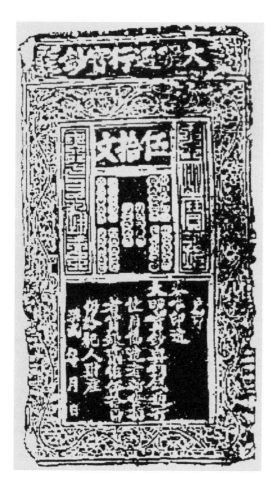

图7.23 有阴文正体字的大明宝钞伍拾文陶质铸范(中国历史博物馆藏)

浇注完成后,高温金属液在铸范内冷却,凝固成有阳文反体字的铜活字,附着于直浇道两旁的分浇道周围,浇道也由金属液填充,形成树枝状。将冷却的铸范打碎,从中取出树枝状铸件,将活字逐个取下,再除去其表面粘着的砂、毛刺等夹杂物(图7.24)。用细锉将不平处锉光,还要用铜漏子检测活字的长、宽、高是否符合标准尺寸。铜漏子是中空的长立方体检测工具,其中空部分与活字标准尺寸一致。检测后发现尺寸大者,可锉去多余部分,过小者则检出,供下次重铸。一般来说活字有大小两种型号,大号字长1—1.3 cm,宽0.7—1.3 cm;小号字长0.5—1 cm,宽0.5—1.2 cm。活字高一般为0.5—2 cm,字身呈矮立方体或长立方体,字体为印刷体或手书体,阳文凸出底面1.5—2 mm。长立方体活字字身有一小孔,排版时以铁线贯之作行,植于印版界行之中。金属活字的尺寸、形体和字体取决于字模,即刻出什么样的木活字就能铸出什么样的金属活字。

1.坩锅内熔炼铜合金

2.向铸范浇注金属液

3.从铸范中取出铸件

4.修整活字

图 7.24 金属活字铸造图

金属活字铸出后,按字韵或部首贮存、取字和收字,而排版、刷印、拆版等工序与木活字大体相同(图6.8),前已述及,此处不赘述(图7.25)。以下对刷印时所用的纸、墨作一简介。因金属活字有抗水性,用木活字印刷的水基墨汁效果不好,需要在墨汁中减少水分,加大胶的含量,即解决着墨问题。如将炭黑与牛皮胶的重量比调至100:30—100:40,即令墨汁含少量水亦可。如将墨汁的稀释剂由水代之以植物油,如菜子油、大豆油、麻油,效果更好。所用的纸以楮皮纸、桑皮纸等皮纸为好。竹纸虽便宜,但不及皮纸质优,多用于木版印刷。由于耗纸量大,一般不用上好皮纸刷印。印书时要备足纸,避免印一种书用不同来源的纸,而且从经验上说,纸、墨存放一段时间后使用,效果更好。

图 7.25　金属活字拣字排版图

1. 拣字

2. 排版

第八章 中国印刷术在世界各国的传播

第一节

中国印刷术在朝鲜半岛和日本的传播

一、朝鲜半岛木版印刷之始

事实证明,中国发明的植物纤维纸是古代最优良的书写材料,而印刷术又是古代以纸为文字载体代替手抄劳动的最先进的复制技术,因此,当中国纸和印刷品流入其他国家以后,被相继仿制,这就导致造纸术和印刷术的外传。一般来说,造纸术外传在前,印刷术外传紧跟其后,这是合乎逻辑的,因为必须在有了纸之后才能发展印刷。在讨论印刷术外传时,不能不顺便谈造纸术的外传。中国地处亚洲东部,因此,造纸术与印刷术首先传到相邻的朝鲜半岛和日本,这是很自然的。

朝鲜半岛与中国只有一江之隔,历代政权自古以来与中国有密切往来与经济、文化交流,又共同使用汉字。公元前206年汉高祖刘邦统一中国,封卢绾为燕王,辖地与朝鲜交界。公元前195年卢绾叛汉,燕乱,部将卫满率千人来朝鲜,朝鲜王箕准允其率众居半岛东部,次年(前194)卫满代箕准称王,建卫氏朝鲜(前194—前108),领有半岛北部原箕氏朝鲜故地,都于王险城(今平壤)。半岛南部由韩民族建立的马韩、辰韩和弁韩所据,合称"三韩"。卫氏朝鲜阻止附近部族与汉联系,汉元封三年(前108)发水陆军灭之,于其地置乐浪、临屯、玄菟及真番四郡进行直接统治。[①]汉始元五年(前

---

① 班固.汉书:卷95　朝鲜传:卷278　地理志[M]//二十五史:第1册.缩印本.上海:上海古籍出版社,1986:156,358.

82)将四郡合并成乐浪、玄菟二郡。在半岛置郡县期间(前108—24),大批汉官员、学者、工匠和农民来此定居,带来了汉文化和科学技术。《汉书·地理志》载,乐浪郡有6.2万户、40.6万人,辖25县,其中多数是汉人,境内通行汉语,行政及文化设置如同中国内地。20世纪以来乐浪遗址古坟出土许多丝绸、铜铁器和漆器等文物,皆来自中国内地。同时西北各地还出土了西汉古纸,由此推则乐浪等郡当时也应使用纸。

两汉之际中国处于多事之秋,无暇他顾,此时朝鲜半岛上相继建立高句(gōu)丽(前57—668)、新罗(前57—935)和百济(前18—660)三个新兴政权,从此进入三国时代(前57—668)。原玄菟郡落入高句丽控制下,汉的统治只限于乐浪,时辽东太守公孙度、公孙康父子借机割据一方,接管乐浪郡县。为与高句丽抗衡,建安十年(205)公孙康在乐浪郡南新置带方郡,辖7县(今韩国苃海道境内),接纳中原前来投奔的人。魏统一中国北方后,灭辽东公孙氏割据政权,领有乐浪、带方。继魏而起的新王朝是晋朝,此时纸已通用于中国,成为主要书写材料,此时又有大批汉人来到朝鲜半岛,随之带来了造纸术。西晋末(4世纪)高句丽趁势再攻取乐浪和带方,统一朝鲜半岛北方,因此高句丽境内在4世纪—5世纪就已生产麻纸,从事这项生产的是经辽东移居乐浪的汉人工匠。百济和新罗与中国东部海上往来频繁,且境内有数以万计的汉人,其造纸时间虽晚于高句丽,但不会晚太多,1920年新罗古坟曾有纸出土[①],也说明朝鲜半岛三国时代中期半岛即已产纸。

6世纪—9世纪隋唐时,朝鲜半岛三国与中国交往更为频密,这时中国兴起的皮纸技术促进了半岛楮皮纸的生产进一步发展。但三国之间争雄至6世纪—7世纪趋于激烈,地处东南的新罗受高句丽和百济夹击,乃向唐帝国求救。唐在三国间的调解未果,高宗乃发水陆军救新罗,660年唐与新罗灭百济,668年又灭高句丽,唐于其境内设安东都护府,镇守平壤,高句丽故地由唐派员与当地人参治,至此结束了三国时

① 关义城.手瀧纸史の研究[M].东京:木耳社,1976:372.

代,由亲唐的新罗统一半岛,进入了统一的新罗王朝(668—935),定都于金城(今韩国庆尚北道庆州)。新罗朝全面吸收唐文化,派遣一批又一批留学生和留学僧入唐学习。新罗统治者提倡儒学和汉文学,682年设国学,请中国五经博士教授生徒,788年推行科举制,出现不少文人。又从唐引来佛教律宗、华严宗、法相宗、净土宗、天台宗、禅宗和密宗,建造了一些寺塔,引来大量唐代佛经写本和刊本,广为传抄。

现存新罗最早的有年款的佛经是韩国汉城湖岩美术馆藏唐天宝十四年(755)写本《大方广佛华严经》,其卷尾用吏读文写的题记称,以香水灌在楮树根上,树长成后,剥出楮皮以造成白纸,敬写此《华严经》。这是新罗有关楮纸制造的最早记载,题记中所述香水种楮、造纸、写《华严经》的做法与唐初华严宗理论创始人法藏(643—712)《华严经传记》(约702)卷3所述内容相同。现在所能看到的新罗写本,数量并不多,而且几乎都是佛经,非宗教作品很少。由于历代战乱的影响,未能保存下来更多典籍,这是很可惜的。值得注意的是,整个新罗王朝没有留下任何一条有关印刷的文献记录,有关写本的记载却有不少。明确说明刻于新罗的印刷品或有关实物资料迄今也未发现。过去一度认为是新罗印刷实物资料者,后来经研究证明为高丽朝(935—1392)产物或唐朝传入的。

朝鲜(1392—1910)古志一度认为岭南道陕川郡海印寺藏《八万板大藏经》印版为新罗哀庄王(800—808)丁丑年所刻。但进一步查对后发现皆为高丽朝时雕造,因为许多印版上有"某某年高丽国大藏都监奉敕雕造"之刊记,且新罗哀庄王在位时并无丁丑年,因此100多年前朝鲜学者就指出这种说法是不正确的。[①]1966年韩国庆州佛国寺释迦塔内发现一卷印本佛经《无垢净光大陀罗尼经》,有人便认为它是706—751年新罗刊行的"世界现存最早印刷品"[②],并进而提出木版印刷发明于韩国的主张[③]。可是美国、日本和中国学者们经

① 李圭景.五洲衍文长笺散稿:卷24 刊书原始辨证说[M].汉城:明文堂,1982:685.

② 金梦述.世界最早木版印刷品的发现[N].朝鲜日报,1966-10-16(07).

③ 孙宝基.韩国印刷史[M].汉城:高丽大学民族文化研究所,1981:974-975.

过进一步研究,证明此经是传入新罗的唐代刻本[①],说此经是新罗刻本是缺乏有力证据的。看来由于新罗靠纸写本和从唐代传入的印本已基本满足了本国的需要,故而没有发展印刷。如果认为新罗有印刷活动,我们愿意看到有其他新的证据出现。

文献记载的实物资料显示,朝鲜半岛木版印刷技术是高丽朝前期从北宋引进的技术,开始于11世纪初,至11世纪中叶有了官方组织的大规模印刷。北宋太平兴国八年(983)完成的5049卷巨型佛教丛书《开宝藏》的刊刻工程,是促使高丽发展印刷的直接动力。美国博路德教授说中国印刷术传到日本和朝鲜半岛是通过佛教的媒介进行的[②],可谓言之有理。高丽历代统治者都笃信佛法,《开宝藏》刊毕之时,值高丽成宗(982—997)即位伊始,他鉴于新罗朝亡后,国内佛典残缺不全,遂即遣韩蔺卿等使宋,并"遣僧如可赍表来觐,请《大藏经》,至是赐之,仍赐如可紫衣,令同归本国"[③]。宋太宗淳化二年(991)高丽成宗王治再遣兵部尚书韩彦恭(940—1004)来宋,"表述[王]治意求印佛经,诏以藏经并御制《秘藏逍遥咏》《莲华》《心轮》赐之"。高丽史料亦载,"兵部尚书兼御史大夫韩彦恭奏请《大藏经》,帝赐藏经481函[④],凡2500卷,又赐御制《秘藏逍遥咏》《莲花》《心轮》还"。可见,宋太宗于989年、991年向高丽赠送两套《开宝藏》,而高丽国王要藏经的目的就是想在本国翻刻。991年藏经运到后,王迎入内殿,"遣翰林学士白思柔如宋,谢赐经及御制"。

淳化四年(993)宋太宗特派掌管图书出版的秘书丞、直史陈靖以及秘书丞刘式赴高丽,可能随带工匠传授印刷技术,他们受到成宗嘉奖,持谢函而返。为培养本国人才,成宗还派王彬、崔罕等人入宋代国子监及各道学习,淳化三年

① 潘吉星.《无垢经》:中、韩学术论争的焦点[J].出版科学,2000(4):33-41.

② GOODRICH L C. Printing: preliminary report of a new discovery[J]. Technology and Culture, 1967,8(3):376-378.

③ 宋史:卷487　高丽传[M]//二十五史:第8册.缩印本.上海:上海古籍出版社,1986:6761-6762.

④ 高丽史:卷93　韩彦恭传[M].平壤:朝鲜科学院,1958:71-72.

(992)宋太宗亲试诸科举人,授高丽留学生进士和秘书省秘书郎等职衔,放其归本国。[①]他们被授以秘书郎、校书郎等衔,说明经过专业学习已能充当图书出版机构的技术官员,归国后便成为第一批印刷业的骨干。高丽这批留学生多达40人,除学习印刷的外,还有学习天文、历算、经学、文史的。回国后,成宗遣使向宋太宗致谢,同时又上表想得到宋国子监版《九经》,用敦儒学,太宗许之。这是宋政府对高丽友好的具体表现,高丽在990—993年已从宋引进木版印刷技术和佛教、儒学方面最好的刊本为翻刻蓝本,成宗时已有了刻版印书的技术条件,所缺的是安定的社会条件。此时中国北方契丹族建立的辽(916—1125)不时南下对宋滋扰,还多次对高丽发动侵略战争,造成社会动荡不安,成宗未能实现其刊印藏经的愿望,994年在辽的压力下与北宋中止往来,997年忧郁而死。

穆宗(998—1009)嗣位,嗜酒好猎,不留意政事,在位时间很短,即被奸臣康兆所弑,未能实现先王刊经遗愿,但民间的印刷活动这时已经开始,将朝鲜半岛印刷起源时间定在10世纪后期是适宜的。现存朝鲜半岛刊行的最早印本是1007年总持寺刊《宝箧印陀罗尼经》,共一卷(图8.1),全名为《一切如来秘密全身舍利宝箧印陀罗尼经》,由唐代僧人不空译自梵典,后周显德二年(955)由五代吴越国王钱俶(929—988)刊于杭州,此本当是总持寺本的底本。其刊记中称:"高丽国总持寺主、真念广济大师释弘哲,敬造《宝箧印经》板,印施普安佛塔中供养。时统和二十五年丁未岁记。"此经由五纸连成,纸直高7.8 cm、横宽240 cm,版框直高5.4 cm、横宽10 cm,每行9—10字,卷首有一佛变图,图后为经文。统和二十五年为辽圣宗年号,相当于北宋景德四年和高丽穆宗十年,但次年(1008)起高丽又行北宋年号。此本各字大小不一,变相图线条模糊,刀法不及后期本成熟,显出古拙特征,初由金完燮收藏,现藏于日本东京国立博物馆。

---

① 宋史:卷487 高丽传[M]//二十五史:第8册.缩印本.上海:上海古籍出版社,1986:6762.

图8.1 1007年高丽刊印的《宝箧印陀罗尼经》①

高丽穆宗被弑后,显宗(1010—1031)即位,时权奸康兆杀辽属女真部95人及辽使,招来大祸。辽圣宗以此为由,1010年率契丹兵大举入侵,斩康兆,破京城(今开城)。显宗至南方避难,遂与群臣发愿,如契丹兵退,则誓刻《大藏经》。高丽翰林学士李奎板(1168—1241)就此追记曰:

因考厥初草创之端,则昔显宗二年(1011)契丹兵大举来征,显宗南行避难,[契]丹兵屯松岳(开城)不退。于是乃占群臣发无上大愿。誓刻成《大藏[经]》,然后丹兵自退。②

恰巧,辽圣宗对高丽造成严重破坏后,于1011年正月班师回朝。二月,高丽显宗还京城,随即开雕藏经,说明官版印刷草创于1011年,最早官刊本高丽《大藏经》在显宗在位时已刊出大半,至高丽宣宗(1083—1094)四年(1087)刊毕③,共约6000卷。在这过程中,辽《契丹藏》汉文本约于1068年刊毕,亦赠高丽,因而高丽《大藏经》以北宋《开宝藏》为底本,参以《契丹藏》,先后经76年功成,版存庆尚北道大邱的符仁寺,今有传本(图8.2)。

宣宗之弟王煦(1057—1101)又发起刊行另一套藏经,史称《续藏》。王煦为文宗第四子,字羲天,11岁出家,聪慧好学,兼通佛教诸宗,旁涉儒术,宣宗二年、宋神宗元丰八年(1085)偕弟子寿介乘宋商林宁的船入宋。及至汴京(今河南开封),被引至垂拱殿觐见刚即位的宋哲宗,受到礼遇,允于各地游方问法。王煦于宋哲宗元祐元年(1086)返高丽,向宣

---

① 千惠凤.韩国书志学[M].汉城:民音社,1997.

② 李奎报.东国李相国全集:卷25 大藏刻板君臣祈告文[M].汉城:朝鲜古书刊行会,1913.

③ 高丽史:卷10 宣宗世家[M].平壤:朝鲜科学院,1957:145.

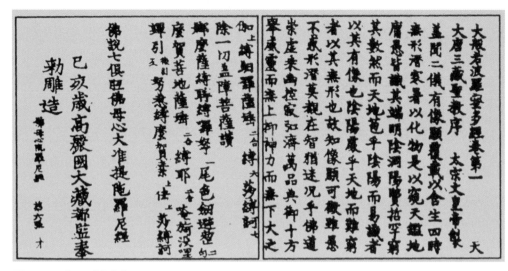

图 8.2　高丽版《大藏经》[1]

宗献上宋释典经书千卷，"又于兴王寺奏置教藏都监，购书于辽、宋，多至四千卷，悉皆刊行"[2]，肃宗六年(1101)卒，赠大觉国师。他主持的教藏都监补刻的《续藏》当于1086—1100年刊行，内题"高丽国大兴王寺奉宣雕造""海东传教沙门义天校勘"。

高丽在刊印藏经时，还刊印儒家经典(图8.3)、文史和科技作品等，同时期由中国向高丽海运的书也很多，甚至连杭州的书版也被贩运到高丽。因此，至迟从靖宗(1035—1046)时起。便开雕非宗教著作。靖宗八年、宋庆历二年(1042)"东京(庆州)副留守崔颢、判官罗旵说……奉制新刊《两汉书》与《唐书》以进，并赐爵"[3]。三年后(1045)秘书省新刊《礼记正义》《毛诗正义》。文宗十年(1056)西京(今平壤)留守请将所刊《九经》、《汉书》、《晋书》、《唐书》、《论语》、《孝经》、子史、诸家文集、医卜、地理、律算诸书置于诸学院，供士子习之，"命有司各印一本送之"[4]。文宗十二年(1058)忠州牧进新雕《黄帝八十一难经》《川玉集》《伤寒论》《本草括要》《小儿巢氏病源》《小儿药证病源十八论》《张仲卿五脏论》共95版，诏置秘阁。此后各地刊印书籍的工作进一步发展，一直持续到朝鲜朝。

① 中山久四郎.世界印刷通史[M].东京:三秀舍出版社,1930.

② 高丽史:卷97　大觉国师传[M].平壤:朝鲜科学院,1958:34-35.

③④ 高丽史:卷6　靖宗世家[M].平壤:朝鲜科学院,1959:89.

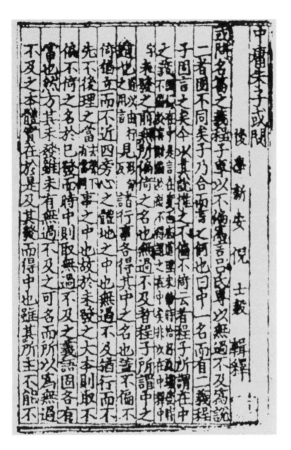

图 8.3　高丽恭愍王二十年（1371）晋州牧刊《中庸朱子或问》（高丽大学中央图书馆藏）

　　高丽版书与宋刊本版式同，用宋本为底本，由儒臣对校，刻工精细，多以楮纸印成，字体一般较大，多为官刊本。印刷地点集中于开京（开城）、东西二京、忠州牧、海州牧和南原府等地。除中国书外，还出版一些高丽人的作品，如《三国史记》《帝王韵纪》等。高丽版书虽每种刊行数量少，一般只数十册，但种类多，其中不乏善本，有的在中国已绝版，因此宋哲宗元祐六年（1091）下令购求高丽版书籍，如《尔雅图赞》《高丽志》《周处风土记》《魏略》《水经》等。[①]高丽政府主管刊书的机构是秘书省，置监、丞、校书郎、校勘、书手等职，与中国相同，下设书籍处贮存书版。秘书省将避讳文字印成文件颁发各地实施。重要的书如《册府元龟》《资治通鉴》《太平御览》等由国王任命儒臣校勘。因历代国王重视出版事业，经史子集诸书版本皆备，足以满足本国需要，高丽成了除中国以外的东方另一出版大国。

① 高丽史：卷7　宣宗世家[M].平壤：朝鲜科学院，1959：150.

　　朴文烈.馆伴求书目录经部书校勘考[J].古印刷文化，1995（2）：87-138.

高丽高宗十八年(1231),蒙古统治者窝阔台汗以其使节在高丽被杀为由,派大军压入境内,连拔40余城,藏在符仁寺和兴王寺的高丽正续藏经和经版毁于战火。1232年高宗至江华岛避难,王设消灾道场,令百官拜佛禳兵,至1235年蒙古继续用兵,将高丽沦为属国后才退兵。高宗二十二年(1235),王率百官发愿,待兵退,再雕藏经,遂设大藏都监,历经16年,至高宗三十八年(1251)功毕。计6796卷,用版8万多块,又称《八万板大藏经》。为安全起见,经版藏于岭南道(今韩国庆尚南道)陕川郡加耶山上海印寺内,至今仍呈完好状态。为节省木料,每版双面刻字,直高24 cm,横长65 cm,厚4 cm,版重2.4—3.75 kg。每版23行,每行14字,每字1.5 cm²。[①]全藏共2600万字,作经折装,每卷以千字文编号,卷尾题记无年号,只用干支,如"丁酉岁高丽国大藏都监奉敕雕造",此丁酉为南宋理宗嘉熙元年、高丽高宗二十四年,合公元1237年,类似的题记纪年有己亥(1239)、癸卯(1243)、甲辰(1244)和戊申(1248)等。这套经还传到中国,如北京图书馆藏《大乘三聚忏悔经》一册,题记为"壬寅岁(1242)高丽国大藏都监奉敕雕造"。

二、朝鲜半岛活字印刷的早期发展

高丽朝发展木版印刷之后200多年,至高丽末期(14世纪末)又从中国引进活字印刷技术,此时中国处于元明之际,朝鲜朝学者李圭景写道:

> [宋]庆历中(1041—1048),有布衣毕昇又为活板……[我东]活字之始亦自丽代,流传而入国朝(朝鲜朝)。太宗三年癸未(1403)命置铸字所,出内府铜为[活]字。按:金祗《大明律跋》,以白州知事徐赞所造刻[木活]字印书颁行,时洪武乙亥(1396),而距我太祖开国(1392)后四年,则知活字已在丽代而流入也。[②]

李圭景出身学术世家,精通中、朝学术及典章制度,堪称

① 全相运.韩国科学技术史[M].汉城:科学世界社,1966:163-164.
② 李圭景.五洲衍文长笺散稿:卷24 刊书原始辨证说[M].汉城:明文堂,1982:686.

博洽,他认为半岛活字印刷始于高丽朝末期,而将其技术源头溯至宋代,这是符合历史实际的。为了说明他的观点的正确性,此处需要做一些补充论证。如第六、七章所述,中国北宋时木版印刷已处于黄金时代,在此基础上又发展了非金属活字(木活字和泥活字)印刷和金属活字印刷。北宋与高丽保持友好关系,宋太宗时双方往来密切,木版印刷技术得以首先传入高丽。

为什么活字技术未能在高丽朝前期及时传到高丽呢?这是因为高丽受到北方邻国辽的胁迫,中止了与北宋的交往,而北宋又受到金的侵扰,最后亡于金。宋统治者在南方建立偏安朝廷,是为南宋,在与金的战争中节节失利,自顾不暇,很少与高丽往来。崛起的蒙古先与南宋灭金,再灭南宋,在全国建立统治。元代时木版印刷和活字印刷在宋的基础上继续发展,且统治高丽,因而活字技术在高丽末从中国引入朝鲜半岛。《梦溪笔谈》1166年首刊于南宋,不大可能输入高丽,但此书再刊于元大德九年(1305),肯定会流入高丽。韩国学者一般都承认高丽人通过此书而掌握活字印刷思想。但他们将沈括在《梦溪笔谈》中所说的毕昇"以胶泥刻字,薄如钱唇",理解成泥活字高度如钱唇即铜钱的边沿(2 mm),将活字以蜡质粘药植于铁制印版上。这样薄的泥活字不仅强度不大,且不易从版上脱离,所以泥活字技术未能在高丽发展。然而《梦溪笔谈》所说"薄如钱唇"实际上指泥活上刻字深度或字凸出凹面的高度,不是活字本身的高度,而活字高度为 1.0 cm 以上,这样的泥活字才有实用性,是毕昇所用者。高丽人虽未成功发展泥活字印刷,却掌握了活字印刷思想和活字排版技术。

木活字和金属活字差不多同时出现于高丽朝末期,朝鲜半岛有关金属活字的早期记载见于进士郑道传(1335—1395在世)1391年向恭让王(1389—1392)之奏文:"欲置书籍铺铸字,凡经史子书、诸经文以至医方兵律无不印出。俾有志于学者,皆得读书,以免失时之叹。"[①]恭让王准奏,"次年(1392)

---

① 郑道传.三峰文集:卷1　置书籍院铺诗并序[M]//增补文献备考:卷242　艺文考.汉城:亚细亚文化社,1972.

置书籍院,掌铸字、印书籍,有令丞"①。但高丽于同年灭亡,末代国王恭让王亦同时死去,书籍院成立后并未运作,只说明14世纪后半叶该朝有铸字印书活动,才使郑道传有此奏议。半岛现存最早金属活字印本是宣光七年(1377)清州牧兴德寺刊《佛祖直指心体要节》。此书含上、下两卷,仅存下卷,藏于巴黎国立图书馆②(图8.4)。作者景闲(1298—1374)又称白云和尚,集历代佛典故事阐述佛祖教导。宣光七年为北元年号,此时元已为明推翻,相当于明太祖洪武十年、高丽辛祸王三年。但下一年起,高丽便行用明代年号。

图8.4 **1377年高丽刊铜活字本《佛祖直指心体要节》**

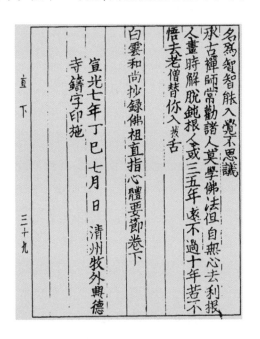

像木版印刷一样,高丽活字印刷最初也是从民间开始的。推翻高丽朝的大将军李成桂建立的新王朝即李朝,改国号为朝鲜。朝鲜建国伊始,即恢复前朝书籍院之建制,但并未很快铸字印书,最初的官刊是木活字本。李朝与明朝是两个新兴王朝,关系亲密,共同用同一年号。明洪武二十八年、朝鲜太祖四年(1395)功臣都监刊《开国原从功臣录券》木活字本(图8.5),汉城城庵古书博物馆有藏本。③此本字体不工

---

① 高丽史:卷79 百官志[M].平壤:朝鲜科学院,1958:573.

② COURANT M. Supplément à la bibliographie coréence: no. 3738[J]. Paris:Imprimerie Nationale,1901(1):70-72.

③ 千惠凤.韩国典籍印刷史[M].汉城:泛友社,1990:224-225.

整，各字排列歪斜，墨色不匀，显示朝鲜半岛早期木活字技术仍不成熟。1456年版《大明律直解》所收金祗《跋》云："付书籍院以白州知事徐赞所造刻字印出，无虑百余本，而试颁行，庶不负钦恤之意也。时洪武乙亥（1395）初吉，尚友斋金祗谨识。"可见1395年书籍院刊行的《大明律直解》也是木活字本。

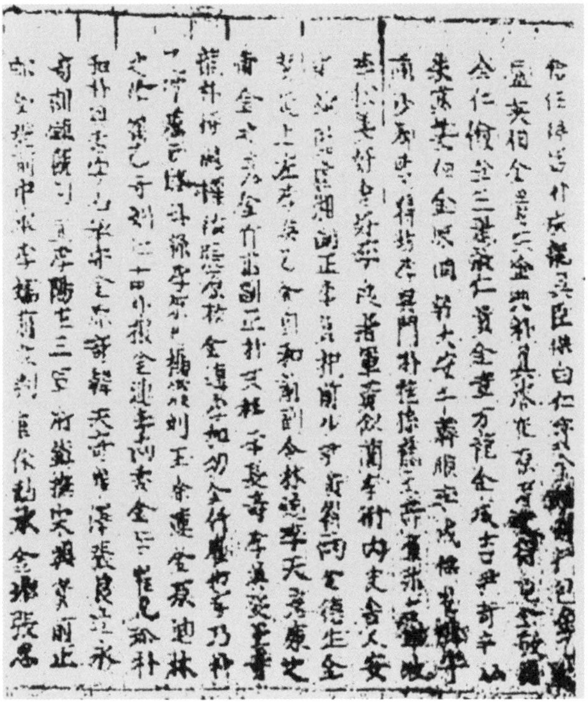

图 8.5　李朝太祖四年（1395）功臣都监刊木活字本《开国原从功臣录券》

　　高丽末期金属活字只零星使用，并未形成规模。大规模铸字印书始于朝鲜朝第二个统治者太宗（1401—1417）之时，已进入15世纪初期。太宗三年、明永乐元年（1403）命置"铸字所"于京城（今汉城），由内府及臣僚出资铸铜活字开展印刷活动。《李朝实录·太宗实录》（1431）卷5《太宗三年癸未二月庚申》条载，1403年3月4日王命"新置铸字所。上虑本国图书典籍鲜少，儒生不能博观，命置所。以艺文馆提学李稷、总制闵天疾事朴锡命、古代言李膺为提调，多出内府铜铁，又命大小臣僚自愿出铜铁，以支其用"。当时礼曹判书兼宝文殿大提学权近（1352—1409）为铸字事写《跋》，刊于1409年活字本《十一家注孙子》之书尾，又收入权近《阳村集》卷22，其中也指出铸字所建于1403年春二月以内府所藏中国刊本《诗经》《左传》以为字本，数月之内即铸出十万铜活字。这一年是癸未年，后来将官方首次铸的活字称为"癸未字"，分大字（1.4 cm×1.7 cm）及小字（1.1 cm×0.8 cm）两种。以此活字刊印的书现存有《十一家注孙子》《十七史纂古今通要》（图8.6）、《宋朝表笺总类》等。

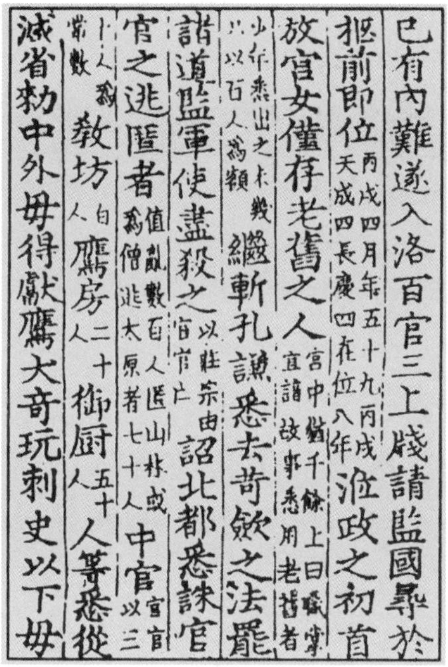

图 8.6 1403 年朝鲜刊铜活字本《十七史纂古今通要》①（韩国国立中央图书馆藏）

朝鲜王廷自太宗以来对金属活字情有独钟，想短期内刊出更多种类之书，随得随印，反复排版、拆板，用金属活字最为合适，但出版量小，一般只出三五百部。1403—1883年共铸字37次，其中铜活字30次，铅活字2次，铁活字5次。②应当说以铁铸字是朝鲜的一项发明，以铜活字与木活字混合排版也有独创性。铸字由官方垄断，民间较少参与，这是与其他国家不同的。关于活字铸造方法，李朝学者成伣（1439—1504）《慵斋丛话》（1495）卷3写道：

> 大抵铸钱之法，先用黄杨木刻活字，以海浦（海边）软泥平铺印板，印着木刻字于泥中，则其所印处凹而成字。于是合两印板，熔铜从一穴泻下，流液分入四外，一一成字。遂刻剔，重而整之。③

---

①② 千惠凤. 韩国书志学[M]. 汉城：民音社，1997：577-579.

③ 成伣. 慵斋丛话：卷3[M]//大东野乘：第1册. 汉城：朝鲜古书刊行会，1909：158.

这是说，铸铜活字之法与铸铜钱相同，都属翻砂铸造法（sand-casting），即《天工开物》（1637）冶铸章所述者。半岛铸铜钱始于高丽成宗七年、北宋哲宗崇宁元年（1102），技术引自北宋。铸字前先刻出木活字为字模，将软泥（黏土）与细砂放在砂框中，再将字模插入软泥内。以另一砂框套在有字模的砂框上，加入软泥及细砂，打实，于是在两个砂框中形成中空的有凹面正体字的铸范。将熔化的铜水浇入两框间的穴道中铸出活字，再经修整，即可用于排版。因此，朝鲜铸字方法与二三百年前中国宋代铸字方法相同，但中国活字为长立方体，朝鲜活字为矮立方体，字皆凹空，这是为了节省铜料。《慵斋丛话》还谈到朝鲜金属活字排版技术："始者，不知列字之法，融蜡于板，以字着之……其后始用竹、木填空之术，而无融蜡之费，是知人之用巧无穷也。"

可见李朝初期（1403—1420）以蜡将铜活字固定在铁制印版上，仍使用高丽朝传入的毕昇活字排版法。《李朝实录·世宗实录》（1454）卷65就此写道："然蜡本柔，植字未固，才印数纸，字有迁动，多致偏倚，随即均正，印者病之。""一日只印二十余纸。"世宗乃强令工曹参判李蕆（1375—1451）改进排版方法，于是以"竹、木填空之术"代替蜡质固字法，字皆平正、牢固，"印出虽多，字不偏倚，一日可印四十余纸，比旧为倍"。1434年世宗召李蕆于内殿，予以嘉奖，从此遂成定式。排版方法的改进发生于1420—1434年，所用的方法即元代科学家王祯《农书》（1313）中《造活字印书法》所述木活字排版法。

从以上所述可以看出朝鲜半岛金属活字印刷技术所受中国的影响，中国金属活字技术在半岛的传播可能分几个步骤进行，且持续时间很长。高丽朝末期通过《梦溪笔谈》的传入而引进泥活字制造和排版技术，又随着纸币的发行而引进金属活字技术。元世祖时（1280—1293）加速高丽的蒙古化进程，国王多讲蒙古语，取蒙古名，令全国着蒙古服饰，至迟从1276年起高丽通行元代纸币。1287年四月"元遣使，诏颁至元宝钞，与中统钞通行"[①]，1276—1290年全境通用元代宝

① 高丽史：卷79　食货二：货币[M].平壤：朝鲜科学院，1958：608-609.

钞。此时元在高丽设征东行省，所驻扎的几十万蒙、汉军队开支也用宝钞，13世纪—14世纪之际元政府在这里置宝钞提举司，掌宝钞印造、发行，印钞之法随即传入。14世纪元明之际，明洪武八年(1375)印发大明宝钞，1378年起高丽又行用明代年号，明代宝钞也在高丽流通。因纸币比高丽此前发行的其他货币更为方便，高丽决定仿元、明制度印发纸币。恭让王三年、明洪武二十四年(1391)三月，中郎将房士良奏请以楮币为货，王纳之。七月，都评议使司奏，罢弘福都监为资瞻楮货库，请造楮币曰：

> 自汉至今，代各有钱，若宋之会子、元之宝钞，则虽变钱法，实祖其遗意……宜令有司参酌古今，依仿会子、宝钞之法，置高丽通行楮货，印造流布。[①]

楮币或楮货即纸钞，资瞻楮货库相当于元、明的宝钞提举司，1391年高丽仿中国制度印发楮货时，必在币面上印出铜活字，而活字只能按中国方法铸出，已如前述。因此李朝人李裕光(1818—1888)《林下笔记》卷22云："洪武八年(1375)始制大明宝钞……今我国之楮货盖其制也。"正因这时铸出铜活字，所以同一年进士郑道传才向恭让王提出设书籍院铸字印书之奏议。然而这是高丽朝覆灭前夕，这项工作只有留待李朝太宗时去完成了。早期铜活字以泥活字排版法排版，世宗时以王祯所述竹、木填空之术排版，才完成整个中国金属活字技术传入朝鲜半岛的过程。朝鲜半岛人口少，对印本需求量少，一般印二三百部，但对书的种类范围要求较广，不大考虑再版，铸一批活字可印许多种书，又多是官刊本，因此在保留木版印刷的同时，侧重发展金属活字印刷，当铜供应不足时，就以木活字代之。中国人口众多，对印本需求量大，再版印可能性大，除官刊外还有民营印刷，印本以出售为主，有经济上的考虑，因此，在保留活字印刷的同时，着重发展木版印刷。这是由两国的不同国情所造成的。有关中国金属活字技术在朝鲜半岛传播的研究是近年来才开展的[②]，过去

---

① 高丽史：卷79　食货二：货币[M].平壤：朝鲜科学院，1958：609.

② 潘吉星.中国金属活字印刷技术史[M].沈阳：辽宁科学技术出版社，2001：156-172.

存在某些误解,需要澄清。有人提出金属活字技术最早出现于12世纪—13世纪的高丽中期,其物证之一是1913年开城德寿宫博物馆从日本古董商赤星佐七(Akahoshi Sashichi)买到的有"𡨋"字的铜铸字块(图8.7),据说从高丽王陵中掘出,但无确切旁证,现藏韩国国立中央博物馆。其化学成分与高丽海东通宝铜钱相近,于是便被断为铸于1102—1232年的"世界现存最早的金属活字"[①]。此物没有时代特征,仅从化学成分难以断代,因为化学成分相近的铜器不能证明是同一时期产物,如西汉与唐代铜镜成分相近,却相差900年,唐开元与宋熙宁铜钱成分接近,却相差300年,类似的例子很多。此物正面四边长宽不等,不呈90°直角,不具备活字形体特征,是否为印刷用活字值得怀疑。韩国学者一致认为朝鲜半岛发展活字是在《梦溪笔谈》所述毕昇活字思想传入之后,但此书1166年才首次刊于中国,在这以前高丽人不可能铸出铜活字。

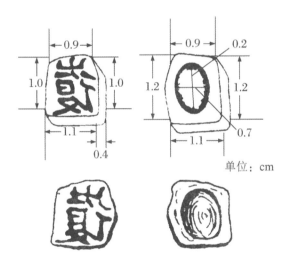

图 8.7　具有"𡨋"字的不规则铜字块及其各部位尺寸[②](韩国国立中央博物馆藏)

单位:cm

韩国学者认为朝鲜半岛铸字印书最早记载是高丽进士李奎报代宰相崔怡(1175—1249)起草的《新印详定礼文跋》。其中说崔怡之父崔忠献(1149—1219)编《详定古今礼文》抄成两本,一藏于家,一付礼官。1232年蒙古军攻高丽时,高

① SOHN P K. Early Korean typography［M］. Seoul:Po-chin-chai Co. Ltd.,1982: 62-66.

② 高丽史:卷79　食货二:货币［M］.平壤:朝鲜科学院,1958:608-609.

宗(1214—1259)迁都于江华岛,礼官未及将此《礼文》带入岛内,崔怡遂出其家藏本,"用铸字印成二十八本,分付诸司藏之"[①]。跋文题为《代晋阳公行〈新印详定礼文〉跋》,收入李奎报的《东国李相国后集》卷11,文末无年款。从字面看铸字在迁都之后,有人认为是在1234年或1241年,难以讲清。因李奎报称崔怡为晋阳公,而崔怡1234年始封为晋阳侯,1242年才进为晋阳公,李奎报又于1241年死去,死人不可能代活人起草跋文。这条史料的可信性便大打折扣,铸字时间很难确定。当时王廷避难江华岛,在兵荒马乱时是否值得或有可能只为分发28部《礼文》就在岛上铸字印书?退一步说,即令这时铸金属活字,也比中国晚100多年。

另一被广为引用的史料是崔怡为《南明证道歌》所作的《跋》,此书全名为《南明泉和尚颂证道歌》,《证道歌》由唐代禅宗僧人玄觉(约643—713)原作,以韵语阐述禅宗法门,后有南明山(今浙江新昌境内)法泉和尚以韵语作注,北宋熙宁九年(1076)由怡苍(今浙江丽水)人祝况出版。此北宋刊本传入高丽后,成为了解禅宗要旨的入门书。崔怡在跋中说,他为使此书流布,"于是募工重雕铸字本,以寿其传焉。时己亥九月上旬,中书令、晋阳公崔怡谨志"。此跋年款己亥为高丽高宗二十六年、南宋理宗嘉熙三年(1239),且有"晋阳公崔怡谨志"字样。有人将文内"募工重雕铸字本",理解为崔怡1239年在江华岛募工刻木版重刊铸字本《南明证道歌》,并认为1232年王廷迁入该岛前高丽已有金属活字技术。[②]但所谓崔怡重刊本及其底本"铸字本"都未流传下来,不知其原貌如何及是否有此跋文。现传本乃后世木刻本,是否反映崔怡本原貌,尚欠证据。

如认为现传本崔跋反映高丽本原貌,问题就出现了。己亥年(1239)崔怡是晋阳侯,他怎能自称为晋阳公?跋文只72字,怎么能出现一些常识性错字?这都难以想象。由

① 李奎报.东国李相国后集:卷11 代晋阳公行详定礼文跋[M]//金宗瑞,等.高丽史节要:卷10.汉城:亚细亚文化社,1972:3.

② SOHN P K. Early Korean typography[M]. Seoul:Po-chin-chai Co. Ltd.,1982:129.

崔怡署名的《礼文跋》和《南明证道歌跋》在他还不是晋阳公时，都提前几年为他"戴上"此头衔，是有违史实的。人们不能不对两跋的真实性产生疑问，由此认为朝鲜半岛在13世纪前半叶有铸字印书活动是不能令人信服的。即令勉强将两跋看成铸字的记载，其所提示的高丽铸字年代也比中国晚一二百年，金属活字技术仍然是中国早创的。我们承认朝鲜半岛人民对金属活字发展所做的贡献，事实是他们发展此技术在中国之后，但比欧洲先行70多年。事实表明自高丽末期（14世纪末）起才有铸字印书活动，如果仍有人坚持朝鲜半岛发明金属活字技术，那么就必须举出11世纪—12世纪以前半岛铸字印书的新证据，而实际上这是不可能做到的事。

三、日本木版印刷之始

中、日两国一衣带水，两国往来和文化交流有两千年历史。"日本"一词在中国史书中始见于《旧唐书·日本传》（945），在这以前称其为倭国。《前汉书·地理志》（83）载："夫乐浪海宁有倭人，分为百有余国，以岁时来献见。"可见西汉时日本列岛上一些部落国家一年四季都与汉帝国有往来，通过汉在朝鲜半岛所设置的乐浪等郡县所形成的媒介，从中国引进了先进的农业和手工业技术，社会生产力迅速发展，原始氏族公社制度逐步瓦解。公元前1世纪日本出现的一些部落国家为求发展，提高其地位并吞并其他小国，各自与西方大国汉帝国交往。随着兼并过程的加速，与魏交往的日本部落国家的数目减至30国，最后剩下九州的邪（yá）骀国和本州的大和国等少数国家。魏晋时纸已在中国大行于世，随着人员的交往，当会将纸和纸本文书传到日本。日本有关造纸的记载见于《日本书纪》（720）卷22《推古天皇纪》，其中写道：

> 十八年（610）春三月，高丽王贡上僧昙征、法定。昙征知《五经》，且能作彩色及纸、墨，并造碾硙（wèi），盖造碾硙始于是时欤。[1]

---

① 舍人亲王. 日本书纪：卷22 推古天皇纪[M]. 东京：岩波书店，2000：118，464.

　　17世纪以来学者通常引上述记载,认为日本造纸始于610年,且将传入造纸技术的僧人昙征当成高丽人。这种意见一度成为通说,但认真深究后,则颇多疑问。《日本纪》只是说610年来日本的昙征会造纸墨,并未说日本造纸是从他到来时才开始的,倒是说造碾硙可能始于此时,指水碓,而在这以前日本已用木碓。从昙征兼通儒典和纸墨技术的知识背景观之,他应是高句丽境内的中国僧人。19世纪人五十岚笃好《天朝墨谈》(1854)卷4指出,昙征是在书籍传入日本百多年后渡来的,在他以前已有人造纸。近几十年来,一些日本纸史学者也发表了类似意见[①],我们亦有同感。《日本书纪·履中天皇纪》载,履中四年(5世纪前半叶)"始之于诸国置国史,记言事达四方之志",同书《钦明天皇纪》称,钦明元年(540)下令在全国编制诸蕃归化人户籍。大和朝廷在各国置国史、编户籍要耗用大量纸,靠进口不一定够用,5世纪—6世纪日本有造纸的可能。

　　4世纪以后,大和政权已完成统一日本的事业,至誉田在位(4世纪—5世纪之际)时,已成世袭的大王,此即后世所谓的应神天皇。他对外将触角伸向高句丽、新罗和百济三国鼎立的朝鲜半岛,对内则加强政权、经济和文化建设,为此急需各种人才,当他得知朝鲜半岛居住很多有技能的中国人时,极力招揽他们前来日本。据奈良朝(710—794)古史原始记载,应神十四年(403)在朝鲜半岛的秦始皇后裔弓月君率大批人渡来,被称为秦人,安置于大和(今奈良),从事养蚕织丝、土木机械、造酒和农业。应神十六年(405)在百济任五经博士的汉高祖后裔王仁率人前来日本,四年后(409)汉灵帝曾孙阿知使主等人接踵而至,他们被称为汉人,从事纺织、制衣、冶炼、文书、外交工作。5世纪时大批秦人、汉人的到来构成中国文化和科学技术大规模输入日本的第一个高潮。造纸术就随这批人的到来而传入日本,我们和日本纸史家讨论后都认为日本造纸始于5世纪—6世纪,但通过秦人还是汉

① 寿岳文章.和纸の旅[M].东京:株式会社芸草堂,1973:28.
　久米康生.和纸の文化史[M].东京:木耳社,1977:7-10.
　町田诚之.和纸の风土[M].京都:骎骎堂,1981:16.

人引进造纸技术还要进一步探讨。

明确谈到日本造纸起源的早期作品是江户时代初期宽政八年(1668)出版的《枯杭集》,未署作者姓名,序中说有关事物起源知识得自宗朝法师(1454—1517),其卷2写道:"本国(日本)昔时有称为记私之人者始行抄纸,此前以木札书文,故所谓御札者,即此故事也。"和纸史家关义城在《我国最早的抄纸师》一文中首先引用这条史料[①],还指出17世纪—18世纪其他一些古物也有类似说法。但记私是何许人也,需要辨明。记私与吉师、吉士同为古代日语"きし"(kishi)之音译,日语中指对渡来的有学问的人或外交官的荣誉称号,朝鲜语中的"kisi"指王室、贵族成员或官名,虽与"吉士"对音,却与日语中的含义不同,应从日语含义理解记私所指。此人在《古事记》(712)中被谈到:"又科赐百济国,若有贤人者贡上,故受命以贡上人名和迩吉师,即《论语》十卷、《千字文》一卷,并十一卷,付是人即贡进。"[②]此处所说的和迩吉师(Wani Kishi)即《日本书纪》中所载的王仁(369—440年在世,)博士,吉师或记私是其称号,和迩即王仁之音译。王仁携《论语》郑玄注本及钟繇(151—230)撰《千字文》(约210)来日本是中国儒学传入日本之始,又从事朝廷文书工作并任皇子儒学老师,这些工作需要纸,于是就组织汉人工匠在日本就地造纸,《枯杭集》载日本始造纸实即博士王仁。[③]

王仁作为百济最博学的五经博士,被应神天皇聘到日本,受到器重,尊称为吉师,他的职务与纸有关。日本古书中称吉师的不只他一人,如难波吉师、琨支吉师,但他们是高句丽或百济王室贵族,不是学者,没有在日本从事与纸有关的工作,且渡来时间比王仁晚几十年,已在日本造纸以后。秦人中没有吉师称号者,他们从事与纸有关的图书寮工作,也是有了造纸以后的事。王仁时代所造的纸是麻纸,中国南北朝、隋唐以后皮纸大发展,造皮纸技术也随之传入朝鲜半岛和日本。飞鸟朝(592—710)圣德太子摄政(592—622)时,令

---

① 关义城.手瀧纸史の研究[M].东京:木耳社,1976:2.

② 太安万吕.古事记:中卷 应神天皇记[M].东京:岩波书店,1999:145,276.

③ 潘吉星.王仁事迹与世系考:卷8[M].国学研究,2001:177-207.

国内遍种楮树、生产楮纸,是在610年从高句丽来的中国僧人昙征的技术指导下进行的[①],因此他仍对日本造纸术发展做出了贡献。造纸业的兴起为发展印刷提供了物质基础,也促进了文教的发展。

飞鸟朝大化革新(646)之后,日本社会经济、文化迅速发展,到奈良朝达到全盛时期。此时中、日交通大开,日本遣唐史、留学生和学问僧大批来唐,将学到的一切带回本国,唐人也访问日本,两国文化交流密切。访唐的僧人带回很多印本佛经,这种可代替手抄劳动的机械复制技术在奈良朝传入日本。孝谦女皇(746—758)像唐代则天女皇那样笃信佛法,758年让位于淳仁后,自称上皇,剃发为尼,拜道镜和尚(710—772)为国师,修炼佛法。时外戚藤原仲麻吕为太政大臣,专横跋扈,受淳仁庇护。藤原于764年9月发兵叛乱,上皇平叛成功,藤原兵败被诛。同年,上皇废淳仁,复位为女皇,史称称德天皇(764—770)。叛乱初起时,上皇乃发宏愿,乱平后誓造百万佛塔,每塔各置一经咒,供奉各地。此举与则天女皇702年刊密宗典籍《无垢净光大陀罗尼经》,将其供养于佛塔中,如出一辙,供养本也相同。菅野真道(741—815)《续日本纪》(797)卷30《宝龟元年四月二十六日(770年5月25日)》条载:

> 初,[称德]天皇八年(764)乱平,乃发宏愿,令造三重小塔一百万基,各高四寸五分,基径三寸五分。露盘之下各置《根本》、《慈心》(《自心印》)、《相轮》、《六度》等陀罗尼,至是功毕;分置诸寺。赐供事官人以下、仕丁以上一百五十七人爵各有差。[②]

奈良《东大寺要录》卷4《诸院章》云:

> 神护景云元年(767)造东西小塔堂,实忠和尚所建也。天平宝字八年(764)甲辰秋九月一日,孝谦天皇造一百万小塔,分配十大寺,各笼《无垢净光大陀罗尼》摺本。[③]

---

① 关义城.手瀧和纸の研究[M].东京:木耳社,1976:2.

② 菅野真道,藤原继绳.续日本纪:卷30 宝龟元年条[M].东京:讲谈社,2000:33.

③ 秃氏祐祥.东洋印刷史研究[M].东京:青裳堂,1981:29.

　　藤原仲麻吕(706—764)(被淳仁赐名为惠美押胜)764年9月叛乱后,旬日内即被镇压,天平宝字九年(765)正月一日称德女皇为庆祝平叛胜利和重登皇位,改元天平神护,国师道镜为太政大臣。在道镜主持下,造塔纳经随即进行。从764年起到770年4月完工,共用6年时间。道镜(710—772)俗姓弓削,为归化汉人后裔,通梵、汉文,尤精于密教,曾向女皇讲密宗典籍,造塔纳经可能出于他的主意。所造佛塔为小木塔,多为三重,平均高21.5 cm,塔身均高13 cm,相轮部均高8.5 cm,上部中央有一内径2.2 cm、深8.5 cm的洞,供放经咒之用,底座直径9—10.4 cm,每塔平均重200 g左右。塔身涂有白粉(图8.8)。因塔较小,"露盘"(相轮部)之下不可能纳入整个经卷,只能放经咒。纳塔经咒取《无垢净光大陀罗尼经》内6个经咒中的4个,即《根本陀罗尼》《自心印陀罗尼》《相轮陀罗尼》及《六度(六波罗蜜)陀罗尼》,皆梵文的汉字音译。抄写百万份经咒,必耗费很多时间,为与造塔工程同步,百万份经咒由刻印印成。

图8.8　日本764—770年造百万塔及塔内所置百万枚印本陀罗尼[①]

　　完工后,塔与经咒共百万枚,每塔各放一咒,分置大安寺、兴福寺、药师寺、东大寺、西大寺、法隆寺、四天王寺、崇福寺及弘福寺等十大寺内,因历代战乱,多数已散佚,仅奈良法

① 增尾信之.印刷インキ工业史[M].东京:日本印刷インキ工业联合会,1955.

隆寺尚存4万多枚,今分藏于日本各地及海外。《东大寺要录》所说的"摺本",日语读作"すりほん"(sirihon),"すリ"即印刷,"摺本"相当汉语中的"印本"。从现存实物观之,四经咒由长版和短版两种印版印成,每版又因字数不同而尺寸各异,各咒印纸相关数据如表8.1所示。

表8.1 百万塔陀罗尼印纸相关数据

		行数	直高(cm)	全长(cm)	字面高(cm)	字面长(cm)
长版	根本陀罗尼	40	5.4—5.9	54—58	4.7—4.8	49.2—49.6
	相轮陀罗尼	23	5.4—5.5	39.7—41.1	4.5—4.6	28.1—29.9
	自心印陀罗尼	31	5.4—5.6	45.8—46.4	4.7	35.6—35.8
	六度陀罗尼	13	5.4	45.6	4.5	17.85
短版	根本陀罗尼	40	5.4—5.7	51.3—57.4	4.5—4.6	42.5—43.3
	相轮陀罗尼	23	5.4—5.8	38.8—41.9	4.5—4.6	28.1—28.2
	自心印陀罗尼	31	5.4—5.6	45.8—46.4	4.7	31.8—32.3
	六度陀罗尼	13	5.7	23	4.5	16.1

表8.1是据东京静嘉堂文库所藏40件实物测量[①]得出的,这些数据基本上反映了各经咒尺寸的变化幅度,因为在全国不同地方同时放置及操作,尺寸略有不同。四经咒印文皆为楷体,一般来说每字直高1.2 cm、横宽0.7 cm,每行5字,注释用双行小字,一版印一纸,每纸一咒(图8.9),少则79字(《六度陀罗尼》),多则200字(《根本陀罗尼》)。经化验,印纸为麻纸和楮纸,多以黄蘗染成黄色。如以奈良朝官营纸屋院产纸1.2尺×2.2尺(约36 cm×66 cm)计算,则需纸11.4万张。所用印版板材多为樱木(*Prunus pseudocerasus*),从现存遗物观之,使用两套印版,每套含8块印版。奈良朝一开始发展木版印刷,就形成很大规模,这要归因于称德女皇的魄力,为后世留下一笔珍贵遗产。她在实现这一心愿后,在工程完工的同一年(770)驾崩。

---

① 增田晴美.静嘉堂文库所藏の百万塔及び陀罗尼について[J].汲古,2000(37):8-50.

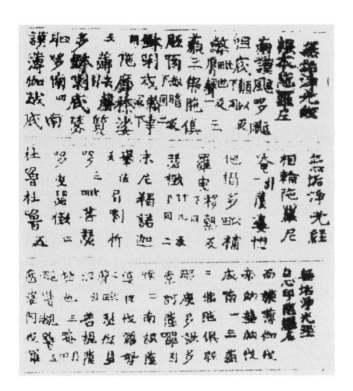

图 8.9　日本 764—770
年印刷的百万塔陀罗尼
经咒

　　奈良朝这次突如其来的大规模印刷所用的技术，是从哪里来的呢？印刷史家木宫泰彦博士写道："从当时的日、唐交通、文化交流等来推测，我认为是从唐朝输入的。"[1]另一佛教印刷史家秃氏祐祥（1879—1960）博士也指出："从奈良时代到平安时代（794—1192）与中国大陆交通的盛行和中国给予我国（日本）显著影响的事实来看，此陀罗尼的印刷绝非我国独创的事业，不过是模仿中国早已实行的做法而已。"[2]他还进而指出754年东渡日本的唐代高僧鉴真（687—763）及其一行人传授了这种技术。[3]鉴真与称德女皇、道镜有十多年时间可供往来，鉴真及其弟子充当印刷技术顾问应是自然的事。我们将奈良朝《无垢经》刊本与韩国庆州发现的唐武周刊本对比后，发现经文、异体字、版框形制、字体及用纸颜色等方面基本一致，奈良朝刊本以唐武周刊本为底本，只是将武周制字改为正体字，对个别字做了校勘。[4]在中国出现木

① 木宫泰彦.日本古印刷文化史［M］.东京：富山房，1932：17-29.

② 秃氏祐祥.东洋印刷史研究［M］.东京：青裳堂，1981：166.

③ 秃氏祐祥.东洋印刷史研究［M］.东京：青裳堂，1981：182.

④ 潘吉星.中国、韩国与欧洲早期印刷术的比较［M］.北京：科学出版社，1997：240-242.

版印刷100多年后的中唐时期,通过僧人将印刷术传入奈良朝日本,正是两国频繁文化交流的结果。

继奈良朝之后的平安朝(794—1192),原来的社会康平局面结束,没有出现前朝那样的大规模印刷活动,平安朝后期皇室政权衰微,长期内战,使该朝及前朝不少典籍毁于兵火。此时中国唐朝也在走下坡路,继五代之后新兴的北宋王朝崛起,印刷术空前发展,为日本印刷的复兴带来外来刺激。北宋雍熙三年(986),日本贵族出身的僧人奝(diāo)然(约951—1016)不喜利禄,率弟子成算等人乘宋商陈仁爽、徐仁满之船入宋求法,得宋太宗所赐宋刻本《开宝大藏经》及十六罗汉像等[①],带回国内,为日本刊经提供精美善本。木宫泰彦引平安朝后期公卿日记、文集,列举了1009—1169年出版的佛经一览表,计单本8601部共2058卷。如藤原道长(966—1027)《御堂关白记》载1009年刊《法华经》千部。《兵范记》载1169年白河上皇为皇子冥福雕印《法华经》千部,《观音贤经》《阿弥陀经》及《般若心经》等各350部,一年之内即刊印近2400部佛经。[②]以上都是在平安京(今京都)刻印的。

平安朝在南都(今奈良)也刊印佛经,如宽治二年(1088)兴福寺刊法相宗典籍《成唯识论》10卷(图8.10),今藏奈良国立博物馆。元永二年(1119)南都又刊印唐僧窥基的《成唯识论述记》。此书是注释本,为卷子本,每纸规格为26.7 cm×51 cm,版框高24.3 cm,每版40行,每行21字,刻以写经体字,题记中"模工僧观增"即刻工僧观增。此后镰仓时代(1190—1335),宋代佛教禅宗和儒家理学传入日本。宋代理学家兼治佛典,而佛僧多通"外典"(儒学),日本留宋僧人也将此学风带回国内,因而一些寺院也以宋刊本为底本翻印儒典,如陋巷子于宝治元年(1247)以宋本为底本刊《论语集注》10卷,元至二年(1322)僧素庆又翻刻宋本《古文尚书孔氏传》,这可作为僧人刊儒典的范例。这个传统持续到14世纪,

---

① 宋史:卷491 日本传[M]//二十五史:第8册.缩印本.上海:上海古籍出版社,1986:1600.

② 木宫泰彦.日本古印刷文化史[M].东京:富山房,1932:34-37.

如正平十九年(1364)僧道祐刊《论语集解》(图 8.11),今存南
宗寺。

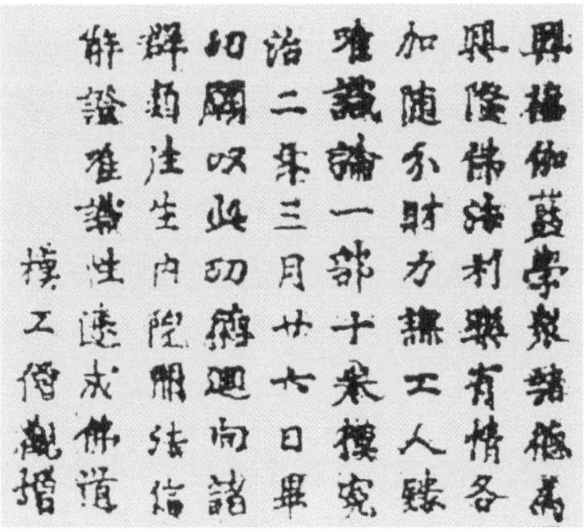

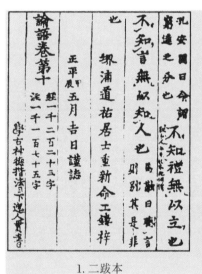

中国印刷技术史

图 8.10　1088 年日本
奈良兴福寺刊本《成唯
识论》[1]

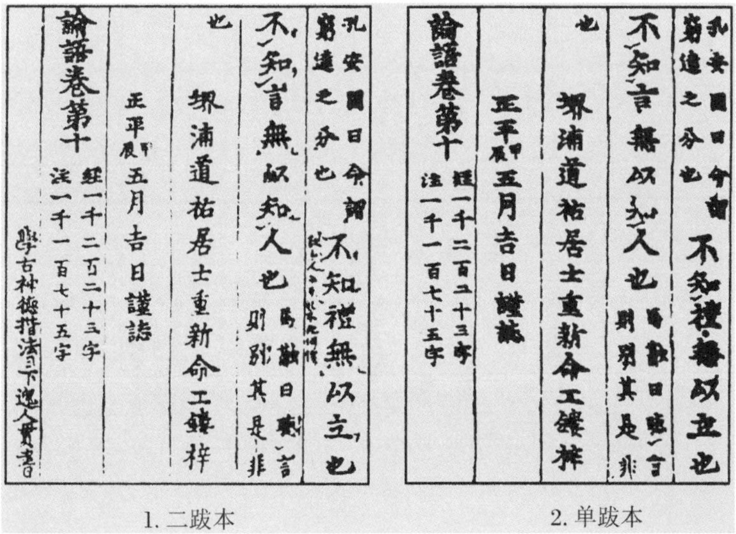

图 8.11　日本正平十九
年(1364)僧道祐刊《论
语集解》[2]

1. 二跋本　　　　　　2. 单跋本

第一节　中国印刷术在朝鲜半岛和日本的传播

14 世纪后半叶,中国元末动乱之际,东南沿海福建、浙江
印刷工随其他人一起东渡日本避难,将宋、元高度发达的印
刷技术带到日本。如福建刻工俞良甫(1340—1400 在世)、陈
孟荣、陈伯寿等在京都参加刻书工作,俞良甫除协助开龙寺
刻书外,还自行开业刻书(图 8.12)。中国刻工为京都印刷文
化带来生机,首先是印书种类多样化,除佛经外,还刊行文史

① 刻工为僧人观增,"蓝"字漫漶,为今补写。

② 中山久四郎.世界印刷通史[M].东京:三秀舍出版社,1930.

等非宗教作品,而文史书以前在日本是很少出版的。其次,日本刊本多刻手书体字,字体各异,中国人到来后,京都刻本常用仿宋版书字体即印刷字体,各笔画整齐划一。书的版面也取元刊本版式,即线装,日本称为袋缀装,更便使用与阅读。京都由元人带来的这些新的刻书、印书形式对后世日本印刷产生长远影响。室町时代(1336—1408)以前日本写本和刊本汉文书多无标点,为便于年轻人阅读,加标点和片假名注表示语法关系的训点本在应永五年(1398)约斋居士道俭出版的《法华经》中出现。17世纪以后,训点本成为主要流行印本。

图8.12 福建人俞良甫在京都所刊图书①

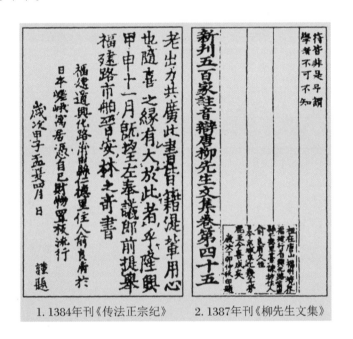

1. 1384年刊《传法正宗纪》 2. 1387年刊《柳先生文集》

四、日本活字印刷之始

日本8世纪发展木版印刷,但镰仓时代以后不时发生内战,与中国往来一度减少,没有及时发展活字印刷技术。到16世纪末的安土桃山时代(1573—1600)后期,才通过朝鲜半岛引进中国活字技术。在此以前,意大利耶稣会士范礼安(Alexandre Valignani, 1538—1606)1590—1592年从澳门来日本传教,随带西洋印刷工、西文活字及印书机在九州及长

① 中山久四郎.世界印刷通史[M].东京:三秀舍出版社,1930.

崎活动。范礼安在日本称伴天连,为Valignani之谐音,基督教日语称吉利支丹(キリシタン),为Christian音译。他以活字印过一些西文和日文书,称吉利支丹版。但印刷技术掌握在少数西人手中,不久禁教令下,他们很快离境,因而对日本印刷没有产生多大影响。

对日本产生影响的是中国系统的活字技术,很快就扎根于社会。1586年丰臣秀吉(1537—1598)任太政大臣后,文禄元年壬辰(1592)发动侵略朝鲜国的战争,受到明朝和朝鲜联军抵抗,以失败告终。但日军在朝鲜看到以活字印书的新事物,遂将活字版书和数以万计的铜活字带回本国,文禄二年(1593)以铜活字印《古文孝经》一卷,这是日本以活字印书之始,此书今已失传。这时日本当局还不知道范礼安已在九州悄悄用西洋活字机印过吉利支丹异教书。当时后阳成天皇(1586—1610)好文学,《古文孝经》是他下令刊行的。在他鼓励下,1597年还以木活字刊《锦绣段》和《劝学文》(图8.13),1599年刊《日本书纪·神代纪》,都属官刊本。今将《劝学文》题记原文和我们的译文列下:

> 命工每一梓镂一字,棋布之一板印之。此法出朝鲜,甚无不便。因兹模写此书。庆长二年八月下澣。

> 兹命刻工在每一木活字块上刻出一字,再将活字植于一块印版上,然后印刷,这种方法从朝鲜得到,甚为方便,因而用来印此书。庆长二年(1597)八月下旬。

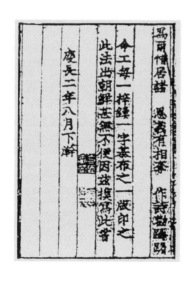

图 8.13　1597 年日本出版的木活字本《劝学文》

题记中的"模写"是日本古代技术术语,即汉语中的印刷,不可按字面意思理解。江户时代(1603—1868)日本木版印刷和活字印刷全面发展,幕府统治者德川家康(1542—1616)致力于经济和文化建设,社会相对安定,与中国恢复往日频繁交流的传统。德川家康注重儒学尤其是朱子学,使之成为官学,设国家图书馆,在伏见城建学校,庆长四年(1599)以10万木活字刊《孔子家语》《六稻》等书,8年内刊8种80册,称伏见版。家康在世时,1603—1616年还以铜活字印书,如1607年山城守直江兼续(1560—1619)在京都法要寺以铜活字刊《六臣注文选》61卷。1615年德川家康于骏府(今静冈)视政时,令大儒林罗山(1583—1657)主持以大小铜活字排印《大藏一览》125部,次年(1616)再刊《群书治要》60部(图8.14)。所用铜活字多来自朝鲜,不足部分由旅日的中国人林五官补铸[1],先后补铸大小铜活字1.3万枚。林五官1574年从福建来日本,直接参加了日本早期铸字活动,有人说他是朝鲜人,纯属误解。

图8.14　1616年日本用朝鲜铜活字排印的《群书治要》[2]

庆长十二年(1605)京都嵯峨的角仓素庵和本阿弥光悦以平假名木活字出版平安朝的古典文学名著《伊势物语》,版框规格为19.2 cm×26.4 cm,有时上、下两字连笔,且配有木版插图(图8.15)。用纸也相当考究,以云母笺刷印,纸上还有砑花图案。此后一些年还出版了一些其他书。江户时代与前代不同,出版佛经不再是印刷主流,但刊刻《一切经》或《大藏经》的巨大工程此处不能不提,这是历代僧人宿愿,但一直未能如愿。宽永十四年(1637)大僧正天海(1536—

---

①② 印刷博物馆.江户时代の印刷[M].东京:凸版印刷株式会社,2000:88-89.

1643)受幕府第三代将军德川家兴之命,于东睿山宽永寺主持刊行《一切经》,由幕府出资,积12年努力,于庆安元年(1648)三月告成,共1453部、6323卷、665函,刻工及用纸皆精,世称天海本或宽永寺本。这是日本第一部官版《大藏经》,也是日本藏经开版之嚆矢。天海本还是木活字[1],其意义更大。在这以前,中国、高丽虽多次刊藏经,但皆为雕版,活字版藏经是从日本开始的。

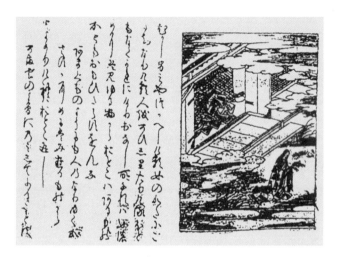

图8.15　江户时代嵯峨版木活字《伊势物语》

第二节

中国印刷术在亚非其他国家的传播

一、越南印刷术的早期发展

越南与中国广西、云南陆上相连,自古与中国有密切联系。越南民族是分布于长江中下游地区古代百越之一支,后

---

① 川濑一马.古活字版の研究:第1册[M].东京:日本古书籍商协会,1967:32-38.

迁移至今越南境内北部,形成一些部落,出现瓯雒(ōu luò)国和南越国。汉武帝元鼎六年(前111)灭南越国,于其地置交趾、九真及日南等郡,从此以后直到北宋初千余年间越南与中国受同一封建朝廷统治,用同样年号和汉字。东汉时,广西博学之士士燮(137—226)任交趾太守,任内40年(187—226)进一步发展文化教育,又收留大批汉人工匠、农民和学者,境内文教为之一盛,造麻纸技术这时从中国内地被引入交趾境内。三国吴(222—280)孙权封交趾太守士燮为卫将军及龙编侯,将交趾、九真及日南合并为交州,由士燮、士一兄弟掌权,此时交州又从广州引进造皮纸技术。

唐代以后,印刷品陆续传入越南,包括佛经和历书等,宋代以后刊本继续流入。《宋史·真宗纪》称,景德三年(1006)"交州来贡,赐黎龙廷《九经》及佛氏书",黎龙廷为越南前黎朝(980—1009)统治者,宋真宗赠他的儒家《九经》和佛典都是宋代官刻本,后者可能是《开宝大藏经》。1075年起越南推行科举取士制度,对读物的需求增加,单靠进口印本已满足不了需求,于是从中国引进印刷技术。越南印刷起于何时,仍有待研究,但至迟从13世纪越南陈朝(1225—1400)初即以木版印制户籍。越南史家吴士连(1439—1499在世)《大越史记全书》(1479)《陈纪二》中写道:

> [陈明宗]大庆三年(1316)阅定文武官给户口有差,时阅定官见木印帖子,以为伪,因驳之。上皇闻之曰:此元丰(1251—1258)故事,乃官帖子也。因谕执政曰,凡居政府而不谙故典,则误事多矣。

这里所说的木印帖子,指1251—1258年陈太宗以雕版印制的户口簿,此后陈英宗(1293—1313)1295年遣中大夫陈克用使元,求得《大藏经》一部,1299年天长府(今南定)刊印了其中部分佛经。阮朝(1802—1945)国史馆总裁潘清简主修的《越史通鉴纲目》(1884)卷8《陈纪》载:

> 英宗七年(1299)颁释教于天下,初(1295)陈克用使元,求《大藏经》及回,留天长府,副本刊行。至是(1299)又命印行佛教法事道场、公文格式,颁行天下。

《越史通鉴纲目》卷37《黎纪》称,后黎朝(1428—1527)太宗绍平二年(1435)官刊《四书大全》,以明刊本为底本。黎圣宗(1460—1497)光顺八年(1467)又颁《五经大全》及诸史、诗林、字汇等印本,刊书地点集中于历代京城河内,除官刊本外,还有私人坊家出版的大众所需的书。越版书主要是汉文和汉文的字喃注本。字喃(chum-nom)是13世纪初李朝末期用汉文笔画和造字方法创造的记录越语的方块象声文字。字喃注本在后来印本中经常出现(图8.16)。19世纪时阮朝(1802—1945)定都于顺化,因此这里也成为另一印刷中心,出版过文史、宗教和科技著作,如黎有卓(1720—1791)的《海上医宗心领全帙》,现藏中国国家图书馆。越版书版式与中国印本相同,但传世者数量不多。

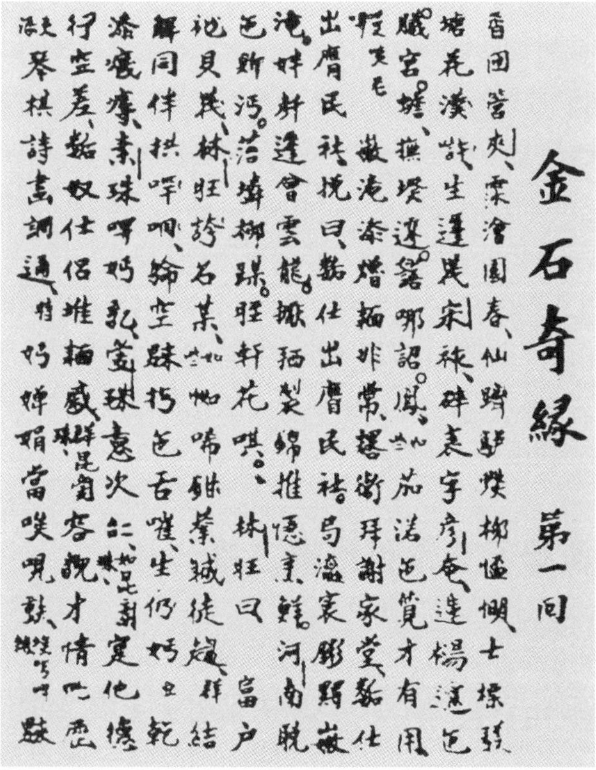

图8.16 **19世纪越南刊夹杂汉字书写的字喃《金石奇缘》刻本**

《大越史记全书》卷8《陈纪》还记载14世纪末陈朝末年发行纸币的事:

> 顺宗九年(1396)夏四月,初行通宝会钞。其法十文幅面面藻,三十文幅面木浪,一陌(100文)画云,二陌画龟,三陌画麟,五陌画凤,一缗(1000文)画龙。伪造者斩,田产没官。印成,令人换钱。

陈朝顺宗九年值明太祖洪武二十九年(1396),此次,发行纸币依少保王汝舟之议,仿大明通行宝钞制度,币名通宝会钞。印成后,令收京城及各地铜钱入国库,禁止民间私藏、私用铜钱,伪造钞者处斩。票面有10文、30文、1陌、2陌、3陌、5陌及1缗(1000文)7种,各饰以不同图案,最高面额饰以龙,票面钤以官印,并有字号,取《千字文》中一字及数字组合编号,如"天字伍拾号"等。字号以活字植入印版凹槽内。中国自宋至明历代宝钞向以铜版及铜活字印制,越南宝钞亦当如此,因此,1396年起越南铸铜活字印钞应无疑问。后因滥发无度,引起经济混乱,至后黎朝时又复用铜钱。

阮朝成泰年间(1889—1907)写本《圣迹实录》和《法雨实录》中都有"奉抄铜板,只字无讹,嘉福成道寺藏板"字样,此处"铜板"应理解为铜活字版,就是说《圣迹实录》等书曾以铜活字排印过,但没有保留下来。阮朝是越南最后一个封建王朝,阮宪祖绍治年间(1841—1847)从清朝买回一套木活字,1855年用以排印《钦定大南会典事例》96册,1877年再印《嗣德御制文集》《诗集》共68册。翼宗(1848—1882)阮福时的中国文学修养很高,也曾以木活字出版其诗文集。[1]由于战乱和西方列强入侵,使越南古籍被大量毁灭,甚为可惜,也给印刷史研究带来一定困难。

二、菲律宾和泰国印刷之始

菲律宾是群岛之国,与中国福建、广东和台湾只有一海之隔,帆船三日可到,自古以来中、菲往来密切,至明代进入新阶段。明成祖永乐年间(1403—1424)三保太监郑和(1371—1433)率庞大舰队下西洋时,曾三入其国。《明史·吕宋传》载,"闽人闻其地饶富,商贩者至数万人,往往久居不返,至长子孙"。大批华侨在菲律宾经营农业、手工业和商业,其中包括造纸和印刷。1565年菲律宾沦为西班牙殖民地后,殖民统治者迫害华侨,但也不得不承认,没有华侨就很难

---

① 张秀民.中国印刷术的发明及其影响[M].北京:人民出版社,1958:157-158.

使经济正常运转。西班牙统治菲律宾时，带去了天主教，并没有尽早发展印刷，而是由当地华侨最初奠定印刷业基础的。在首府马尼拉从事印刷出版的最著名华侨是福建人龚容（Kong Yong，1538—1603），其西班牙名为胡安·维拉（Juan de Vera）。马德里国立图书馆（Biblioteac National de Madrid）藏有最早刊于菲律宾的汉文版书，是明万历二十一年（1593）龚容刻印的《无极天主正教真传实录》（*Doctria Ckristiana*）（图8.17）[①]。

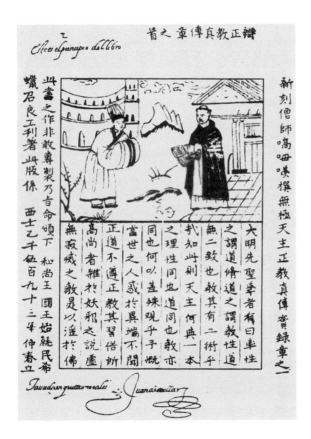

图 8.17　1593 年龚容在马尼拉出版的汉文木刻本《无极天主正教真传实录》[②]

此书汉文原名《新刻僧师高母羡撰无极天主正教真传实录》，其西班牙文原名为 *Rectificacian y Mejora de Principios Naturales*（《对自然法则的理顺与改善》）。前三章与宗教有关，后六章介绍地理学、生物学知识，包括地圆说。作者汉名高母羡（Juan Cobo），为西班牙多明我会士（Dominian），

①② HENRI B M. Les origines chinoises de l'imprimerie aux Philippine[J]. Monumenta Serica，1942(7)：312.

1588—1592年在菲律宾传教,从华侨习汉文[①],写成此书。同一年(1593)龚容又以菲律宾当地民族的他加禄文(tagalog)出版上述书,也是木版刊行[②],他加禄文1962年被定为菲律宾国语。因此可以说,菲律宾印刷是龚容首开其端的。他在完成木版印刷之后,1602年晚年时又成功铸出铜活字,用以出版汉文和外文书。1640年,西班牙传教士阿杜阿尔特(Aduarte)谈到龚容时写道:

> 他致力于在菲律宾这块土地上研制印刷机,而在这里没有任何印刷机可供他借鉴,也没有与中华帝国印刷术迥然不同的任何欧洲印刷术可供他学习……龚容(Juan de Vera)不懈地千方百计且全力以赴地工作,终于实现了他的理想……因此这位华人教徒龚容是菲律宾金属活字印刷的第一个实践者和半个发明人。[③]

遗憾的是,龚容1602年铸成铜活字后,便于第二年(1603)逝世于马尼拉。但他的弟弟佩德罗·维拉(Petro de Vera)和徒弟继承了他的事业,以铜活字印书。西班牙殖民者强迫菲律宾人和当地华人改信天主教并改用西班牙姓名,因此我们一时查不出龚容弟弟的汉名。维也纳帝国图书馆(Biblioteca Imperial de Vienna)藏汉文刊本《新刊僚氏正教便览》(图8.18)[④],作者汉译名为罗明敖·黎尼妈(Dominigo de Mieba),现在规范译名应是多明戈·涅瓦。僚氏为西班牙文Dios(天主)之音译,则此书名似应改译为《新刊天主正教便览》。扉页印以西班牙文,其汉文意思是“《天主正教便览》由多明我会士多明戈·涅瓦神甫以汉文编成//由佩德罗·维拉刊于宾诺多克(Binondoc)之萨格莱书铺(Ságley Impreser de Libros),时在1606年”。扉页以下是汉文序及正文,半页9

---

① PELLIOT P. Notes sur quelques livres ou documents conserés en Espagne[J]. T'oung Pao, 1929(26):48.

② VAN DER LOON P. The Manila Incanabula and early Hokkeins studies[J]. Asia Major,1966,12(1):2-8.

③ FERNANDEZ P. History of the church in the Philippines: 1521—1878 [M]. Manila,1979:358-359.

④ RETANA W E. Origines de la imprenta Filipina[M]. Madrid,1911:71.

行，每行15字。

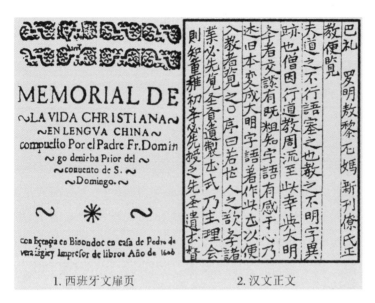

图 8.18　1606 年龚氏在马尼拉刊铜活字本《新刊僚氏正教便览》

1. 西班牙文扉页　　2. 汉文正文

有人认为此本为木版印本，我们仔细研究后，主张是铜活字本。[①]将1593年本与此本对比，发现前者印文流畅，多繁体，较少走样，各行字排列笔直、整齐，书内插图文字与正文字体相同，显示为木版印本。而1606年本汉字笔画呆滞、粗放，多简体字，与今日简化字相同，有些字走样，各行字排列不整齐，有些字歪斜，字下有不该出现的空白，全书无插图，种种迹象表明此本是以1640年阿杜阿尔特所说龚容研制的金属活字印成的版本，而不是木刻本。简化字的应用是为了便于铸字，字形呆滞是初次试验铸字时表现出来的特点，但扉页上的西班牙文字母相对较好，因其字形、笔画较汉字简单，易于铸造。

从1593年到1608年，菲律宾的印刷一直由华人所垄断，他们既经营印刷厂，又兼开书店。1603年以前的刊本为木刻本，此后刊本有木刻本和铜活字本，需逐个鉴定。1911年西班牙人雷塔纳（W. E. Retana）在《菲律宾印刷术的起源》[②]一书中列举了1593—1640年在菲律宾的8名华人印刷人的名字，但没有给出其汉名，只给出西班牙名。他们出版过汉文、西班牙文和他加禄文书籍，形成有实力的出版集团。明代福

① 潘吉星.中国科学技术史：造纸与印刷卷[M].北京：科学出版社，1998：556-557.

② RETANA W E. Origines de la imprenta Filipine[M]. Madrid，1911：71.

建人龚容无疑是其中为首的一位,他的兄弟在马尼拉商业区巴连(Parian)开设的萨格莱书铺是当地最大的书坊。我们知道,明代福建省铜活字印刷相当发达,给1575年(明万历三年)来访的西班牙人马丁·拉达(Martin de Rada,1533—1577)留下很深印象[①],因此龚容的铸字技术显然来自他的故乡。在华人的技术传授下,1608—1610年以后才有菲律宾人参与印刷工作。[②]

泰国是东南亚国家中按中国传统技术发展印刷的另一国家。大城王朝(Ayuthaya Dynasty,1350—1767)时与明代保持频繁友好往来,双方遣使达131次,其中泰国遣明使有112次,平均两年一次。明人王圻(1540—1615在世)《续文献通考》(1586)卷47《学校考》载,暹罗国王于1371年(明洪武四年)派年轻子弟来南京国子监学习,此后两国互派留学生学习对方语文。而福建、广东手艺人也随商船去泰国谋生,隆庆元年(1567)以后在当地经营农具、铜铁器制造、糖、茶和造纸、印刷等行业。明人黄衷(1474—1553)《海语》(1536)称,暹罗首都阿瑜陀耶(Ayuthia)有奶街为华侨区,这里有华人经营的纸店和书店。

吞武里(Thon Bury)王朝(1767—1781)时每年有来自松江(今上海)、宁波、厦门和潮州的中国商船达50多艘,随船来者每年有数千人,他们在旅途中以《三国演义》为消遣读物,使此书传到泰国。查卡里(Charkri)或曼谷王期(18世纪—19世纪)建立者拉玛一世(Rama I,1782—1809)对《三国演义》很感兴趣,命臣下译成泰文,泰文本和汉文本同时出版。拉玛二世(Rama II,1809—1825)在位时,又将《水浒传》《西游记》《东周列国志》《封神演义》《聊斋志异》《红楼梦》等中国小说译成泰文出版,在泰国颇为流行。[③]拉马玛世(Rama V,1868—1910)时代以后,曼谷有三个宫廷印刷厂和一个专门

① DE MENDOZA J G. The history of the great empire and mighty kingdom of China [M]. PARKE R, tr. London: Hakluyt Society, 1853:131-134.

② BOXER C R. Chinese abroad in the late Ming and early Manchu periods, compiled from contemporary sources 1500—1750[J]. T'ien-Hsia Monthly, 1939,9(5):459.

③ 葛治伦. 1949年以前的中、泰文化交流[M]//周一良. 中外文化交流史. 郑州:河南人民出版社,1987:516-517.

出版中国古书的乃贴印刷厂,这时已用机器印刷方法出版书籍。在这以前,泰国出版印刷工作仍由当地华人书坊承担。

三、中亚和西亚印刷之始

中亚和西亚各国在中国古书中通称西域诸国,这个地区在阿拉伯帝国阿拔斯(Abbasid)王朝(751—1258)初期已于751年从中国引进造纸技术,主要生产麻纸。最早的纸厂设在撒马尔罕(Samarkand),在今乌兹别克境内,此后在今伊拉克、叙利亚和伊朗等境内建立新的纸厂。但穆斯林世界没有及时从中国引进印刷技术,想必是宗教和文化背景不同所致。有人说中国人印刷时上墨所用的刷子为猪鬃做成,阿拉伯人认为用这种刷子印《古兰经》(Koran)有渎圣明。[①]但仍不足以说明问题,因为中国人一直用柔软的棕刷,由棕榈树(Trachycarpus fortunei)的棕衣(外表皮)制成,而从不用猪鬃软毛刷。大概因为《古兰经》与佛经不同,不要求信徒们多次反复书写经文或经咒,因而没有像佛教那样对印刷有刺激作用。我们注意到这样一个事实,即当信仰佛教的蒙古人入主原伊斯兰教国所属的中亚、西亚地区时,印刷术很快就在这里发展起来了。

铁木真(1162—1227)1206年在中国漠北建立蒙古汗国后,率军西进,1211年灭西辽(1124—1211),1219—1223年西进至中亚,破花剌子模(Khwarizm)、陷布哈拉(Bukhara)、撒马尔罕,进军至里海(Caspian Sea)。阿拔斯朝从唐帝国夺取的西域诸国,皆归蒙古汗国控制。窝阔台(1189—1241)即汗位后,派铁木真四个孙子拔都(1209—1256)等领兵第二次西征,占领俄国大片土地,再攻入波兰、匈牙利,建钦察汗国(Kiptchac Khanate,1240—1480),定都于伏尔加河下游的萨莱(Sarai,今俄罗斯的Astrakhan),逼进神圣罗马帝国的波希米亚(Bohemia)。蒙哥汗(1208—1259)1253—1259年再派其

[①] CARTER T F.中国印刷术的发明和它的影响[M].吴泽炎,译.北京:商务印书馆,1957:129.

弟旭烈兀(1219—1265)第三次西征,1258年以火炮攻下巴格达,灭阿拔斯朝,结束了中世纪显赫一时的阿拉伯帝国的统治。

1260年忽必烈(1215—1294)即位,册封旭烈兀于其所征服的地区建蒙古伊利汗国(Il-Khanate,1260—1353),包括今伊朗、伊拉克、叙利亚和小亚(土耳其亚洲部分),定都于伊朗的大黑士(Tabriz)。汗国东起阿姆河,西临地中海与欧洲隔海相望,北邻钦察汗国的高加索或古代西徐亚(Scythia),南至印度洋。蒙古军以武力打通东西方阻塞的丝绸之路,使伊利汗国成为东西方贸易和科学文化交流的枢纽。旭烈兀的孙子阿鲁浑汗(Arghun Khan)执政时(1284—1291),伊利汗国经济、文化进一步发展,至其弟乞合都汗(Gaykhatu Khan,1291—1295)时代,汗国采取的一项重大经济举措是采用中国纸币制度印发纸币。波斯学者拉施特丁于1311年奉合赞汗(Ghazan Khan,1295—1304)命主编的《史集》,以波斯文写成。书中叙述了1294年乞合都汗下令印发纸币之原委:

> [回历]691年十二月六日(1292年11月10日)在阿尔兰(Arran)冬营地上,撒都剌丁(Sadr-ad-Din Jackhan)被委任为宰相兼财政大臣之职……695年六月初(1294年5月初)召开了有关纸钞的会议。撒都剌丁和几个总督忽而考虑到通行中国的宝钞,他商讨通过什么方式在这个国家(伊利汗国)来推行宝钞,他们向君主奏告了这件事,乞合都汗命孛罗丞相(Pulad-Činsang)说明这方面的情况。孛罗说道:宝钞是盖有御玺的纸,代替铸钱币通行于整个中国,中国用的硬币银锭便被送入国库……有旨从速印造纸钞,八月二十七日(7月23日)总督阿黑不花(Akbuka)、脱合察儿(Tōgacar)、撒都剌丁与探马赤·倚纳(Tamacì-Inak)前往大不里士印造纸钞。九月十九日(8月13日)他们到达了那里,宣布诏令,印造了许多纸钞。同时宣布诏令:凡拒绝纸钞者立即处死,一个星期左右,人们害怕被处死,接受了纸钞,但用纸钞换不到多少东西,大不里士城的大部分居民不得不离开……

最后,推行纸钞的事失败了。①

1294年伊利汗国在大不里士印造的纸钞,仿中国元代至元通行宝钞形制,面额从半个迪拉姆(Dirham)到10第纳尔(Dinar)不等,票面印以蒙文和阿拉伯文,标明印发年代及伪造处斩等内容,还有汉字"钞"及其音译čaw等字。除此之外,还有票面流水编号。考虑到元代宝钞从至元十四年(1277)起一律用铜版和铜活字印制,大不里士纸钞亦应如此。否则,便以木版及木活字为之,无论如何,印纸钞必须用活字。印刷由境内汉人工匠与波斯工匠合作完成。在此以前,至元二十一年(1284)元世祖忽必烈遣孛罗丞相从北京至伊利汗国,可能与册封阿鲁浑承其父汗位有关,被留住于此。他是元世祖至元十七年(1280)发行至元宝钞的目击者或当事人,现在成为伊利汗国发行纸钞的顾问。当时汗国没有足够的金本位支撑,经验少,发行额过大,阿拉伯人不习惯使用这种新的货币形式,最终导致失败。

伊利汗国推行纸钞虽失败,但在印钞方面却是成功的,此举在西亚地区印刷史中有重大意义和影响。拉施特丁还在《史集》世界史部分谈到中国印刷技术。同时代波斯诗人达乌德(Abu Sulayman Dau'd)1317年在《论伟人传及其世系》(*Rawdatu 'uli-'l-Albab fi Tawarkhi 'l-Akabir wa 'l-Ansab* 或 *On the History of Great Men and Aenealogy*)中引用了拉施特丁的叙述。此书简称《智者之园》(*Tarikh-i-Banaka-ti or Garden of the Intellegents*),与拉施特丁的《史集》齐名,受到文艺复兴时期欧洲人的注意。拉施特丁的原始记载1834年被译成法文,达乌德的引文1920年被转为英文。卡特对比法、英译文后,认为内容基本相同。我们将其译成汉文时,发现个别用词不准确,已做了校改,现将我们的译文抄录于下:

> 中国人根据他们的习惯,曾经采用一种巧妙的方法,使写出的书稿原样不变地复制出书来,而且至今仍

---

① 拉施特.史集:卷3 乞合都汗传[M].余大钧,译.北京:商务印书馆,1986:225-229.此本由俄文本转译,引用时人名从俄文转写成拉丁文拼音,个别文字做了改正。

是如此。当他们想要正确无误而不加改变地复制出写得非常好的有价值的书时，就让熟练的写字能手工笔抄稿，再将书稿文字逐页转移①到板木之上。还要请有学问的人加以仔细校对，且署名于板木的后面。再由熟练的专门刻字工将文字在板木上刻出，标上书的页码，再将整个木版逐一编号，就像铸钱局的铸钱范那样，将木版封入袋子内。再将其交由可信赖的人保管，在上面加盖特别的封印，置于特为此目的而设的官署内。倘有人欲得印本书，需至保管处所申请，向官府交一定费用，方可将木版取出，像以铸范铸钱那样，将纸放在木版上"刷印"，将印好的纸交申请人。这样印出的书没有任何窜文和脱漏，是绝对可以信赖的，中国的史书就是这样流传下来的。②

拉施特丁1311年对中国传统木版印刷技术的上述叙述，是中国以西地区有关印刷术的最早记载。而这个作者在合赞汗统治伊利汗国时，还曾出任过宰相，他1313年还以波斯文主编《伊利汗国的中国科学宝库》(*Tanksuq-nāmah-i-Ilkhan dar Funūn-i 'Ulūm-i Khitāi*)，介绍中国医学知识，此书1934年译成土耳其文出版。③自合赞汗起蒙古统治者加速伊斯兰化，他本人也从佛教皈依伊斯兰教。由于他具有科学素质、渊博知识和语言天赋，懂得印刷术在促进文化发展中的作用，遂下令以阿拉伯文刊印《古兰经》和其他著作，使汗国印刷进一步发展。与此同时，波斯文印本也跟着出现，早期实物较少遗存，但我们可以在伦敦不列颠博物馆中看到1491年的波斯文印本(图8.19)。

---

① 原文作"写"误，因中国人不将字写在版上，而是将纸上的字以反体转移到木版上，再刻字。

② KLAPROTH H J. Lettre à M. le Baron Alexandre de Humboldt sur l'invention de la boussole[M]. Paris, 1834: 131-132.

BROWNE E G. Persian literature under the Tartar dominion[M]. Cambridge: Cambridge University Press, 1920: 100-102.

③ SARTON G. Introduction to the history of science: vol. 3[M]. Baltimore: Williams & Wilkins Co., 1947: 969.

图 8.19　1491 年波斯出版的波斯文版宗教书

　　据 1982 年 10 月 8 日《犹太周刊》(*The Jewish Weekly*)报道,英国剑桥大学总图书馆吉尼查特藏部(Taylor-Schechter Genizah Collection)发现 14 世纪后半叶的希伯来文印刷品,经鉴定也以木版印成。[①]这说明信奉犹太教,居住在伊利汗国和埃及之间的犹太人也掌握了印刷技术。他们善经商,在地中海地区、欧洲国家和西亚之间从事贸易活动,在旅途时需诵读《圣经》,遂出现此经印本,这种技术显然来自蒙古伊利汗国。至此,在西亚大片土地上的居民可以读到用阿拉伯文、波斯文和希伯来文出版的印本,首先是宗教读物。虽然这些读物在当时还不能完全取代手抄本,要经历一个印本与写本并用的转型时期,东西方各国都是如此。伊利汗国由蒙古人统治,其所任命的本地高级官员多通蒙古语,因此,蒙古语也是官方语之一,所用官方文件如户籍也印以蒙文和阿拉伯文,正如纸钞那样。合赞汗除精通母语蒙古语外,还精通汉语、藏语、阿拉伯语、波斯语、梵文和拉丁文,对佛教和伊斯

---

①　NEEDHAM J. Science and civilisation in China: vol. 5. Cambridge:Cambridge University Press, 1985:307.

兰教都有较深研究,他在位时印刷术的发展与这位统治者的个人素质不无关系。

中亚地区距中国最近,造纸时间也很早,这一地区接触中国印刷品、掌握印刷知识应在西亚之前。元代时察合台汗国(Jagatai Khanate)疆域包括今中国新疆、哈萨克斯坦、乌兹别克斯坦、塔吉克斯坦等大片土地,定都于阿力麻里(今新疆霍城)。汗国东部新疆吐鲁番地区在13世纪—14世纪有非常发达的印刷业,出版木刻本和木活字本。20世纪以来,这里出土汉文、蒙文、藏文、西夏文和中亚通行的兰察体梵文(Lantsa style of Sansckrit)佛教印刷品,年代为13世纪—14世纪。[①]1908年敦煌发现960枚12世纪—13世纪的回鹘文木活字,是新疆维吾尔族用以印书的。一出新疆就到中亚各国,这里盛产纸,又居住了不少在当地经商的中国人,用当地纸从事出版生意,自属意料中事,比从内地贩运更为合算。中国人在菲律宾、泰国从事印刷,已如前述。中亚还是东西方陆上丝绸之路的必经之地,因而也成为中国印刷品和印刷术西传的中转站。

四、非洲印刷之始

非洲与中国相距遥远,虽然唐宋时期中、非之间已有交往,但多是零星的短期访问,不可能将造纸和印刷技术传到那里,只有阿拉伯地区发展造纸和印刷之后,才有可能将这两种技术传入非洲,因为东北非与阿拉伯地区毗邻,而且被伊斯兰化。

阿拉伯帝国第二个哈里发奥马尔(Umar ibnal-Khattab,581—644)641年派兵征服北非文明古国埃及,将阿拉伯典章制度和伊斯兰文化带到这里。自古以来尼罗河沿岸盛产莎草片用作书写材料,阿拔斯王朝时从800年起西亚所产的纸输入埃及,900年前在开罗建起非洲第一个纸厂。909年穆斯林什叶派的阿拉(Moez ad-Din Allah)在北非建立法蒂玛

---

① CARTER T F.中国印刷术的发明和它的西传[M].吴泽炎,译.北京:商务印书馆,1957:122-125.

(Fātimah)王朝(909—1170),脱离阿拔斯朝的统治。986年法蒂玛朝统治者阿齐兹(Al-'Aziz,975—996)又出兵征服非洲西北的另一文明古国摩洛哥,1100年在摩洛哥境内的非斯城(Fez)建起新的纸厂,纸工多是阿拉伯人。这里的纸厂1202年最盛时,拥有打浆用的水碓472座[①],所造的纸除供本地外,还向欧洲出口。随着纸应用范围的扩大,莎草片在市场上的占有率日趋缩小,最后退出历史舞台,为印刷术的出现创造了条件。

非洲印刷首先出现于埃及,技术通过伊利汗国传入。1878年埃及北部法尤姆(el-Faiyum)古墓出土大量纸写本和50多件印刷品残页,也有很多莎草片写本。这批文物后来归奥匈帝国赖纳大公(Erzherog Rainer)拥有,他死后由奥地利国家图书馆赖纳特藏部收藏。德国海德堡(Heidelberg)大学图书馆藏6件这类印刷品,1922年格鲁曼(Adolf Grohmann)鉴定其为木版印刷品,其中1件印在羊皮面上,5件印在纸上。维也纳的大部分印本用纸大小不一,较大者约30 cm×10 cm,其余是较小的残页。有的刻印及印刷精美,有行格;有的刻印及印刷粗放,无行格。除黑字外,还印以朱字。卡特研究后写道:"现在有种种证据显示,它们不是以按印方式印成的,而是用中国人的方式,将纸铺在木版上用刷子轻轻刷印的。"[②]

这批出土印本印以不同字体的阿拉伯文,没有留下带年款的部分。阿拉伯学专家卡拉巴塞克(Joseph Karabacek)和格鲁曼认为这批印刷品是伊斯兰教祈祷文、辟邪咒或《古兰经》经文。他们还按阿拉伯文字体将这批印刷品定为900—1350年之物。这只应理解为时间上限和下限,下限定为1350年是正确的,因与此同出的纪年写本截止于此时。但上限定在900年肯定为时太早,就以被认为是最早的印件(编号946,Rainer Collection)来说,这是《古兰经》第34章第1—6节(图8.20)残页,规格为10.5 cm×11 cm,此件字体形态为最

---

① HUNTER D. Papermaking: the history and technique of an ancient craft [M]. New York: Dover, 1978:470.

② CARTER T F, GOODRICH L C. The invention of printing in China and its spread westward[M]. 2nd ed. New York: Ronald,1955:176-178.

早。卡特指出,以字体断代有局限性,字体早的印本可能以早期写本字体刻印,他认为埃及和其他阿拉伯地区在 10 世纪那样早不可能有印刷术。1954 年格鲁曼重返埃及,也对此件原断代生疑,因 1925 年以来在上埃及乌施姆南(el-Ushmúnein)、伊克敏(Ikhmin)古墓出土更多木版印本,都在 10 世纪以后。[①]

图 8.20 埃及出土的 1300—1350 年雕印的阿拉伯文《古兰经》残页

因此对出土的上述《古兰经》印本残页的年代需要重新研讨。从中国印刷术西传史观之,埃及出土印本不管字体如何,都是蒙古西征后的产物,不可能早于 1294 年,因为自这一年起阿拉伯文化区才开始有印刷活动,因此,我们认为埃及所发现印本年代应在 1300—1350 年。此时埃及处于突厥族军事将领拜伯尔斯(al- Marik al- Zehr Rakn- al- Din Baybors,1233—1277)建立的马穆鲁克王朝(Mameluke Dynasty,1250—1519)统治之下,Mameluke 在阿拉伯语中意思是奴隶,因此该王朝又称奴隶王朝。13 世纪以前,阿拉伯统治者以中亚突厥奴隶充军,骁勇善战,成为正规军和宫廷卫队骨干,握有兵权。奴隶出身的拜伯尔斯在反抗蒙古入侵埃及和欧洲十字军东征时立大功,遂推翻阿拉伯统治,建立自己的王朝。突厥为中国古代民族之一,游牧于今新疆阿尔泰山一

① CARTER T F, GOODRICH L C. The invention of printing in China and its spread westward[M]. 2nd ed. New York: Ronald, 1955: 181.

带,唐以后迁至中亚,有中国种源。突厥统治者虽改信伊斯兰教,但没有禁止刻印《古兰经》的戒律,因而突厥人统治下的埃及继蒙古人统治下的伊利汗国之后印刷宗教读物。由上所述可以看到,地中海东岸和南岸这些欧洲周边地区在13世纪—14世纪已有了印刷活动,欧洲对此不可能毫无所知。

第三节

中国印刷术在欧美国家的传播

一、欧洲木版印刷及木活字印刷的起源

12世纪—13世纪的欧洲国家,如西班牙、意大利和法国,通过阿拉伯地区引进中国造纸术并建起纸厂,此后,其他欧洲国家也开始造纸,这时各种读物仍然靠手抄。14世纪—15世纪以后,西欧文艺复兴时期由于社会经济、城市工商业、科学文教和基督教的发展,对读物的需求量迅速增加,手抄本的供应满足不了社会需要,因而有了刺激印刷术出现的温床,而印刷术的兴起又反过来促进社会的发展。当欧洲需要印刷术时,中国元、明两朝木版、铜版和活字印刷进入全面发展的新阶段,而且处于中、欧直接接触空前活跃之际。欧洲人除了通过西亚、北非获得印刷知识外,还有可能通过陆上丝绸之路直接从中国引进印刷技术。因蒙古军队13世纪的西征重新打通了一度阻塞的丝绸之路,为东西方经济、技术交流和人员往来创造了条件,元大都(今北京)与罗马、巴黎等欧洲城市之间的交通畅行无阻,可以说就中国印刷术向欧洲传播的途径而言,"条条道路通罗马"。

在元代,中、欧双方使者、游客、商人、教士、工匠和学者互访,欧洲人有可能在中国看到印刷品及相关技术知识。例如1245年罗马教皇派意大利教士柏朗嘉宾(Jean Plano de Carpini,1182—1252)出使蒙古,随行有波兰教士和奥地利商人,1246年到和林,受蒙古定宗贵由汗接见。1247年返回法国后,用拉丁文写了《东方见闻录》(*Libellus Historicus*),对中国做了介绍,指出中国人精于工艺,技巧在世界上无人能比,且有文字、史书详载其祖先历史[①],还说中国有类似《圣经》的经书,当指佛经印本。与此同时,法国国王路易九世派法国方济各会士罗柏鲁(Guillaume de Rubrouch,1215—1270)带意大利人巴托罗梅奥(Bartolome da Cremona)等人访华,1253年在和林受蒙哥汗接见,1255年返回巴黎。他在《东游记》(*Itinerarium ad Orientales*)中谈到当时印发的纸钞时写道:

> 中国通常的货币是由长宽各有一掌(7.5 cm×10 cm)的皮纸做成,票面上印刷有类似蒙哥汗御玺上那样的文字数行。他们用画工的细毛笔写字,一字由若干笔画构成。[②]

元代以桑皮纸印钞,罗柏鲁是最早介绍中国用印刷术发行纸钞的欧洲人。他还在和林看到有一技之长的日耳曼人、俄国人、法国人、匈牙利人和英国人为大汗朝廷服务。元世祖时威尼斯商人尼哥罗·波罗(Nicolo Polo)兄弟来华,受召见,返国时遣使者与之同行,带去致罗马教皇书信。1271年他们完成使命后再度来华,带来年轻的马可·波罗(Marco Polo,1257—1327),被世祖留在宫中,后委以重任,在华凡17年。1292年马可·波罗从泉州返欧,1296年回威尼斯,他写的《马可波罗游记》(1299)为欧洲打开眼界,使他们对中国的富饶和高度发达的物质文明有了更多了解。书中谈到北京有印钞厂,以桑皮纸印成纸币在全国流通,用久以旧换新[③]。

---

① DAWSON C. The Mongol mission[M]. London: Sheed & Ward,1955:22.

② DAWSON C. The Mongol mission[M]. London: Sheed & Ward,1955:171-172.

③ POLO M. 马可波罗游记[M]. 李季,译. 上海:东亚图书馆,1936:159-160.

元代时意大利威尼斯和热那亚(Genoa)商人热衷于对华贸易,1952年广州出土威尼斯银币,扬州出土1342年及1399年热那亚两商人的拉丁文墓碑①,都是历史见证。威尼斯市政档案还记载1341年当地一被告携巨款来华经商的诉讼案。②来华商人如此之多,以致佛罗伦萨(Florence)商人佩格罗蒂(Francesco Balducci Pegolotti,1305—1365在世)1340年用意大利文著《通商指南》(*Practica della Mercantura*)中设专章介绍如何来华贸易。③当时在中国与欧洲之间有南、北两条交通路线:北线从新疆出发取道钦察汗国经俄国、波兰、波希米亚(Bohemia)到神圣罗马帝国,基本上沿陆上丝绸之路;南线从泉州或广州出发,取道伊利汗国经亚美尼亚、波斯、土耳其到意大利,这是陆海兼行的路线。在中、欧之间旅行必通过南北两线出入境,有时来程取北线,返程走南线,或走与此相反的路线,一般来说,单程需1—2年,包括在沿途城内停滞所需时间。

在与欧洲人东来的同时,13世纪也有中国人西行至欧洲。如《元史·宪宗纪》载,1253年遣必阇别儿哥一行携带户籍至俄罗斯清查户口。俄国史亦载1257年蒙古军官至俄罗斯的梁赞(Riazan)、苏兹达尔(Suzdal)及穆洛姆(Murom)等地计民户口,设官收税。1259年别儿哥及哥撒奇克率眷属及部下多人至沃尔赫夫(Valkhov)计民户口。元代户籍由户部统一印制,随时填写,再装册存档。俄国人常看到来自北京的印刷品。《元史·英宗纪》更载,1320年俄国等部内附,赐钞1.4万贯,遣还其部,可见俄国境内还通用大汗即发的纸钞,当他们得知其印制方法时,会转告路经于此的西欧人。

13世纪—14世纪走访西欧的中国人中,有北京出生的维吾尔族景教徒巴琐马(Rabban Bar Sauma,1225—1293)及其蒙古族弟子马忽思(Marcos,1294—1314)。1275—1276年他们离开北京经新疆西行去耶路撒冷朝圣,1280年到巴格达被

① 夏鼐.扬州拉丁文墓碑和广州威尼斯银币[J].考古,1979(6):552.

② LARNER J. Culture and society in Italy:1290—1420[M]. London,1971:30.

③ YULE H, CORDIER H. Cathay and the way thither[M]. London:Hakluyt Society Publication,1914:137,171.

留住，巴琐马任景教总视察，马忽思任巴格达教区主教。1285年阿鲁浑汗遣马忽思出使罗马。1287年阿鲁浑汗再派巴琐马去罗马，顺访热那亚和巴黎，受法国国王接见，参观巴黎大学等处，再去波尔多（Bordeaux）会见在那里的英国国王，1288年在罗马向教皇递交国书。马忽思返回巴格尔后，用波斯文写了游记①，19世纪被译成叙利亚文和法文，20世纪被译成英文。巴琐马是最早到西欧的中国人，自幼在北京读书，懂得印刷术，又途经祖籍新疆这一印刷中心，欧洲人问起他中国书如何印成，他会乐于介绍。

　　1288年，罗马教皇尼古拉四世（Nicholas Ⅳ，1288—1292）接见巴琐马的第二年，又派意大利教士约翰·孟高维诺（Giovanni da Monte Corvino，1247—1328）从罗马来华，随行有教士尼古拉（Nicholas da Pistoia）和意大利商人佩德罗（Pietro da Lucalonga），途经伊利汗国至印度时，尼古拉病逝。1293年孟高维诺和佩德罗至泉州，1294年抵北京值元世祖忽必烈崩，受成宗（1295—1307）接见，上教皇玺书后，得准传教。巴黎国立图书馆藏有孟高维诺用拉丁文致罗马教廷的两封信，第一封写于1305年5月18日，谈到初来时受景教排斥，"不许刊印不同于景教信仰的任何教义"，因元成宗保护才得以单独传教，1298及1305年在北京建立两所教堂，1303年德国科隆人阿诺德（Arnold de Cologne）修士来北京协助工作，施洗6000人，招40名儿童习拉丁文和宗教仪礼，组成唱圣歌的合唱队。他这时已通蒙古语，将《新约全书》和《圣咏》译成蒙文②，可见信徒多是蒙古人。

　　第二封信写于1306年2月13日，其中说"我根据《新旧约全书》绘制圣像图六幅，以便教育文化不高的人。图像之后有拉丁文、图西克文（Tursic）和波斯文，这样凡懂得其中一种

① CHABOT J B. Relations du Roi Argoun avec l'Occident[M]. Revue l'Orient Latin, 1894：57.

　　MOULE A C. Christians in China before the year 1550[M]. New York, 1930：106.

② MOULD A C.1550年以前的中国基督教史[M].郝镇华，译.北京：中华书局，1984：193,199.

文字者,便可阅读"①。图西克文不可译成突厥文,这种文字早已不用,而应指蒙文。卡特认为孟高维诺提供的带有文字的宗教画应是印刷品,因为"在当时中国把任何重要作品付之印刷,已经成为很自然的事"。他还说在孟高维诺在北京刊印宗教画后50年,欧洲也出现类似宗教画印刷品,"也许并不是一件完全偶然的巧合"②,就是欧洲人将这位意大利人在中国使用的方法在欧洲本土套用。

卡特上述见解是正确的,因为孟高维诺初到北京时就发现景教印本,当他想仿此方式刊印基督教义时,受到景教徒反对,待他求得元成宗和蒙古亲王阔里吉思(1234—1298)支持后,才能自行刊印宗教画。印出三种文字是想向境内外广大教徒散发,与景教抗衡。由于份数成千上万,在元代中国不可能一一手绘,只能刻版刊行。刊印时间当在元大德年间(1297—1307)建成教堂之际,由中国人刻印。对孟高维诺和诃诺德而言,他们在中国完成了欧洲人从未有过的参与印刷工作的创举。这些印刷品很容易被带到欧洲,并被如法仿制,1300—1368年来华的欧洲人成为传播的媒介。

二、欧洲木版印刷之始

13世纪—14世纪欧洲人接触的中国印刷品除纸钞、宗教画和印本书外,还有大众娱乐品纸牌。14世纪元代印制的纸牌(图8.21)在20世纪于新疆吐鲁番出土,规格为9.5 cm×3.5 cm。蒙古军队西征时将纸牌传入欧洲,很快就在一些西欧国家流行。因此这些印刷品成为印刷术传入欧洲的先导。1350—1400年是欧洲发展木版印刷的最初阶段,早期印刷品正好是面向大众的纸牌和宗教画,德国和意大利是最先出现这类印刷品的欧洲国家。据德国南部奥格斯堡(Augsburg)和纽伦堡早期市政记载,在1418、1420、1433、1435和1438年

---

① MOULD A C.1550年以前的中国基督教史[M].郝镇华,译.北京:中华书局,1984:203-205.

② CARTER T F.中国印刷术的发明和它的西传[M].吴泽炎,译.北京:商务印书馆,1957:139.

记事中多次提到"纸牌制造者"(Kartenmacher)。纸牌可以手绘、捺印和印刷方法制成,显然印刷品成本最低,应是更通用的方法。

图 8.21　1907 年吐鲁番发现的元代(1300)印刷的纸牌(柏林民族学博物馆藏)

现存早期意大利纸牌有些是印刷的,但年代难以确定。有一条史料年代明确,即 1441 年威尼斯市政当局发布的公告,其中说:

> 鉴于威尼斯以外各地制造大量印制的纸牌和彩绘图像,结果使原供威尼斯使用的制造纸与印制圣像的技术和秘密方法趋于衰败。对这种恶劣情况必须设法补救……特规定从今以后,所有印刷或绘在布或纸上的上述产品,即祭坛背后的绘画、圣像、纸牌…都不准输入本城。[①]

这条史料说明威尼斯是纸牌和宗教画的印刷中心,因受到外地争夺本地产品市场的威胁,市政当局才采取这种保护本地利益的政策。此举可能是针对德国产品的倾销,因为据同时期德国乌尔姆(Ulm)城的记载,该城将印制的纸牌装入木桶中运往西西里岛和意大利。17 世纪该国学者札尼(Valere Zani,约 1621—1696)称,威尼斯的纸牌从中国传入,他写道:

---

① CARTER T F.中国印刷术的发明和它的影响[M].吴泽炎,译.北京:商务印书馆,1957:161,165-166.

> 我在巴黎时,一位在巴勒斯坦的法国教士特雷桑神甫(Abbé Tressan,1618—1684)给我看一副中国纸牌,告诉我有一位威尼斯人第一个把纸牌从中国传入威尼斯,并说该城是欧洲最先知道有纸牌的地方。[①]

从元代中国与意大利威尼斯、热那亚之间商人频繁往来情况观之,札尼的说法是有根据的。威尼斯商人在万里旅途的船上玩中国纸牌,是消磨时间的最好方式。就纸牌而言,从元代中国转入欧洲看来依托多种途径。欧洲城市市民阶层人数的增加,为纸牌制造者提供了新的商机。能印制纸牌的厂家自然也能印宗教画,而宗教画形制应与孟高维诺在北京印的相似。欧洲这两种早期印刷品出现在意大利和德国,再由此向其他国家扩散,并非偶然。意大利是罗马教皇所在之处,又是文艺复兴的策源地,海外贸易发达,作为马可·波罗的故乡与元代中国人员往来频繁,最先引进印刷术是理所当然的。德国地处中欧,四通八达,与意大利和蒙古汗国较近,汇集来自各处的商品和信息。最早在北京用中国技术印刷宗教画的欧洲人来自意大利和德国,这个事实本身就足以说明问题。

现存有年代可查的最早的欧洲木版宗教画,是1423年印的《圣克里斯托夫与耶稣渡水图》(图8.22)。画像直高28.5 cm,横宽20.5 cm,1769年在德国奥格斯堡修道院图书馆内被发现,被贴在一手写本的封面上,现藏于英国曼彻斯特赖兰兹图书馆(Rylands Library)。[②]画面印出后,添以彩色,从画面可看到圣克里斯托夫(St. Christopher)背着年幼的耶稣渡水,画面左下角还有从中国引进的水车。画面底部刻有两行拉丁文韵语,译成汉文是"无论何时见圣像,均可免除死亡灾",颇有些像中国印刷品中的护身符。

---

① CARTER T F.中国印刷术的发明和它的影响[M].吴泽炎,译.北京:商务印书馆,1957:166,注21.

② OSWALD J C. A history of printing: its development through 500 years[M]. New York,1928.

图 8.22 1423 年德国木刻单页宗教画《圣克里斯托夫与基督渡水图》[①]

1400—1450 年，德国、意大利、荷兰和今比利时境内的弗兰德(Flanders)等国盛行木版印刷。这期间弗兰德的列日城(Liege)内德国神甫欣斯贝格(Jean de Hinsberg, 1419—1455)及其姊妹在贝萨尼(Bethany)修道院的财产目录中列有"印刷书画用的工具一件"(Unum instrumentum ad imprimendas scripturus et ymagines)及"印刷圣像用的木版九块和其他印刷用的石板十四块"(Novem printe lignee ad imprimendas ymagines cum quatuordecim aliis lapideis printis)[②]，明确说用木版印圣像。早期印刷品多是刻得较为粗放的宗教画，取自《新旧约全书》中的故事，印好后有时填上颜色，图内刻有简短的手书体文字，多为拉丁文。如印出多幅相关联的画，则装订成册。

伦敦不列颠图书馆等处有不少这类藏品，但大部分没有印出刊行年代、地点和刻工姓名。从版面形制、刀法和画工粗细、画风等方面可以看出哪些刊行得较早。除前 1423

---

① DE VINNE T L. The history of printing[M]. New York: F. Hart, 1876.
② OSWALD J C. 西洋印刷文化史[M]. 玉城肇, 译. 东京: 鲇书房, 1943: 365.

年圣像外，最有名的是德国出版的《往生之道》（*Ars Moriendi*），年代为1450年，共24张，每张一版，订为一册，用来说明如何安乐地离开人世。稍早的还有1425年出版的《默示录》（*Apocalypse*），刊地不详（图8.23）。荷兰刊的《穷人的圣经》（*Biblia Pauperum*）也属早期作品。15世纪末，图文并茂的木刻本陆续出现，同时还有全是文字的印本。首先是大众读物《拉丁文文法》（*Ars Grammatica*），这是4世纪罗马人多纳特（Aelius Donatus，320—370）编写的，长期以来一直是学校的必修课课本。后来以文字为主的印本逐步增多。

图 8.23　1425 年欧洲出版的宗教画《默示录》（不列颠图书馆藏）

　　欧洲早期木刻本在形制和制造工艺上与中国元刻本很相似。据美国印刷史家德文尼（Theodore Law de Vinne，1828—1914）的研究，欧洲人先是将文稿用笔写在纸上，将纸上的墨迹用米浆固定在木板上形成反体。刻工持刀顺着板材纹理向自身方向刻字，每块木板刻出两页，版心有中缝。刻好字后，将纸铺在有墨汁的版面上，以刷子擦拭纸，单面印刷。最后，将纸沿中缝对折，有字的一面在外，将各纸折边对齐，在另一边穿孔，以线装订成册。[①]由此可见，欧洲15世纪早期木刻本在版面形制、刻版、上墨、刷印和装订等整个工序操作上完全按中国传统技术方法进行，因而欧洲印本具有元

---

① DE VINNE T L. The history of printing[M]. New York：F. Hart, 1876：119-120,203.

代线装印本书的面孔,是不足为奇的。只是欧洲印文横行,而非直行。

欧洲木刻本取一版双页形式,单面有字,沿中线对折,这是与欧洲书的传统形制相违的,完全是中国式的做法。在德文尼以前,其他学者已注意到了中、欧印本在刻印方式上的类似性,并认为这种技术是从中国传入的。例如英国东方学家柯曾(Robert Curzon,1810—1873)在1860年指出中、欧木刻本在各方相同后写道:

> 我们必须认为,欧洲木版书的印刷过程肯定是根据某些早期旅行者从中国带回来的中国古书样本仿制的,不过这些旅行者的姓名没有流传到现在。[①]

这些传递印刷技术信息的旅行者必是元代时来华的欧洲人,他们是谁无关紧要,重要的是欧洲人发展印刷时采用了中国的现成技术。欧洲虽在古罗马时代就出现印章和织物印染,但长期没有能使其转变成复制文献的印刷技术,直到1350—1400年中国印刷术传后才有了这种可能,因此,卡特博士认为"在欧洲木版印刷的肇端中,中国的影响其实是最重要的决定性因素"[②]。这是符合历史事实的客观见解。

三、欧洲早期的木活字印刷

1. 意大利早期木活字印刷

欧洲木版印刷术来自中国,在学术界基本上已取得共识,当我们浏览西方出版的有关作品或参观有关博物馆陈列时就会看到这一点。然而欧洲活字技术是否受过中国影响,并非很多人都清楚,有关论著也较少触及,因此,这个问题需要认真研究。从印刷技术史发展规律来看,有了木版印刷以后,迟早要出现活字印刷,中外都是如此。中国从木版印刷到活字版印刷所经历的时间为四五百年,而欧洲在几十年之

① CURZON R. The history of printing in China and Europe[J]. Philobiblon Society Miscellanies,1860,6(1):23.

② CARTER T F.中国印刷术的发明和它的西传[M].吴泽炎,译.北京:商务印书馆,1957:180.

内就实现了从木版到活字版的过渡,欧洲人显然走了一条捷径,如下所述,这是因为他们借鉴了中国的现成经验。欧洲文字圆转之处较多,如 a、e、d、g、o、p、r、s 等,各个词所含的字母须贴紧,刻木版时不易下刀,欧洲刻字工工作时肯定比中国刻字工费力费时。与具有数万个表意文字的汉文不同,欧洲通用的拉丁文和各国民族语言以 26 个字母(但斯拉夫文是 28 个字母、希腊文是 24 个字母)即可拼成所有单词和文句,这种文字特点较适于活字印刷,不大适于雕版印刷。当欧洲人听说中国还有活字时,这种印刷方式很快就被引进。

13 世纪—14 世纪中国元代泥活字、木活字和金属活字印刷在宋代基础上继续发展,与木版印刷并行于世。元初科学家王祯论木活字技术的论文随其《农书》一起在 1313 年出版,宋人沈括论泥活字印刷的文章收入《梦溪笔谈》中,于 1305 年再版,这两部书在北京和其他大城市书肆上是容易买到的。欧洲人从新疆一进入中国国门,就会在吐鲁番地区看到回鹘文木活字及其刊本、有关作坊,而回鹘文也是拼音文字。在中、欧交通畅达的元代,往来于中国的欧洲人不会对中国活字印刷全然不知,当他们得知这类技术后,就会向人们转述,从而引起技术传播。在各种活字中,木活字最易于制造,而欧洲最早的活字也是木活字,木活字绝对是中国印刷文化的产物,成为欧洲人的首选。16 世纪瑞士苏黎世(Zurich)大学神学教授兼东方学家特奥多尔·布赫曼(Theodor Buchmann,1500—1564)1548 年在谈到欧洲木活字时写道:

> 最近人们将文字刻在全页大的木板上,但用这种方法相当费工,而且制作费用较高。于是人们便做出木活字,将其逐个拼连起来制版。[①]

这是欧洲使用木活字印书的重要的记载。从其姓判断,布赫曼是操德语的瑞士人,在德语中 Buchmann 意思是"书人",因此他的姓常被希腊人译为比布利安德(Bibliander),虽有同样含义,但不可将布赫曼与比布利安德当成两个人。他

---

① OSWALD J C. A history of printing: its development through 500 years [M]. New York, 1928.

359

学术活动时间上距欧洲最初使用木活字不过百年,其记载应是可信的。欧洲人做木活字时,必是先将写在纸上的书稿文字以反体转移到木板或木条上,刻出凸面反体字,再用细锯逐字锯下成单个活字,修整后可排版,印好书后拆版,回收木活字,再印别的书。而这正是中国人400年前用过的技术。木活字是从木版通向金属活字的桥梁,木活字的使用使欧洲第一次掌握活字印刷思想。

意大利、尼德兰(Nederland,今荷兰)和德国这些较早发展木版印刷的欧洲国家,最有可能率先在欧洲从事木活字印刷。前面谈到的英国东方学家柯曾就报道说,意大利医生和印刷人卡斯塔尔迪(Pamfilo Castaldi,1398—1490)于1426年在威尼斯用大号木活字出版过一些大型对折本,据说这些书曾保存在他的故乡贝卢诺省费尔特雷(Feltre,Belluno)档案馆中。[①]此地旧称费尔特里亚(Feltria),在威尼斯西北。卡斯塔尔迪因此曾被认为是欧洲活字技术的奠基人,1868年在伦巴第城(Lombardia)还特意为他竖立起铜像以资纪念。根据柯曾的记载,卡特塔尔迪1426年印刷木活字本距欧洲最早木版本并没有几年,因此,李约瑟博士说,欧洲在发展木版印刷后,紧接着又从中国引进活字印刷技术。[②]

2. 荷兰早期木活字印刷

除意大利外,尼德兰人也进行过木活字印刷。因布赫曼的同时代人阿德里安·尤尼乌斯(Hadrian Junius,1511—1575)曾有类似记载。此人在阿姆斯特丹附近的阿勒姆城(Haarlem)任医生,他谈到本城人劳伦斯·杨松(Laurens Janszoon,1395—1465在世)于1440年以大号木活字印过《拉丁文文法》和《幼学启蒙》(Horn Book)等书[③]。杨松任阿勒姆城天主教本堂区财产管理委员,荷兰语将这一职务称为"koster",相当于法文中的"marguillier",因此,人们又将"杨

---

① CURZON R. A short history of libraries in Italy[J]. Philobiblon Society Miscellanies, 1854(1):6.

　YULE H. The book of Ser Marco Polo[M]. 3rd ed. London: Murry, 1903:138-140.

② NEEDHAM J,潘吉星.李约瑟文集[M].沈阳:辽宁科技出版社,1986:262-263.

③ OSWALD J C.西洋印刷文化史[M].玉城肇,译.东京:鲇书房,1943:3,200.

松"称为"科斯特"（Koster或Coster），实际上这并非其姓名。早期德国文献如1499年出版的《科隆编年史》（*Cologne Chronicle*）也曾谈到杨松，因此，荷兰人认为他是欧洲活字技术奠基人，并在阿勒姆为他树立铜像，19世纪初还召开过大型会议纪念他。

看来，15世纪前半期欧洲以木活字版取代木雕版的技术尝试在不同国家已有人着手进行，而且初获成功，这应是个不争的史实。我们注意到过去欧洲学术界有过关于本地区活字技术从何时、何处起始的论争，有人主张起于意大利或荷兰的木活字，另有人认为起于德国的金属活字。这涉及对"活字"一词的技术界定，16世纪—17世纪以来欧洲金属活字流行，人们习惯于将活字与金属活字等同起来。今天来看，在研究印刷史时，应以发展的观点来理解"活字"一词的含义，木活字当然也是活字，考察活字起源应从非金属活字谈起。意大利人、荷兰人和德国人各自对欧洲活字技术发展的贡献是互补而非互斥的，都应给以肯定。然而主张欧洲经历过木活字阶段和受中国影响的观点一度受到非难，因为如果此说被大家认同，则坚持活字技术为欧洲独立发明之说便难以成立。另一方面，提出欧洲受中国影响说的人有些论证不得力，也给反对者以口实。

从当时中、欧交通的大开放和中国一连串发明西传的时代背景以及欧洲作者的早期文献记载观之，欧洲经历木活字阶段并受中国影响是不能否定的。1420年以前，欧洲人没有活字印刷和活字技术思想，对他们来说这都是其先辈所不知的外来事物。由于他们对中国史不了解，也不知这种新事物来自何方。有人不愿意承认欧洲印刷经历过木版→木活字→金属活字三个阶段，认为从木版一下子就跳跃到铅活字，不承认卡斯塔尔迪、杨松等人从事过木活字印刷，其理由是用近代精密设备和工具制造小号西文木活字的模拟实验均告失败。[①]实验的真实情况或许如此，但现代这些模拟实验人员无法否认这样一个事实，即制造大号西文木活字无需用精密设备和工具，而且可以排版印书。事实上，他们的先辈

---

① REED T B. A history of the old english letter foundries[M]. London, 1887.

们早就这样做了。

1908年法国汉学家伯希和在丝绸之路上的甘肃敦煌,发现元代维吾尔人用过的大量回鹘文木活字,这个发现以实物资料证明制造大号拼音文木活字是可行的,也揭示了活字技术由中国内地到新疆,再由此向西传播的路线。法国印刷史家古斯曼(Pierre Gusman)因而认为中国活字技术在13世纪—14世纪元代经两条路线传入欧洲:一是与蒙古察合台汗国的维吾尔人有接触,后来住在荷兰的亚美尼亚人在卡斯塔尔迪活动时,将活字技术传入欧洲;二是谷腾堡(Johannes Gutenberg,1400—1468)在波希米亚首府布拉格(Praha)时,学会了经中亚、俄罗斯陆上通道传入欧洲的活字技术。[①]现在分析起来,这两种可能性都存在,也与更早时期欧洲作者的记载相符。

四、德国早期金属活字印刷

1. 铸造金属活字的早期尝试

前已指出,15世纪前半期欧洲人成功以大号木活字排印书籍,迈出从木版到活字版过渡的决定性一步。但以大号字排版,耗费更多版面和纸,书也厚重,而当时纸还是很贵的。为使印纸容纳更多文字,必须缩小字号,欧洲人制小号木活字时遇到技术困难:一是难以下刀,二是无足够强度。这与制尺寸较大的汉文木活字是不同的,所以活字在欧洲受到限制。在这种情况下,中国金属活字又得到欧洲人的青睐。因此,有心人便开始了这方面的探索。史载荷兰阿勒姆人杨松制木活字时,还曾以铅锡试制活字。德国出生的银匠普罗科普·瓦尔德福格尔(Prokop Waldfoghel,1367—1444在世)也做过类似试验,他定居在德意志帝国卢森堡王朝(神圣罗马帝国)皇帝查理四世(Charles Ⅳ von Luxemberg,1347—1378)统治下的波希米亚首府布拉格,1367—1418年以造餐具驰名。波希米亚人反抗德皇统治的胡斯战争(Hussite War,1419—1434)时期,1433—1441年他

---

① GUSMAN P. Le gravure sur bois et l'épagune sur métal[M]. Paris, 1916:37-38.

在纽伦堡的冶金厂工作。1439 年成为距瑞士巴塞尔不远的卢塞恩(Lucerne)公民,1441 年再迁至今法国东南的阿维尼翁(Avignon),此地在 1309—1417 年、1439—1449 年是教皇驻地和贩书中心。①

据纽伦堡的技术史家沃尔夫冈·冯·施特勒默尔(Wolfgang von Strömer)的研究,瓦尔德福格尔在布拉格时已从东方获得有关铸字印书的技术信息,因布拉格是中国丝绸运到欧洲的主要终点之一,金属活字信息此后又从这里传到纽伦堡、斯特拉斯堡(Strassburg)和美因茨(Mainz)等德国工商业城市。他到阿维尼翁后,利用在布拉格得知的技术信息,结合原来特长,想换个新行业谋生。1441—1444 年他发明了一种生产书籍的"假写技术"(ars scribendi artificialiter or art for writing artificially),并将此技术传给合伙的犹太人卡德鲁斯(David Caderousse)、法国教会人士维塔利斯(Manuel Vitalis)及其友人阿诺德·德·科斯拉克(Arnaud de Coselhac),还有阿维尼翁商人乔治(George de la Jardin)。②

19 世纪法国神甫雷金(Pierre Henri Requin)提供的资料说,1446 年卡德鲁斯定制 27 个希伯来文铁制字母(scissac in ferro)和木、锡与铁制工具,两年间,他拥有了 408 个拉丁文字块并以其作为贷款抵押物。1444 年 7 月 4 日有资料称,维塔里斯与瓦尔德福格尔合伙时,保管 2 个钢字(duc abecedaria calibia)、2 个铁制铸范(formes ferreas)和 48 个锡范以及"与假写技术有关的其他东西",后来将其卖掉。③这说明它们在当时有使用价值,因而所谓"假写技术"指不用手写,而以字块拼合,印出像手写的文字。换言之,瓦尔德格尔及其合伙人1441—1446 年在阿维尼翁已从事金属活字的制造,显然是供印刷所用。但他们没有坚持下去,很快便散伙,将活字与工

① MARTIN H J. The history and power of writing[M]. Cochrane L G, tr. Chicago: University of Chicago Press, 1994:215.

② VON STRÖMER W. Hans Friedel von Seckingen, der banker der strassbourger gutenberg-gesellschaften[M]. Mainz: Gentenberg-Jahrbuch, 1983:45-48.

③ REQUIN P H. Documents inédits sur les origines de la typographie[M]. Paris: Bulletin de Philologie et d'Histoire du Ministère de l'Instruction Publique, 1890: 328-350.

具卖掉。

2. 德国建成欧洲最早的金属活字印刷厂

10 年以后，另一德国人约翰·谷腾堡（Johannes Gensfleisch Zum Gutenberg）做了类似工作并大获成功。1400 年他生于工商业城市美因茨，1418—1420 年就读于埃尔福特（Erfurt）大学，因在造币厂工作的父亲病故而辍学，回乡学金工。1434—1444 年去斯特拉斯堡谋生，与当地人安德烈·德里策恩（Andreas Drizehn）、汉斯·里费（Hans Riffe）和海尔曼（Andreas Heilmann）等签约，共同加工宝石、以新法制镜子。由其他人出资，谷腾堡出技术，获利共享。安德烈 1436 年去世，其弟以继承人身份要谷腾堡交出技术被拒，遂至官府起诉。案卷内称 1436 年谷腾堡做"与印刷有关的事"，向法兰克福的金匠迪内（Hans Dünne）支付 100 基尔德（Gulden）金币，证词中还有"活字"（Type）之类词。

可见谷腾堡在制镜、加工宝石时突然改行，从事印刷的秘密试验，但没有成功。1444—1448 年他外出旅行，可能带着问题去荷兰、瑞士、巴塞尔或意大利威尼斯等地做技术考察[①]，有人说他还去过布拉格。外出旅行使他眼界大开，找到了解决问题的途径。1448 年他回到美因茨，向富商约翰·富斯特（Johan Fust，约 1400—1466）贷款，以所开发的技术和设备为抵押，合同五年有效期内获利均分，期满将本息偿还债主。试验取得突破，1450 年铸出大号活字排印拉丁文《三十六行圣经》（36 Linne Bible），字体为手抄本哥特体（Gotisch Schrift）粗体字。1454 年出版教皇尼古拉五世（Nicholas Ⅴ，1447—1455）颁布的赎罪券（Indulgence）。1455 年出版小号字拉丁文《四十二行圣经》（42 Linne Bible）精装本，这是谷腾堡技术生涯中的最大成就。版面规格为 30.5 cm×40.6 cm，每版两页，双面印刷，共 1286 页，分两册装订（图 8.24）。版框四周围有木版刻成的花草图案，是集活字版与木版为一身的珍本。

---

① MARTIN H J. The history and power of writing[M]. Cochrane L G, tr. Chicago: University of Chicago Press, 1994:219.

图 8.24　　**1455 年谷腾堡在美因茨用铅活字出版的拉丁文《四十二行圣经》**[①]

五、欧洲金属活字印刷的中国背景

谷腾堡发展起来的金属活字印刷技术在当时无疑是最好的技术，却不是最早的技术。今天我们知道，金属活字铸造、排版、校对、刷印、拆版和回收、贮存等全套工艺技术早在11世纪—13世纪已在中国宋、金时代付诸实用，因而从世界史角度看，谷腾堡不是金属活字技术的发明者。将以他为代表的欧洲技术与中国古代传统技术加以比较，可知他是重要的技术革新家，而且在革新中有创造：

第一，中、欧都以三元合金为活字用材，其中都包括铅、

① OSWALD J C. A history of printing: its development through 500 years [M]. New York, 1928.

锡,这是相同点。但中国另外用铜,欧洲用锑,略有变异。欧洲活字含铅量高(83%),故简称铅活字,中国活字含铜多(50%—62%),故简称铜活字。欧洲活字熔点低、便宜,中国活字熔点高、较贵,后来一度混入锌加以改进。双方活字均呈长立方体,字身有一小孔,以铁钱穿连成行,植于印版之上,以防移动,这是相同点。中国活字尺寸比欧洲活字大,因汉字笔画复杂。中国金属活字以木活字为铸模,用砂型铸造法铸成,以细砂与黏土做铸范。卡特等人认为欧洲早期活字也是如此[①],但也有人认为以钢活字为铸模,用硬型铸造法铸成,铸范为铜质[②]。中国铸字量比欧洲多几十倍,用砂型铸造简便易行,成本低;欧洲用硬型铸造虽费力,但因铸字量小,亦无妨。双方铸字原理及操作程序相同,但铸模、铸范用材有差异,因使用的文字特征不同。中国古代亦用过金属模及范铸造铜钱及兵器等,但宋以后铸字动辄以千、万计,不适于用此法,非不能也。

第二,中国金属活字所用墨汁以松烟或油烟炭黑与动物胶按100:30—100:50之重量比调成稠液,经发酵而成,有时调入少量植物油。谷腾堡将亚麻仁油煮沸,加蒸馏松树脂后得到的松油精(terene)等物,经发酵而制成油性墨汁,中国不曾用过这种墨汁,这是个创新。但中国墨墨迹有光泽,欧洲墨墨迹无光泽。

第三,中、欧植字、刷印原理相同,但使用工具有异。中国人将纸覆在已上墨的印版上,以棕刷擦拭纸的背面,无需用大力,因为中国纸薄。因此,总是单面印刷,再沿纸正中对折,装订成册。谷腾堡将欧洲压葡萄或湿纸的螺旋压榨器加以改造,制成压印器(图8.25)。其框架为木制,在底部座台上固定印版,其上面压印板由铁制螺旋杆控制,可上可

① CARTER T F.中国印刷史的发明和它的西传[M].吴泽炎,译.北京:商务印书馆,1957:200,注24.

OSWALD J C.西洋印刷文化史[M].玉城肇,译.东京:鮎书房,1943:235.

② HANEBUTT-BENZ E. Features of Gutenberg printing process[C]. Ch'ongju: International Forum on the Printing Culture, 1997.

FUSSEL S. Gutenberg and printing in the western culture[C]. Seoul: International Symposium on Printing History in the East and West, 1997.

下。板下有硬毛毡。以羊皮包以羊毛的软包蘸墨汁,放在印版上,再覆以纸,摇动螺旋拉杆,通过压印板压力印出字迹。虽是一版双页,但每纸双面印刷,印纸不再对折。其之所以如此,是因为欧洲麻纸又硬又厚,用刷子不易着墨,除纸外,还以羊皮板印书,必须施较大压力。双面印刷还因为欧洲纸产量少,要充分利用。螺旋压印器应看成是谷腾堡的一项发明。但欧洲压印器至少需两人操作,一日印300张,而中国则一人操作,一日可印千张以上,论效率则数倍于欧洲。

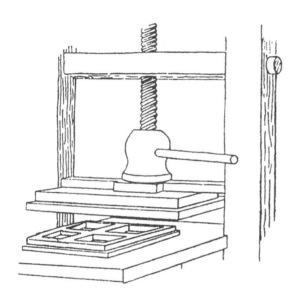

图 8.25　欧洲活字印刷的螺旋压印装置[①]

综上所述可以看到,谷腾堡的活字印刷技术仍沿用中国发明的金属活字技术原理和基本操作工序,但根据欧洲具体条件以自己方式做了变通,从而对中国传统技术做了革新,使之适用于通用拼音文字的拉丁文文化区和基督教世界。在他的工艺中不乏发明,如压印器。在他以前已有其他欧洲人做了早期试验,但他的工艺最为系统,且已大规模应用,他是欧洲金属活字技术的奠基人。他的技术后来几经改进,成为世界近代印刷的发展起点,对他的历史贡献应给以充分肯定。他之所以取得成就,是因为吸取和总结了同时代其他欧洲人和中国古人在这方面的已有成果和技术经验。当他铸

---

① OSWALD J C. A history of printing: its development through 500 years [M]. New York, 1928.

字时,他的同胞正用中国技术制造火药、铸造火炮,德国人积极参与了文艺复兴运动,为欧洲新的思想文化和科学技术兴起提供物质准备。

但长期以来,西方流行一种观点,认为金属活字是谷腾堡在没有任何外来影响下独立发明的,而且无视古老的东亚活字技术的历史存在,把他说成是活字印刷的发明者。这种欧洲中心论(Europocentrism)观点至今还在一些外行人作品中不时流露出来,持这种观点的人一般来说不了解东西方印刷史,对中国印刷史和中、欧关系史知之甚少,只将视线放在欧洲。他们不愿意正视金属活字从非金属活字演变而来,而非金属活字又从木版、铜版演变而来,所有这些技术在谷腾堡出生以前很久都已出现于东亚的中国。欧洲发展这些印刷形式的时间与中国相比,晚了几百年。李约瑟1954年用法文发表的《欧亚对话》(*Dialogue Entre l'Europe et l'Asie*)一文内呼吁傲慢自大的欧洲人多了解亚洲,与亚洲对话,这样才能真正了解欧洲和世界。现在看来,这项建议是何等正确。自然,亚、非、拉人民也要了解欧美。在地球村居住的各大洲的人都要相互了解和对话。

随着时间的推移和东西方学者研究的深入,欧洲独立发明金属活字的观点已受到西方专家的质疑,他们将目光转向东亚。1997年9—10月在韩国召开的"东西方印刷史国际讨论会"上,欧洲印刷史家力图了解、重视东亚印刷文化。与会的美因茨城谷腾堡博物馆馆长埃娃·哈内布特–本茨(Eva Hanebutt-Benz)博士在发言中谈到欧洲金属活字产生的历史背景时指出:

> 考虑到这些历史事件,不可避免地会遇到两个问题。第一,谷腾堡是否知道从12世纪就已存在的东亚活字印刷的成就? 这个问题不易回答……但当人们认识到12世纪—13世纪东亚与欧洲之间的接触程度时,我相信那些取道丝绸之路的旅行者会知道活字,即令未将这种知识做书面介绍,也会做口头传播。因此我不能想象谷腾堡从未听说过这种印书方式。我认为正是这种

思想促使他热衷于找到解决问题的适当方式,以适应他在国内面临的情况。[①]

巴黎大学的印刷史家亨利·让·马丁(Henri-Jean Martin,1924—2007)教授也在会上说:

> 东方印刷技术和亚洲在这一领域内领先的发明,一直是法国和欧洲其他国家印刷史家的兴趣所在。因此40年前,我请一位中国问题研究专家吉尼亚尔(Roberte Guignard)女士为我与费夫尔(Lucien Febvre)合著《书籍时代的到来》(*L'apparition du Livre*)一书执笔论述东方印刷史的一章……在试图反对如此长期统治非专业界人士思想的欧洲中心论观点时,我多少有些冒失地提出,作为传播印刷技术的发明家谷腾堡和瓦尔德福格尔,与东亚伟大的智慧之神一比,就不再是此间的造物主了。[②]

马丁还告诉我们说,当他从巴黎出发出席东亚这次会议之前,还收到德国纽伦堡大学技术史家沃尔夫冈·冯·施特勒默尔教授的信和委托向与会者散发的论文。信中谈到欧洲最早的金属活字印刷时说:

> 我(施特勒默尔)相信西方肯定掌握了东方的技术。在这方面我强调查理四世皇帝在布拉格的宫廷所起的作用。布拉格当时是东方丝绸到达欧洲的一个主要终点,信息可能在此后从布拉格传到德国工商业城市,如纽伦堡、斯特拉斯堡和美因茨。[③]

我们从马丁的著作《书的历史和能量》(*Histoire et Pouvoirs de L'écrit*,1988)和施特勒默尔的最新研究《从吐鲁番到卡尔施坦》(*Von Turfan zum Karlstein*,1997)中,已注意到他们在追溯谷腾堡技术的历史来源方面取得的进展。这说明,二战后西方专家从自身研究中已逐步摒弃了

[①] HANEBUTT-BENZ E. Features of Gutenberg printing process[C]. Ch'ongju:International Forum on the Printing Culture,1997.

[②③] MARTIN H J. The development,spread and impact of printing from movable type in the 15th and 16th centuries[C]. Seoul:International Symposium on Printing History in East and West,1997.

欧洲中心论思想,力图探讨欧洲活字印刷的中国背景,且有新成果。作为出席这次国际会议的中国代表,笔者听到他们的发言、阅读其所赠作品并作友好交谈后,感到高兴,会后亦借施特勒默尔之题加以补述,草成《从元大都到美因茨》(*Von Khan baligue zum Mainz*)一文[①],构成本节主要内容。

如前所述,谷腾堡1434—1444年在斯特拉斯堡加工宝石和制镜时,突然改行,秘密进行印刷试验,必是受到某种外在因素激发。在他十多年前,瓦尔德福格尔已在阿维尼翁试制过金属活字,谷腾堡有可能得知此事,因为他的合伙人汉斯·里费的亲戚瓦尔特·里费(Walter Riffe)是斯特拉斯堡的金匠,与谷腾堡是邻居,又一起共事,在这段期间常去阿维尼翁。[②]瓦尔德福格尔的技术已传授给一些人,其产品也曾售出,技术已处于半公开状态。瓦尔特·里费得知这些情况后,无意间谈起,遂引起谷腾堡的注意。他看准这是个有潜力的行业,便招来法兰克福的金匠迪内做试验,起初没有取得预期结果。他从1444年的失败到1450年的成功,应归因于其1444—1448年的广泛旅行,这期间他知道其他欧洲先行者的工作和面临的问题,领悟出使他成功的秘诀。

在肯定谷腾堡历史贡献时,不能忽视其他欧洲人的早期工作。而这些人所赖以工作的活字印刷思想和相关技术又是从何而来呢?要回答这个问题,就要像前述德、法专家所说,将源头追溯到那些取道丝绸之路的旅行者从中国带回的有关信息。这些信息直接或间接传到谷腾堡及其欧洲先行者那里,否则很难想象他们在15世纪上半期迅速地凭空做起活字试验。我们知道,从手抄本到金属活字本,欧洲像中国一样,经历了造纸→手抄本→木刻本→木活字本→金属活字本几个阶段。但欧洲从木版→木活字→金属活字过渡所需时间不足百年,而中国却用了600年左右,这是因为欧洲借鉴了中国的经验。欧洲木版、木活字技术与中国完全相同,其

---

① 潘吉星. 从元大都到美因茨:谷腾堡技术活动的中国背景[J]. 中国科技史料,1998,19(3):21-30.

② MARTIN H J. History and power of writing[M]. Cochrane L G, tr. Chicago:University of Chicago Press,1994:202.

金属活字技术所依据的原理与中国相同,只是使用材料和某些工具出现变异。因这项技术较为复杂,不能原样照搬,必须因地制宜。

但中、欧早期金属活字形体则基本相同,谷腾堡的德国弟子策尔(Ulrich Zell,1440—1505在世)1468年在科隆出版拉丁文本《怡情少女颂》,书中有一页排版时误将一个铅字横放,被印了出来(图8.26),清楚显示谷腾堡时代活字为长立方体实体铸件,字身有一小孔[①],外观与12世纪—14世纪中国金属活字相似,排版方法也相同,说明当时欧洲人是用400年前中国人的技术构思铸字的。正如欧洲早期金属火炮外形与元代金属火炮相似,是用同样技术构思铸造的那样。在中、欧双方频繁往来的时代,不能把这种情况说成是偶然巧合。

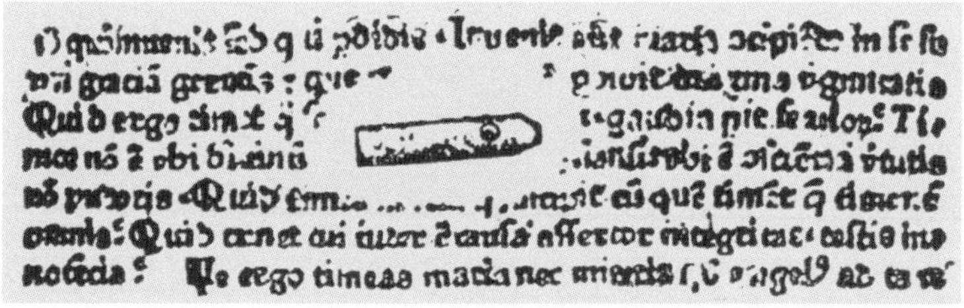

图 8.26　**1468 年在科隆出版的《怡情少女颂》中出现的活字形象**[②]

西方科学史家从大量已知史实中总结出一条技术传播规律:在公元后第一个千年到近代科学兴起之前,亦即1世纪—16世纪这一千多年间,越是较复杂的技术就越不可能在一定时期内由不同地区重复发明。当某个国家有了某种技术以后,另一国又出现类似技术,只能用技术传播来解释这种趋同现象,哪怕一种思想暗示也足以引发传播。[③]李约瑟博士以印刷术为例说明:"至于印刷术的传播,我感到高兴的是谷腾堡知道中国的活字技术,至少听说如此。[④]"这与前述德、法学者的见解不谋而合。谷腾堡

---

①② OSWALD J C. A history of printing: its development through 500 years[M]. New York, 1928.

③ NEEDHAM H J. Science and China's influence on the world[M]//DAWSON D. The lagacy of China. Oxford,1964:234.

④ NEEDHAM H J. Science and civilisation in China: vol.2[M]. Cambridge: Cambridge University Press,1956:229.

及其同时代人只要听说中国人能以木刻成活字和以金属铸成活字用来排版印书这类一般性暗示,就可按自己方式做铸字、排印试验,并获得一连串的发展,更何况他们听到的可能比这还多。

问题在于现下还难以查出传递印刷技术信息的旅行者是谁,但在当时往来于中国和欧洲之间的人流中肯定有他们的身影。我们可以举出若干事例证明这种人流的存在。1298—1307年,意大利人孟高维诺、佩德罗和德国人阿诺德在中国人帮助下,在北京出版宗教画;1307年法国人日拉尔(Gerard)、意大利人安德烈(Andrew da Perugia)和西班牙人佩雷格里诺(Peregrine de Castello)来北京与之相会,再赴泉州传教,安德烈在华近30年,1336年返回欧洲。意大利人和德里(Odoric de Pordenone,1266—1331)和爱尔兰人詹姆斯(James)1315启程东游,1322年到泉州,会见安德烈等人,1322—1328年访问金陵(今南京)、杭州和扬州等地,在北京住了三四年,1330年返回欧洲。[①]他在《东游录》(*Itinertarium de Orientalium*,1330)中说,在威尼斯遇到不少到过中国的商人。佛罗伦萨人约翰·马黎诺里(Giovanni de Marignolli,约1290—1357)1238年受教皇派遣,从阿维尼翁率50人来华,1341年经新疆进入内地,1342年到北京时剩32人,受元顺帝接见,并献良马。在北京住了4年,经杭州至泉州,1353年返回阿维尼翁。[②]

1355年神圣罗马帝国皇帝查理四世到阿维尼翁教廷加冕时,听说马黎诺里出访过中国,便请他来波希米亚首府布拉格居住。他受命编《波希米亚编年史》(*Monumenta Historica Bohemiae*),其中谈到在华见闻。查理四世积极发展与东方贸易,布拉格便成为中国丝绸等货物运往欧洲的一个终点和信息的转运站,由此再转移到其他地区。阿维尼

---

① CORDIER H. Les voyages du Frère Odoric de Pordenone[M]. Paris, 1891.

YULE H, CORDIER H. Cathay and the way thither[M]. London: Hakluyt Society Publication, 1914.

② MOULE A C. Christians in China before the year 1550[M]. London, 1930.

翁、威尼斯等地居住着很多从中国回来的人，他们都毫无例外地沿陆上丝绸之路上的新疆或海上丝绸之路上的泉州、广州出入境，在杭州、苏州、南京和北京等地旅行，所经之处有木版、木活字和金属活字印刷中心和贩书中心，从而将有关印刷知识以口头方式通过东西方之间南北两条交通线传到波希米亚和意大利，再由此向其他工商业城市扩散，从而使谷腾堡及其同时代人得到信息。因此，16世纪意大利史家焦维奥（Paolo Giovio，1483—1552）1546年在威尼斯用拉丁文出版的《当代史》（*Historia sui Temperis*）一书中写道：

> 广州的金属活字印刷工（canton typographos artifices）用与我们相同的方法将历史和仪礼等方面的书籍印刷在长幅对开纸上……因此，可以使我们很容易相信，早在葡萄牙人到印度之前（14世纪），对文化有如此帮助的这种技术就通过西徐亚（Scythas或Sythia）和莫斯科公国（Moscos或Moscovite）传到我们欧洲。[①]

文内所说西徐亚为里海和黑海之间亚、欧交界处的古国名，此处指蒙古伊利汗国的亚美尼亚，而莫斯科公国指蒙古钦察汗国控制的俄罗斯（Russ或Ancient Russia），这正是中国活字技术西传的南北两线上靠近欧洲的地区。亚美尼亚人信奉基督教，其国王海敦一世（Hayton Ⅰ，1224—1269）1246年降于蒙古后，派其弟经新疆出使元朝[②]，受元定宗接见，写有游记，亚美尼亚人对金工等工艺擅长，常去欧洲谋生。从焦维奥拉丁文用词词义中可知，他明确指出欧洲金属活字技术是从中国传入的。有的译本未能准确译出，所以我们重译，并特意标出原文。焦维奥的记载可与同时期西班牙学者胡安·冈萨雷斯·德·门多萨（Juan Gonzeles de Mendoza，1540—1620）的记载互相印证。他1585年用西班牙文在罗马

① JOVIUS P. Historia sui temperio：1546[M]. Venezia. 1558：161.

CARTER T F，GOODRICH L C. The invention of printing in China and its spread westward[M]. 2nd ed. New York：Ronald，1955：159，164-165.

② BOYLE J A. The journey of Het'un I, king of Little Armenia[J]. Central Asiatic Journal,1964(9).

出版的《中华大帝国志》（*Historia del Gran Regno de China*）第16章中写道：

> 根据大多数人的意见，欧洲金属活字印刷术的发明始于1458年，由德国人谷腾堡所完成……然而中国人确信这种印刷术首先在他们的国家开始，他们将发明人尊为圣贤。显然，在中国应用此印刷术许多年之后，才经由俄罗斯和莫斯科公国传到德国。这是肯定的，而且可能经过陆路传来的。而某些商人经红海从阿拉伯半岛（Arabia Felix）来到中国，可能带回书籍。这样就为谷腾堡这位历史上被当作发明者的人奠定了最初的基础。看来很明显，这项发明是中国人传给我们的，他们对此当之无愧[①]。

门多萨在这部欧洲人论中国的第一部专著中，除参考西方各种早期记载外，还引用了西班牙人马丁·德·拉达（Martin de Rada，1533—1578）的原始记载《福建游记》（*Narrativo de Mision a Fukien*）。马丁通汉语，明万历三年（1575）与墨西哥人马林（Geronimo Marin）从吕宋（今菲律宾）出访福建省，在泉州、漳州和福州等地购买大量汉籍。1576年这批书和马丁的游记稿由马林返欧洲时献给西班牙国王菲力普二世（Philip Ⅱ）。马丁在游记中谈到他与福建地方官对话时写道：

> 当这位中国官员听到我们也有印刷的活字（script），而且我们也和他们一样印刷书籍时，大为惊奇，因为他们使用这种技术比我们要早几百年。[②]

马丁所说的script指手书体金属活字，因此他与中国官员对话的话题仍是金属活字印刷。在明代，福建是铜活字印刷较发达的地区，刊本一般标明"铜板活字"，即铜活字版，至今还有传本。马丁在福建买到这种版，所以才与当地地方官谈到金属活字。当代德、法和中国学者的研究证实了400多

① DE MENDOZA J G. The history of the great empire and mighty Kingdom of China[M]. PARKE R, tr. London：Hakluyt Society，1853：131-134.

② BOXER C R. South China in the 16th century[M]. London：Hakluyt Society，1953.

年前意大利人焦维奥和西班牙人门多萨的上述记载是正确的，即金属活字印刷知识通过13世纪—14世纪访问中国的旅行者传入欧洲，从而为杨松、瓦尔德格尔和谷腾堡研制金属活字奠定了最初的基础。中国从北宋（11世纪—12世纪）铸铜活字到谷腾堡时代（15世纪）欧洲铸铅活字之间有三四百年的时间差，也证明明代福建地方官对马丁说中国金属活字比欧洲早几百年是有根据的。谷腾堡技术活动的中国背景，现在越来越清晰了。这种知识传播可能经由南北两条路线，沿陆上丝绸之路的北线传播的可能性更大些，这正是蒙古大军第三次西征（1253—1258）时踏出的亚、欧直通的安全路线，也是中国火药、木版印刷和其他技术发明西传所经由的主要路线。

六、金属活字印刷在欧美各国的早期发展

1455年，谷腾堡出版精装本《四十二行圣经》的那一年，正是他与富斯特合同期满之时，他因无力还债，官府判决其印刷厂归富斯特所有。富斯特1455年11月6日起拥有这个工厂后，留用原有的技师和工人，其中包括从巴黎大学毕业的德国青年舍弗（Peter Schöffer，约1425—1502），此人擅长书法，手写哥特体铸字字样皆出其手，后来成为富特斯的女婿和继承人。他们合作出版了不少书，还对活字字体、版面设计和铸字技术方面做出改进。1457年8月出版对折本《圣诗篇》（Psalter），供教堂做弥撒时用（图8.27）。此书在欧洲首次用朱、黑双色印刷，又首次在书中刊出印刷姓名、刊行年代、地点和厂家商标（emblem），由舍弗设计。这部大字（每面20或24行）豪华活字本多次重印，可见其销售情况相当可观。1459年刊主教杜兰蒂（Duranti，1237—1295）的《神职规范》（Rational Divinarum Officiorum），1460年刊《律令大全》（Constitution），1462年再刊对折本《四十八行圣经》，用小号字或"圆状哥特体"，便于阅读。

图 8.27　**1457 年富斯特与舍弗合作印刷出版的《圣诗篇》朱墨双色本**[①]

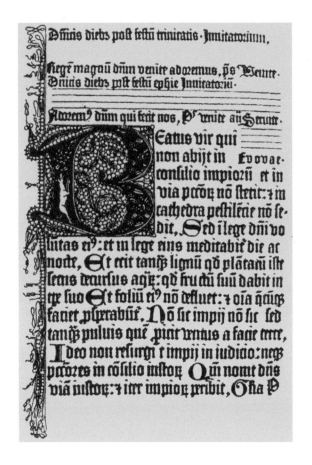

谷腾堡在与富斯特分道扬镳后，又得到其他人资助，1456 年在美因茨城郊另建印刷厂。富斯特手下的普菲斯特（Albert Pfister, 1400—1465 在世）也来到这里，成为谷腾堡的重要助手。同一年出版单张《1457 年年历》；1459 年左右刊《三十六行圣经》；1460 年刊《教堂课读》（Catholicon），这是包括拉丁文文法和神学辞典的大众读物，一大册，共 748 页。1462 年美因茨发生动乱，富斯特的工厂被毁，印刷工到斯特拉斯堡、科隆、班贝格（Bamberg）和纽伦堡等地避难，将金属活字技术扩散到德国各地以至欧洲各国。1458 年谷腾堡的助手普菲斯特在动乱发生前就已在班贝格设厂印书，同一年谷腾堡的另一合作者门特林（Johann Mentelin, 1410—1478）在斯特拉斯堡建印刷厂，1466 年出版德文版《圣经》。他们之所以出走，是因为谷腾堡的工厂资金不足，经营不景气。谷

---

① OSWALD J C. A history of printing: its development through 500 years [M]. New York, 1928.

腾堡在负债的贫困状态下度过晚年。动乱后,富斯特又重建新厂,他死后由舍弗经营。

1466年谷腾堡的弟子策尔在科隆开始经营出版业,40年内出版200种书。与门特林同时在斯特拉斯堡印书的还有埃格施泰因(Heinrich Eggestein,? —1483)。1470年在奥格斯堡,普夫兰茨曼(Jodocus Pflanzmann)出版了插图本德文版《圣经》,同年科隆的阿诺德(Arnold der Hoernen)出版的书中出现了扉页(title page)。1473年科贝格尔(Anton Koberger,? —1513)在纽伦堡建印刷厂,雇工百人,出书236种,最著名的是1513年刊《纽伦堡编年史》(*Nurnberg Chronicle*),共596页,有木版插图1809幅,以645块版刻成,包括人物像、风景图、地图等,是德国活字版和木版的代表作。15世纪欧洲出版的书被印刷史家称为"摇篮本"(incunabula),由拉丁文"in"(处于)和"cunabula"(摇篮)两词构成,以表示此时的技术仍较为幼稚。但这个词不适用于中国,因为明代的铜活字印本在技术上已达到很成熟的阶段,欧洲人看到后惊叹不已,这是使门多萨等人相信欧洲金属活字技术来自中国的一个原因。

15世纪德国各地培养出最早一批印刷工以后,他们便靠自身技艺行走江湖,到处闯荡,甚至走出国门,落脚他乡,他们成了"tourist-printer"。1465年原由美因茨的富斯特印刷厂雇用的斯韦因海姆(Conrad Sweyenheim)和潘纳尔兹(Arnold Pannartz)去意大利,在罗马市郊斯比阿科(Subiaco)村建立了该国第一家印刷厂,两年间出版了《拉丁文文法》、古罗马学者西塞罗(Marcus Tallius Cicero,前106—前43)的《演讲集》和宗教文学作品。所需铅活字、压印器和油墨是用马车从德国运来的,1467年该厂移至罗马城,5年间刊行大量文学著作。他们为适应意大利读者的需要,使用了罗马字体,如1469年出版的《罗马史》(*Historia Roma*)即以罗马字体排印(图8.28)[①],从外观上已接近近代印刷体,而与谷腾堡等德国人用的手写哥特体大不相同。

---

① OSWALD J C. A history of printing: its development through 500 years [M]. New York, 1928.

谷腾堡与富斯特印书体乃仿古代手抄本字体，富斯特在法国销书时还不敢说是印本，怕引起抄书者行会的抵制。活字印刷发展后，以抄书为职业的人改行，印刷厂才以印刷体字印书，这是字体上的一大进步。

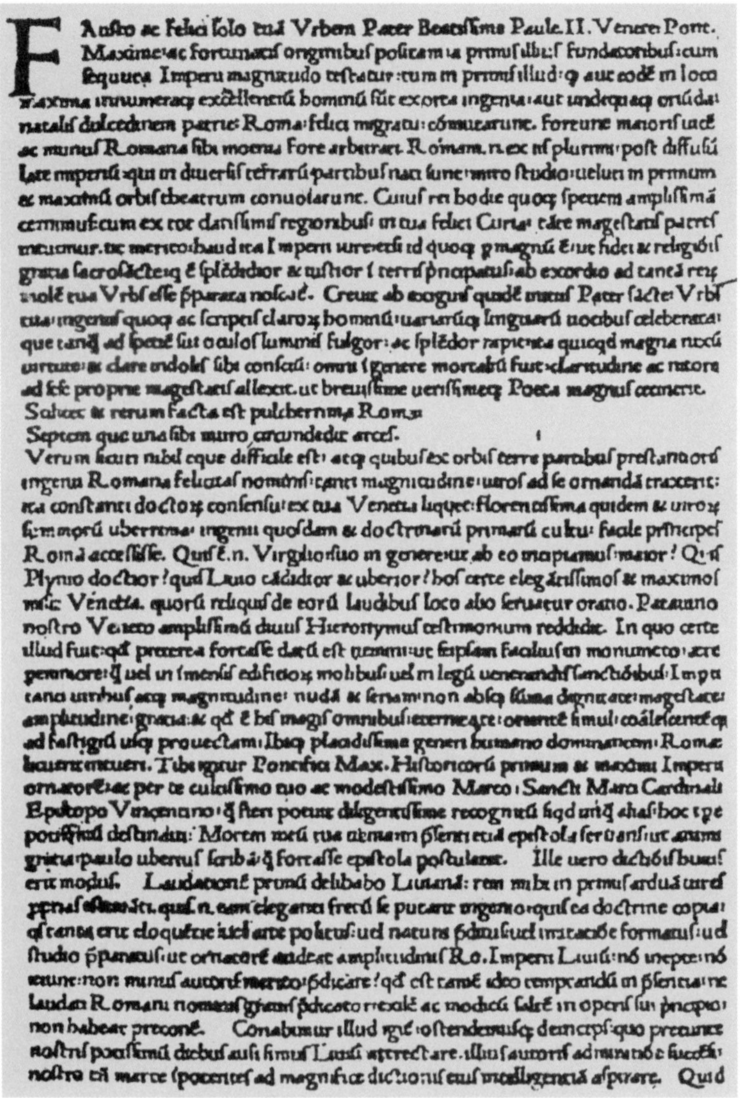

图 8.28　**1469 年斯韦因海姆在罗马刊行的《罗马史》**

1469 年德国斯派尔（Spira）城的约翰（Johannes）和温德林（Vendelin）兄弟在威尼斯建的印刷厂也以罗马字体印书，这种字体便逐步流行起来，最后演变成今天西文印刷体。1474 年意大利人多米尼克（Dominic de Pistoia）的利波里印刷厂（Ripoli Press）在佛罗伦萨落成，其 1474—1483 年使用的账簿（libri contabili）保存在该市国立图书馆，为我们了解当时所用原材料种类、价格和生产情况提供了原始记录。1468年在谷腾堡工厂做工的鲁佩尔（Berthold Ruppel）来瑞士纸产地巴塞尔（Basel）设厂印书（图8.29），开瑞士印刷之端。另一德国人福罗本（Johann Froben，1460—1527）于1491年也在这里设立印刷厂，他是学者型印刷人，精通拉丁文、希腊文和希伯来文，除以拉丁文和希腊文刊《圣经》外，还刊行非宗教的学术著作，包括著名的人文主义者伊拉斯谟（Desiderius Erasmus，1466—1536）的作品，共出版256种书。福罗本所出的书以学术上精确和装帧精美而著称（图8.30），其死后，子承其业。因此，除德国外较早发展金属活字印刷的欧洲国家是意大利和瑞士。

图8.29　1468年鲁佩尔在瑞士巴塞尔出版的拉丁文《圣经》

图 8.30 福罗本 1533 年在瑞士巴塞尔出版的希腊文金属活字本《圣经》

法国国王查理七世（Charles Ⅶ）听说谷腾堡制成活字可印书后，早在 1458 年就派造币局局长尼古拉·让松（Nicholas Jenson，1420—1480）到美因茨学习秘法。让松在富斯特厂内停留多年，掌握了这项技术，但返国时查理七世死去，其子路易十一世（1461—1483）即位后，对新技术不感兴趣。让松离开故国，1470 年去威尼斯施展抱负，用优美的罗马体出版图书 150 种。他的出走使法国发展活字推迟了好几年，不得不用大量金币进口印本书。1470 年法国出高价从瑞士巴塞尔请来克兰茨（Martin Cranz）、格林（Ulrich Gehring）和弗里堡（Michael Friburg）三名德国人在巴黎建起最早的活字印刷所（图 8.31）。他们应巴黎大学教授之请，定居于巴黎。至 1474 年法国印刷发展很快，1476 年最早的法文版《法兰

西编年史》(*Chroniques de France*)在邦欧姆(Bonhormme)印刷所出版。

图 8.31　1513 年巴黎出版的《格言集》扉页（图中有印刷厂内景）

　　1475 年,西班牙印刷人帕尔马特(Lambert Palmart)在巴伦西亚(Valencia)印书,先后刊书 15 种。1473—1474 年赫西(Hesse)在布达佩斯建立了匈牙利第一家印刷厂。在荷兰,曼西昂(Colard Mansion)于 1475 年在布鲁日(Bruges,在今比利时境内)建立印刷厂。两年后(1477)范德·米尔(Van der Meer)和耶曼泽恩(Yemantszoen)在德尔夫特(Delft)设厂出版《旧约全书》。1481 年范德格斯(Van der Goes)在安特卫普(Antwerp)另建印刷所。英国最早的印刷人威廉·卡克斯顿(William Caxton,1422—1491)是纺织品商人,在布鲁日经商时认识曼西昂,并在其印刷厂学得技术。他将中世纪爱情小说《特罗伊之坎坷史》(*The Recuyell of the History of Troye*)从拉丁文译成英文,1475 年与曼西昂合作将其出版,这是用英文出版的第一部书。1476 年威廉·卡克斯顿返回伦敦,他在西敏寺（Westminster）建立英国第一家印刷厂，1477年出版教皇颁布的《赎罪券》，并刊英文版《哲人格言和教导》（*The Dicta and Sayings of the Philosophers*），字体为哥特体粗体字，先后印书30多种（图8.32）。

图8.32 英国人威廉·卡克斯顿**1477**年在伦敦刊行的《赎罪券》[①]（不列颠图书馆藏）

① 插图为木刻，正文为哥特体英文金属活字，下图为其厂徽。

北欧的丹麦最早建立的印刷厂是斯内尔（Snell）在欧登塞（Odense）城于1482年建立的。葡萄牙于1489年在里斯本有了印刷厂，由托雷达纳（Toledana）建立。俄国活字印刷所是由费多罗夫（Ivan Fedorov, ？—1583）和姆斯季斯拉韦茨（P. T. Mstislavetz）奉伊凡四世（Ivan Ⅳ, 1530—1584）之命于1563年在莫斯科建立的。出版一些书后印刷所遭破坏，1589年再建新厂继续印书（图8.33）。在这以前，1551年鲍威尔（Powell）在都柏林的印刷厂出版《爱·德华六世的祈祷书》，这是爱尔兰最早的活字印本。1508年国王詹姆士四世颁布印刷许可证，苏格兰首府爱丁堡有了印刷厂，由梅拉尔（Andrew Myllar）和切普曼（Walter Chepman）两人主持，出版过乔叟（Geoffrey Chaucer, 1340—1400）的《五朔节庆和游戏》（*Maying and Disporte*）等作品。

图 8.33　1618 年莫斯科出版的俄文金属活字本俄文神学书

从1450年谷腾堡铸字印书成功之后，到1500年约半个世纪内，印刷厂已遍及欧洲各国，总共250家，出书2.2万种。

以每种书印300部计,则全欧洲这段时间出版660万部书①,欧洲因而迎来了金属活字印刷的新时代。到16世纪,意大利、法国、德国、荷兰和瑞士等国成为欧洲印刷大国,很多大城市都有印刷厂,印刷量比15世纪增加2倍,木版和木活字退出历史舞台,但版画作为艺术仍然发展。在谷腾堡时代或摇篮本时代,我们仍能看到中国技术的影响,但从16世纪到近代机器印刷工业到来之前这段时期是转型时期,欧洲各国印刷技术皆已本土化,对谷腾堡技术做了改进和革新,但并未脱离其原有手工工艺模式,仍属于早期印刷阶段(图8.34)。

图 8.34 17 世纪欧洲印刷厂②

美洲新大陆被发现后,欧洲国家向美洲移民,印刷术也随之传入。新大陆第一家印刷厂是西班牙人胡安·帕布洛斯(Juan Pablos)于1539年在墨西哥的首府墨西哥城建立的,1540年他在当地出版的有关天主教义的书现藏于美国西班牙学会(Hispanic Society)。1584年西班牙人里卡尔多(Ricardo)在南美洲的秘鲁首府利马设立了新大陆的第二个印刷厂。美国最早的印刷厂是独立前的1638年在马萨诸塞

① 庄司浅水.世界印刷文化史年表[M].东京:ブツクドム社,1936:63.
② SANDERMANN W. Die kulturgeschichte des papiers [M]. Berlin: Springer-Verlag, 1988.

州的剑桥建立的,所需设备和铅活字由英国牧师杰西·格洛弗(Jesse Glover)从英国海运而来,同行者有斯蒂芬·戴(Stephen Day,1594—1668)父子,还有格洛弗全家人。计划供哈佛学会(今哈佛大学前身)使用的设备和活字虽运到,但格洛弗病逝于途中。印刷厂由格洛弗之妻拥有,而由斯蒂芬·戴运营。最早的出版物是1639年刊的《自由人的誓约》(*Freeman's Oath*)和1640年刊的《圣诗篇》(*Bay Psalm Book*),仍用老式螺旋压印器。现所能看到的是《1647年年历》(*An Almanack for the Year of Our Lord 1647*)。但扉页上印刷者的名字为马修·戴(Matthew Day),看来他担任印刷工,而其父为经营者(图8.35)。

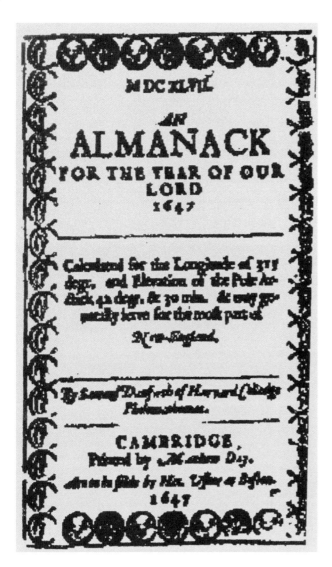

图8.35　美国独立前马萨诸塞州刊印的《1647年年历》扉页

美国有了印刷厂时,当地还不能造纸,直到1690年在宾夕法尼亚的费城建起第一家纸厂后,印刷业才有发展的基础。波士顿人本杰明·富兰克林(Benjamin Franklin,1706—1790),这位科学家和开国元勋在推动美国造纸和印刷的发展中做出了很大贡献。他的哥哥詹姆士(James)1717年从英国带回活字和印刷设备后,在波士顿设印刷所,他便在厂内学徒,5年后前往费城,1728年设立自己的印刷所,出版书籍、杂志和报纸,在群众中有很大影响。北美洲的加拿大印刷厂由波士顿人约翰·费舍(John Fisher)于1752年在哈里法克斯(Halifax)设立,并于同年创刊《新闻报》(Gazette)。1795年大洋洲的澳大利亚悉尼(Sydney)引进了印刷技术。至18世纪,活字印刷已遍及欧美各国。中国印刷技术外传路线示意图如图8.36所示:

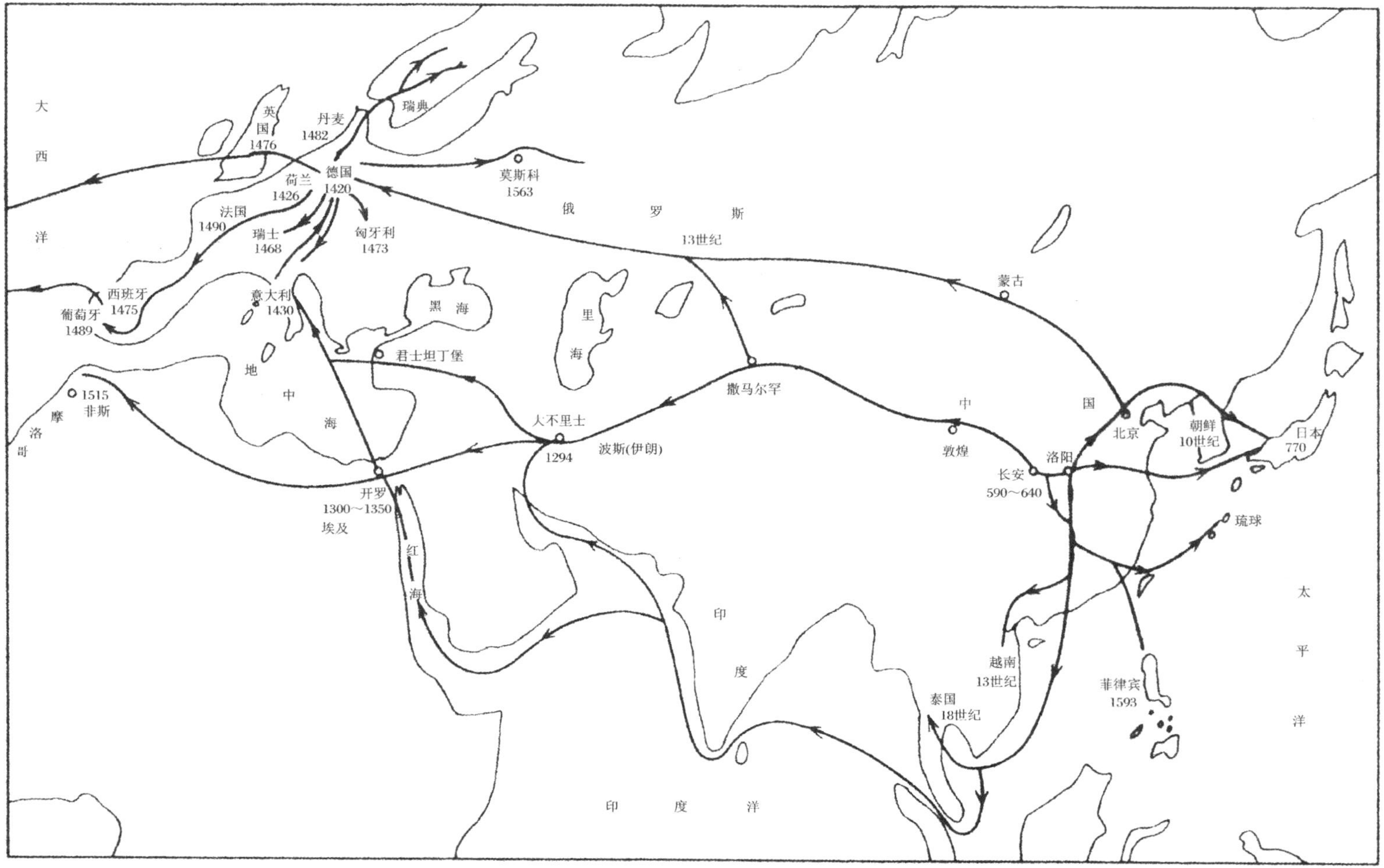

图 8.36 中国印刷技术外传路线示意图(潘吉星绘)

第九章 纸和印刷术对世界文明发展的影响

第一节

纸在推动中外文化发展中的作用

一、纸的出现是人类文字载体发展史中的一次革命

在人类文明发展史中，文字的创制和使用是一个重要的里程碑。在没有文字以前，人们交流思想、传达信息靠近距离的面对面谈话，再通过口耳转述逐步扩及他人。这种传播速度缓慢，不能记录下来，只能靠记忆。为改善这种情况，不同民族以图画或结绳等形式将思想信息传达到更远的距离，而且还能将事件记录下来，确可补口耳传授之不足。但更复杂的事物难以表达出来，而且其他人能否准确了解绘图者或结绳者的原意，仍无把握。于是人类创造文字作为表达思想和语言的符号，最初的文字是将图画加以抽象简化的文字画，再由此演变成象形文字。对象形文字再加以简化、变形、标音，就成为表意文字和拼音文字，这就是东西方各国使用的文字，至今已有四五千年的历史了。

文字的出现及其不断完善，使人类能充分表达其脑中想的和口中要说的一切，将文字转移到记事材料上可较远距离传达，让人看懂，更可流传后世，扩展了思想交流、信息传达的空间和时间，使人类活动载入信史。有了文字才能使人类创造各种典籍，并有了精神文明可言。一个民族有了自己的文字之后，才能称得上是文明的民族，才有其民族文化。人类文明的发展和精神文化的积累，有赖于以不同书面材料记录的典籍能世代相承，否则文化就要中断。历史上的典籍因载体材料之不同而具有不同的形式，而且在不同时期也有变

化。大体说来,古代东西方各民族的历史典籍主要记载在石、木、陶土、树皮、甲骨、金属、莎草片(papyrus)、羊皮(parchment)、贝叶(pattra)和缣帛等材料上。可分为下列三大类:

第一类是重质硬性材料。如中国商周铸的有铭文的青铜钟鼎、西方罗马帝国刻铸在青铜上的法典、盟约。除青铜外,还用铅、铁等金属材料。中国、埃及等国还将文字刻在石碑上,以垂永久。亚述人(Assyrians)、迦勒底人(Chaldeans)则将其楔形文字(cuneiform)刻在黏土坯上,再烧成硬砖。有些民族用木片作为书写材料,正如中国以简牍写字那样。这些材料都笨重,不便携带,也不能卷曲,所占体积又大,不便保存,但优点是坚固、耐久。金石、黏土砖和甲骨原则上不适于书写,只有简牍等竹木材料可写字、记录,又易得,是使用时间较长的材料,在中国从春秋用到晋代(前8世纪—4世纪)。

第二类是轻质脆性材料。这类材料多来自植物界,如古代埃及人、阿拉伯人和欧洲人用莎草片,印度等南亚、东南亚国家用棕榈科植物树叶作书写、记事用。古代东西方一些民族还以树皮为书写材料。这一类材料在坚固性上不如第一类材料,但重量轻,容字多,以绳串成一册,便于携带,且制造容易、价廉。因此使用时间也较长,莎草片从公元前15世纪一直用到10世纪,以贝叶书写在印度也持续达千年以上。这类材料的缺点是性脆而不能卷曲,耐折性差,表面不平滑,白度小,较厚,许多片扎成册所占体积自然也大。

第三类是轻质柔性材料。如中国春秋、战国以来用的缣帛,是以蚕丝织成的纺织品;欧洲人从公元初以来以羊皮为书写材料。这两种材料都来自动物界,优点是色白,表面平滑受墨,幅面大,不但适于写字,还可作画,而且柔软。在坚固耐久性方面大于上述第二类材料,写成书后所占体积小,便于携带,确是优质材料,使用时间也有千年以上。其主要缺点是价格昂贵,只能供社会上少数人使用,在社会大众中无法普及。

以上三大类材料中,适于书写、能做成文化典籍的只有缣帛、简牍、羊皮、莎草片和贝叶五种。随着文化的进步和对书籍需求的增加,它们的局限性在使用过程中越来越突出。例如写一部拉丁文《圣经》需要100多张羊皮,耗资巨大。汉代一匹缣相当6石(360千克)米的价格,故有"贫不及素"之语,即一般人没有财力用缣帛写字。简牍虽便宜,但写一部书需用上万枚木简,要几个人才能抬得起。这些书写材料的局限性终于成为文化可持续发展的障碍,需要有新型材料取而代之,这种材料就是纸。中国在西汉初(前2世纪)发明以破麻布造麻纸,又在东汉(2世纪初)以木本韧皮造皮纸(bark paper),此后在4世纪纸在中国已成为主要书写材料,自8世纪唐末起又以竹类茎秆造竹纸。

纸与上述三类古代书写材料相比,有下列显而易见的优越性:① 表面平滑,洁白,受墨性好,幅面大,容字多,双面可用;② 体轻柔韧,耐折,可卷曲、粘结,便于携带和存放;③ 物美价廉,原料遍及全球,随处都可制造,且寿命长;④ 用途广泛,可供写字、作画和印刷,又是良好的包装材料。纸可进一步加工,制成工业品、农业品、军用品和日常用品。可以说,纸是人类有史以来所有以往书写记事材料都无法与其相比的万能材料。纸的出现和使用是文字载体和图文传播历史中划时代的革命,2000多年来作为世界各国的通用材料,在推动人类文明发展中起了重大作用。我们相信,在第二个千年到来以后的很长一段时间内还会如此。

从世界史角度看,以往其他材料只在世界某一局部地区使用,无法在全球推广。纸之所以比其他文字载体优越,且在世界范围内普遍使用,是因为所有其他材料都只对原料做简单机械加工,没有改变原料成分、形态和自然本性,而纸则是将原料中有效成分(植物纤维)用化学方法提制出来,成为纯品,排除其他杂质,再经一系列机械处理后制成的。在造纸过程中,原料既有外观形态上的变化,也有组成上的化学变化,对原料的处理已深入到微观的物质层次,即分子层次。纸是对天然原料在分子水平上所进行的深加工的产物,这是它在2000年后的今天仍保有其青春活力的原因。

中国发明纸之后，并未对它垄断使用，而是贡献给全人类分享。魏晋时首先将造纸术传到邻国高句丽、百济、新罗、日本和越南，唐代时传到印度次大陆、中亚和西亚、北非的阿拉伯地区，12世纪通过阿拉伯传到欧洲，16世纪—17世纪又通过欧洲传到美洲，完成了纸在世界上的千年万里的旅程。不论纸出现在世界什么地方，它都立即成为当地所使用的其他古代书写材料的强有力的竞争对手，并逐一将其挤出历史舞台。不论是信奉佛教，还是信奉伊斯兰教或基督教的地区，人们都喜欢用纸写不同文字，也将原来写在其他材料上的典籍又重新抄写在纸上，使之永存。

东西方各国的早期纸本文献都是手抄本，其中包括新的作品，还有从简牍、缣帛、莎草片、羊皮和贝叶上传抄下来的古代作品。书写其他材料上的古籍虽因时间的推移而逐步散佚，但其纸抄本却世代传承，纸抄本在保存人类文化遗产并使其永存于世方面，有不可泯灭的历史功勋。它使古代文化得以延续与发扬光大，不致中断。先秦科学、文化典籍从汉以后大多以纸本书卷形式保存下来。古希腊、罗马学者的著作，印度梵文典籍和阿拉伯民族的作品也有赖纸抄本才能保存下来，使人从中获得精神启迪，继承其精华，促未来学术之复兴。可以说，纸写本是传播人类文明的圣火，在中外各国普及后，大大促进了文化教育的发展。

二、纸在推动中国文化发展中的作用

造纸术在汉代发展后，首先促进了教育的大发展。汉武帝即位后，"罢黜百家，独尊儒术"，由孔子创立的儒家学说经过改造成为官方的意识形态，从此一直持续达2000多年直至清末。西汉朝廷在京师长安设最高学府太学，被西方人称为"Imperial College"，以五经博士为教官，作为官方学术权威的代表，向学生讲授《易》《书》《诗》《礼》及《春秋》等儒家经典。博士弟子最初有50人，但地方推荐入太学的名额不限，考试及格者授官。后来入学人数逐步增加，宣帝时为200人，元帝时达1000人，而至成帝时则达3000人。东汉时首都洛阳太学学生多至3万余人,有校舍240间房共1850室,是当时世界上规模最大的高等学府。[①]

除中央太学外,汉代政府还在各郡县设公立学校,广招学生。与此同时,学者私人教学之风盛行,《后汉书·儒林列传》列举了一些私人讲学者招收弟子的情况,16位学者教授近7.4万人,例如汝南(今河南上蔡)人蔡玄"学通五经,门徒常千人,其著录者万六千人"[②]。全国在校学生总数至少以数十万至百万计,所用教材多为纸本经卷。教育事业的发达为社会造就出一支庞大的知识分子队伍,他们除从事经学研究外,还从事科学技术研究和文学艺术的创作。在研究过程中,各种先秦古籍被仔细注释而继续流传,大量新作品纷纷问世。朝廷还多次派人在民间访求图书。组织专家学者对内府藏书进行系统校订,以提供标准文本。从汉代起著作数目比先秦显著增加,其所讨论的内容也为此后历代学术研究奠定了基础。

《汉书·艺文志》列举了当时著作目录,有678家共14994卷,包括研究儒家经典的著作、小学(语言文字)、儒、道、阴阳家、名家(逻辑)、墨家、纵横(外交)、杂家、农家、兵家、医家、天文历算、刑法、机械、文学、艺术等诸子百家书。汉末佛教传入,因而又有了释家著作。古代传统科学技术体系也在此时形成,出现《周髀算经》《九章算术》《灵宪》《本草经》《伤寒论》和《氾胜之书》等优秀新著。思想家王充(27—97)综合儒道,博通百家,在其《论衡》(83)中指出儒学中的失实虚说:"儒者说五经,多失其实,前儒不见本末,空生虚说,后儒信前师之言,随旧述故……故虚说传而不绝,实事没而不见,五经并失其实。"(《正说篇》)从而发出对官方意识形态的批判。他还批判了神学目的论、阴阳灾异说、各种迷信和当时盛行的谶纬经学以及道家的宗教化倾向。此书的问世使唯物论思想和对事物的理性批判精神进一步传播,具有很大思想解放作用。

---

① 孟宪承,陈学恂,等.中国古代教育史资料[M].北京:人民教育出版社,1961:144-154.

② 范晔.后汉书:卷66　贾逵传[M]//二十五史:第2册.缩印本.上海:上海古籍出版社,1986:912.

汉赋和古诗这种文学形式对后世文学有着长期影响,它以韵语描写事物和人的情感。同时还反映社会现实,如建安七子之一的王粲(177—217)《七哀诗》中"出门无所见,白骨蔽平原。路有饥妇人,抱子弃草间。顾闻号泣声,挥涕独不还"的诗句,反映了连年不断的战争给人民带来的痛苦,必定在社会上引起共鸣。晋代文人左思(250—305)的《咏史诗》被广为传诵,其第六首云:"贵者虽自贵,视之若埃尘。贱者虽自贱,重之若千钧。"他构思十年写出的《三都赋》,"豪富之家竞相传写,洛阳为之纸贵",可见纸写本著作在社会上能很快传播出去。梁人刘勰(约466—538)因家贫无社会地位,其巨著《文心雕龙》(500)完成后一时不受重视。他便带着书稿,装作小贩,候沈约(441—513)坐车出门时把稿子送上,沈约读之,认为"深得文理",自此乃引起世人注意。这部书总结了前代的文学现象,提出文学应有益于社会,文质并重,而质尤重,抨击追求形式华丽之文风,建立起最早的文学理论体系,对各时代作家和作品做了系统评论,对后世有深远影响。

汉以后至六朝时纸本书籍猛增,刘宋秘书监谢灵运(385—433)造《四部目录》(421),载书64582卷,同《汉书·艺文志》相比,时过338年之后,书籍的数量已是《汉书·艺文志》的4.3倍。梁人沈约晚年爱好藏书,仅他一家藏书就达2万卷,因此,史载梁武帝(502—549)时,"四境之内,家有文史"。典籍每隔一段时间的骤增常伴随一次科学文化发展高潮的到来。这又同造纸业的发展有直接的互动关系,两汉时期如此,魏晋南北朝时期也是如此。如果说汉代是纸、简并用时期,则魏晋南北朝则是纸写本占统治地位的时代,20世纪以来在新疆吐鲁番、鄯善和甘肃敦煌等地还发现这一时期遗留下来的大量写本书卷,既有佛教典籍,也有非宗教作品,因此,所谓"四境之内,家有文史",必定是指纸写本而言。

魏晋南北朝是中国传统科技体系的充实和提高时期,问世的典籍种类和数量超过汉代,其中具有代表性的有农学家贾思勰的《齐民要术》、刘徽的《九章算术注》、数学家祖冲之的《大明历》和《缀术》、制图学家裴秀的《制图六体》、地理学家郦道元的《水经注》、陶弘景的《本草经集注》、王熙的《脉经》、皇甫谧的《针灸甲乙经》和葛洪的《肘后备急方》等。这些优秀著作的作者都在其本学科领域内取得了重大成就,开辟了新的方向,在许多方面处于世界先进水平。如祖冲之最早确定圆周率 π 在 3.1415926 和 3.1415927 之间。贾思勰总结黄河中下游农业技术经验写成的《齐民要术》,是中国农业经典著作,论述农作物、油料、蔬菜、果树的栽培技术和农具,还涉及畜牧兽医、农产品加工和副业、纸墨制造。书中强调农业因时因地制宜和人工选择的思想,介绍果树嫁接、禽畜去势和微生物发酵等方法。王熙(字叔和)总结前代诊脉文献,写出系统化脉学专著,提出 24 种脉象,为脉诊提供了理论基础。制图学家裴秀提出绘制地图的六项原则("制图六体"):分率、准望、道里、高下、方邪和迂直,即比例尺、方位、距离及地形表示方法,基本上符合近代制图的科学原理,在世界制图史中占有重要地位。

佛教自汉代传入中国后,到魏晋南北朝已获得很大发展。因为这一时期黄河流域广大地区充满战争、灾祸,人们看不到希望和出路。而佛教倡导的因果报应和轮回说及死后有公平赏罚的天堂、地狱,能给人们一种精神寄托。佛教还有较深奥的哲学教义,能引起文人的兴趣。另一方面,从西域和印度不断有僧人来中土传教、译经,招收信徒,也有中国僧人前往印度求法,带回佛经,介绍给国人。这些活动得到统治者支持,各地建立寺院,僧人大增。如祖籍月氏(Gandhara)的竺法护(Dharmaraksa,240—315 在世)在晋武帝至愍帝时期(265—316)先后游历敦煌、长安和洛阳等地,沿途译出《贤劫经》《正法华经》《光赞般若经》等 154 部共 309 卷佛经,多为大乘经典。后赵僧人佛图澄(Budhochinga,232—348),龟兹(今新疆库车)人,通汉文,能背数百万字经卷,西晋末(310)来洛阳,后赵王石勒于 319 年将其迎入长安,收弟子百人。其弟子道安(314—385)在襄阳传法 15 年,讲《放光般若经》,379 年由前秦王苻坚迎入长安,常以政事咨询,授僧众数千,主持译《阿含经》等,对般若学研究"最力",

在使佛教这种外来文化与中国固有文化结合方面贡献很大。

龟兹僧鸠摩罗什(Kumarajiva,344—413)通大小乘经论,401年后秦王姚兴派人将其迎入长安,其与弟子译《大品般若经》《金刚经》《维摩经》《阿弥陀经》《大智度论》等佛经300多卷,文字通顺,有弟子5000人。南印度人菩提达摩(Bodhidharma,？—528)于梁武帝时航海来广州,帝迎入建康(今南京),后又去北魏嵩山少林寺,始传禅宗。中国僧人也有至西域、印度取经、求法者,如东晋人法显(337—422)隆安三年(399)离长安,赴西域各国及印度求法,经狮子国(Sri Lanka)、耶婆提(Java,今爪哇)于义熙八年(412)返回广州,出游14年,访30国,带回很多梵文佛典,次年在建康译经,又著《佛国记》(412)载其见闻。北魏时慧生与宋云神龟元年(518)被遣往西域及印度求经,正光三年(522)带回大乘佛经170部,著《惠生行记》行世。

据法琳(572—640)《辨正论》等书所载,东晋有佛寺1768所、僧尼2.4万人,到南北朝梁有寺院2845所、僧尼8.27万人,佛寺比东晋增加1000余所,僧尼增加了2倍多。《魏书·释老志》称,北魏太和元年(477)有佛寺6478所、僧尼77258人,延昌年间(512—515)有寺院13727所,增加了1倍多,东魏末则"僧尼大众二百万余,其寺三万有余"。社会上流通的佛经数量相当大,从敦煌石室所出这一时期写本中可见一斑。佛教中国化以后,与儒、道并列为三教,成为中国传统文化的组成部分,并丰富了其内容,表现在语言文字、文学艺术、建筑、哲学、工艺等很多方面,而且成为促进造纸术、印刷术发展的社会因素。佛教还在魏晋南北朝时从中国传到朝鲜和日本。

随着书写材料的变化,汉字的书体也随之演变。秦代通行的小篆结束了战国时书体不一的局面,小篆比先秦的大篆更为简便易写。汉代通行隶书,又比小篆进一步简化,魏晋南北朝通用楷隶,书写起来比隶书更便捷,成为隋唐以来一直用到现在的楷书的早期发展形式,小篆圆转的笔画向横直过渡。为加快书写节奏,又出现了行草和草书。这种汉字书体的演变与纸的普遍使用有直接关系。在纸上挥毫,不但比用其他材料更加便捷,而且使笔锋走势自如,体现出字的美感。因抄书之风盛行,使书法作为一种独立的艺术形式存在。画家在无纸前以缣帛作画,有了纸以后,逐步习惯在纸上进行创作。书法和绘画这两门艺术从晋代起进入新的发展阶段,著名书法家王羲之(321—379)和画家顾恺之(348—409)等都带头以纸挥毫,对后世有深远影响。不论是工笔设色、小楷,还是花鸟写意、山水、人物,在纸上都能产生更好的艺术效果,尤其泼墨山水所需的渲染效果是绢无法可比的。剪纸、纸花是从晋代起发展的民间艺术,用作室内装饰。

纸的扩大生产和使用还对政治、经济、军事、日常生活和风俗习惯等方面产生影响,带来新的变化。以各色纸制成官方文件、法律、布告、证书、书籍、诰封、外交国书、会议记录和档案等,比用任何其他书写材料更为方便,大大提高了从朝廷到各级政府的工作效能,促进了政权建设。造纸是低成本高收入的生产行业,因为原料价廉易得,各地纷纷建立纸厂,促进了当地工商业、交通运输业的发展。以纸制成的公私契约、账簿、票据,保证了社会经济秩序的正常运转。纸还是很多商品的理想包装材料,它的使用有助于促进商品的销售。传递信息的风筝、发出信号的各色灯笼、防水的地图、防身的纸甲、防雨的雨伞和纸制火药筒在军事上的应用,使行军作战更为方便。餐纸、便纸和例假纸的使用在卫生保健方面有重大意义,是人类史中生活习惯的一次历史性变革。秦汉以前,多将死者生前所用物葬于墓内,包括金属货币(铜钱),南北朝以后有些实物以纸代之,制成鞋帽、车马,铜钱以纸钱代之,使葬风趋向节俭。

三、纸对阿拉伯文化发展的贡献

纸写本和纸制品出现后在中国所引起的变化,同样也发生在朝鲜、日本和越南等汉字文化圈国家中。造纸术西传后,又对阿拉伯伊斯兰教国和欧洲基督教世界文化发展做出重要贡献。阿拉伯人原住在阿拉伯半岛,多属游牧民族部落,6世纪—7世纪之际经济发展使社会发生变革,622年(回历纪元元年)伊斯兰教教主穆罕默德(Mohammed,570—632)在麦地那(Medinah,今沙特阿拉伯西北)建立起政教合一的国家,并于631年统一了阿拉伯半岛各部落,继续向外部扩张。教主病故后,其战友和岳父贝克尔(Abu Bakr,576—634)被选为首领,阿拉伯语称为"哈里发"(Khalifah),是集行政、军事和宗教三权为一体的最高统治者,自第五任哈里发穆阿维亚(Muawiya)建立倭马亚(Ummayads,661—750)王朝后,哈里发改为世袭。阿拉伯帝国是多民族国家,其版图包括埃及、叙利亚、美索不达米亚和波斯等文化发展较早的地区。伊斯兰教《古兰经》(*Qūrūn*)和阿拉伯语成为帝国统一的有力工具。阿拉伯文化是境内各族人民共同创造的,又吸收了希腊、中国和印度文化的某些成分,经长期融合而成,在中世纪世界曾放出异彩。

包括倭马亚王朝在内的早期哈里发,主要致力于征服周围地区,可谓武功有余,而文治不足。自阿拔斯(Abu 'l- Abbas,约721—754)建立的阿拔斯王朝(Abbasids,750—1258)起,较注重文化建设,中国造纸术的传入大大促进了阿拉伯文化的发展。在这以前的书写材料仍然是古埃及人使用的莎草片,主要供少数人享用,因为绝大多数人是文盲。此时帝国首都由叙利亚的大马士革迁至伊拉克的巴格达。王朝第二任哈里发曼苏尔(Abu- Jafar far Abdullah āl- Mansūr,约715—775)巩固新王朝统治后,奖励学术,发展生产,将巴格达建成政治、工商业和文化中心。其继任者拉希德(Hārun al- Rashid,约764—809)和马蒙(Abu al- Abbas Abdullah al- Mamūm,786—833)继续奉行这一方针,并结出丰硕成果。

倭马亚朝在清真寺(mosque)内已设学校,但数目较少,主要培养宗教人才。自阿拔斯朝起教育制度走上正轨,贵族子弟入宫廷学校,平民入清真寺附属学校,9世纪时仅巴格达城就有3万座大小不等的清真寺,这类附属学校遍及各地。除此之外,还有初级小学,阿拉伯语称为昆塔卜(kuttāb)或麦克合卜(maktab),更有一些私人在自宅内办学。初级教育者

7岁入学,学习5年,主要学《古兰经》、阿拉伯文文法、书法、算学、骑射和游泳。如继续深造,则学习高级课,课程有《古兰经》经学、天文历算、文史、法律等,这类学校被称为麦德赖塞(madrasah),相当于高级职业学校,11世纪以后成为国立学校,结业生任书记、法官、教师和官吏等职,学校总数有238所。[①]麦德赖塞学校集中分布在开罗、巴格达、大马士革、耶路撒冷等城市,在校生当数以万计。大马士革、开罗、巴格达都是阿拉伯帝国造纸中心,不但供本地使用,还运往外地,甚至出口,因此,各地学校使用的教材都应是纸写本,也只有在纸上写字,才能谈到书法艺术的出现和字体的变迁。纸写本在促进阿拉伯文化教育发展中的作用是显而易见的。

阿拔斯王朝的统治者曼苏尔、拉希德和马蒙在位时(8世纪—9世纪),延请各方学者、科学家来到巴格达从事教学和研究,还令他们将古代希腊和印度各种著作译成阿拉伯文。同时牢记穆罕默德的圣训"学问虽远在中国,亦当学之",力图引进中国科学技术知识。特别是9世纪初马蒙在巴格达建立的科学馆(Bait al-Hikmah),是集科学研究、高等教育和学术翻译三种功能于一体的综合性国立机构,具有相当于科学院和大学的性质。馆内还有藏书丰富的图书馆和设备齐全的天文观象台。有各个领域的一流学者在这里工作,兼从事教学活动。所设的科学课有医学、天文学、数学、哲学(包括伦理学)和法学等,所用的纸、墨、笔及日用品从政府预算中支出。馆内建筑物富丽堂皇,像宫殿一样。

曾任科学馆馆长的胡纳因·伊本·伊斯哈克(Hunayn ibn Ishaq,808—873)是出生于伊拉克的科学家和翻译家,通晓阿拉伯文、叙利亚文和希腊文,医术精湛,其子阿卜·雅库布(Abu Yaqub Ishaq ibn Hanayn)秉承父学,两人均被召为巴格达宫廷御医,后又同被派往科学馆工作。他们主持翻译希腊医生盖伦(Galen,130—200)、希波克拉底(Hippocrates,前460—前370)、迪奥斯科里德斯(Dioscorides,40—90)的

---

① TOTAH K A. The contribution of the Arabs to education[M]. 2nd ed. New York: Columbia University Press, 1926.

医学著作，欧几里得（Euclid，前330—前275）的《几何原本》（*Elements*）和光学著作，阿基米德（Archimedes，前287—前212）的数学著作，托勒密（Ptolemy，85—165）的《天文学大成》（*Almagest*），亚里士多德（Aristotle，前384—前322）和柏拉图（Plāto，前427—前347）的哲学著作。伊本·伊斯哈克本人还著有《医学问答集》《医学入门》等书。这些古希腊学者著作的阿拉伯文译本在阿拉伯帝国境内广为传抄，成为学者研究和各学校教学的参考书。

在科学馆任图书馆馆长的数学家、天文学家花拉子米（Abu Jafar Muhammed ibn‐Musa al‐Khwarizmi，780—约850），是通晓希腊、印度科学而又有创新的著名波斯学者，祖籍为中亚的花拉子模（Khwarizm），哈里发马蒙在位时其深受器重，所以他的一些著作多是题献给马蒙的。他在820年成书的《移项与对消算法》（*Kītab fi'l-Jabr wa'l-Muquabalah*）是第一部用阿拉伯文写成的代数学专著，取材于印度古书，主要论述一次和二次方程的解法，但二次方程不见于印度古籍。他的另一著作《算术》（*Kitāb al-Hisāb al-Hindi*）则借印度数学系统介绍十进位制算法。他的《辛德欣德星表》（*Zij al-Sindhind*）是受托勒密和印度天文学影响的第一个阿拉伯星表，成为后世欧洲《托莱多星表》（*Toledan Tables*）的基础，包括历法、行星运动、日月食计算等。他于817年前后写的《大地形状之书》（*Kitāb Sūrat al-Ard*），是地理学著作，基于托勒密的《地理学》（*Geography*），但有新发展，包括准确的阿拉伯地区和各地子午线（经纬度）测定数据。在科学馆天文台工作的天文学家法尔加尼（al‐Farghani），在台内参与天体观测，并写成《天学概要》（*Jawāmi*），对托勒密天文学作了综合说明，对后世欧洲有广泛影响。[1]

阿拉伯医学是在吸取希腊、印度、波斯和中国医学成就的基础上，通过将理论与相实践结合而形成自己的特色的。医生须经考试才能开业，10世纪时仅巴格达一地就有开业医生千人以上，有的医院兼收学徒，起着医学学校的作用。波

---

[1] SARTON G. Introduction to the history of science：vol. 1, vol. 2, vol. 3[M]. Baltimore：Willians &. Wilkins Co.，1927，1931，1947.

斯医学家和哲学家拉兹(Abu Bakr al-Razi,866—925)是巴格达最大一家医院的院长,有理论教养和临床经验,著作达百种以上。其中《医学集成》(Kitāb al-Hawi fi Tibbi)有30册,该巨著是阿拉伯临床医学的经典,而《论天花和麻疹》(Al-Judar wa al-Hashah)是有关天花的珍贵文献,专家们认为他受中国人葛洪(284—363)《肘后备急方》(341)的思想影响,因为拉兹与一位懂阿拉伯语的中国医生相处过。拉兹的《医学秘典》(Kitāb al-Mansuri)是对希波克拉底和盖伦等希腊医书的汇编,但对这些权威作了理性的批判。他还著有《秘中之秘书》(Kitāb sirr al-Asrar,912)(图9.1),这是有关炼丹术的著作,包括一些配方,这方面的知识来自中国。拉兹在哲学方面是理性的怀疑主义者,拒绝承认任何权威,对盖伦和亚里士多德的学说持批判态度。他认为所有的人基于实践检验和理论思考都能达到正确认识;人无需宗教领袖去引导,事实上宗教是有害的,因为它引起憎恨和战争。他认为先知是被恶魔迷住的人,而来自"无"的创造是没有的,在世界上邪恶已战胜善良。他还坚持彻底的平等主义。他成了伊斯兰思想史中独树一帜的思想家,由于他所具有的人文思想和宗教观,使他受到同时代人的尖锐攻击。

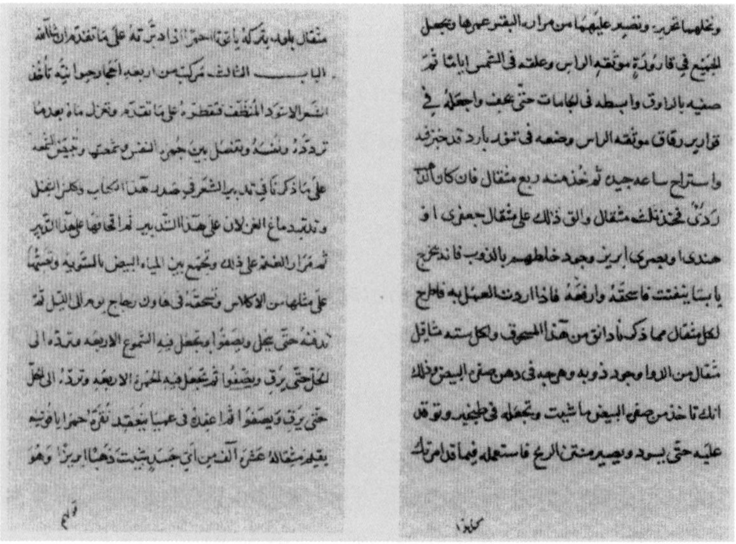

图9.1　拉兹《秘中之秘书》(912)的阿拉伯文本书页(取自 Karikov,1957)

与拉兹齐名的另一医生和哲学家是伊本·西那(Ibn Sina,980—1037),其拉丁文名字为阿维森纳(Avicenna),中亚布哈拉(Bukhara)人，有丰富的旅行经历。他有作品百余种，包括论文和专著，涉及多个科学领域。广为流行的医书有5卷本百多万字的《医典》(*Al-Qanun fi al-Tibb*)，书中总结了东西方各国医学知识，又加入本人的思考和实践心得，内容涉及解剖、病原、诊断、用药、妇产科等，堪称医学百科全书。作为中国医学重要部分的脉诊术在书中曾加以介绍，用药篇也谈到一些中草药。伊本·西那的主要哲学著作是《对无知的治疗》，阿拉伯文简称《治疗》(*Al-Shifa*)。实际上这是一部百科全书，主要分4部分：逻辑学[相当于亚里士多德的《工具论》(*Organon*)]、物理学、数学(几何学、算术和天文学)及形而上学。他的哲学主张主要来自亚里士多德学派学说，也有新柏拉图主义的因素。他批判了占星术，还根据个人实验否定炼丹家点石成金的说法。

　　阿拉伯贵族在埃及建立的法蒂玛王朝(Fatimid，909—1171)约与阿拔斯朝并立，其哈里发哈基姆(Abu-Ali Mansūr al-Hakim)在位时(996—1021)在开罗也建立了相当于科学馆的机构和图书馆。在西班牙境内建立的后倭马亚王朝(756—1036)，其于970年在首都哥尔多华(Cordova)有了同样机构，它们都仿照巴格达科学馆模式，因而也具有大学的功能。在开罗工作的天文学家和数学家伊本·尤努斯(Ibn Yūnus)还是个诗人，他的主要著作涉及天文学概要和星表，名为《哈基姆星表》(*Al-Zij al-Hākimi al-Kabir*)。此星表的特点是提供了前人和作者本人的观象数据，时跨175年(829—1004)，包括日月食、春分、秋分点，还谈到行星运动理论和测算方法。在哥尔多华天文台工作的扎卡利(Al-Zarqāli，1029—1100)制造了很多天文仪器，并对其结构做了说明，包括具有特色的阿拉伯星盘。这些内容都包括在他的《托莱多星表》(1080)中，书中对托勒密天文体系做了修正。

　　阿拉伯文化中的人文科学部分也放出异彩，除前述哲学书外，阿拔斯王朝的史学家塔巴里(Al-Tabari，838—923)写的《历代使徒及王侯传》(*Kitāb Akhbar al-Rasūl w-'al-Mulūk*)，共13卷，叙述阿拉伯世界从远古到915年的编年史，西方译本简称《编史》(*Annales*)。另一位出生于巴格达的史学家马苏迪(Al-Māsudi,896—956)的30卷本阿拉伯编年体通史,缩编成《黄金牧场和珍奇宝藏》(*Muruj al-Dhahab wa Maādin al-Gawhar*),是一部历史百科全书。出生于突尼斯的伊本·卡尔敦(Ibn-Khaldūn,1332—1404)的综合史学著作,成书于1382年,包括3个部分:① 序论(Muqaddamah),为历史哲学论著;② 阿拉伯人和周围民族的历史;③ 北非穆斯林和麦加(Mecca)的历史。阿拉伯文的地理著作相当丰富,其代表作为伊本·胡尔达兹比赫(Ibn-Khordadzbeh,约820—912)的《道里邦国志》(*Kitāb al-Masalik wa 'l-Mamālik*,885),记载从巴格达到阿拉伯帝国境内各地以及通往印度、中国等国之间的路程和商旅情况。著名文学作品是10世纪成书的《一千零一夜》(*Alf Layla wa Layla*),又名《天方夜谭》,以6世纪波斯故事为蓝本,吸取希腊、印度、埃及、希伯来等地童话寓言,反映阿拉伯境内各族人民社会生活和风俗习惯,表现了他们的想象力,在世界文坛久负盛名。

7世纪以前,阿拉伯人在世界上还没引起人们的注意,隶属于拜占廷和波斯,且各部落之间不断内战,在文化上远不如周围的埃及、波斯和巴比伦。自从穆罕默德于7世纪创立伊斯兰教、统一阿拉伯半岛后,阿拉伯伊斯兰教国逐步强大,趁拜占廷与波斯长期战争、两败俱伤之机,迅速向周围扩张。不到百年就建立了伊斯兰大帝国,版图超过鼎盛时期的罗马帝国,哈里发虽强迫帝国境内人民改信伊斯兰教、使用阿拉伯语并交纳赋税,但并不排斥被征服地区的先进文化,而是取长补短。阿拔斯王朝以后注重文化建设,除本地区各族文化外,还广泛吸收希腊、印度和中国文化,百年间阿拉伯文化之光便向周围辐射,到巴格达、开罗和哥尔多华学习各门学问的基督教徒、犹太教徒不绝于途,这些地方的图书馆(图9.2)有丰富的藏书,学校和书店林立,人才辈出。纸在促进阿拉伯文化、教育发展中的作用是显而易见的,境内各地纸厂生产的纸输往欧洲后,还使大量欧洲金币流入阿拉伯,增加了其财政收入。阿拉伯文化对中世纪后期(尤其是11世纪—14世纪）的欧洲有很大影响，又在东西方文化中起了沟通和中介作用。

图9.2　11世纪巴格达的胡尔万（Hulwan）拥有20万卷书的图书馆（巴黎国家图书馆藏）①

四、纸在欧洲文化发展中的作用

　　欧洲历史比阿拉伯历史古老，但当阿拉伯文化兴盛时，欧洲却进入中世纪的黑暗时代，随着罗马的分裂（395）和西罗马帝国的灭亡（476），古希腊文明逐渐消逝，欧洲文化下沉。10世纪基督教国家恢复后，封建制有所发展，但战争频繁，无暇发展文教事业，知识进步缓慢。粗野和无知是社会上层阶级的共性，骑士通常是不识字的，连自己名字都不会写，很多国王和皇帝并非个个有阅读能力，亨利四世（Henry Ⅳ，1050—1106）因能看书信而受到赞扬。广大农民和手工业者则大多为文盲，没有人关心他们的教育。②人民处于贫穷和愚昧无知的状态。知识只掌握在极少数教会神职人员手中，他们使用大众看不懂的拉丁文作为书面语言。旨在培养传教士的学校，让学童死记硬背拉丁文《圣经》。

---

① 取自 *Al-Hariri's Assemblies*，Yahya al-Wasit 绘于1237年。

② KOSMINSKII E A.中世界史：第2部［M］.五易今，译.上海：开明书店，1947.

圣杰罗姆（Saint Jerome，342—420）405 年校订的拉丁文版《圣经》（*Vulgata*）和奥古斯丁（Aurelius Augustinus，354—430）的《上帝之城》（*De Civitate Dei*）成为统治人们思想、进行神学说教的官方哲学，也是教会学校的主要教材。即令接受这种教育，也只是少数人享有的特权，广大群众被排斥在外。

中世纪，欧洲学校受教会严格控制，并为教会服务，多设在修道院内，所培养的未来教士须学习"七艺"（seven liberal arts），即拉丁文法、修辞、逻辑、算术、几何、天文和音乐。修辞在于训练传教的口才；逻辑在于论证神学命题；音乐在于训练唱赞美诗；天文在于推算宗教节日；几何确切地说在于叙述地理和动植物，供注释《圣经》用；算术只是简单的运算。这些科目都是宣扬宗教的工具和附属品。教学时采用教条式灌输，不许独立思考。《圣经》和教父的注释是绝对权威的，只能信仰，获得知识的目的是加深宗教信仰。基督教宣扬来世主义、禁欲主义和蒙昧主义，强化其思想专制，从而扼杀了创造性思维，阻塞了知识进步的道路，与古希腊时代相比，这是一种文化上的大倒退。统治者为培养帝国管理人才，有时设立宫廷学校，但只有少数贵族子弟才能入学，而且所学科目也只限于法律等少数内容。中世纪文学主要是宗教文学，如赞美诗、祈祷文、基督故事和使徒行传等，戏剧充满迷信，荒诞无味，而民间文学则是属于方言故事之类的口头文学，因此社会的精神生活是相当贫乏的。

但在 11 世纪—14 世纪，情况有所变化。由罗马教皇和西欧封建主发动的十字军东征（1096—1291），使欧洲人看到了比基督教世界更加先进的伊斯兰教徒的阿拉伯文化，并将其介绍到欧洲，又以阿拉伯人为媒介引进了一些来自中国的科学技术发明，如造纸术、火药与火器、指南针与磁学知识以及炼丹术等。另一方面，由于欧洲城市工商业和海外贸易的发展，出现了从事手工业和商业的市民或资产者（bourgeoisie）阶级，成为封建城市发展经济的新型阶级，也是促进科学、文化发展的新的社会力量。与此相适应，世俗学校纷纷出现，逐步演变成教授学生多学科知识的大学，从教会知识分子中分化出一批以研究学术为己任的离经叛道的学者,他们初步冲破教会当局设置的思想牢笼,以理性知识唤醒群众,在黑暗中点亮指示前进方向的明灯,迎接新时代的到来。所有这些新情况都是在欧洲有了造纸业之后发生的,正如我们在东亚和阿拉伯地区所看到的那样,因为纸为这些新变化提供可能性并加速其发展进程。对欧洲社会发展起作用的中国科学发明之所以能通过阿拉伯地区传入,也还由于13世纪蒙古军队的西征打通了东西方之间一度阻塞的通道,为人员、货物往来和文化交流提供了便利条件。

1085年欧洲十字军攻陷穆斯林在西班牙统治的托莱多城(Toledo,在马德里南)时发现大批阿拉伯文写本,其中包括希腊人著作的译本,遂引起注意。雷蒙德(Raimundode Penafort,1176—1275)大主教办了一个翻译机构,招请懂阿拉伯文的人将其译出。在1125—1280年翻译工作达到高潮,仅意大利人杰拉德(Gerard da Cremona,1116—1187)一人就译出80种阿拉伯文著作,其中包括亚里士多德、托勒密著作译本和伊本·西那等阿拉伯学者的著作。西班牙人、意大利西西里人与阿拉伯人、犹太人合作更将欧几里得几何学、阿拉伯代数学、天文学、炼丹术、医学等方面的书译成拉丁文。[①]后来又搜寻拜占廷遗留下来的希腊文手稿,包括《亚里士多德全集》等,直接从希腊文转为拉丁文。这些拉丁文新译本的出现使欧洲人为之震惊,在他们面前突然展现出因早已忘却而感到生疏的古希腊精神文明世界和不久前还放出异彩的阿拉伯文化宝库,还有隐约出现的中国、印度的科学文明。这些著作辗转传抄,使人们的知识爆炸性地增长,找到新的研究领域,吸取新的思想灵感,最后促进学术复兴,收古为今用之效。

11世纪以后,为适应新兴市民阶级的需要,世俗的城市学校和大学相继出现,仍以拉丁文讲课,所讲内容不再限于神学,还有法律、医学、文艺等,天文学、数学的内容比过去更

① SARTON G. Introduction to the history of science: vol. 2 [M]. Baltiomsre: Williams & Wilkins Co., 1931:832-833.

为丰富。教师中已有世俗学者。这类大学是公立的,由学生选出的校长管理校务,如意大利的帕多瓦(Padua)、波伦亚(Bologna)等大学。另一类大学是教会创办的,如巴黎、牛津和剑桥大学。到14世纪欧洲已有40多所大学,培养出一批批学者。每个大学都有图书馆,师生在阅读藏书时,从新译出的希腊和阿拉伯著作中获得很多哲学和自然科学知识,自然识出天主教神学的荒谬性并产生对上帝是否存在的怀疑。这使教会当局惊恐万状,于是德国出生的神学家兼巴黎大学教授大阿尔伯特(Albertus Magnus,约1200—1280)便企图利用新介绍过来的科学知识和亚里士多德学说为神学服务,认为"科学不过是信仰的准备"。大阿尔伯特的学生托马斯·阿奎那(Thomas Aquinas,约1225—1274)在《神学大全》(*De Summa Theologica*)中系统发扬了大阿尔伯特的做法。

阿奎那用哲学方法论证神学命题,认为真理首先在理智中,其次在事物中,而上帝就是理智,是最高真理,对上帝的信仰高于理性。他以天球的运动需要第一推动力来证明上帝的存在。阿奎那等人的这套神学体系在教会经院中被进一步发展与传播,故将其称为经院哲学(scholasticism)。以阿奎那为代表的经院哲学中的唯实论(realism),是对欧洲中世纪后期通过阿拉伯文文献介绍的希腊哲学和阿拉伯科学的一种反动和思想倒退,反映出封建势力后期在意识形态上的垂死挣扎。[1]另一方面,我们还看到,阿拉伯和中国科学中的实证精神激励欧洲学者从事科学实验,并由此建立批判经院哲学和教会的理性观念,还有人从哲学上批判阿奎那的谬论。例如巴黎大学的教授阿伯拉尔(Pierre Abélard,1079—1142)主张信仰必须以知识为基础,提倡自由讨论,反对教会的至高权威。他说"怀疑是研究的道路""研究才能达到真理""要信仰须先了解"[2],提出与经院哲学主流派观点针锋相对的战斗口号,因此他被教会视为

---

[1] 洪潜,等.哲学史简编[M].北京:人民出版社,1957.

[2] DANPIER W C. A history of science and its relations with philosophy and religion [M]. 4th ed. Cambridge: Cambridge University Press,1958:80,90.

"异端"。

英国奥铿人威廉（William de Ockham，1295—1349）掀起一场运动，否定阿奎那关于上帝存在的第一推动力论断。为此以超距作用为例，他说运动的物体无需推动者的连续物质接触，如磁石可使铁棒动起来而无需两者接触，牛津的罗哲·培根（Roger Bacon，1214—1294）通阿拉伯文，认真研究各门科学知识，包括刚引进的中国火药知识，在其三部主要著作中向读者做了详细介绍。他认为真正的学者应当靠实验弄懂自然科学，为此他亲自从事光学和化学实验。他主张证明前人说法是否正确的唯一方法是观察和实验，因此，他大声疾呼"不要再受教条和权威统治了，看看这个世界吧"。同时代的法国马里库人彼得或朝圣者彼得（Pierre de Maricourt or Peter Peregrinus，1205—1275 在世）坚持做一系列磁学实验，在《论磁书札》（*Epistola de Magnete*，1269）中说，研究磁学的人必须勤于动手，才能改正认识上的错误。罗哲·培根认为他从实验中懂得自然科学，从中得到智慧和安宁。

中世纪时期欧洲文学界出现的新变化是意大利人但丁（Dante Alighieri，1265—1321）《神曲》（*Divina Co-mmedia*，约 1307）的问世，这部政治哲学诗描写作者在梦中被罗马诗人带领漫游地狱、炼狱和天堂三界的故事。以此隐示现实社会和希望达到理想境界所经历的苦难历程。作者将理想君主安排在天堂，而将教皇放在地狱，作品追求思想解放、追求知识，要求吸收古典文化、宽待异端，这是人文主义思想的萌芽。它以意大利中西部托斯坎尼（Tuscany）方言写成，开此后文艺复兴时期欧洲文学以民族语言创作之先河。而阿伯拉尔、威廉等人对教会和经院哲学的批判播下了未来宗教改革的种子，罗哲·培根和彼得等人，在自然科学方面的实验精神和努力追求成了科学革命势将到来的预兆。经过几代人的努力，到 15 世纪时欧洲已完全摆脱了过去在科学技术和文化方面的停滞状态，以崭新面貌出现，虽然仍有阻止进步的社会因素，但推动社会前进的力量在急骤地聚集与壮大。但丁在《神曲》中说："Segui il tuo corso， e lascia dir le genti（走自己的路，不管别人说什么）。"这句话鼓舞很多人向旧势力挑战，即令遭到非难和迫害也在所不惜。欧洲进步人士正是以这种无畏的精神面对现实和未来的。

第二节

印刷术对世界文明发展的贡献

一、印刷术对中国教育和科学发展的贡献

纸写本虽比用任何其他材料书写的典籍优越，但却与它们有一个共同的缺点，即每部书都要用手逐字抄写，而且每抄录一次只能得到一份书稿。当书籍数量不断增加时，人们用于抄书所用的时间非常多、所付出的劳动非常大。对使用表意文字的中国人来说，汉字虽美，但字数和笔画多，写起来更费事。而且在传抄过程中常出现"鲁鱼帝虎"之错讹，贻误读者。印刷术的出现免除了千百万人抄书之苦，同一印版一次即可印出千万份内容、字体相同的书稿，因经统一校对，错漏字少，文字清晰易辨，且价格便宜。印本书比写本能更迅速且在更大规模上流通于社会各个角落，成为传播思想、知识和信息的有力媒体，它在过去社会中所起的作用，就像今日世界上的电视和互联网那样。印刷术的出现是人类图文传播史中另一次划时代的革命。始于隋而盛于唐的印刷术使中国教育、文化和各门学术的发展插上腾飞的翅膀，使文艺复兴在旧大陆的东方提前到来。因篇幅关系，这里只谈唐、宋。

早期印刷品多是供民间使用的佛经和佛像，因为中国佛

教徒们由于信仰的驱使,热衷于复制大量佛教文献。印本与写本经咒咒文具有相同的法力和功能,他们宁愿用印本,这样就无需几十遍甚至几百遍地抄写经咒了。只有佛祖要求信徒对同一咒文反复写成许多份,以积功德,而儒家祖师孔子要求弟子"学而时习之",每种书有一份就够了,不必抄更多副本。因而中国佛教徒对发展印刷做出特别贡献,是事出有因的,这使佛教在隋唐以后获得更大发展。但出版商发现,用出版佛经的方法刊行其他大众需要的世俗读物,如字典、音韵等语文工具书、算命书、历书等,同样能找到市场,而统治者也很快认识到出版儒家《九经》《三史》颁行于学校,可提供标准教材,用统一的思想体系培养未来的各级官吏,并在全国范围内加强官方哲学的思想统治,因而唐以后的历代王朝都在中央和地方设官方印刷厂,出版各种书籍。印刷术在中国大大促进了唐以后教育的发展和科举制(Imperial Examination System)的建立与完善。

以唐、宋为例,学校数目、在校学生和学习内容都超过以前朝代。[①]唐代在京师设国子监,管理学校教育,京师学校皆隶属国子监,有六所学府,其中国子学和太学为最高学府,相当于古代的大学,主要讲授儒家经典和文史;四门学是专收高级官吏子弟和外国留学生的高等学校,教学内容同国子学和太学;律学、书学和算学分别是讲授法律、书法艺术和天文历算的专科学校。各校教师中有博士,称某科博士,如算学博士等,相当于教授,博士下设助教、直讲等教官,学生入学年龄为14—19岁,但律学为18—25岁。各校学生一般说有定额,太学学生500人,国子学学生300人,四门学学生1300人,书学、算学学生各30人,律学学生50人,合计2210人。太医署另招医学生,设药园,分医师、针师、按摩师、药师等科,各科由博士任教。太乐署设乐人(器乐)、声音人(声乐)两部,亦收学生,宫内书画博士还招收美术人才习画。掌管图书校正的弘文馆、崇文馆亦收生徒。因此,京师学生总数肯定超过3000。《新唐书·儒者列传》载,唐贞观六年(632)京师学舍有1200区,诸生至3200人。另四门学中有子弟8000人,

---

① 孟宪承,等.中国古代教育史资料:第2编[M].北京:人民教育出版社,1961.

包括新罗、百济、高句丽等国留学生和来自高昌(新疆)、吐蕃(西藏)的少数民族学生。唐龙朔二年(662)又在东都(洛阳)设国子监,其下设学校与西京(长安)同,只是学生较少,因此只两京各"高校"每届招收学生数目当逾万人。

除中央一级学校外,唐代各地方还有府学、州学和县学,县学生员20—40人,州学生员40—60人,府学生员80—100人,有的府、州还有医学博士、助教培养学生。开元二十九年(741)全国有州郡328个、县1573个,地方学校每年在校学生近8.6万人,加上两京学生,总共近10万学生,这都是公立学校学生,由政府统一提供教材。除此之外,各地还有私学、乡学,《唐会要》卷35载,开元二十六年(738)敕:"其天下州县,每乡之内,各里置一学,仍择师资,令其教授。"《新唐书·儒者列传》载,魏州繁水人马嘉运办私学于白鹿山,"诸方来受业者至千人"。文中子王通教于河汾之间(今山西省),"其往来受业者,不可胜数,盖将千人",传房玄龄等皆出其门。又滑州人王恭教授乡间,弟子数百人。私学是官学的重要补充,教师中不乏满腹经纶的学者或辞官隐居的饱学之士。唐代从中央到地方形成的庞大的教育网络,是促成文化发达的基础。唐代前半期是写本和印本书并存时期,至后半期印本已逐渐增加。五代时期(10世纪)中央国子监开版刻印《九经》并颁行各地后,各级学校教材及参考书中写本逐渐减少。北宋在此基础上进一步发展,终使雕版印刷大行于世,同时又出现活字印刷,教官和学生手中所用的教材便基本上全是印本,特别是国子监向全国颁发的标准版本,这是教材史上的一次革命,对教育的影响是深远的。师生不必花更多精力与时间抄写各种书籍,而是将精力和时间用于教书和学习,效率成倍地提高。对社会广大知识分子而言同样如此,印本书减轻了他们抄书的体力负担,得以集中精力于研究。

宋代的教育制度总的说继承自唐代,但有新的发展。中央设国子监总管全国教育事务,隶属于其下的高等学府有:京师国子学收七品以上官员子弟200人,太学收下层官员及平民子弟2400人,四门学招生对象与太学相同,广文馆有生员2400人,算学(天文历算)生员有210人,医学生员有400人,书学(书法)生员有500人,画学生员不定。高等学校学生也超过万人,但宋代人口少于唐代,因而宋代大学生相对来说多于唐代,且有更多平民子弟入学,这是值得注意的。地方官学有州府学(生员各53人)、县学(生员30—50人),全国有6.4万人。遍布全国的小学多是私人办的家塾,8岁入学。国子监还兼有出版功能,为全国各级学校提供教材和参考书,其所出版的字典、儒家经典、历史书、医书、诸子著作据不完全统计有256种。[①]

　　比私塾教育内容更高深的私人讲学之所盛行于各地,多由学者主讲,教学质量甚至高于官学。如进士出身的哲学家陆九渊(1139—1193)"每开讲席,户外屦满,耆老扶杖观听,学者称象山先生",杨简、袁燮、舒璘等人皆出其门下。进士张载(1020—1077)讲学关中(陕西),听从者甚众,人称其家派为"关学"。道州(湖南道县)人周敦颐(1017—1073)辞官后于故里筑堂,从事著述和讲学,程颢、程颐等皆从其受业,世称"濂溪先生",称其学派为"濂学"。但更大规模的书院(college)的兴起是宋代的一大特点,书院初为民办,后来受到官员提倡,又有朝廷赐匾额、学田和图书,委派学官,成为半官半民的学校。著名的四大书院有江州(江西九江)的白鹿书院、西京(河南登封)的嵩阳书院、潭州(湖南长沙)的岳麓书院和江宁(今南京)的应天书院。书院有学规,掌教者曰山长或洞主,为学生提供住宿,学舍数十至百余间,且有丰富藏书,又蒙朝廷颁赐版刻《九经》等书。此后又出现明道书院、丹阳书院、紫阳书院、河东书院、鹤山书院、天门书院、考亭书院、宣成书院等,遍及全国各地,在级别上相当于官办的府学。书院为国家培养了大量人才,对后世有深远影响,元、明、清三朝的书院都是按宋代模式建立的。宋代各官办州府学校和书院也有出版的积极性,所刊各种书籍超过300种,比国子监刊本还多,集出版和办学于一体,且相得益彰,形成又一特色。

---

① NEEDHAM J. Science and civilisation in China: vol. 5. Cambridge: Cambridge University Press, 1985:379.

由于宋代教育高度发达,出现了"五尺童子耻不言文墨"的现象,社会中识字人口占总人口的比例是很大的。例如12世纪全国平均人口3000万人,这期间就产生了20万名举人,13世纪人口减半,但举人竟翻了一番(40万人)。通常以20名考生录取一名举人计算,则12世纪时参与举人应试的人有400万,占人口总数的13%,13世纪时这个比例持续上升。在当时世界上拥有这么多知识分子的国家只有中国,因此,宋代各学术领域都出现繁荣景象自属必然。以四大发明为骨干的科学技术此时进入新的高潮,从宋人所著和所刊著作中可知概况。曾公亮(999—1078)等奉敕著《武经总要》40卷(1044刊,1231重刊)是大型军事科学百科全书,书中对各种冷武器、筑城技术、战船战车、火药和火器、指南针和磁学等做了详尽介绍与研究,且有插图说明。沈括的《梦溪笔谈》(1088)是百科全书式学术专著,涉及数学、天文历法、磁学与指南针、活字印刷、光学、地质学和医药学等,其在这些领域均有创见。李约瑟认为这部刊于1163年的书是中国科学史中里程碑式的著作。

陈旉(1076—约1154)《农书》(1149)最早总结江南水稻区栽培技术,还讨论土地利用规划,提出只要经营得当、粪田有力,将达到地力常新壮的思想,还创先例将蚕桑技术写入农书之中。韩彦直(1131—约1206)的《橘录》(1178刊)记录永嘉(浙江温州)柑橘品种、种植、防虫和贮藏等技术,是世界上第一部柑橘专著,受西方学者高度评价。曾任提刑官的宋慈(1186—1249)据检验实践和理论研究写成的《洗冤录》(1247刊),是世界上第一部系统的法医学著作,包括法医学所有内容,对后世有深远影响,被译成多种外文。医官王惟一(987—1067)奉敕总结古代针灸技术,准确确定经穴位置,主持铸造针灸用铜人模型,加以解说,著《铜人腧穴针灸图经》(1027)。铜人与真人大小一样,是重要教具,在当时就被视为国宝。宋代本草学大发展,宋初(974)太祖命马志(约935—1004)等人校注《唐本草》写本,加以出版,名曰《开宝本草》,为保存古本草书做出了贡献。科学家苏颂(1019—1101)等再奉命增修本草书,在全国药物普查基础上撰修《本草图经》(1061),次年出版。书中新增草药103种,且附923幅药物图,科学性强,是最早的插图本本草书刊本,是当时世界最高水平的药物学专著。唐慎微(1056—1163)对本草书再加增补,完成《证类本草》(1108),也是插图本,囊括北宋前的本草精华。寇宗奭(约1071—1146)的《本草衍义》(1116)刊于1119年,取笔记形式,补旧本草之未备,颇具特色。宋代商业及海外贸易发达,不少域外药材进入本草书中,纵观这个朝代出版的本草书,令人眼花缭乱,不胜枚举。中医古典著作《黄帝内经素问》《诸病源候论》《脉经》《针灸经》等过去只以写本行世,宋以后都有了刊本,进入千家万户。

宋代是数学发展的黄金时期,特别是在代数学方面取得的成就,在世界上遥遥领先。贾宪(1005—1065在世)的《黄帝九章算法细草》(约1050)中提出"开方作法本源图",以算表形式列出整次幂的二项式系数表,即"贾宪三角"。他提出的"增乘开方法"创造了求任意高次幂的正根法。秦九韶(1202—1261)《数书九章》(1247)提出的"正负开方术"解决了高次方程数值解法,而其"大衍求一术"则提供了联立一次同余式的解法。[①]促进数学发展的原因之一是,反映汉至唐1000多年数学成就的十部名著《算经十书》历史上第一次在北宋汇总出版,南宋又一再重刊,使数学知识普及。在天文学方面,1010—1106年进行过五次大规模恒星位置观测,精确度比前代大有提高,在这基础上绘制的星图上有1464颗星。这归功于先进天文仪器的研制,苏颂《新仪象法要》(1092)记录了他和工程师韩公廉在1086—1092年奉敕建造的开封水运仪象台的结构及47幅设计图。台高35尺(约12 m),分三层,上层为观测天体的浑仪,中层为演示天体周日运动的浑象,下层为报时装置。三部分由传动装置和机轮连接起来,用漏壶水转动机轮,带动浑仪、浑象和报时器一起动作。值得注意的是,近代世界机械钟最重要部件链系擒纵器(linkwork escapement)已装设在报时装置中,因而水运报

---

① 钱宝琮.中国数学史[M].北京:科学出版社,1964:144-167.

时器成为世界天文钟的直接祖先①②。中国这项发明幸有刊本流传,才得大白于世(图9.3)。

图9.3　水运仪象台③

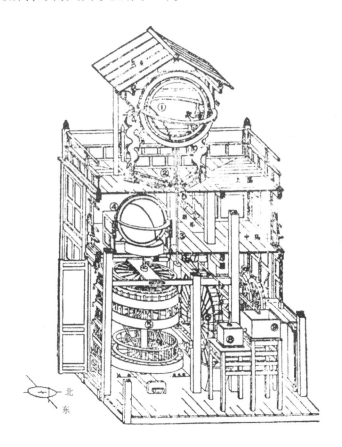

北
东

　　宋代在技术科学方面也取得多方面成就,如建筑学家李诫(约1060—1110)奉旨编撰的《营造法式》(1100),刊于1103年。全书34卷,357篇、3555条,对历代建筑科技成就和建筑工程管理经验做了系统总结,对该行业13个工种的技术和操作规范以及人工、用料定额做了详细叙述,并附建筑工程图样193幅,尤其反映北宋以来取得的新成就和建筑工匠的技术经验。此书在内容广泛性、系统性和叙述科学性上实属罕见。与此同时,浙江造塔匠师喻皓著《木经》3卷(1103),也是建筑专著。还有李孝美(1055—1115在世)的《墨谱》(1095)

① NEEDHAM J, Wang L, DE SOLLA PRICE D J. Heavenly clockwork:the great astronomical clocks of medieval China [M]. Cambridge:Cambridge University Press,1960.

②③ 王振铎.宋代水运仪象台的复原[M]//王振铎.科技考古论丛.北京:文物出版社,1989:238-273.

和晁贯之(1050—1120在世)的《墨经》(1100),这是两部研究制墨技术的专著,前者是插图本。王灼(1115—1175在世)的《糖霜谱》(1154)叙述以甘蔗制糖的技术。宋代"谱录之学"相当发达,很多这类著作与科技有关,除上述外,还有《荔枝谱》《桐谱》《菊谱》等。

二、印刷术促进宋代理学和文史的发展

两宋时期,汉魏六朝诸儒对《九经》章句训诂作品均有印本,在社会上广为流传。如果再沿此方向走下去,儒学就难有新的发展。因此,宋人注释、研究儒经,一反汉儒注重文字章句训诂之风,而着力于注释义理,对儒学加以哲学上的诠释。他们以传统儒学伦理为核心,吸取释道的理论思维,将探讨内容从人理扩大到天理,即宇宙本原和自然界发展方面。为此提出"理"的概念,认为理不但是人类社会的最高原则,还是自然界一切事物的根本。因此,将宋人发展的儒学称为"理学",西方人称之为"新儒学"(Neo-Confucianism)。理学开山鼻祖周敦颐在《太极图说》(1060)中以简洁语言提出宇宙生成及万物化生论,具有辩证思想因素。张载在《正蒙》(1076)中提出"太虚即气"的命题,以气之聚散解释万物化成,发展了周敦颐的理论。至程颢、程颐,理成了最高哲学范畴,提出"万物皆只是一个天理"的命题,世界万物皆从"理"出。违反封建等级制度和伦理纲常,就违反天理,是不能允许的。这就完成了儒学向哲学化、抽象化的理学过渡。

南宋大儒朱熹总结北宋以来理学各派学说并融会贯通,建立完整而严密的理学思想体系,集理学之大成。朱熹博极群书,自经史、诸子、佛老、天文、地理之学,无不涉猎,尤精于自然科学,且在科学方面有所建树。他的理学思想体系核心是天理论,以理气说为中心内容。天理或理即太极为宇宙万物根源,但理、气相依,"有是理,便有是气,但理是本"。事物千差万别,皆"理一分殊",即各物各有一理,其理皆为天理之体现(《朱子语类》卷1)。统一于理的万物虽有差异,但彼此

间有关联。他认为事物运动形式有"化"与"变"两种,前者指量变,后者为质变。他提倡"格物以致知",注重知行相须(《朱子语类》卷117)。"论先后,知为先""论轻重,行为重",强调从实践中求知。他的哲学总的说是客观唯心主义,但颇多朴素辩证法内容,而且其中被李约瑟称为"有机论自然哲学"(Natural Philosophy of Organism)的内容对自然科学发展有正面影响[①]。当朱熹把他的天理论哲学运用于人类社会时,天理就体现为封建秩序和伦理道德。理学大师著作的出版,促进了理学的发展。

朱熹勤于讲学和著述,按其哲学体系注释过《四书》《周易》和《诗经》,还编撰出版《资治通鉴纲目》等。朱学在南宋末就被朝廷钦定为儒学正宗,宋代理学此后成为御定的官方哲学。理学统治中国思想界长达700年之久,其基本原则渗透到社会各阶层,是判断是非善恶的标准,在稳定社会秩序方面发挥了一定的作用。理学思想成为元、明、清三朝学校教育和科举考试作文的主要内容。因为有这种高度发达的社会意识形态,才使中国封建制比西方封建制更加强大,持续时间更长,思想影响更为深远,而且还对朝鲜半岛、日本和越南这些汉字文化圈国家产生长期思想影响。应当说,传统儒学包括新儒学思想体系博大精深,其中有精华,也有糟粕,今天既不能全盘肯定,也不能全盘否定,应弘扬精华,扬弃糟粕。还应当指出,当17世纪中国儒学经典通过西方耶稣会士介绍到欧洲以后,对欧洲思想界特别是18世纪启蒙学派学者产生过良好的思想影响。法国思想家和文豪伏尔泰(François-Marie Voltaire,1694—1778)曾在其房间中悬挂孔子像。德国哲学家莱布尼兹(Gottfried Wilhelm Leibniz,1646—1716)发展其有机论自然观观点时,肯定受到朱熹的影响。这也从一个侧面证明宋代理学中有值得吸取的思想精华。

宋代出版事业的发达还促进了史学和文学的繁荣。编年体和纪事本末体的史学作品不断出现,如新、旧《唐书》,

---

① NEEDHAM J. Science and civilisation in China: vol. 1[M]. Cambridge: Cambridge University Press,1954.

新、旧《五代史》，还有《资治通鉴》《通鉴纪事本末》《左传事类本末》《三朝北盟会编》《文献通考》《通志》等。金石考古著作有《集古录》《金石录》《博古图》等。各地地方志的大量出版是从宋代开始的。宋以前历代史书也多有刊本在宋代出版，宋代出版的各种史类著作可能比《汉书·艺文志》所列全部书籍还多。因此，各级学校、书院讲史之风盛行，学者通常"经史"并论。宋代讲史的话本也较盛行，话本是供城市中说书的艺人表演时用的底本，讲史的底本又称平话，多以通俗文字写成，是古代白话小说的最初形式。内容是讲述史书上历代兴亡和战争的故事，如《五代史平话》等。

宋代文坛中词的创作达到全盛期，无论是在数量、质量方面还是在内容方面都超过晚唐和五代，在文学史上宋词与唐诗齐名。早期代表人物有晏殊（991—1055）、欧阳修（1007—1072），语言婉丽。柳永（约984—1053）的词反映汴京市民生活，以白描见长，吸收大量口语入词。苏轼（1037—1101）的词题材广泛，有豪迈气势，不受音律束缚，为宋词发展打开新局面。女词人李清照（1084—约1155）经两宋骤变，前期写悠闲情怀，后期集中于怀念故国、感叹身世。南宋辛弃疾（1140—1207）写词抒发爱国忧时和收复江河之志，称"稼轩体"，达到南宋词的最高成就。陈亮（1143—1194）的词受辛弃疾影响，也充满慷慨激昂的爱国之情。今人唐圭璋《全宋词》（商务印书馆，1940）300卷，收宋词人1330家，共1990首。文坛巨匠欧阳修倡导唐代韩愈、柳宗元的散文体，主张古雅简淡的文风，反对排偶的骈体，开创新风气。其文不用典故，不尚辞藻，且"通下情"写出人民痛苦，揭露统治阶级的荒唐。他还致力于培养年轻作家，如王安石（1021—1086）、苏轼等人都受过他的提携。[1]

在欧阳修、梅尧臣（1002—1060）、王安石和苏轼等人的努力下，散文体这种文学形式居支配地位。王安石还是杰出的政治家，他在诗文方面的成就与其政治革新主张相表里。他热爱人民，在散文中发表革新政治的主张，认为文学应"有补于世"。苏轼散文亦不重文句雕琢，但洒脱奔放，主张作文

① 陆侃如，冯沅君.中国文学史简编[M].北京:作家出版社,1957.

应如行云流水,"常行于所当行,常止于不可不止"。他的成就体现了北宋文学的进一步发展,使文与道分。宋诗是在唐诗基础上发展的,但在内容和形式上有开拓。欧阳修的诗吸取韩愈散文特点,创"诗话"体,其门下王安石扫宋初尚用典、重辞藻的"西昆体"诗风,风格雄健洗练,反映现实。苏轼诗有以文、以议为诗的特点,气势澎湃。南宋诗人陆游(1125—1210)的诗如其人,洋溢爱国热情,临终前还示后人"王师北定中原日,家祭无忘告乃翁",诗句为历代传诵。宋末抗蒙英雄文天祥(1236—1283)慷慨就义前留下"人生自古谁无死,留取丹心照汗青"的诗篇,宋代诗词打上了深深的时代烙印。

三、印刷术对文艺复兴时期欧洲教育和科学革命的影响

印刷术对朝鲜半岛历代、日本奈良朝以后和越南陈朝以后教育和科学技术发展的影响大体说与中国相同,此处不再讨论。此处讨论印刷术对欧洲教育和科学技术发展的影响。前已述及,到14世纪—15世纪时欧洲已摆脱了文化和科学方面停滞不前的局面,以崭新面貌出现。这种势头因引进中国印刷术特别是活字印刷术而越发强劲。金属活字很适合欧洲人使用的拼音文字的特点,无需投入太多资金就能出版大量书籍,学校的教材无需用昂贵的手抄本,而以印本代之。早期印刷品除宗教读物外,就是学校教材和语文工具书,其次是人文科学著作,到16世纪含有科技内容的印本猛增。新兴的廉价印本帮助更多人识字、读书,也促使人们需要更多的书,这就促进了教育和科学的发展。正在兴起的城市资产者急于将其子弟送入学校;学者也有可能迅速发表其研究成果;手艺工人也有了识字的必要,以便看懂印本书中的工艺方法和插图说明;上层贵族子弟深切感到无知与自己身份不相称。城市工商业的发展和技术的改进以及新技术(如火药、指南针)的引进,不断提出需要从理论上加以解决的问题,使一些城市还成为学术中心。

11世纪—15世纪欧洲已出现一些大学,如巴黎、牛津、剑桥、波伦亚、那不勒斯(Napoli)、帕多瓦(Padua)、布拉格(Prague)、克拉科夫(Krakov)、维也纳、萨拉曼加(Salamanca)、费拉拉(Ferrara)和圣安德鲁(Saint Andrews)大学等。至1500年全欧洲大学已有65所,此后迅速增加,16世纪时大学已遍布意大利、德国、法国、比利时、荷兰、瑞士、奥地利、波兰、英国、西班牙、捷克和丹麦等国,拥有大学较多的国家是意大利、德国、法国、英国。德国过去大学很少,日耳曼人要去意大利和法国留学,但后来居上,几乎追上意大利。值得注意的是,大学所在城市常常是印刷、出版业中心①,德国是欧洲最早发展金属活字印刷的国家,在印刷中心奥格斯堡、纽伦堡、科隆、斯特拉斯堡、法兰克福、慕尼黑和柏林等城市都建立了大学。其他国家也大体如此,例如意大利的罗马、威尼斯、佛罗伦萨,法国的巴黎、里昂,瑞士的巴塞尔、苏黎世,比利时的鲁汶(Louvain),奥地利的维也纳等印刷中心城市都有了大学,在这里聚集了大批学者。

早期的所谓大学(university)是按阿拉伯帝国的麦德来赛(madrasah)模式建立的,是宗教的附属单位,主要以讲授《圣经》为主。数学、天文学是为宗教服务的,学者从事研究的自由度远不如阿拉伯教师,与今日大学完全不同。15世纪以后情况有了变化,欧洲大学中数学、天文学和医学的教学内容有所加强,学者的研究有所深入,自然出版的教材和参考书质量比过去大为提高。由于城市人口不断增加,医生成为大家追求的职业,很多大学设医学专业,习医成为时尚,这就刺激了人体解剖学和相关学科的发展。专修神学的人也有了对自然科学的爱好,且身体力行,从事业余研究。这些大学培养出来的人才成为后来科学革命的积极参与者和近代科学的奠基人。

科学革命是从天文学开始的,而天文学研究受到远洋航海和地理大发现的刺激。自从威尼斯旅行家马可波罗的游

① MARTIN H J. The French book: religion, absolutism and readership: 1585—1715 [M] SAENGER P, SAENGER N, tr. Baltimore: Johns Hopkins University Press, 1996:4.

记(1299)抄本传开后,开阔了欧洲人的眼界,使他们知道万里之外的富庶的中国,有着高度发达的物质文明,印度也有着丰盈的物产,激起远行以发财致富的渴望。而中国指南针导航和远洋航船制造技术的传入,又使欧洲人有可能在15世纪从事远洋航海。意大利人哥伦布(Christopher Columbus,1451—1506)读过《马可波罗游记》,醉心于书中描述的东方财富,意大利天文学家托斯卡内利(Paolo dal Pozzo Toscanelli,1397—1482)又告诉他,从大西洋一直向西航行可直达东方。1492年哥伦布在西班牙国王的支持下横渡大西洋,开辟了从欧洲到美洲新大陆的航线,随之迎来了一系列地理大发现。在航海过程中要辨别方向、确定船在大洋中的位置、了解节气变化和日月朔望盈亏,要编制精确的航海用行星运行表,而在远洋船上的观测又给人们提供了一些新资料。远洋航海大发展向天文学提出了新问题,而靠过去流行的托勒密天文体系的陈旧译本,是解决不了问题的,天文学需要知识创新。

早在15世纪上半叶,维也纳大学的奥地利天文学家著尔巴赫(Georg von Purbach,1423—1461)基于精确观测和严格理论推算编出的《月食表》(*Tablae Eclipsium*)于1459年出版,此后行用达200年之久。1454年他完成《新的行星理论》(*Theoricae Novae Planetarum*),通常称为《天文学手册》,多次再版,被用作教本,书中详细陈述了托勒密学说关于行星运行的模式,后来此说被推翻。他的德国学生约翰·缪勒(Johannes Müller,1436—1476)又名约翰·雷焦蒙塔努斯(Johann Regiomontanus),也在维也纳大学研究天文学,两人共同致力于托勒密著作新译本的译注。1471—1475年缪勒在纽伦堡期间,在富商友人瓦尔特(Bernhard Walther,1430—1504)的帮助下建立了一座天文台,进行系统的天文观测。缪勒还办了一个印刷厂,专门出版天文、数学著作。1475年出版了1475—1505年的航海历书,曾被哥伦布等航海家使用。缪勒还完成了老师未竟之业,编出《托勒密天文学大成节要》(*Epitoma Almagesti Ptolemaei*),但他对地心说表示怀疑,还批判了托勒密的月球理论。他是兼经营出版业的天文学家、数学家。与此同时,德国哲学家尼古拉(Nicolaus Cusanus,1401—1464)虽身为红衣主教,却在其所著《愚中之智》(De Docta Ignonantias,1440)一书中,认为地球绕太阳旋转,也绕自己的轴旋转。还提出宇宙是无限的,其中一切都在运动,有超越人的理解力的复杂性。在其他星体上看到的天体运动,与在地球上看到的一样。人们以为地球不动,其实与一切天体一样都在运动。这些议论所缺乏的是天文学上的论证。

观测资料的积累和前人的偶尔思想流露,为波兰伟大天文学家哥白尼(Nicolaus Copernicus,1473—1543)倡导的日心说做了铺垫。哥白尼在克拉科夫大学学天文学,1497年赴意大利波伦亚、帕多瓦和费拉拉大学留学10年,这期间他参加天体观测并留下观测记录。1506年哥白尼返回波兰弗龙堡(Frombork)任教职,在教堂屋顶平台上继续观测天体。早在1502年起他在意大利进修时就对托勒密认为地球是静止不动的宇宙中心、太阳和行星围绕地球转的学说产生怀疑,而主张地球和其他行星沿着以太阳为中心的轨道运动,此即日心说(Heliocentric Theory)。返回波兰后,他继续思考这个问题,并以前人和自己的观测资料求证,还进行数学推算,1510—1515年他写出其天文体系的最初手稿,题为《关于天体运行假说之简论》(De Hypothesibus Moturum Coelestium a se Constituti Commentariolus)(以下简称《简论》),只在可信赖的少数友人中传阅。1539年奥地利天文学家乔治·约阿希姆(Georg Joachim von Lauchen,1514—1576)来波兰就教于哥白尼,成为他的忠实追随者,后易姓为雷蒂库斯(Rheticus)。1541年,雷蒂库斯在波兰革但斯克(Gdansk)将哥白尼的《简论》稿的提要送出版商,刊行题为《哥白尼关于天体运行著作初探》(De Narratio Prima de Libris Revolutionum Copernici)的小册子。[1]

雷蒂库斯此前劝说哥白尼将《简论》稿写成一部书出版,建议被采纳,大约在1530年哥白尼完成《天体运行论》(De

---

[1] Symposium on Copernicus[C]. Proceedings of the American Philosophical Society, 1973,117(6).

Revolutionibus Orbium Coelestium)的书稿,但为求严密和慎重,他不断修订,更主要的是担心发表后引来教会迫害,迟迟不肯发表。在这种情况下,才在1541年将其提要先行出版。哥白尼本人的书直到他晚年才于1543年在德国纽伦堡出版,他在临终前的病床上终于看到印本(图9.4)。北京图书馆藏有此书1566年在巴塞尔刊行的第2版,印以麻纸。哥白尼的《天体运行论》以新眼光观察宇宙,以观测资料、数学推算和严格的逻辑推理推翻了统治西方思想1000多年、被经院哲学纳入其宗教体系中的托勒密地心说,把地球从宇宙中心降到行星之一的地位,引起人们宇宙观的根本改变。这部书从自然事物方面向教会权威发起挑战,从此自然科学开始从神学中解放出来。科学作品的传播是无声的火炮,敲响了封建思想统治的丧钟,但自然科学在反封建斗争中也经受了火的洗礼。

图9.4 《天体运行论》
中的日心说图示

意大利天文学家布鲁诺(Giordano Bruno,约1548—1600)于1584年用意大利文发表《灰堆上的华宴》(*Cena de le Ceneri*),宣传哥白尼的日心说。同年还出版《论无限宇宙和世界》(*De l'Infinito Universo e Mondi*),认为宇宙是无限的,星体散布在无尽的空间,反对恒星散布在以太阳为中心的水晶天球说。因此,他于1593年被罗马教会审判入狱,他宁死

不屈,坚信太阳是人所在星系的中心,1600年被烧死。但科学革命自有后来人,1632年意大利科学家伽利略(Galileo Galilei,1564—1642)用意大利文出版《两大世界体系的对话》(*Dialogo dei due Massimi Sisemi del Mondo*),书中描述亚里士多德和哥白尼的信徒进行辩论,但前者不是后者的对手。1633年伽利略被罗马宗教法庭刑讯逼供,判处终身幽禁,要他放弃科学信仰。但他被逼在判决书上签名后,仍然说:"Eppur si muove(可是地球仍然在转动)。"他的书被偷运出境,在国外传播。1638年他发表《两种新科学对话集》(*Discorsi a due Nuove Scienza*),介绍他在比萨斜塔的落体实验,用数学形式提出落体定律。他用望远镜观测天体,发现太阳黑子、木星卫星和月球山等,伽利略成为科学革命的伟大旗手。

在医学领域内也实现了突破,弗兰德(Flanders,今比利时)人维萨留斯(Andreas Vesalius,1514—1564)1533年在巴黎大学习医时,热衷于解剖学,至墓地收集尸骨研究,1537年在帕多瓦大学获医学博士并任解剖学和外科教授,坚持亲自执刀解剖,当场讲课,受到欢迎。他不受古代医学权威学说束缚,以自己解剖所见为依据,对骨、脉、腹及脑部等器官的研究尤为出色,著《人体结构》(*De Humani Corporis Fabrica*),1543年在巴塞尔出版,书中有精美插图,成为文艺复兴时期医学和解剖学代表作。他指出古代名医盖伦将解剖动物所看到的照搬到人体上,因而出现失误,需要纠正。[①]接着,在帕多瓦大学习医的英国人哈维(William Harvey,1576—1657)1628年发表《动物心脏和血液运动的解剖学研究》(*Exercitatio Anatomica de Motu Cordis et Sanguinis in Animalibus*),在这部插图本著作中,哈维公布了他的血液循环理论。他证明血液从不断收缩与扩张的心脏流向动脉,经过静脉再流向心脏,如此循环不已。这就否定了盖伦的学说,盖论认为血从肝流向全身,没有循环。哈维证明此说是错误的,并指出解剖学者"应当以实验为依据,不应单靠书本;应以自然界为师,而不是以哲学家为师",鼓吹一种新的时代精

---

① HALL A R. The scientific revolution[M]. 2nd ed. London,1962.

神。他的研究为生理学奠定了基础,使医学有了科学的基础理论。①

文艺复兴时技术上的最大成就表现在采矿、冶金、铸造、化工和机械制造等领域,这从意大利画家和工程师列奥纳多·达·芬奇(Leonardo da Vinci, 1452—1519)设计和绘制出的大量图稿和说明中反映出来。其中包括火炮、弩机、起重机、抽水机、纺车、自行车、飞行器、碾压机、转动装置等,都有新的构思,均可见于他留下的笔记本中,可惜未能及时出版。他设计的草图,因资金不足,恐未付诸实施。但向他学习过的意大利工程师拉梅利(Agostino Ramelli, 1530—1590)的《精巧的机械装置》(Le Diverse et Artificiose Machine)则于1588年刊于巴黎,用法文和意大利文解说,附195张插图,包括将旋转运动变为直线运动的装置、活塞水泵、螺旋起重机、风车驱动的立式碾谷磨等,这些机器后来用于生产。另一位意大利冶金学家毕林古乔(Vannoccio Birringuccio, 1480—1539)发表《炉火术》(Pyrotechnica),以意大利文写成,共10卷,是冶金、铸造方面的专著,书中还谈到火药和火器。德国人阿格里柯拉(Georg Agricola, 1490—1555)在巴塞尔刊行的《矿冶全书》(De re Metallica)是文艺复兴时技术代表作,涉及寻找金属矿脉、开矿技术和设备、金属冶炼与分离、检验,还谈到强水(aqua valens)即无机酸、玻璃以及各种无机盐的制法,矿山经营管理亦有涉猎,全书插图295幅,这部书反映了当时欧洲冶矿技术的最高水平。

此后,天文学、物理学、化学和数学等领域相继实现一系列理论突破,到17世纪牛顿(Issac Newton, 1643—1727)《自然哲学的数学原理》(Philosophiae Naturalis Principia Mathematica)于1687年问世,代表着已完成了科学革命,近代科学首先在欧洲兴起。

---

① Harvey W.心血运动论[M].黄维荣,译.北京:商务印书馆,1962.

四、印刷术促进文艺复兴时期欧洲人文主义思想和民族文学的兴起

印刷术在欧洲促进了教育的大发展和知识世俗化,打破了教会对知识的垄断,并促进了科学革命的发生,由此又引起思想界、文学界的一些巨大变化,可以说是连锁反应。中世纪基督教主张以神为中心,上帝是宇宙和人的造物主,至高无上,而人生来有罪,无足轻重,只有将一切奉献给神及其代表教会,才能在来世"天国"中享受自由和幸福。教会以神权压制人权,就是要维持封建统治秩序,让人依属于神和教会的权威。但14世纪—15世纪西欧资本主义有所发展,新兴的资产阶级要求挣脱封建统治的桎梏并为自身的合理存在与发展寻找理由。于是打着复兴古典文化的旗号,掀起一个新文化运动,他们将这称为"Renaissance"(文艺复兴)。然而这个社会运动的真正目的,并不是单纯复兴古希腊、罗马的文化,而是创造一种适应资产阶级需要的反封建的全新文化,因而"文艺复兴"这个词没有把这个运动充分表达出来。应当说,在当时欧洲掀起的这个运动,远不只限于文化范围,接踵而来的还有经济、政治、军事行动,最终是为了推翻封建制度,建立资本主义制度。[①]

文艺复兴运动的思想体系是humanism(人文主义),这个词来源于拉丁文humanus(人的)。人文主义与教会的神学相对立,主张以人为中心,颂扬人性的高贵,提高人的权威,赞扬人的价值和尊严,以人权对抗神权,剥夺教会的权威。意大利是文艺复兴的策源地,早在14世纪佛罗伦萨的薄伽丘(Giovanni Boccaccio,1313—1375)在《十日谈》(Decameron,1353)中就揭露了教会人士和封建贵族的虚伪、贪婪和残忍,批判矛头直指罗马教廷。书中宣扬人类生而平等,反对以出身分贵贱,提倡个性解放。佛罗伦萨诗人彼得拉克(Francesco Petrach,1304—1374)首先提出人学和神学的对立,揭露教皇统治的罪恶,而且在用意大利文写的十四行《抒情诗集》

---

① 朱寰.世界中古史[M].长春:吉林人民出版社,1981.

（*Conzoniere*）中描写爱情，诗中充满人情味，有反封建色彩，还怀念古罗马的光荣，渴望意大利统一。

15世纪—16世纪人文主义思潮以更强劲的势头，在更大的范围内蔓延，已成燎原之火，印刷术成了助燃剂。意大利哲学家蓬波纳齐（Pietro Pomponazzi，1462—1524）的《驳灵魂不朽》（*De Immortalitate Animi*，1516）驳斥了阿奎那的灵魂不朽之说，认为感觉由外界事物所引起而且是理性认识的基础，因此受到迫害，教皇明令焚烧他的著作。意大利语言学家瓦拉（Lorenzo Valla，1406—1451），在《论君士坦丁皇帝让权的杜撰和赠地的捏造》（*De Falso Credita et Ementito Constantini Donatione*，1440）一书中，通过严格考证揭露8世纪罗马教廷伪造历史文件，谎称罗马帝国皇帝君士坦丁一世（Constantinus Ⅰ，280—337）曾将罗马以外的四个宗主教区管辖权及帝国西部地区世俗统治权让给罗马教廷。中世纪时教皇据此"君士坦丁赠礼"向其他四个宗主教区和西欧各国国王提出权力要求，成为教皇同世俗政权争斗的武器。瓦拉的考证否定了教皇领地的合法性和世俗统治权的历史依据。他还以语言学知识揭露教会奉为上帝"启示"的信条，原是翻译《圣经》时的错误所形成的。他的作品撕下了罗马教廷"圣洁"的面纱，在世人面前暴露出其欺人的面目。

瓦拉的研究表明，教廷在将希腊文《圣经》（*Ta Biblia*）译成拉丁文时做了手脚。为使人了解希腊文经文原貌，尼德兰（今荷兰）人文主义者，精通希腊文、拉丁文等多种语言的伊拉斯谟（Desiderius Erasmus，1467—1536）于1516年在巴塞尔首次刊行希腊文《新约圣经》，并附有自己的拉丁文译文，打破了教廷当局对译经的垄断权。1509年他还在巴塞尔刊行《愚人自夸》（*Encomium Mariae*），通过"愚人"登台说教夸耀自己，揭露封建统治的罪恶和教会对人民的愚弄，将教皇、主教、修士和经院哲学家描绘成一群崇拜愚蠢的贪婪淫荡之徒，对西欧宗教改革起了先行作用。他还在《自由意志论》（*Diatribe de Libero Arbitrio*，1526）一书中鼓吹个性自由和人性解放，反对教会的禁欲主义。他要求实行世俗统治，反对神权独裁,主张建立合理教会。从15世纪中叶以后,佛罗伦萨、威尼斯、巴塞尔、里昂、巴黎和巴塞罗那(Barcelona)等地的印刷所出版了不少人文主义者的作品。尽管教会颁布禁书令,公布一批批禁书名单,仍阻挡不了新观点在全欧洲的传播。出版商将书放在密闭木桶中,用"偷运"方式通过马车或船运往各地(图9.5)。

图9.5　装运书籍

　　中世纪基督教会仇视希腊、罗马的古典世俗文化,因为其中重视现世生活、追求幸福的理念与教皇的教义不合,因此这时的文学都涂上宗教的色彩,枯燥无味。文艺复兴时期一些人文主义者在发表自己著作的同时,还整理、出版了不少古典作品,正如恢复古罗马建筑和雕像那样。这也是对教会意识形态的反抗,为此人们努力搜求古代抄本,以代替中世纪被歪曲的文本。尤其是拜占廷帝国首都君士坦丁堡(Constantinopole)1453年陷落后,希腊人逃到意大利时带去的手抄本最为珍贵,经过整理,逐步问世。例如古罗马诗人维吉尔(Vergil,前70—前19)的田园诗《布科里克斯》(*Bucolics*)和赞美农民生活与忠义的教诲诗《吉奥吉科斯》(*Georgics*)印于1470年,古希腊诗人荷马(Homeros,前9世纪—前8世纪)的史诗《伊利亚特》(*Iliad*)和《奥德赛》(*Odyssey*)分别刊于1488年及1504年,亚里士多德全集的拉丁文译本刊于1469年,其希腊文本刊于1495—1498年;柏拉图全集拉丁文本刊于1483年,希腊文本印于1513年。欧洲各大学设古代语课程,1530年巴黎建立"三语学院"(拉丁、希腊和希伯来语)。这里成了人文主义另一中心。意大利人文主义历史学家布鲁尼（Leonardo Bruni，1369—1444）就是柏拉图和亚里士多德著作的译者，他在翻译过程中发现，经院哲学家的主要理论依据是建立在亚里士多德的被歪曲的文本上的。

另一方面，人文主义的东风也吹到欧洲文学领域，出现了新变化[①]。法国人皮埃尔·德·龙沙（Pierre de Ronsard，1524—1585）习医，编过一些医学教材，又是人文主义抒情诗人，组织七人文艺团体"七星社"（Pléiade），力主恢复使用法语及其在文学创作中的应用，反对拉丁语和外语创作。他用法语写作《短歌行》（*Odes*，1550）、《卡桑德拉的爱情》（*Amours de Cassandre*，1552）和《赞歌集》（*Hymnes*，1556）等，反映民族意识的觉醒和爱国主义思想的加强。法国讽刺作家拉伯雷（François Rabelais，1494—1553）也有自然科学知识背景，在其法文长篇小说《巨人传》上篇（1533）、下篇（1535）中以民间故事为蓝本，塑造理想君主、巨人卡冈都亚（Gargantua）及其子庞大固埃（Pantagruel）的形象，讽刺封建制，揭露教会的黑暗、经院哲学和中世纪教育的腐朽，宣传人文主义者对政治、教育和道德的主张，提出"Fais ce que voudra"（做你愿做的事）等信条，反映出个性解放的要求。

英国文艺复兴时的莫尔（Thomas More，1476—1535）虽出身贵族且在内阁、议会任要职，却在1516年用拉丁文出版的《乌托邦》（*Utopia*）中，批判天主教会和封建统治进而批判资产阶级本身。此书中的理想国像意大利哲学家康帕内拉（Tommaso Campanella，1568—1639）的《太阳城》（*Civitas Solis*，1623）中的理想国一样，生产资料公有，人人平等，共同劳动。这种空想社会主义是人文主义中最激进的思想，但提出这种思想的英、法两位作者都受到迫害。英国讽刺作家托马斯·纳什（Thomas Nash，1567—1601）的长篇小说《不幸的旅客》（*The Unfortunate Traveller*，1594）在当时历史背景下描写了各种职业和等级的人们的生活，是

---

① ANON. Vozrozhdenie, bol'shaya sovetskaya entsiklopediya[M].王以铸，译.北京：人民出版社，1955.

一部现实主义作品。而拉丁文懂得不多、希腊文知道更少，但有丰富社会阅历的来自下层的莎士比亚（William Shakespeare，1564—1616）成为文艺复兴时期英国最伟大的戏剧家和诗人，他使英国人的才能在戏剧方面得到充分体现，这是不屈服古典传统，具有新的时代气息的文学形式。他的戏剧与意大利戏剧不同，具有英国特色。他与其他戏剧家不同的是，他既写剧本，又当演员、导演和剧院老板，是多面手和多产作家，写过37部剧本和154首十四行诗。

莎士比亚的戏剧塑造了许多性格鲜明的典型形象，主要描写英国封建制解体和资本主义兴起时期各种社会力量的冲突，提倡个性解放，反对封建束缚和神权统治，具有明显的人文主义色彩。基本素材取自世俗生活，以大众易懂的英语写成，剧种包括历史剧、喜剧和悲剧。历史剧有《亨利四世》（Henry IV，1597—1598）、《理查三世》（Richard III，1592—1593）等，喜剧有《仲夏夜之梦》（A Midsummer Night's Dream，1595）、《第十二夜》（Twelfth Night，1601）等，悲剧以《罗密欧与朱丽叶》（Romeo and Juliet，1595）、《哈姆雷特》（Hamlet，1600—1601）、《奥赛罗》（Othello，1604）和《李尔王》（King Lear，1605—1606）等为代表。莎士比亚在历史剧中赞扬国家统一，反对封建分裂，拥护王权，表现出人文主义的政治理想。喜剧则充满乐观情调，赞美友谊、爱情，主张自由平等，表现人文主义社会道德观。他以正义、善良的正面人物的悲剧结局控诉封建势力，也批判处于资本原始积累时的商人的贪婪、残忍和社会上的拜金主义。

西班牙的文艺复兴运动始于16世纪，创办大学后，引入意大利新文化，人文主义思想随之传播，涌现出一批欧洲著名的文学家，早期代表人物是米格尔·德萨韦德拉·塞万提斯（Miguel de Saavedra Cervantes，1547—1616）。塞万提斯青年时去意大利闯荡，历尽艰辛，1580年返回马德里后从事戏剧及小说创作，其主要代表作是1605年出版的长篇小说《曼查的才智骑士唐·吉诃德》（El Ingenfoso Hidalgo Don

Quijote de la Mancha），是用西班牙中部的卡斯蒂利亚方言（Castellano）写成的，这种语言后来在全国通用，成为现在的西班牙语。小说描写过了时的游侠骑士唐·吉诃德及侍从桑乔（Sancho）四处游历、行侠仗义，但处处碰壁的故事。他以为到处有妖魔作乱，提枪攻打，闹出许多荒唐事情，临终前才醒悟，否定了自己。塞万提斯在小说中揭露了封建贵族专横、残忍而虚伪的面目，控诉了人民的悲惨处境，同时对美化封建制的中世纪骑士文学做了否定。吉诃德的行为虽滑稽可笑，却有封建道德观，又向往自由幸福和社会平等，是性格矛盾的典型代表，反映新旧时代交替时的复杂心理。桑乔是农民形象，随主人游历时克服自私思想，后成为海岛总督，实行廉洁公正治理，体现了作者的人文主义政治理念。唐·吉诃德未能实现的理想由桑乔实现了，从他身上可以看到人民的智慧和战胜黑暗、改变社会现状的力量。

文艺复兴时期一些科学和文学作品不以拉丁文写成，而是以意大利文、法文、西班牙文和英文等各国民族语言文字写成并出版，具有重大历史意义。中世纪欧洲手抄本使用的文字主要是希腊文和拉丁文这两种古代文字，分别是古代希腊－拜占廷帝国和罗马帝国的官方文字，自从11世纪（1054）基督教大分裂后，拉丁文是罗马天主教廷在西欧国家推行的文字。这时西欧人懂希腊文的非常之少，而使用拉丁文的也只限于少数神职人员和贵族，广大人民是看不懂这种文字的，官方文字与各国绝大多数群众说的母语和语法严重脱节。西罗马帝国476年灭亡后，欧洲处于不断分裂的状态。查理曼帝国（Charlemagne Empire，751—843）解体后，分出现今德、法、意三个民族国家的雏形，进入11世纪以后西欧已有了20多个互不隶属的王国，用不同的语言。各民族国家在形成过程中需要发展民族文化，没有文化的民族是没有前途的，这就需要使用适合本民族语言的文字。而当时的拉丁文文献多是宗教作品，是教会专用的，各国人民听不懂也看不懂这些东西，他们被拒于文化领域之外，民族文化是无从谈起的。

有了印刷术之后,用本民族语言出版大量大众读物,学者用母语发表其新思想、新发现,肯定易于为大众所接受。作家以民族语言写出的文学作品,为民众喜闻乐见。欧洲文学的真正历史是从 14 世纪—15 世纪有了印本书之后开始的。各国出版的文学作品提供了用标准的意大利语、法语、英语、西班牙语和德语写作的范本,还可减少因同一国家内使用不同方言带来的语言隔阂,这些书面语言在各自国家便逐步成为统一的文献用语。各国作家和学者对本民族语言予以提炼、规范,再通过印刷品固定并丰富词汇,完善语法和文句结构、拼字法及发音原理等,使用中再不断洗练,最后像希腊文和拉丁文那样具有哲学讨论的功能,且有过之而无不及。这有助于提高欧洲各国的国家和民族意识,发展民族文化。有了自己的文献用语后,一个民族才谈得上有自己的文化和文化典籍。在欧洲各民族文献语言形成过程中,印刷术起了"助产师"的作用,拉丁文文艺作品在 16 世纪已不复存在。

第三节

印刷术在东西方产生的政治和经济效应

一、印刷术对东西方政治制度所产生的影响

科学、哲学、文艺和教育、法律、制度等是社会政治、经济在意识形态上的反映,并为其服务,又反过来给社会政治、经济以影响,对其发展起推动作用。作为文献复制技术革命产物的印刷术对政治的影响同样不小。在中国它首先被统治阶级用来巩固封建统治。公元前 2 世纪,汉武帝"罢

黜百家,独尊儒术",自此统治阶级在全国推行儒家思想。五代时期朝廷以版刻儒家《九经》颁行天下,正是为了加强官方哲学对臣民的思想统治。宋以后国子监继承五代传统,刊行大量儒家经典和理学家著作,作为各级学校的教材和参考书。为了替中央和地方各级政府部门提供从政官员,隋代开创由朝廷公开考试之法选拔官吏,不问应试者出身门第,无需州郡推荐,以考试成绩授予功名和官职,此即科举制度。这是对古代选官制度的重大改进,具有进步意义。

科举制度在唐代得到发展,考试分常科和制科两种。常科每年举行考试,科目有秀才、明经、进士、俊士、明法、明字、明算等50多种,明经、进士两科应试者最多。因各科中考进士难度最大,百中取一,故进士科受士人重视。常科考生来自京师或州县学校,送尚书省应试。另有非学馆出身,经州县初考合格,再送尚书省应试。尚书省考试称省试、礼部试。制科是皇帝临时诏令设置的,有贤良方正、直言急谏、才识兼茂等百种科目,应试者为现职官吏、常科及第者或庶民百姓,考试内容为书写策问及诗赋等,制科考试由皇帝主持。宋代对科举制做了改革,建立殿试制,即礼部考试后由皇帝在宫内主持最高级考试,第一名为榜首,第二名、第三名称榜眼。南宋改称第一名为状元,第二名、第三名分称榜眼、探花。殿试后,直接授官。常科分州府试、礼部试和殿试三级,殿试及第得进士功名。朝廷对其待遇优厚,故进士科得人最多,后称将相科。[①]

宋代印刷术发达,为参与科举考试的读书人提供了廉价印本参考读物和课本,有力地促进了科举制的推行。科举制使民间读书人有机会通过科场考试的竞争取得功名,并被选拔到各级政府中任职。中国的文官士大夫阶层被西方人称为"mandarinate",是经考试选拔出的有高学位的高级知识分子,是文学文化的产物。科举制是公务员考试制度的一大发明,后来被东西方其他国家所效法。李约瑟博

---

① 新唐书:卷44 选举志[M]//二十五史:第6册.缩印本.上海:上海古籍出版社,1986:4254.

宋史:卷155 选举志[M]//二十五史.第7册.缩印本.上海:上海古籍出版社,1986:5639.

士将士大夫阶层称为"非世袭的、几乎是不可多得的社会精英",由文官集团执政的中国封建制看起来似乎是软弱的,但其实比欧洲由军事贵族执政的封建制更强,能更有效地防止封建制受工商业资本主义的危害。这是因为科举制比欧洲贵族封建的选官制更为合理,后者没有合理的参照,因为世袭的贵族后代未必是优秀的,却无需经考试、选拔而就高位。[①]像欧阳修、王安石和苏轼这些文豪都是中进士后任地方和中央一级官职的,他们不是靠世袭制做官的,而是靠才能通过考试才升迁的,其子孙也须如此。欧洲很少有这种情况。这使文官封建制比军事贵族封建制更先进与强大,能吸收印刷、火药和指南针等重大发明,使自身得到充实与维系,而西方封建制则经受不住这些发明所带来的社会冲击。

统计资料表明,宋代中进士的有4万人以上,12世纪举人总数达20万,13世纪举人总数增至40万,还有大量拥有同等学力而未及第的人。他们除精通《十三经》、文史外,还对自然科学和技术有不同的爱好,并长期从事观察和研究工作,这肯定是学术研究高度发展的人才资源和动力。凡中进士最多的地区正是印刷品生产数量最多和教育最发达的地区。例如宋代两浙(今浙江)、福建、四川、江南(江西)和江南东(今江苏)五路(省)共产生24172名进士,占全部进士总数的84%,而同一时期这五省印书1168种,占全国印书总数(1303种)近90%。西南贵州省中进士的只有103人,印的书也最少(2种)。[②]印刷大省又同时是造纸大省,出版书籍与科举考试间的这种比例关系,清楚地表明印刷对科举所做的贡献。反之,科举制的推行又促进了印刷、出版业和教育的发展,形成了互动关系。

从政治角度看,科举制与前代选官制度相比,有下列特点:一是将选官权力从地方集中到中央,加强了中央集权统

---

① NEEDHAM J. China and the West[M]//JUNGK R, MCMULLIN E, NEED-HAM J, et al. China and the West: mankind evolving. New York: Humanistics Press, 1970: 19-34.

② TSIEN T H. Paper and printing[M]//NEEDHAM J. Science and civilization in China: vol. 5. Cambridge: Cambridge University Press, 1985: 379-380.

治,使庶族地主及平民有机会参与政权,从而扩大了统治集团的社会基础。二是将读书、应试和做官联系在一起,使广大知识分子有提高自身社会地位、改善处境的门径,又吸引了更多的人加入这个队伍。使他们将精力转移到读书应试上,不至"犯上作乱",这就有助于保持社会稳定。三是改变过去只注重出身门第和品行,而忽视知识和才能的弊病,用全国统一的标准选拔一些有才能的人进入政权机构,使各级官员素质得到提高、政权职能得到加强。因此,科举制能在中国持续1000多年,直到19世纪清末才废止,为近代考试制度所代替。

唐宋科举考试制度对东西方都有较大影响,据金富轼(1075—1151)《三国史记》(1145)卷10记载,朝鲜半岛由新罗朝统一后,新罗元圣王四年(788)参考唐科举制设读书三品科制度,进行国家考试,以录用官吏。读《春秋左氏传》《礼记》《文选》《论语》《孝经》者为上品,读《曲礼》《论语》《孝经》者为中品,读《曲礼》《孝经》者为下品。按所习及考试科目不同对考生分上、中、下三品,再授相应官位。"若博通五经、三史、诸子百家书者,超擢用之"。而新罗留学生在中国学习时,还参加中国考试,取得进士功名。郑麟趾(1395—1468)《高丽史》(1451)卷77《选举志》载,高丽朝光宗九年(958)"始设科举,试以诗、赋、颂及时条策,取进士兼取明经、医卜等业",至李朝一仍其旧,前后也推行1000多年。吴士连(1439—1499在世)《大越史记全书》(1479)卷3载,李朝仁宗太宁四年(1075)"诏选明经博学及试儒学三场",是越南实行科举制之始。此后各朝继续开科取士,直到20世纪初越南才废除科举制。日本奈良朝设大学寮,分经、音、法、书、算科,各科规定学儒家经典,算科学《九章算术》《孙子算经》等,经考试合格授以八位(品)官阶,也类似科举制。

近代欧美公务员考试制度是直接受中国科举制的影响而产生的。首先,1696年在华法国耶稣会士李明(Louis Daniel le Comte,1655—1728)介绍了中国科举考试制度,并指出它有四项好处:一是国家通过考试选用有为的青年,不管其出身贵族或平民,只看其钻研学问的结果,驱使他们奋进。二是磨炼人们精进学问的精神,使社会上尊重知识。中国青年热心于在国家考试中及第,使其提高文化教养。三是防止贪欲和精神坠落,防止知识空虚和放纵行为的发生。四是皇帝将天下的人才集合在一起,解除有不良行为的官员职务,物色更适合的继任者。[①]1735年法国耶稣会士杜阿德(Jean Baptiste du Halde,1674—1743)在巴黎发表了来自中国的耶稣会士通讯,并汇编成书,其中也报道了科举制度,指出中国皇帝设科举制,通过国家考试录用全国优秀人才,授以官职。考试每三年举行一次,最高级考试及第者授以进士称号,入翰林院,由皇帝挑选翰林院学士任各部长官、宰相,并教授皇太子。翰林院学士还从事著述,受到世人尊敬。[②]

　　18世纪法国启蒙学派思想家伏尔泰(Voltaire,i.e. Francois-Marie Arouet,1694—1778)读到上述有关报道后,在《风俗论》(Essai sur les Moeurs,1756)中对科举制表示赞扬,指出中国政府由吏、户、礼、刑、兵及工部等六部组成,官员分为九个官阶,他们都是通过几次严格考试之后才被任命的,因此,中国的行政组织是世界上最好的组织。法国重农主义经济学家魁奈(François Quesnay,1694—1774)在本学派机关刊物《公民日志》(Ephérméide du Citoyen)1767年3—6月4期以A. M.笔名连续发表题为《中国的专制政体》(Despotisme de la Chine)的长文。文内指出,中国没有像西方那样的世袭贵族,官爵是靠才能、功绩得到的。作者盛赞中国科举考试制度,不管什么出身的考生都可靠本事参加竞争,甚至工匠的子弟通过考试也能当上总督。魁奈认为中国奉行的是开明的君主政治,值得当时的西方效法。1793年出访中国的英使马戛尔尼(George Macartney,1737—1803)的副手斯当东(George Thomas Staunton,1781—1859)也在其《英使访华录》(An Authentic Account of an Embassy from the

① LE COMTE L D. Nouveaux mémoires sur l'état présent de la Chine[M]. 3éd. Paris,1698:61-62.

② DU HALDE J B. Description de l'Empire de la Chine: vol. 2[M]. Paris: Le Mercier,1735:28.

King of Great Britain to the Emperor of China, 1797）第12章中介绍中国科举制, 加以赞扬。

在中国科举制影响下, 法国1791年首先建立文官考试制, 10年后(1801)一度停止, 但1840年又重新恢复。18世纪时又有些英国人著文称赞中国考试制度, 其中有人鼓吹在英国推行类似制度。1806年英国东印度公司(British East India Company)首先推行文官考试制, 此后许多英国人提到将中国范例作为在英国建立普遍文官制的论据。如驻华外交官密迪乐(Thomas Taylor Meadows, 1815—1868)1847年在《中国政府和人民杂谈》(*Desultory Notes on the Government and People of China*)一书中介绍了中国科举制, 并指出中华帝国之所以长期存在, 是因其政府由有才能和业绩的官员组成。他们主张在英国全面建立公开的文官考试制度, 以改善行政部门工作。这些呼吁导致英国政府成立一个委员会研究此事, 1853年向议会提出报告, 1855年英国推行文官考试制度。

英国文官考试制无疑对美国建立类似制度起示范作用, 但中国的影响仍然是明显的。例如罗得岛州(Rhode Island)参议员詹克斯(Thomas A. Jenckes)1868年首先向国会提出建立文官考试制的建议, 在他的提案中有一章介绍中国科举制。同一年, 波士顿著名文化人埃默森(Ralph Waldo Emerson, 1803—1882)在波士顿招待大清帝国对外交涉钦差志刚和孙家穀的集会上发表演说盛赞中国科举制, 并敦促美国国会通过詹克斯议员的提案。他在演说中指出:

中国的政治制度有一点使我们很感兴趣, 我相信在座的各位都还记得罗得岛州议员詹克斯先生曾两次提出要国会通过的那项法案, 即主张文官必须首先经过考试及格取得学问上的资格, 而后才能任职。在纠正陋习方面, 中国人确实走在我们前面, 也走在英国和法国的前面。同样, 中国社会非常重视教育, 也走在我们前面, 这是中国值得荣耀的凭证。[①]

---

① TENG S Y. Chinese influence on the western examination system [J]. Harvard Journal of Asiatic Studies, 1943(7):267-312.

埃默森在波士顿的演说引起了反响,有人同意,有人反对。正如在英国那样,美国许多从旧制度获取既得利益的人强烈反对这一新思想,其中某些人抗争说,利用考试方法决定行政部门官员的适当人选,是中国式的制度、"外国式的"制度,因而是"不合美国式的"(un- American)制度。由于保守派议员的阻挠,詹克斯的立法提案拖到1883年才由美国国会最终通过。当代宾夕法尼亚大学的汉学家卜德(Derk Bodde)教授认为中国科举制有两大好处:第一,它对社会所有的人都是毫无例外地开放的,因此是世界上现代社会以前选拔政府官员的最民主的方式。其次,它确保从政的人必须有高等教育背景。卜德指出:"今天,文官考试制度实际上已为所有民主国家所接受,越来越多的人凭借个人本事进入政府机构,而不是靠政治徇私。其结果是,一百年前如此普遍的政治腐败不见了。文官考试制度无疑是中国送给西方的一个最珍贵的智慧礼物。"[①]

中国科举制及其相关的教育制度在后期特别是在明、清两朝的发展中互动关系更为紧密,体制更加完备。学生在接受蒙学教育后,经考试及格者称为童生,有资格参加县试、乡试和会试三级考试。童生入县学、州学或府学学习,经考试及格者称为秀才,有资格参加乡试。县学考试由省学政或州县官主持,三年考两次。每逢子午卯酉年(三年)在各省省城举行乡试,由朝廷委派正副考官主持,及格者称为举人,每省一般录取100名左右。获得举人称号者在辰戌丑未年即乡试第二年赴京师参加会试,由礼部主持,皇帝委派翰林院学士主考,及格者称贡士,为100—400人,并作为参加殿试的候补考生。殿试是最高级考试,在宫内举行,由皇帝亲自主持,及格者称为进士,一般100—200人。获取举人、进士功名者可直接授官,有的进士先入翰林院若干年,经考试补授要职。秀才、举人和进士相当于西方的学士(B. A.)、硕士(M. A.)和博士(Ph. D.)学位。但明代以后科举制弊端凸显,主要表现在考试内容限于按经义作死板教条的八股文,缺乏经世致

---

① BODDE D. Chinese ideas in the West[C]. Washington D.C.: The Committee on Asiatic Studies in American Education, 1948.

用之学,学校教育仍限于儒经、文史,缺乏科学技术,从而阻碍了科学、文化的发展,已不合时代需要。西方文官考试制度只吸收了中国科举制中合理的成分,结合自身特点加以变通,并未全盘照搬。西方通过这种制度的建立使资本主义政权建设得到改善和加强,而中国则因这种制度的退化,使封建制更加衰落。

印刷术对宗教的影响和由此产生的政治后果,在中国和西方也有不同的表现。在中国从唐代以来,印刷术一开始就用来刊行佛经,为佛教的发展服务。佛教和儒学一样对封建统治有利而无害,历史上除少数几个皇帝反佛并推崇道教外,大多数统治者是支持佛教的。宋太祖建国后不久,即敕令刊行《大藏经》,此后佛教、道教仍按其自身的轨迹发展,没有发生重大变化,也没有造成社会动荡,因为它能为社会所包容,又拥有较广泛的群众基础。甚至由少数民族建立的朝代,如辽、金、元、清,情况也是如此。东亚的朝鲜半岛和日本则略有不同,佛教在高丽朝达到全盛期,李朝以后出现崇儒排佛和佛教衰微的局面,日本江户朝佛教也开始停滞和世俗化。中国佛教一直稳定发展,而且宋朝以后与儒学相互渗透,出现了理学和新儒学,已如前述。

二、印刷术与欧洲宗教改革运动

在欧洲,印刷术对宗教的影响与中国大相径庭,这是由中、西社会背景不同所致。14世纪—15世纪的德国是最早发展印刷,尤其是金属活字印刷的欧洲国家,但却是罗马教廷控制最严的地区。14世纪以后,英国和法国形成的民族国家在政治和经济上的实力愈益加强,王权已不能容忍教廷的专横和聚敛,逐渐削弱本国教会与教廷的联系。但德国却处于分裂状态,没有形成统一的强大政权,因而成了罗马教廷的"温顺的乳牛",不但要向罗马交纳苛捐杂税,而且大量土地、农场、森林和牧场都属于教会,教皇、主教和僧侣们都靠剥削市民和农民过活。谷腾堡印刷所的最早出版物,是教廷敕准的哲罗姆（Hieronymus or Jerome，342—420）版拉丁文《圣经》和 1454 年教皇尼古拉五世（Nicholas Ⅴ，1477—1455）颁发的赎罪券（Indulgence）。教徒花钱买赎罪券后，可获得教皇对"罪罚"的赦免，实际上是向广大人民敛财的一种手段。

因此，我们看到，欧洲印刷术最初是为教廷对群众进行思想统治和经济剥削的目的服务的。在这种情况下，它是允许大量发行的。可是当 1479 年南德意志有实力的财团出版第一部供市民阅读的《圣经》（大概用的是德文）时，科隆的教会立即向教皇报警，罗马当局首先向出版者抽以重税，实行经济制裁，同时下令德国这个大城市的出版者必须事先得到教会许可才能出书。1515 年 5 月 4 日，教皇将书籍出版审查制度扩展应用于整个基督教世界，不合教廷口味的书被视为"异端"，所有出版者、购书者和读者都要受到惩罚。[①]随着反教会的人文主义作品的接连出版，教皇开列的"禁书"名单越来越长，控制和反控制的斗争持续不断。最后，这种斗争终于在比较顺从的德国爆发了，这就是宗教改革运动。这是 16 世纪欧洲新兴资产阶级在宗教改革旗帜下发动的一次大规模反封建的社会政治运动，斗争矛头直指以罗马教皇为首的天主教会这一封建制度主要支柱。

宗教改革之所以首先在德国发生，是因为德国是赎罪券印制与发行最多的国家，受害最深，因此反抗最强烈。教皇利用这种方式在德国榨取的钱财超过皇帝，市民认为大量资金流入罗马，损害了德意志经济的发展和他们的切身利益，最下层的农民更是仇恨天主教会。尼德兰人文主义者伊拉斯谟讽刺教皇的作品《愚人自夸》1509 年在巴塞尔刊行后，对德国影响最大，流传最广，几年内再版 20 多次。德国人文主义者、骑士阶层思想家乌尔里希·冯·胡登（Ulrich von Hutten，1488—1523）作为《愚人书简》（*Epistolae*

---

① MARTIN H J. Histoire et pouvoirs de l'écrit [M]. Paris: Librarie Académique Perrin, 1988: 252-253.

MARTIN H J. History and power of writing [M]. COCHRANE L G, tr. Chicago: University of Chicago Press, 1994: 267.

Obscurorum Virorum,1517)的作者之一,猛烈抨击罗马教皇和天主教会,主张建立以骑士阶层为支柱的君主政权。他还翻译意大利人瓦拉揭露教廷伪造文件的作品,而在用德文写的诗中也同样表达他的上述思想,希望有朝一日德国能够统一,成为强国。

激起宗教改革的导火线是1517年10月教皇利奥十世(Leo Ⅹ,1513—1521)以建造圣彼得大教堂募款为名,派遣无知而粗俗的德国神职人员台彻尔(Johannes Tetzel,1465—1519)为特使,在德国兜销大量印刷的赎罪券。他在街上对公众说:"只要你购买赎罪券的钱一敲响钱柜,你的灵魂就会立刻从炼狱升入天堂。"这种骗人的伎俩引起人们极大愤怒。当时任维滕贝格(Wittenberg)大学神学教授的马丁·路德(Martin Luther,1483—1546)怒不可遏,遂即写了揭穿赎罪券骗人敛财的《九十五条论纲》(*Ninety Five Theses*),第二天(1517年10月31日)钉在维滕贝格的奥古斯丁会教堂的大门上,要求展开辩论,以明是非。他在《九十五条论纲》中基于宗教的法理指出,教皇除自己施加或法典规定的惩罚外,不能免除其他罪罚。教皇的赦罪只是宣布上帝的仁慈,不适用于炼狱中的灵魂。每一名信徒都能得到基督的赦罪,即令没有教皇帮助,也有基督和圣徒为之补过。

马丁·路德以说理的宗教语言推翻了只有教皇和教廷才有赎罪权力的说法,证明了发行赎罪券可使信徒免罪之说并没有法理依据,给罗马教廷沉重一击,对信徒群众来说是一次思想的解放。他点燃的这个火把迅即发展为反对教皇的燎原大火,他的《九十五条论纲》成为大家的共同纲领,整个德意志民族都投入到这场运动中。论纲由印刷厂赶印,两周内就传遍德国,四周内传遍全欧洲,当时人形容这有如天使传达基督福音那样快。[①]马丁·路德本人也认为"印刷术是上帝无上而至大的恩典,使福音得以遐迩传播"[②]。1519年6

---

① SNYDER L I. Documents of Germany history[M]. New Brunswick, N. J.: Rutgers University Press,1958:62.

② BLACK M H. The printed Bible[M]//Cambridge history of the Bible: vol. 3. Cambridge,1963:408.

月,他与教皇的代表约翰·艾克(Johannes Maier Eck,1486—1543)在莱比锡展开神学辩论时,他已不限于只谈赎罪券,而是将矛头直指教皇。他认为教皇不是上帝的代表,教廷的决议未必都正确,如1414年康斯坦茨(Constanz)会议宣布胡斯(Jan Hus,1372—1415)为异端便是错的,从而否认教皇的无上权威。为系统宣传自己的主张,路德于1520年8月出版三本小册子:①《致德意志民族的基督徒贵族书》(*An den Christlichen Adel der Deutschen Nation*);②《试论教会对犹太人在巴比伦的囚禁》(*De Captivitate Babylonica Ecclesiae Praeludium*);③《论基督教徒的自由》(*Von der Freiheit eines Christenmenschen*)。

在上述第一本小册子中,路德要德国贵族联合起来,反对教皇,解放德国。要求教皇交还属于德国的自由权利和财产,让皇权名副其实。不再向教皇交税,剥夺教皇任命德国主教的权力,教皇没有凌驾于皇帝之上的权力。实际上这是路德的政治纲领,是德国脱离罗马控制的独立宣言。第二、三本小册子是路德的宗教纲领,主要内容是反对教皇控制各国教会,反对教会拥有地产,主张在宗教仪式中简化烦琐程序,且以民族语言代替拉丁语,让信徒读德文版《圣经》(图9.6)。路德认为《圣经》是信仰的最高准则,不承认教会有解释教义的绝对权威,强调教徒个人直接与上帝相通,无需经过神父中介,要求建立适合君主制的教会和教义。这些主张成为脱离天主教的新教(Protestantism)的理论依据。为使小册子迅速传播,造成强大舆论,以四开本(18 cm×22 cm至25 cm×33 cm)形式出版,且加入一些漫画,因此,德国印刷厂第一次确保了新教传播的成功。①

1520年6月15日,教皇利奥十世发布训谕,宣布路德学说是异端邪说,下令焚毁他的作品,并开除他的教籍。路德在群众的支持下,也宣称教皇是怙恶不悛的异教徒,其命令

---

① MARTIN H J. The French book: religion, absolutism and readership: 1585—1715[M]. SAENGER P, SAENGER N, tr. Baltimore: John Hopkins University Press, 1996:12.

图9.6　马丁·路德从希腊文译成的德文版《圣经》扉页（取自1533年Wittenberg版）

是反基督的。同年12月20日,他在维滕贝格当众将教皇的训谕烧毁,并支持诸侯没收教会财产。1521年初,神圣罗马帝国统治者在教皇授意下下令逮捕路德。他受萨克森选侯庇护,藏于瓦特堡(Watburg),得免于难。1522年路德返回维滕贝格,将希腊文版《圣经》译成德文,并按自己学说建立新教教会。后来路德的新教(路德宗)在德国的北欧国家得到发展。在他的影响下,法国人加尔文(Jean Calvin,1509—1564)在日内瓦建立激进的教派(加尔文宗),在瑞士、法国、荷兰和苏格兰得到发展,英国出现了圣公宗(Anglicanism)。这使新教与天主教、东正教形成鼎足之势,罗马教廷控制的教区地盘被大大缩小。在宗教改革运动的诱发下,1524—1525年德国爆发了由下层牧师闵采尔(Thomas Münzer,约1490—1525)领导的农民战争,以向封建领主提出的《十二条款》作为斗争纲领,而且将其印刷出来,流行于全德国,这时印刷术又为农民战争服务了。宗教改革运动和农民战争的

政治后果是沉重打击了封建制和罗马天主教教廷在德国的统治,使德意志民族觉醒起来,为日后资产阶级革命和统一民族国家的形成打下初步基础,而且其影响还扩及其他欧洲国家。

三、印刷术在中外产生的经济效应

印刷术在经济领域中的效应并不亚于它在思想、文化教育、科学、宗教和政治方面的效应,中外都是如此,这里不能不简短叙述一下。宋以后,印刷业一直是国民经济中常盛不衰的产业部门,拥有稳定的市场。它与采矿、冶金、造船、机械等产业不同,其产品(印刷品)的用户极其众多,而且遍及全国,销售量一直居高不下,不受社会其他因素影响,因此,印刷厂和经营印刷品的书店商人总有生意可做。印刷业厂家常常聚集在某些省的特定地区,构成印刷中心,如福建建阳,浙江杭州,四川成都,江苏扬州、南京等地,将产品运销至其他城市。印刷业还刺激纸业的发展,而且位于产纸区附近,这就促进了这些地区经济的繁荣和商业、水陆交通的发展。书店也有时集中在城市的某一街区,形成书店街,便于顾客选购,早在唐代书店就已在长安、洛阳和成都等地出现了。宋代以后,开封、杭州、洛阳、苏州、泉州、广州等地同样如此。反映北宋开封景象的著名画卷《清明上河图》中就有书店。

唐宋以后,印本书还是中国出口贸易的重要商品之一,出口对象是朝鲜半岛、日本、越南等地区,这些国家也遣人前来中国采购,交易量很大,如《高丽史》卷34载,忠肃王元年(1314)遣人至中国江南购书,只在南京一地就以宝钞150锭(6250万贯)购得经籍10万余卷而还。同书卷5载,显宗十八年(1027)宋代商人李文通至高丽运书597卷。因此,在东亚汉字文化圈国家间,1000多年前已形成印刷品贸易的国际市场,一直持续到清代,主要是中国图书出口。商人船运书籍至国外港口后,再从港口运回当地商品,从而促进了对外贸易的发展,同时也扩大了图书的销售市场。沿海一些书商拥有自己的船队,以族姓为单元利用季风乘船往来于中外港口城市。与中国陆上相连的朝鲜和越南还沿陆上商路进口书籍。

上述情况也发生于欧洲。15世纪德国是欧洲印刷大国,在掌握活字印刷技术以后一度对外保守技术秘密,印刷的拉丁文《圣经》、宗教画、拉丁文文法和纸牌等向其他附近国家大量倾销,赚得不少外国金币。国内各地迅速出现很多印刷中心,也促进了造纸业大发展。谷腾堡印刷所因纸量不足,只好以部分羊皮付印,各地纸厂建立后,一律以纸付印,降低了生产成本和书价。16世纪以后,意大利、荷兰、法国、瑞士、英国等国印刷业发展也很快,成为支柱产业之一。1450—1500年欧洲250家印刷厂出书2.5万种共500万册。16世纪的产量又增加两倍,一些城市内书店林立,主要集中在商业和文化发达的城市。欧洲出版业从一开始就与银行有密切联系,从银行取得贷款建立印刷厂,随着印刷出版业的迅速发展,银行的业务也大为扩展。各地报纸的发行为工商业发展提供重要信息,使业主足不出户就能知道国内外市场走向,还能通过报纸推销自己的产品。

各厂家为推销其产品、维持信誉、打出品牌,常请人设计商标在社会上流传,并用各种形式印发广告或传单,这有助于促进社会工商业的发展。印制广告和商标是从中国开始的,现存最早实物是中国历史博物馆藏北宋济南府刘家针铺所用的广告用铜印版,其所制缝衣用钢制细针的商标为白兔,此匾牌悬挂在针铺门前,开封和杭州等城其他店铺也当会如此。在宋、元刻本中时常可看到坊家的商标图案和广告文字。欧洲印刷的商标、广告始见于15世纪的印本书中,后来发行量更大的报纸和各种杂志更是具备了更好地刊登广告的功能。各厂家产品包装材料上也通常印出品名、商标、产品性能和广告文字,随产品运销各地,以便与其他地方生产的同类产品相区别,突出自家产品的宣传,借以吸引客户注意,这种经营之道从宋至清一直持续,因此给印刷厂带来新的业务。印刷品以这种方式为工商业服务，在欧洲也从15世纪以后开始。今日世界各国城乡几乎到处可见的这类印刷品都来源于此，其所带来的经济效益是不言而喻的。

在经济史中唐代有两项首创举措对后世有深远影响：一是德宗建中四年（783）官府征收房屋税和所得税时，发给交税人一种统一印成的票证，填写姓名、税项及税款，作为纳税凭证，又称"印纸"。这是第一次将印刷品用于财政管理，提高了工作效率和效能，并使财务工作规范化。其次，宪宗元和年（806—820）初，官府印发统一格式的兑换券，名曰"飞钱"。使外地来京贸易的商人将卖出货物得到的铸币可以先换成兑换券，返回本省后，再凭券取回铸币，无需在返乡路上携带大量铸币。飞钱的发行使商人的贸易更加便利，促进商品经济的发展。北宋时继承并发展了这两种制度，仁宗庆历八年（1048）印发"盐钞"，商人向官府缴纳现钱后，领取贩盐的凭证（盐钞），即可合法贩盐。神宗熙宁七年（1074）令商人于官府买茶交税，再发给印制的许可证，名曰"茶收"，即可去外地贩茶。[①]北宋时官府还统一印发田宅契纸，供民间买卖田产时填写，作为田产交易和纳税的凭证。为了防止各地县官多印私卖契纸以肥私，还在纸上以活字印出千字文编号，使每纸编号不同，且登记入簿。北宋政府因采取这些经济措施，使国库财政收入大增，商人也有利可图。

宋代因商品经济有很大发展，商人外出贸易携带大量铸币很不方便，需要以体积小、重量轻、价值大的币种取而代之，唐代印制的飞钱已为发行纸币提供了思路，因此北宋真宗大中祥符四年（1011）在使用笨重铁钱的四川，由富商发行纸印的兑换券，名曰"交子"，成为纸币的前身。北宋天圣元年（1023）政府在四川设益州交子务，印发官营交子，以铁钱为准备金，用于四川，以三年为一"界"，界满以旧换新，面额

---

① 宋史：卷181　食货志：下[M]//二十五史：第7册．缩印本．上海：上海古籍出版社，1986：5741．

分一贯(1000文)至十贯不等,每纸有不同的千字文编号,1039年以后票面内容均印刷而成。每界发行量以125.6万贯为额,除四川外,交子还通用于陕西。1023年官营交子的发行是纸币的滥觞,中国是世界上最早发行纸币的国家。纸币的使用是货币发展史上具有革命性的创举,促进了商品经济的发展,也是后来资本主义金融制度赖以建立的基础,具有深远意义。

宋政府在发行交子时,形成了一套比较完整的钞法或纸币制度,包括币面设计与印制、发行与流通、兑换方法、准备金的贮备等,为此后历代提供了参考和经验教训。最初交子发行总额受到严格控制,并不滥印滥发,因此币值稳定。后来因抗金军费增加,造成财政亏空,于是滥印滥发,致使交子贬值。徽宗大观元年(1107)将交子务改为钱引务,将交子易名为“钱引”,变换票面形制,发行钱引,行用至1234年。南宋于1160—1279年印发会子,以铜钱为币值本位,流通于行在(杭州)、淮、浙、湖北及京西等东南地区,并制定了相应法律。与宋并存的金于1154年仿宋制度发行交钞,改为无限期流通,这是货币史上的一次改革。元代世祖中统元年(1260)发行宝钞,以银为本位,“贰贯”当白银一两,无限期流通。统一全国后,政府禁止使用铜钱,宝钞以法律形式规定为全国唯一合法通货。元以前的纸币还多少带有兑换券性质,且只行用于局部地区,到了元朝宝钞才真正起到不兑换纸币的作用,这对中国乃至全世界都是一件大事。而且元代宝钞在朝鲜半岛上的高丽朝和元帝国控制的中亚等地区也通用,成为一种类似今日美元那样的国际货币。

元代钞法形成更为完善的金融制度,机构设置健全,管理体制和法制较为严密,准备金充足,使人安心,又设立平准库买卖金银以维持钞值,所有这些办法后来为不少国家所仿行。元帝国还是个版图横跨亚、欧两大洲的空前强大的帝国,以武力打通一度阻塞的亚、欧陆上通道,使东西交通和文化交流进入新的时代,中国各种发明随之西传,其中包括纸币。在中国以西的地区最早印发纸币的是蒙古伊利汗国(Il-Khanate,1260—1353),汗国第五位统治者乞合都汗(Gaykhatu Khan,1240—1295)在位时,采取的一项重大经济举措是,1294年下令按元朝宝钞制度印发纸币。纸币印制于汗国首都波斯(今伊朗)的大不里士(Tabriz)城,票面上有蒙文、汉文和阿拉伯文。因初次发行时经验不足,没有足够金本位支撑,当地居民不习惯用新货币形式,最后导致失败,但纸币的印制是成功的,开创了一个先例。

中国制钞法在元代趋于完备,也正在此时中国发行的宝钞引起欧洲人的注意。1253年法国国王路易九世派本国方济各会士罗柏鲁(Guillaume de Rubrouck)出使中国,其返国后于1255年在《东游记》(*Itinerarium ad Orientales*)中记录了元代宝钞。此后,意大利旅行家马可·波罗也在其游记(1294)中介绍说:在汗八里城(Khanbalique)即元大都(今北京)宝钞提举司印刷厂里用桑皮纸印刷纸币,呈长方形,有不同面额,上有官印,凡伪造者处死。此纸币流通于全国各地,百姓可用它购买任何物品,包括金银珠宝,任何店铺不得拒绝纸币。又说外国商队持货前来开展贸易时,大汗召集12名有经验并精通业务的人对货物进行公平估价,再加上一些合理的利润,用宝钞支付给商人,不得反对这种支付方式。如果外商在其本国不能使用这种纸币,他们可在中国用宝钞购买适合其市场需要的其他中国产品运回本国。当所收纸币用久损坏,可付3%费用换取新币。"皇帝陛下的一切军队都用此纸币发饷,他们视此与金银有同样的价值。基于这些理由,可以确切承认大汗对于财宝的命令权比世界上任何君主要广大些"[①]。马可·波罗据实地见闻较准确地介绍了元代纸币制度,为欧洲国家推行这种制度提供了一个现成的成功模式。

元代时,意大利威尼斯、热那亚和佛罗伦萨商人热衷于

[①] POLO M.马可·波罗游记[M].李季,译.上海:亚东图书馆,1936:159-161.

KOMROFF M. The travels of Marco Polo[M]. New York:Grosset & Dunlap,1936:137-140.

对华贸易,促进了这些地区的经济繁荣。1340年佛罗伦萨人佩格罗蒂(Francesco Balducci Pegolotti,1280—1355在世)《通商指南》(*Practica della Mercantura*)设专章(第1—3章)介绍欧洲商人如何进行对华贸易时指出,他们进入中国境内时须将所携银锭换成纸币,名宝钞(balishi),有三种面值,"通行全国,上下一体行用。商人可用以购买丝货及其他各种货物。纸钞与银币相等,不因其为纸而需多付出也"[1]。书中还提到以欧洲银两换成宝钞后能买回多少丝绸锦缎,从中可以算出一贯宝钞相当于多少欧洲硬币的兑换比例。佩格罗蒂的记载和其往来于中、欧之间的商人的见闻表明,马可·波罗关于中国发行纸币的记载并非无稽之谈。

14世纪一些欧洲商人在中国使用纸币,发现面值相当10枚拜占廷金币(Bezant)的宝钞的重量还不到一枚拜占廷金币的重量,用这种轻型而安全的新型货币可在境内任何市场上买到任何商品。纸币信息传到欧洲后,一旦时机成熟,就会被起而效法。15世纪以后,欧洲商品经济和贸易的迅速发展,人们越来越感到使用传统铸币的不便,按中国模式发行的纸币在16世纪以后的一些欧洲国家正式使用,并对欧洲银行业的发展产生重大影响。[2]为适应商业资本主义发展、资本原始积累和扩大市场的需要,欧洲各地相继建立一些银行,如威尼斯银行(1580)、阿姆斯特丹银行(1609)、汉堡银行(1619)、伦敦英格兰银行(1694)和巴黎总银行(Banque Générale,1716)等,成为各国的金融中心。"银行"在意大利语中称为"banco",本义是"柜台",因银行的前身是货币经营者在市场上设立的接待客户的柜台。英语"bank"、法语"banque"都来源于意大利语"banco"。银行建立后,一些国家就接着印发纸币(banknote),如瑞典

① Yule H. Cathay and the way thither: vol. 3[M]. London: Hakluyt Society,1914:134-171.

  张星烺.中西交通史料汇编:第2册[M].北平:京城印书局,1930:327-331.

② TEMPLE R. China: land of discovery[M]. Wellingborough: Patrick Stephens,1986:117-119.

（1661）、美国（1690）、法国（1720）和德国（1806）等国，18—19世纪银行已遍及很多国家。以纸币为基础的银行和信贷体系的建立是资本主义经济秩序发展的必要一环。西方纸币从票面设计、防伪措施到发行管理、市场流通等程序都直接吸取了中国所提供的600多年的宝贵经验，近代各国和国际上的金融体系归根到底都是在这一基础上逐步建立起来的。

结 束 语

从以上所述可知,印刷术在中国、中国周边的亚洲国家和欧洲国家产生的直接影响是大大促进了教育的发展和知识的普及。随后产生一代又一代的知识分子队伍,他们在自然科学和人文科学不同领域从事研究和创作,出版具有新思想和新成果的作品,或对古代作品进行新的演绎,由此又引发一连串的社会效应,但由于中外社会背景和文化传统不同,产生的效应、表现形式和影响范围也有不同,这里宜做一小结。

在中国,印刷术起于隋唐之际大一统时期,国力强盛,至宋代印刷术大发展,此时的封建制已成熟,文物典章齐备,经济繁荣,文化教育发达,文人学士和科学家辈出。唐诗、宋词领文坛风骚,散文日臻完善,音乐、美术、戏剧创作进入新的境界,已在世界上提前实现了文艺复兴。宋代刊印前代各种科学典籍和本朝大量新成果,以四大发明为骨干的中国科学技术在当时世界处于领先地位。佛教也获得大发展,但它只是广大群众自愿选择的一种宗教信仰,不是国家的统治思想,佛寺不像罗马天主教廷那样专横暴敛引起人民积怨。中国官方哲学是儒学,宋以后开始哲学化,吸取自然科学成果,发展成理学或新儒学,更有效地维护了封建统治。理学中的有机论自然观对科学发展一直起促进作用。科学、哲学、文学和宗教在中国稳定而有序地发展,没有对社会造成任何冲击,只带来学术繁荣。中国封建统治经验丰富,有自我调整机制,能消化任何重大发明,使之为帝国所用。宋代商品经济发达,但资本主义萌芽不足以成为挑战封建制的一股社会力量。

反之,印刷术传到欧洲时正值其封建制衰落、资本主义迅速发展之际,聚积了大量财富的早期资产阶级不满足于现有社会地位,而是极力投入反封建斗争,最终建立政权。欧洲封建统治的重要支柱是罗马天主教廷和教会,它凌驾于世俗政权之上,在一些国家拥有领地,收取苛捐杂税。教皇作为上帝的代表有绝对的思想权威和解释《圣经》、教义的特权,以中世纪经院哲学统治人们思想,不许有不同声音,否则视为"异端",加以迫害。教会以神权压人权,提倡蒙昧主义、禁欲主义,要人民忍受痛苦,以便死后灵魂升天。教会与封建势力侵犯资产阶级利益,限制其发展。因此,任何反封建斗争必然首先将矛头指向教会。

14世纪开始的文艺复兴运动以人文主义为思想旗帜,与教会神学对立。人文主义者主张以人为中心,赞扬人的价值与尊严,要求个性解放、自由平等。他们揭露教会当局伪善、贪婪,标榜理智以代替神启。这是资产阶级用来反对封建束缚,争取自身政治、经济地位的思想武器。人文主义作品以印本书形式在社会上广为传播时,就形成可挑战教皇、教会权威并动摇其统治根基的强大社会舆论,反封建斗争进入新的活跃时期,已不再是少数人的呐喊,而是成为千万人参加的群众运动。人文主义思想反映在哲学、政治思想、文学、艺术和科学等各个领域,各国作家坚持以其民族语言创作,具有政治意义。他们的作品出版后,有助于提高各国人民的民族和国家意识,发展民族文化,使民族语言像希腊语、拉丁语那样具有哲学讨论的功能,这对民族国家的形成起了推进作用。

在反封建、反神学斗争中,自然科学领域成了新的战场。中世纪欧洲科学是教会的附庸,14世纪—15世纪随着印刷术的发展,大学数目骤增,增加了医学和科学教学内容,古希腊、阿拉伯科学著作和中国发明传入后,打开了欧洲人的科学视野,刺激他们从事研究。为此必须冲破神学的思想樊篱并与其对立。1543年纽伦堡出版哥白尼的《天体运行论》宣告科学革命的开始。书中以科学证据推翻了统治欧洲思想界达1000年、被经院哲学纳入其宗教体系的"地心说",把地球从宇宙中心降到围绕太阳转动的普通行星之一,引起人们世界观的根本改变,动摇了神学统治的理论基础,从此自然科学被从神学中解放出来。科学与神学斗争激烈,有关哥白尼学说的书籍被教皇宣布为禁书,宣传日心说的布鲁诺被烧死。但革命自有后来人,经伽利略等几代人的努力,至17世纪已在天文学、数学、物理学、化学、解剖学和生理学等学科完成一系列理论突破。以系统实验和自然假说数学化为标志的近代自然科学在欧洲兴起,为18世纪工业革命奠定了理论基础。在科学技术帮助下,资本主义生产迅速发展,资产阶级也取得了政权。

最后,16世纪西欧国家又爆发了宗教改革运动,这是来自天主教内部的大规模造反运动,矛头直指教皇。教廷的专横和暴敛早已激起各国世俗政权和人民的愤怒,受教廷控制最严的德国受害最大,反抗也最强烈。1517年神学教授马丁·路德在维滕贝格教堂大门钉上《九十五条论纲》,揭露教皇兜售大量印制的赎罪券为欺人的敛财行为,没有法理依据,吹响了宗教改革的号角。《九十五条论纲》以印刷传单形式迅即传遍德国和全欧洲,群起响应。路德还出版三本小册子宣传其宗教改革纲领,要求德国从教皇控制下独立自主,反对教皇控制各国教会和教会拥有地产,主张简化宗教仪式,且以民族语言代替拉丁语,否认教皇是上帝的代表,主张教徒直接与上帝相通,无需神父作为中介,不承认教会有解释教义的权威。路德不顾教皇迫害,按自己学说建立新教教会。后来新教在德、法等国发展,缩小了罗马教廷控制的教区范围。在宗教改革运动诱发下德国爆发了农民战争,沉重打击了封建势力和罗马教廷的统治。

文艺复兴、科学革命和宗教改革是为新兴的资产阶级登上历史舞台鸣锣开道的反封建、反神权的思想文化运动。而印刷术正为此提供唤起大众响应、制造舆论的有力手段。群众一旦动员起来,就能化为具体行动。当资产阶级掌握了火药技术后,便有了反对封建制建立合乎自己意志的政权的武装力量,而火炮的轰鸣则敲响了欧洲封建制的丧钟。16世纪—17世纪一些欧洲国家的资产阶级革命已在文武两条战线上取得成功,这是人类从未经历过的一次具有进步意义的大革命。靠指南针导航完成的地理大发现和由此兴盛的远洋航海事业,又帮助资本主义开拓海外殖民地、世界贸易和世界市场,从而揭开了世界近代史的新篇章。由此又引起无数的变化,以致改变了世界的面貌。17世纪英国思想家弗朗西斯·培根(Francis Bacon,1569—1626)1620年在《新工具》(*Novum Organum*)中谈到有益于人类的发明的作用时写道:

> 首先要说完成著名的发现是人类一切活动中最为高尚的活动,这是历代前人所做的评判,历代对发明家都给以神圣的尊荣;而对有功于国家的人,如城市和帝国的创建者、立法者、拯救国家于长期祸患的人、铲除暴君的人等一些人,不过给以英雄的称号。如果正确地将这两类人加以比较,无疑会看到古人的评判是公平的。因为发现有利于整个人类,而人事之功只及于个别地区。后者持续不过几代,而前者则垂于千古。①

培根这里所谈的发明和发现,指的正是中国的四大发明。他写书时还不知道这些发明来自中国,但他清楚地认识到其对世界的意义,他说:

> 其次,发明的力量、效能和后果是会充分看得到的,这从古人所不知、且来源不明的俨然是较近的三项发明中表现得再明显不过了,这就是印刷术、火药和磁针。因为这三项发明已经改变了世界的面貌和事物的状态:第一项发明表现在学术方面,第二项在战争方面,第三项在航海方面。从这里又引起无数的变化,以至任何帝国、任何教派、任何名人对人类事务方面似乎都不及这些机械发明更有力量和影响。②

这里谈到印刷术、火药和指南针三项发明,实际上还应有造纸术,因为印刷离不开纸,而造纸术早在12世纪文艺复兴以前就传到欧洲。19世纪时,马克思(Karl Marx,1818—1883)在《机器,自然力和科学的应用》(*Die Maschinen. Die Anwendung der Naturlicher Kraft und die Wissenschaften*,

---

① ② BACON F. Novum Organum[M]//ELLIS R L, SPEDDING J. Bacon's Philosophical Works. London: Routledge,1905.

1863)中指出：

　　火药、指南针、印刷术——这是预告资产阶级社会到来的三大发明。火药把骑士阶层炸得粉碎，指南针打开了世界市场并建立了殖民地，而印刷术则变成新教的工具，总的来说变成科学复兴的手段，变成对精神发展创造必要前提的最大的杠杆。①

　　最后，20世纪英国学者贝尔纳（John Desmond Bernal，1901—1971）认为："中国许多世纪以来，一直是人类文明和科学的巨大中心之一……已经可以看出，西方文艺复兴时期从希腊的抽象数理科学转变为近代机械的数理科学的过程中，中国在技术上的贡献——指南针、火药、纸和印刷术——曾起过作用，而且也许是有决定意义的作用。"②

① 马克思.机器,自然力和科学的应用[M].北京:人民出版社,1978:67.
② BERNAL J D 为 *Science in History* 中文译本写的序,参见:贝尔纳.历史上的科学
　　[M].伍况甫,等译.北京:科学出版社,1959.

跋

　　我父亲于十年前完成本书稿的撰写工作，由于种种原因未能及时出版。本书不但是他研究中国古代四大发明的第三部著作（依次是造纸、火药、印刷术），也是他此生最后的研究成果，遗憾的是他没能看到本书的出版。他为研究中国古代文明奉献了毕生的精力，他为古人的智慧所折服，我钦佩于他的执着！

　　由于本书稿手稿完成时间较早，编辑出版时我父亲已过世，因此，书中内容及文献难免有未及补充的部分，望读者海涵！希望此书可以成为年轻人热爱科学、探究知识的"垫脚石"，让古人的智慧与现代科技交融，成就中国的伟大与辉煌。

　　特别感谢中国科学技术大学出版社的鼎力支持，在出版社编辑及各位工作人员的帮助下，此书才得以出版。同时希望借此告慰我的父亲，他生前的心愿终于得以完成！

潘　峰

2021年10月8日